記念植樹と日本近代

林学者本多静六の思想と事績

岡本貴久子

日文研叢書

思文閣出版

記念植樹と日本近代——林学者本多静六の思想と事績——◆目次

記念植樹と日本近代

——林学者本多静六の思想と事績——

【凡例】

一、本書で用いる引用文については、原文を尊重しつつ最低限の句読点を補うとともに、漢字は書名を除き常用漢字に置き換え、適宜現代文に改めルビを補った箇所もある。

二、判読不明な文字については「□」で、省略する場合は「……」で表した。

三、引用中には現代では不適当と思われる表現もあるが、あくまで史料としての正確性を期すことを優先し、あえて原文のままとした。

四、図版・資料の出典・所蔵は巻末の掲載図版一覧に記した。

序章

本書は、近代日本社会において主に公式の場面で実施された「記念植樹」、すなわち「記念に樹を植える」という行為を、背景にある歴史事象と照合しながら、植樹に係る「農事性」、「政治性」、「儀礼性」を総合的に分析し、それが行われた意図とその根底にある自然観を解明することを目的とする。

特に本書では東京帝国大学教授・本多静六の事績に焦点を当て、林学者の本多が理想とした「記念物」とはいかなる形態で、どのような思想に基づくものかを検証する。なぜなら同時代において記念事業の一環として営まれた記念植栽の方法論を構築し、それを奨励したのが本多を中心とする林学・林政の指導者にあると考えられるからである。本多の思想と事績を論じることは、すなわち近代日本における「記念植樹」を論じることにも通じる。言い換えれば本書は「記念植樹」を通して本多静六という一林学者の「人となり」を論じるものであり、記念植樹と本多の二者を介して、「ひとはなぜ、樹木を植えるのか」という近代日本の人間文化を探究するものである。

一　なぜ記念植樹か――出版物や報道による社会への普及・啓発――

なぜ「記念植樹」をとりあげるのか。それは今日において公私を問わずあらゆる場面で一般的となった記念植樹という行為が、実は近代国家が形成されてゆくプロセスにおいて、権力の可視化を目的に――たとえば近代彫刻家大熊氏廣らが製作した記念像や記念碑が数多く設置されていく傍らで――、時局に合わせて形を変えられながら、近代化の一牽引役としての役割を背負わされていたと推測されるからである。

「形を変えられ」と書いたのは、今日の我々がイメージするであろう記念植樹、つまりスコップを片手に一本の苗木に厳（おごそ）かに土をふる、といった儀式的な植樹法のみならず、意外にも成長した大木を移植する方法を用いる記念並木（列上植栽）や記念林（集合体）といった実践的な造林計画もまた、かつては林学者や造園学者らによって記念植樹に分類され、奨励されていたことを意味する。すなわち用途に合わせていずれかが選択され、あるいは組み合わせられ、記念事業の一環として実施されていたと考えられるのである。

この仮説を裏付けるものとしては次の二つの根拠がある。それは第一に記念植樹を奨励する公的機関発行の諸資料や造林学者による著作の存在であり、第二に記念植樹という行為を特化しそれにニュース的価値を認め、多くを記事にしていた報道機関の存在である。

第一の点については、農商務省山林局や当時を代表する林学者である本多静六が御聖徳や御大典、帝都復興といった記念事業にあわせて記念植樹を推進する著作を発行していた事実がある。一例をあげれば農商務省山林局からは、『記念植樹ニ関スル注意』（一九一四年）、『記念植樹』（一九一五年）、『御大禮記念林業』（一九一六年）等が刊行されている。本多静六には、時の文部次官牧野伸顕の依頼によって書かれた『學校樹栽造林法全』（一八九九年）をはじめ、渋沢栄一主催の『龍門雑誌』に掲載された「明治天皇記念 行道樹の植栽を勧む」（一九一三年）、明治天皇の御聖徳記念並びに即位の御大典記念事業の際に刊行された『記念植樹の手引 一名大木移植法』（一九一五年。以下、一名大木移植法を略）や『記念樹ノ保護手入法』（一九一六年）(1)、都市の公共美を提唱する都市美運動の一環として著された『植樹デーと植樹の功徳』（一九三一年）、本多が会長を務めた日本庭園協会機関誌『庭園と風景』に寄せた「記念樹の植栽と其の手入法」（一九三三年）(2)、また紀元二六〇〇年記念における『皇紀二千六百年記念事業として　植樹の效用と植ゑ方』（一九四〇年）などがある。さらに本多の場合は紙媒体に限らず講演会やラジオ放送等(3)を通じて広く「記念植樹」の普及に努めていた。

こうした著作は当時の社会でどの程度普及していたのであろうか。たとえば前掲の『記念植樹の手引』の緒言を参照すると次のようにある。

御即位記念植樹及び明治神宮の献木又は一般記念植林等に関し、近時質問を寄せらるゝもの極めて多く、予の光栄不過之と雖ども、而も予は殆ど之が応答に忙殺せられんとす。而して彼の小苗木を植付くる所の記念植林其他一般森林の仕立方に就ては既に予の著はせる「造林学」の外、最近公にせる「実地造林の秘訣」なる一書あるも未だ大苗木殊に大木の移植法に就ては何等著書の看るべきものあるなし、乃ち茲に少許の閑を得て本書を稿し印刷に附し以て右等応答に代へんと欲す。幸に記念樹其他大木移植の参考に資するあらば予の望み足る矣。(4)

つまり記念植樹についてはすでに「造林学」に関する著作に記したが、それでも本多が応じきれないほど多数の質問が寄せられるので、今回この書の刊行をもってこれら記念植樹に関する質問への回答とする、というのである。これとあわせて『記念樹ノ保護手入法』も同様の理由により発行されたのだが、その緒言に、「先に記念植樹の手引なる一小冊子を稿し三浦書店の厚意により已に一万余を各地に配布せり(5)」とあることから、本多の記念植樹著作が一万部を越えて流通していたことがわかる。

また同時期に発行された農商務省山林局『記念植樹』の緒言においても「今回更に訂正補修して之を世に公にす(6)」と記されているが、記念植樹について多くの質問が寄せられる事態や関連冊子の増刷といった需要の増加からうかがえるのは、記念植樹に関する社会の関心の高さである。このような事情からも記念植樹という行為がいかに重要視され、各地で隆盛していたかが理解されるであろう。

次に第二の点である明治以降の植樹に関する報道記事については、皇族や軍人、政府要人によって植栽された大イベントのほかに、一般民衆による植樹の記事を含めると厖大な数になる。そのきっかけの一つとして、明治初年に指示された「神社寺院の修理、境内伐木に就ての心得」(7)をはじめ、各府県における植樹計画の提出要請など、大久保利通内務卿による植樹の奨励があり、それ以降(8)、植樹に関するあらゆる報道がみられるようになる。

これらを記念植樹に集約していくつか紹介すると（記念植樹というタームを直接使っている記事をはじめ、「記念に植える」、あるいは記念という言葉がなくとも「なにかの記念」で植樹したという記事も含めた）、たとえば読売新聞明治一二年（一八七九）八月二七日付には、上野公園で行われたグラント将軍訪日記念植樹式、明治二二年（一八八九）二月九日付には憲法発布奉祝行事としての桜の植樹、明治二七年（一八九四）二月二一日付には皇太子（のちの大正天皇）による駿州原町における松の植樹、翌明治二八年六月五日、六日にかけては牧野伸顕文部次官による米国の樹栽日（Arbor Day）の説明がある。内地に限らず外地においても大正、昭和を通して同様の傾向が示される(9)。

こうした記事の中には記念植樹を行った者を賞賛する内容の他に、記念樹が伐採された、あるいは枯死した、という樹木の生存に関わるニュースもある(10)。その他にも、奈良で植樹中に古鏡（こきょう）や曲玉（まがたま）が発見された（明治一四年四月五日付読売）という記事や、グラント将軍訪日記念樹を忘れ得ぬために記念碑を建立（昭和五年五月三一日付東京朝日）といった話題が逐一報道されるなど、記念植樹がいかに注目され、広く啓発されていたかという事実がこれらの記事から確認できよう。こうした記事は、記念植樹という行為を社会に普及させるうえで報道機関も一役買っていたと推察するに十分であろう。

ところで近代に限らず、前近代社会においても記念に花木を植えることはあった。第Ⅰ部第二章でも述べるように万葉集を紐解くと、忍び草として植栽された記念の樹木や草花が数多く詠まれている。東北のある地方では、古くから女児が誕生すると庭先に将来の嫁入り道具用として桐の苗木を植樹する慣わしがあるという。伝承レベルでは、たとえば景行天皇の土蜘蛛親征に由来する上城井（かみきい）の大樟（おおぐす）（福岡県大樟神社）(11)をはじめ、行基上人が寺院建立を記念して植栽したという飛騨国分寺の大銀杏、東京汐留に位置する浜離宮庭園には六代将軍家宣が庭園を大改修した偉業を記念して手植えしたと伝わる黒松（樹齢約三〇〇年）が現存する。(12)記念並木も例外ではなく、よく知られるところでは松平正綱による日光廟造営を記念する参道並木の植栽があげられよう。このように何か特別なことを機縁として樹木を植え育む「記念植樹」という行為は古くより親しまれてきた風習といえる。

　では記念植樹という行為が近代に入るや増加するのは一体なぜか。いかなる力関係のもと、どのような目的で推進されるにいたったか。樹木を植えるというただそれだけの行為が「記念」という冠をつけ、公式の行事になり得たその理由とは何か。近代化に沿ってなされた記念植樹はいかなる効果をもたらし、それによってどのような景観が生まれたか。記念植樹の意図を解明すべく、これらの問いを読み解いていくのが本書のねらいである。

　なお、「記念」という言葉とそれを多用する現象について補足しておくと、石井研堂の『明治事物起源』（春陽堂、一九四四年）に次のような記述がある。

> 明治十四年一月十八日、東京市下龍口勧工場にて、三日間第四週年期祭といふを行ひしことあれども、記念祭とは言はざりし、同年十一月七月（ママ）、神田学習院にて開業第四記念祭を行へり、この頃より記念といふことを行ひ始めしに似たり。(13)

「記念」という言葉が当世風であったことを示す文章である。さらに石井は、明治二二年（一八八九）七月八日、賞勲局請議において帝国憲法発布の儀は記念すべき大典であるとして、同年八月二日の勅令によって「大日本帝国憲法発布記念章」と明記された記念章を頒布して以来、政府が「記念」事業を率先して行った、と続けているが、記念造林や記念図書館、記念碑、記念はがきなど、「記念」という冠をつけた言葉が世の中に頻出する傾向がみられるのは、一つにこうした事情が絡んでいたということも検討しなければならない。

二　研究の現状

「記念植樹」は、研究テーマとしては、これまで本格的に扱われて来なかった。それはひとつに「記念に樹を植える」という行為が学際的に多分野に跨る事柄であることに由来していよう。記念植樹という行為を「植樹」という部分に限った見方をすると、一つの実践的な緑化政策としてその「形」を捉えるか、あるいは儀式的・思想的行為という「心」の部分を扱うか、という二つの異なる視点からのアプローチが可能となる。さらに記念に植樹された記念樹は生命のある記念物であるという特質から、自然科学の範囲にもおよぶものとなる。このように記念植樹という行為を文化史上に置いて総合的に研究することは、学際的、分野横断的な観点が不可欠となる故に、従前の縦割的研究方法においては扱いが困難であったものと思われる。このことは本多の直弟子にあたる造園学者の上原敬二が実務経験から論及した『樹木の美性と愛護』（一九六八年）[14]等、一連の樹芸学叢書の刊行以降、記念植樹に関する研究が発展をみなかった現状にあらわれている。

以上のような背景を前提として、まず実学における研究状況を確認する。緑化政策という実践的な部分に注目するのは工学、農学である。たとえば植樹を緑化政策として見る場合、どこに着眼し何を契機とみなすかによって対象となるテーマの歴史的記述に変化が生じる。

第一に工学の場合、実際の都市設計を研究課題とする分野では、一九一〇年代から二〇年代にかけて道路法や街路構造令が制定されたのち、大正一二年（一九二三）の関東大震災を経て樹木に備わる防災・防火機能等が本格的に講じられるようになった帝都復興事業を緑化政策が推進された契機とみなすのが通説である[15]。一般的な「並木」に対し、都市工学的に「街路樹」というタームが使用されるのも同じ時期のことである。第二に樹木の植栽それ自体を研究対象とする農学の側では、慶応三年（一八六七）の横浜馬車道沿いのマツ、ヤナギの植栽や、明治七年（一八七四）、銀座の煉瓦街にマツ、カエデ、サクラが植栽され、明治一一年に農学者津田仙（一八三七～一九〇八）によって擁道樹（並木）の緑陰効果や市街地の風致促進が説かれた時期を緑化政策の起点とするのが通例[16]とみられる。

明治の欧化主義時代から大正の帝都復興期の間にはかなりの時間的隔たりがあるが、緑化政策に関する両者の歴史的記述の差異は、道路や法制度を主体とするか、あるいは樹木という植物そのものを重視するかにより生じるものと思われる。いずれも人間文化を取り巻く「緑」を見る視点の置き方の違いによるものだが、しかし当然のことながら実学の分野ではいずれの視点をとる場合においても、なにゆえに「記念」に樹木を植えるのか、というような思想的な観点から「植樹」の記念碑性が論じられることは稀である。

だが当時計画された記念樹植栽や記念林、記念並木の姿を分析すると、「実践的要素」と「儀礼的要素」は分離しておらず、殖産性や風致性に基づく実践的な緑化政策と記念碑性を主とする儀式的・思想的な植樹式という行為が組み合わせられて実施されるケースが多く見受けられるのが実状である。換言すれば近代日本の国づくりにあたり、儀式としての記念樹植栽と実践事業としての植樹活動の両面をもって発展する傾向が見られる故に、「記念」に「植樹」するという行為を研究するには「儀式」と「実用」の両面を問う姿勢が必要となるのである。

ただし農学・工学のいずれの分野においても、樹木それ自体や樹木を植えるという行為に対して文化的な観点を加えた研究があり、これらは参考とすべき先行研究に位置づけられる。農学の場合、学校植林政策の歴史と法制度を詳述した竹本太郎氏による論考「大正期・昭和戦前期における学校林の変容」[17]は、同時代に営まれた学校植林の実態を検討するうえで参考になる。工学の側では、都市工学という観点から内外の都市美運動を論じた西村幸夫氏を筆頭に、昭和初期の都市美運動に注目した中島直人氏の研究では植樹祭に関する言及も含まれる。

一方、人文系の分野ではどうか。近代日本の記念事業における「記念物」を扱った羽賀祥二氏による史蹟・記念碑研究『史蹟論――一九世紀日本の地域社会と歴史意識――』（名古屋大学出版会、一九九八年）を参照すると、地域社会の集団構造の枠の中に位置づけられる郷土史とともに記念碑や史蹟もまたその文化的空間を象徴するという指摘に注目できる。この説を、たとえば各地方に所在する記念碑をその地方に伝わる老樹・巨樹等の記念樹に置き換えて、本書の関心に引きつけて考えることも可能である。

記念植樹を思想的・儀礼的行為としてみる場合、高木博志氏の『近代天皇制の文化史的研究』（校倉書房、二〇〇〇年）は、記念植樹式における宮家の果たした役割を検討するうえで参考となる。記念植樹は戦時という非常時においても推進された活動だが、国家総動員体制のもとで宣揚された緑化運動を歴史学の見地から論じた中島弘二氏の「十五年戦争期の緑化運動　総動員体制下の自然の表象」[18]では、植樹に係る政治思想的な側面に主眼が置かれ愛林日記念植樹運動の政治性が詳述されている。また軍国主義の象徴として歪められた「桜」の美を思想史的に論じた大貫恵美子氏の『ねじ曲げられた桜――美意識と軍国主義――』（岩波書店、二〇〇三年）は、戦時下の「桜」を通した外交政策を考察するうえで有効である。同書では「桜」や「植樹」のイデオロギー的な要素がとりわけ指摘されているが、それが戦後においても連綿と尊重され継続されるにいたった理由はどこにあるのであろうか。そこにはいかなる自然思想が備わっているのであろうか。

この点は筆者の修士論文『記念植樹の文化史的研究　山岳信仰から緑化活動に至る思想と形態の変遷』[19]において十分に踏み込めなかった論点であり、本書では修士論文でとりあげた対象事例を、さらに昭和戦中期から終戦前後に拡大して考察を試みた。戦前から戦後を通して今日まで継承される記念植樹という行為の根底にある日本の自然観を探り出すことこそ、本書に与えられた使命であると考える。

そこで本書では実学的ならびに人文学的研究を参考に、実践的な緑化事業としての植樹に注目するとともに、

「何故に記念に木を植えるのか」という心の側面、すなわち儀式的に念じる、あるいは祈るという感性的な側面にも着眼して検討を進めることにする。なお、本研究のスタンスとしては、記念事業において実施された記念植樹という文化的な行為に対して俯瞰的態度をとることにより、一定の政治思想に偏ることを避け、近代日本の植樹に係る自然思想を広く探究することを目的とする。

三　本書の構成

記念植樹を議論する際、前述の諸研究に共通していえるのが、近代造林学を築いた林学博士で、かつ経済学博士の肩書きを有する東京帝国大学教授本多静六の姿が十分に解明されていないことである。しかし、同時代に営まれた御聖徳記念や帝都復興記念をはじめ、数々の記念事業で記念植樹を提唱し続けたのが本多を中心とする林学指導者であり、その本多の「人となり」を中心に据えて検証しない限り明確にならない検討課題は少なくない。

では本多静六に関する研究はどうかといえば、本多はその著作数が造林・造園学から経済学、大衆向けの身の上相談等にいたるまで実に三七六冊を越すという多作家だが、本多自身について書かれたものは、資産家かつ経済学者としての本多の側面に注目した一般向けビジネス書をはじめ、ご親族にあたる理学博士遠山益氏による本多にまつわる種々のエピソードが綴られた『本多静六　日本の森林を育てた人』等の伝記、本多の出生地埼玉県久喜市菖蒲町の顕彰事業である「本多静六博士を顕彰する会」発行の『本多静六通信』、ならびに本多静六記念館（平成二五年四月二一日開館）における資料公開が主たるところであり、本多という一人の人物に対象を絞った総合的な学術論文は未だ書かれていないのが現状である。従来本多に論及した造園学や歴史学の研究論文はあっても、その根本思想までには十分に触れられていなかった。

したがって本書ではこれまで十分な検討がなされてこなかった本多静六に主眼を置き、本多が牽引役となった記念植樹という行為をキーワードに、彼の「人となり」を再検討することを課題として、その思想の根源から知られざる本多静六像を解き明かすべく考察を試みる。この手続きを踏まえたうえで、近代化が促進される当時の日本でなされた「記念植樹」という一つの人間文化のあり様について探究するものとする。

本書の構成は、まず第Ⅰ部「記念植樹とはなにか――形態と歴史的諸相――」において「記念植樹」という行為を定義づけ、農商務省山林局や本多が執筆した著作から記念植樹の三形態（記念樹・記念並木・記念林）を分析したうえで、当時報道された記念植樹に関する記事等から近代日本でそれが推進された社会的背景を検証し、近代国家形成期における記念物や記念樹と国民教化政策との関係性について論及する。次に、その思想的根拠となり得たと考えられる「記念に植物を植える」という行為の由来を紐解くため、古代の神話や和歌、山の信仰や杣人（そまびと）の風習の諸相に触れ、植樹に関する古来の自然観を導き出し、記念植樹に係る「儀礼性」と「実用性」について考察した。

第Ⅱ部「林学者本多静六の思想」では本多の「人となり」について考える。手順としてはまず本多の思想形成を分析するために、幼少期から学生時代に享受した教育環境に焦点を当て、第一に家庭内教育として培った富士山信仰「不二道」の歴史と思想をとりあげ、第二に東京山林学校ならびに「国家経済学」を学んだドイツ留学時代を振り返り、実践的学問である林学が奨励された当時の社会的背景と林政との関係に言及し、そのうえで本多の西洋思想の受容と展開について検証した。

一点目については、本多に関する著述においてもこれまで本格的に考察されることが少なかった生家折原家にまつわる「不二道孝心講」に着目した。幼くして父を失った静六少年に教えを授けた祖父折原友右衛門は、実は神道国教化の時流に対峙した人物であるという事実は意外に知られていない。ここでは祖父の人物像や当時の宗教政策に係る歴史的背景、小谷三志（こたにさんし）の説く不二道の思想について論じ、不二道孝心講の実践道徳や山の信仰に係る自然思想をはじめ、本多が西洋で得た学識や見聞が彼に与えたであろう諸影響について検討した。

本多静六の思想形成とその「人となり」をめぐる地縁的、歴史的背景を確認したところで、次に本多がなぜ記念植樹を推奨したのかというその根本的な理念を究明すべく、本多が説いた記念植樹の功徳と方法論について見極め、かつその理念と方法論が同時代においていかに受容されていたかという社会的な影響について考察した。

そして第Ⅲ部「「記念植樹」の近代日本――明治～大正～昭和の系譜――」では、第Ⅰ部ならびに第Ⅱ部で検討した「記念植樹」という行為に係る形態と思想および本多静六の人物像を踏まえたうえで、近代日本において展開する記念植樹について論述する。対象は明治中期から昭和戦中期にかけて主に本多が関与した記念事業である。具体的には学校樹栽事業、明治天皇崩御に係る御聖徳記念事業、第一次世界大戦後の平和記念植樹事業、関東大震災後の帝都復興事業、皇紀二六〇〇年記念事業等の事例をとりあげ、彼の言説を手がかりに各時代に起こる記念事業と記念植樹の思想的背景と形態を分析し、歴史的変化と照合しながら本多の説く記念植樹の理念と方法論の発展過程を論証してゆく。上記の手続きに基づき、「記念」に木を植えるという行為が近代日本社会に果たした役割と、それが今日まで連綿と尊ばれ、継承される行為になり得た根源的な自然思想について考究する。

以上のように先行研究でこれまで重視されてこなかった視点に立ち、本書では分野横断的に多分野の文献を参照し、主に本多の言説に基づき政府発行の公的資料や同時代に発行された新聞および雑誌類、また本多の弟子たちを中心とした農林学関係者の著述に依拠して考察を進めた。多分野にリンクする本研究は、明治から大正、昭和にかけての農林政史や都市政策史、政治思想史、宗教史における先行研究も参照しつつ、そこに文化史的な視点を導入するという意味で新しい視角を拓く研究になり得ることを期待している。

（1）本多静六『記念樹ノ保護手入法』一九一六年一月七日、緒言、二頁。

（2）『庭園と風景』一五巻一二号、日本庭園協会、一九三三年、三五四～三五五頁。日本庭園協会は一九一八年に庭園協会として発足後、一九二六年一二月に日本庭園協会と改称する。本書では混同を防ぐために便宜的に日本庭園協会と記す。

（3）本多静六ラジオ講演「植樹デーと植樹の秘訣」（一九二九年四月三日午前一一時一五分、JOAK放送）、読売新聞「けふの番組」一九二九年四月三日付。『山林』五五八号、大日本山林会、一九二九年五月、五九～六七頁。本多静六『植樹デーと植樹の功徳』（一九三一年四月三日、JOAK放送）帝国森林会、一九三一年。『山林』五八二号、一九三一年、一三五～一四一頁。「森林の効用」（農林省・大日本山林会主催第三回愛林デーにて、一九三六年四月二日午後七時五〇分、東京AK放送）、読売新聞「ラヂオ」一九三六年四月二日付。

（4）本多静六『記念植樹の手引 一名大木移植法』三浦書店、一九一五年五月、緒言。

（5）本多静六『記念樹ノ保護手入法』（前掲注1）、緒言。

（6）農商務省山林局『記念植樹』一九一五年三月、緒言。

（7）「境内伐木等に就ての心得を示達す」（「御布令寫録」一八六九年三月）守山聖眞編纂『眞言宗年表』豊山派弘法大師一千百年御遠忌事務局、一九三一年（国書刊行会、一九七三年）、六九九頁。

（8）明治八年六月一五日内務省達乙第七八号、『法令全書 明治八年』内閣官報局、九二〇頁。読売新聞、一八七五年六月一九日付。「森林の経国」と木材需要の高さから「植樹の儀」は最も急務とされた。明治一一年三月一五日内務省達乙第二七号、『法令全書 明治一一年』二三二～二三三頁。読売新聞、一八七八年三月二〇日付。

（9）明治三四年一一月一日付で北白川宮妃の台湾神社参拝記念植樹（読売）、明治四五年四月四日付で「朝鮮電報」として寺内総督邸の記念植樹（読売）、大正四年一月一四日付で農商務省が即位の御大典記念植樹を奨励（読売）、大正八年四月一九日付で「東宮御成年式及び奠都五十年」で東京府二大祝典記念植樹（読売）、昭和戦前期には三年一月一五日付で御大典記念事業として全国的造林計画（東京朝日）、同年四月三日付で都市美協会の御大典記念植樹祭（東京朝日）、昭和五年五月二八日付には日本海戦二五周年で「廣瀬中佐銅像前に記念の植樹百本」（東京朝日）、昭和一五年三月一日付で「一億記念樹」（読売）、昭和一五年四月二一日付で「息子自爆の地へ記念の植樹」（東京朝日）との記事もあり、さながら記念植樹を通して戦前・戦中期の歴史を見るがごとく逐一報道されている。

(10)　明治一六年一一月八日付で品川海晏寺の北条時頼手植えの紅葉が枯れ若木を取寄せて植樹（読売）、明治四二年一二月二八日付で日比谷公園の大蘇鉄一五株が煙草の吹殻の火事で焼失（読売）、等がある。

(11)　本多静六「上城井ノ大樟　福岡県大樟神社」『大日本老樹名木誌』大日本山林会、一九一三年、二頁。

(12)　浜離宮庭園入口にある樹齢約三〇〇年の松。一時葉が変色する「松の葉ふるい病」にかかったが元気に生長しているという。庭園自体が文化財に指定されているため、記念樹のみの指定はない。二〇一五年一一月二七日、東京都公園協会高橋康夫氏より筆者がご教示をいただいた。「三〇〇年の松救え　樹木医二〇人参集」朝日新聞、二〇〇四年五月一四日付。

(13)　なお、当時は糸偏の「紀念」が通常で「記念」とあるのは誤字とみなされていた。しかし『遊仙窟』初出の言偏の記念という語が、かたみの意味で用いられていることから、同書では記念が正字とされたようである。石井研堂『増補改訂明治事物起源上巻』春陽堂書店、一九四四年（国書刊行会、一九九六年）、二二一〜二二三頁。

(14)　上原敬二著、樹芸学叢書全八巻（加島書店）のうち『樹木の美性と愛護』（一九六八年）、『樹木の植栽と配植』（一九六八年）等に記念樹や植樹式に関する逸話が収録されている。

(15)　越沢明「都市計画における並木道と街路樹の思想」『国際交通安全学会誌 IATSS Review』二二巻一号、国際交通安全学会、一九九六年五月、一三〜一四頁。

(16)　渡辺達三「並木道の文化小史　まちに現れた〈緑の道〉の機能」『ＦＲＯＮＴ』リバーフロント整備センター、二〇〇三年一一月、八〜九頁。津田仙「擁道樹」『農業雑誌』九一号、学農社、一八七九年一〇月一五日。

(17)　竹本太郎「大正期・昭和戦前期における学校林の変容」『東京大学農学部演習林報告』一一四号、二〇〇五年。

(18)　中島弘二「十五年戦争期の緑化運動 総動員体制下の自然の表象」『北陸史学』四九、二〇〇〇年一一月。

(19)　岡本貴久子『記念植樹の文化史的研究　山岳信仰から緑化活動に至る思想と形態の変遷』修士学位論文、東京大学大学院人文社会系研究科文化資源学研究専攻形態資料学専門、二〇〇七年。

第Ⅰ部

「記念植樹」とはなにか
――形態と歴史的諸相――

都市美協会の植樹祭

第Ⅰ部では、第一章において「記念植樹」という行為を定義づけたうえで、林学者や造園学者が分類した「記念植樹」の形態に焦点を当て、それらがいかにしてなされるかという「形式」とその「内容」を確認する。次に、近代日本で隆盛する記念植樹という行為に係る前近代との連関性を検証するために、第二章では記念植樹の前史として明治以前の日本で語り継がれてきた記念植樹の思想と形態に注目する。

近代国家形成期には、宮家を中心に神道を国教化するという方針のもとで上古神話が重用された背景がある。そして立憲君主制国家としての伝統文化を保持するために、聖蹟調査とあわせて公園や並木の造成など植樹をともなうインフラ整備も進められた。

そこで上古における和歌や神話、民間信仰における「記念」に植栽するという行為に見られる自然思想を解読するとともに、ことに感性的な側面である「儀式性」と実践的な側面である「実用性」との関連について検討を加え、近代に営まれた記念植樹に前近代のそれより何が継承され、それがいかなる思想と形をもって続けられたかという点を考察する。

第一章　記念植樹の形態

第一節　「記念」に樹を植えるという行為

「記念植樹」とはいかなる行為か。「記念植樹」という言葉自体は戦前より政府発行の諸資料や新聞各紙等で使用されているが、しかしながら広辞苑をはじめとする各辞書にも未だ収録されていないため、ここで筆者なりに定義しておきたい。

「樹を植える」というただそれだけの行為に「記念」という冠を付けると、何やら厳かな雰囲気の漂う儀式的な行為となる。「記念」という言葉の意味を確認すると、広辞苑には、「(紀念とも書いた) 後々の思い出に残しておくこと。また、そのもの。かたみ。おもいで」とあり、用例として「記念切手」や「記念祭」、「記念スタンプ」等があげられている。しかし「記念植樹」はない。大辞林では「過去の出来事への思い出を新たにし、何かをすること」とある。『角川古語大辞典』で「きねん」を引いてみると、神仏に所願達成を祈るという意味での「祈念」は見つかるが「記念」はない。諸橋轍次『大漢和辞典』では、「物をとどめて後のおもひでにする。又、其のもの。俗に紀念と書くは非。かたみ。遺念」と記され、初出として初唐時代の張文成『遊仙窟（ゆうせんくつ）』(1)をあげ、一夜の契りを交わした仙女との思い出に記念として相手に鴛鴦の枕を贈ったという故事が紹介されている。また、仏教で「念」といえば、対象を記憶して忘れない心のはたらきという意味があり、(2) したがって「記念植樹」というのは、「後々の思い出のために、あるいは過去の出来事への思い出を新たにし、念じて、樹を植える行為」ということが出来る。

同じ記念物でも記念碑や記念像と異なり、記念に植栽された記念樹は、林学博士本多静六に言を借りれば「生きたる記念碑(3)」であり、立派に育て上げるのも枯死させてしまうのも、それを植栽した者の記念すべき事柄への思いと自然環境とに委ねられている。本多はこれを次のように述べている。

記念樹とは家庭、団体或は地方自治体其他で特に記念すべき事柄を後世へ伝へ、永くその当時を偲ぶ手段として植栽する樹木である。従つて其の植栽については勿論、その後の保護手入についても十分慎重な態度で臨まなければならない。(4)

このように記念植樹された樹木は特別な存在となり、崇敬の対象となり得る。その根底には樹木に霊性を認める樹木信仰が備わっているとみられるが、換言すると記念植樹というのは「霊木・神木をつくる」行為であるともいえる。「樹木は生物界における最大、最長寿のジャイアントであり、人類と共存する自然界の支配者である。その数千年にわたる天変地異に耐えて生存する有様は敬意と感謝の念をもって人類からたたえられる価値がある(5)」という三浦伊八郎氏（帝国森林会三代目会長で本多静六の娘婿）の言葉のとおり、陸上のあらゆる生命体の中で最も長寿たり得るとされるのが樹木であり、丈夫に育成すれば数百年、数千年と生き続けることが可能な記念物となる。この自然科学にまたがる点も記念碑や記念像との差異であるといえよう。

第二節　記念植樹の形態――記念樹・記念並木・記念林――

記念植樹というと、おそらくは紅白のリボンで装飾されたスコップやショベルを手に、一本ないし数本の苗木に厳かに土をふる、といった光景がイメージされるであろう。しかしながら近代日本の記念事業としての記念植樹は、農商務省山林局をはじめ林学者や造園学者によって次のような形態に分類されていた。

まず一つ目は右記の苗木の記念樹植栽である。記念式典などで目にするセレモニーとしての記念植樹がこれである。二つ目は列上に植栽される記念並木や記念行道樹（こうどうじゅ）、三つ目は森づくりを目的とした記念林造成である。この分類で注意すべきは、記念並木の設置といった現在の感覚ではおよそ記念植樹らしからぬ「大木の移植」もまた同列に記念植樹の一形態として扱われている点である。このことは本多の『記念植樹の手引』に「一名大木移植法」という副題が付けられていることにも明らかである。この見解については、たとえば本多が同時期に会長を務めた帝国森林会が大日本山林会とともに発行した『御即位記念植樹の勧め』の「記念植樹の概説」を参照すると、

> 記念植栽の様式は、造林、個樹植栽及び行道樹植栽の三種を主義とするも、其場所と事情とに依り、森林の保護、更新施設、砂防及び荒廃地復旧工事、森林基本調査、施業案編成、天然林の撫育事業、森林公園の設定等を以てするも可なり。(6)

とあるように、記念樹植栽、記念並木や記念林の造成に限らず、森林の保護・整備や公園設置に関する記念事業一般を「記念植樹」とみなしていたことがわかる。記念事業として記念植樹を推奨した本多はまた、

> いろ〳〵記念事業はありませうが、その内でも樹木を植ゑるといふことは、だん〳〵生長してゆくといふ点から見ても、御大典記念としてはもつとも適当なものと思ひます。その方法としてはいろ〳〵ありませう。

地方によつて山のある所なら山林、都市ならば街路樹、また学校、神社、仏閣等ならば大木となる記念樹、更に各個人の家ならば松でも桐でも何んでもい、家の周囲なり庭なりに植ゑるといふやうに土地と場所柄に応じて適当な方法で適当な樹木を植ゑるやうにしたらばと思つて居ます。(7)（傍線筆者）

と論じている。本多の高弟である造園学者上原敬二もまた同様に「記念植栽はこれを三種に分けることができる(8)」としたうえで、それらを「記念樹植栽」、「記念並木」、「記念林」に三区分している。今日的にみれば苗木による「記念樹の植栽」をもって記念植樹とみなす傾向が強く、大木移植をともなう並木造成や森林造成を「記念植樹」に含めることには違和感を覚えるであろうが、農商務省発行の『記念植樹』においても、「而して植樹及植林の如きは記念として真に好個の事業なり(9)」（傍点筆者）と語句の使い分けがなされていることから、当時としては記念植樹に係るこうした分類が林学界あるいは造園学界といった実学のうちに一般的だったとみられる。冒頭で述べたとおり「記念植樹」という言葉は広辞苑にさえ立項されていない行為を示すタームだが、このような複雑な背景や今日的な理解とのギャップが定義を困難にする要因になっているのであろう。

　しかしながら当時の記念事業にともなう山林政策や都市緑化政策を調べていくと、実際に儀礼としての記念樹植栽式とあわせて記念林や記念並木の造成が行われるケースが少なからず見受けられる。加えてこのスタイルは今日、毎年春の風物詩となった全国植樹祭に継承される植樹法であり、近代日本の記念植樹の構造とその流れを把握するために、彼らが分類した形態に沿って検証することは有効であろう。よって本書においてもこの分類法に従って考察を進めることにする。

　なお、この基本的な三種の形態に加え、本書では神社仏閣など宗教施設等に樹木を奉納する行為、いわゆる「献木」という行為も記念植樹の一種として組み入れることとした。寄進植（きしんうえ）または信心植（しんじんうえ）(10)とよばれる献木は神社仏閣等に何らかの記念や祈願の意味を込めて奉納される樹木を指す。献木の特徴的な点といえばその樹木を奉納した本人の手を離れて間接的に世のため人のために貢献するところであろう。

いずれにせよ、近代日本で主に公式の場で行われた「樹木を植える」という記念事業は、このように用途にあわせて形式を変えて取り組まれてきた一面があることをまず押さえておく必要がある。以上の三つの方法を踏まえ、それぞれの具体的な内容を見てみることにする。

（1）記念樹の植栽（単木）

三つのスタイルに分類された記念植樹という行為について、それぞれの形式を本多の教え子にあたる上原敬二の『樹木の美性と愛護』（一九六八年）に即して検証する。

第一のスタイルは「記念樹の植栽」である。「事実発祥の地に近く特に選ばれた樹木を記念事実に最もふかい人たちすべてをあつめて植えさせる行事[11]」と定義された儀式的な植樹である。後世まで永く生長させることが目的である故に、当然、樹種の選定や生育状態の調査、取り扱い方に万全の努力を必要とする。これは先に紹介した本多の言を継承する定義といえる。

今日では広く一般に普及した記念樹の植栽式だが、近代の例では明治一二年（一八七九）に営まれた米国元大統領のグラント将軍訪日記念植樹式や、明治二三年（一八九〇）に皇太子時代の大正天皇が帝国大学付属の植物園を訪れ、その行啓記念として「赤松、公孫樹、ニホヒヒバ、ユリノ木五株を御手栽[12]」したという記録がある。また大正一一年（一九二二）一一月には香川県善通寺において摂政宮裕仁親王による稚松のお手植えが行われ[13]、翌一二年五月には皇后となる久邇宮良子女王が摂政宮の松の隣へ稚松を植樹したという記録[14]があるが、翌年二人は晴れて結婚の儀を迎えることになる。

近年では小柴昌俊氏のノーベル賞受賞記念植樹式（カイノキ）が東京大学構内で行われた例[15]や、岩手県宮古市においては東日本大震災の犠牲者慰霊および復興祈願のため、「醍醐桜」で知られる太閤秀吉ゆかりの桜樹が京都・醍醐寺仲田順和座主の柴燈護摩とともに植樹された例がある[16]。

ちなみに記念樹の特徴の一つとして、枯死した場合などに継承樹が植え替えられることがある。この点については、上原によれば戦前、宮家によって植樹された記念樹の維持には重責が課せられ、万が一枯れた場合には責任者は「まことに恐縮[17]」したという。こうした場合の対応策として宮内省は協議の末、天変地異等の不可抗力によって失われた場合は、同種の樹木を同一の場所に植え替えて差し支えないと定め、内務省経由で地方庁に通牒した[18]。昭和二年（一九二七）一〇月四日付の東京朝日新聞には実際に「お手植の樹は枯れたら代木に　永年の問題解決して喜びの地方民」とある。記事では、

> 聖上陛下をはじめ奉り皇族殿下が各地に行幸又はお成りの場合、地方庁や土地の人々から記念樹のお手植を願ひ出る事はたび〳〵ある事であるが、気候風土の関係から枯れたり地震又は風水害等のためにあたらお手植の記念木が失はれる事が珍しくない、かうした場合、その土地の人々は非常に恐縮して、ひそかに代木を植ゑて事実をこ□しようとし却て不敬事件など起す事などあり……[19]

と報道されているように、当時としては一大事だったとみえる。

こうした継承樹の場合、論点となるのがオーセンティシティの問題であろうが、なお、現在のユネスコ世界遺産の価値判断を参照すると、たとえば一九九〇年の内戦で爆撃によって破壊されたボスニア・ヘルツェゴビナの中心部に架かる記念碑的な橋梁「モスタルの橋と旧市街地」の復原に関しては、「ほんものかどうかより、忘れてはならないことの証として十分価値がある[20]」という見解が示された。世界遺産高野山金剛峯寺に伝わる弘法大師ゆかりの「三鈷（さんこ）の松」もまた七代目の継承樹である。記念樹の中には文化財に登録されるような価値あるものもあろうが、継承樹を植え替えるかどうかの判断基準としてユネスコの見解は参考になろう。

（2）　記念並木（列上植栽）

第二は記念並木（記念行道樹とも称す）である。行道樹とは街路樹を指す。並木と街路樹の違いは、学校や公園、工場などの広い敷地内に列上に植栽される樹木帯を並木と称し、街路樹は一般道路に植栽されるものとして大別されるが、一般的にはいずれも「並木」の呼称が通りよく、記念といえば「並木」であろう。(21) この植栽の場合は次例の記念林と同じく樹木の集合体の形をとるが、「収益を目的とするのではなく、完全なその樹種特有の姿態を具現することを主眼(22)」とするものであり、風致上のデザインが重視される。つまり生長した樹木の美しいその姿かたちを見せることが記念並木の使命といえる。

日本における並木という形態は古代に遡り、天平宝字三年（七五九）、東大寺の普照法師の建白に基づき中央政権が旅人の休息のための木陰、あるいは非常時の食料用に、駅路の両側へ果樹を植えたことが嚆矢とされるが、本格的な並木の普及は徳川幕府の街道整備にあるといわれる。(23) 近代的な並木の例では慶応三年（一八六七）にマツとヤナギが横浜の馬車道通りに混植され、(24) 東京では明治八年（一八七五）、市街地の衛生上の理由から「擁道樹」論を講じた農学者津田仙によって、ニセアカシアやシンジュといった外来種が大手町の道路に植え付けられた。(25)

何かを記念して植栽された並木の例をあげると、古くは相州甘縄の領主松平正綱父子が寛永二年（一六二五）から二〇余年の歳月を費やして献植した日光杉並木（特別史跡・特別天然記念物）のような寄進の並木道が名高いが、近代の例では明治天皇の偉業を記念する神宮外苑の聖徳記念絵画館前や大正天皇の多摩御陵地（浅川村）に植栽された並木などがあげられよう。

記念並木の設置には道路の付属物としての並木設置よりもさらに「深い配慮」が必要である。つまり一般街路樹の効用と同様に風致美観、環境衛生や緑陰効果が求められるのはもちろんのこと、「何事か記念とするに足る重要なことが起こった場合、これを後世に伝える一つの手段」として植栽される故に、その樹種特有の完全な生長を促すべく保護・手入れを行い、周囲の環境と調和した美観や荘厳さを永続的に保つことが不可欠になるという。[26]このように総合的にデザインされた美観の保持が記念並木の目的に位置づけられることから、造庭の祖と称される長岡安平は「行路樹を植ゑ附くるに当つては、同年生の樹木を幾らか保存して置いて、若し欠けた時は、同じ木を植ゑて美観を害は(そこな)ぬやうに準備して置かねばならぬ」[27]と指南した。

なぜそのような配慮が必要であるかといえば、それは並木という形態そのもの以外に「別な何か」を表現し、それを際立たせる役目が付与されているからである。この「別な何か」とは、たとえば見る者の視線を記念すべき事柄一点に収斂するヴェルサイユの並木道に見られるもので、それはルイ一四世の絶対権力を表象し[28]、並木はそれを誇示するための演出であった。あるいは日本に目を向ければ、東京大学安田講堂前の銀杏並木は明治四五年（一九一二）に正門が建立された際、大学を象徴する大講堂建設の志を抱いた濱尾新総長の「正門内道路の左右に公孫樹を列植せるも、亦(また)大講堂に達する道を飾らんが為めなり」[29]という将来の姿に希望を託して整備されたものである。それは震災復興事業で建設された記念碑的な大建築に厳粛な雰囲気を醸し出すための装置として作用するところとなった。

また前述の聖徳記念絵画館前の並木道を例とするならば、それは手前から奥に向かって、勾配に従い背の高い樹木から順に植樹する（「最高二〇尺、最低一三尺」）、遠近法を用いた列上植栽によって実現されたという。当時、特にこの並木の揃いが美しいといわれたのは、明治神宮林苑課に務めた田阪美徳によれば、この銀杏がすべて新宿御苑出身の同年齢の兄弟姉妹樹であるという理由による。[30]

今日においては並木がもたらす文化的景観が尊重されるように、記念並木というのはその美観において近代的都市景観を現出する一役を担っているのである。

（3）記念林（集合体）

第三の記念林の造成は、端的にいえば「記念に森をつくる」ことである。第二の例と同じく樹木の集合体という形式をとり、大規模な植林計画によって収益をあげるための施業林もまた記念林造成の目的に数えられる。植林された森は適当な時期に伐採され利用されるケースもあるが、しかし純粋の林業と違い風致性の考慮を必要とし、収穫以上に景観が大切にされる部類の森づくりに位置づけられる。(31)

近代の例では、殖産と教育を目的に文部省が奨励した学校樹栽活動（第Ⅲ部第一章参照）などが該当する。一方、神社仏閣など宗教施設に奉納される献木で造成される記念林については、そこで生長した樹木は将来の社殿建設資材として運用される場合もあるが、主に国民の献木から成る「明治神宮の森」のような神苑づくりを目的とした造林は、永遠の維持・保存を目的とする記念の森であり、これらの中で最も記念碑性が尊重されたかたちの森といえる。

こうした記念林の植栽は主として公共団体など組織単位で行われるが、第一例にあげた単木の記念植樹とあわせて実施されるケースが多く見られる。つまり山での実践的な植林活動を行う際に、セレモニーとして若木の記念植樹式を同時に行うという形式である。たとえば天皇皇后両陛下のお手植え式のあとに、地域諸団体で大掛かりな植樹活動が行われる全国植樹祭もこのスタイルをとる。山に入る際の安全祈願という意味もあろうが、同時に後世まで永く山を守るという意味を込めた儀礼的行為であるともいえる。山入りの安全祈願としては、後述する「鳥総立（とぶさたて）」の儀式や「山神を祭る」神事が古来、営まれていた。大規模造林とまではいかないが、高野山金剛峯寺境内で行われた悠仁親王生誕記念植樹式では、金剛峯寺座主によるコウヤマキ（樹高二・五メートル）の記念植樹とともに、参列者によって壇上伽藍の池の周囲にヤマアジサイとヤマブキが計二〇〇株植樹された例もある。(32)これらは花々で境内を彩る庭園づくり、すなわち記念の造園を目的としたものといえるであろう。

以上、単木の記念樹植栽、列上植栽の記念並木、集合体の記念林という記念植樹の三形態を概観したが、この区分法は次章でとりあげる環境省の「巨樹・巨木林フォローアップ調査」においても「単木、並木、樹林」[33]として採用されていることから、農林学の分野における基本的な類型区分と捉えることができよう。

（1） 張文成「破愁成笑 遂奥奴曲琴 取相思枕 留与十娘 以為記念」（醍醐寺蔵古鈔本影印）『遊仙窟』今村与志雄訳、岩波書店、一九九〇年、二七七頁。該当箇所の訳は次のとおり。「私ははっとおどろいて、いままでの悲しみは笑顔と変わった。それから腰元の曲琴に命じて鴛鴦の枕をとりよせ、形見にと十娘へ贈りながら、それにことよせて歌った」『幽明録・遊仙窟他』前野直彬・尾上兼英訳、東洋文庫四三、平凡社、一九八七年、二三二頁。

（2） その他にも、思い出す、記憶、過去を追念するという意味がある。中村元『広説佛教語大辞典下巻』東京書籍、二〇〇一年、一三三〇頁。

（3） 本多静六「天然記念物特に名木の保護」『大日本山林會報』三四四号、一九一一年、三頁。本多静六『天然紀念物と老樹名木』（南葵文庫に於ける史蹟名勝天然紀念物保存協会講話）、一九一六年一〇月二八日、四頁、九州大学附属図書館所蔵。

（4） 本多静六「記念樹の植栽と其の手入法」『庭園と風景』一五巻一二号、一九三三年、三五四頁。

（5） 三浦伊八郎氏が『日本老樹名木天然記念樹』の「序（一九六二年一〇月一五日）」に記した言葉。帝国森林会編『日本老樹名木天然記念樹』大日本山林会、一九七六年（『写真図説日本巨樹名木大事典四』大空社、二〇〇九年）。

（6） 『御即位記念植樹の勧め』大日本山林会・帝国森林会、一九二八年、四頁。

（7） 「御大典記念事業に全国的の造林計画」東京朝日新聞、一九二八年一月一五日付。

（8） 上原敬二「記念植栽」『樹木の美性と愛護』加島書店、一九六八年、一八一～一八二頁。

（9） 農商務省山林局『記念植樹』一九一五年三月、緒言。

（10） 筒井迪夫「寄進植」『森林文化への道』朝日新聞社、一九九五年、九〇～九一頁。

（11） 上原敬二『樹木の美性と愛護』（前掲注8）、一八一頁。

（12） 明治二三年一一月三〇日。東京帝国大学『東京帝國大學五十年史 上』一九三二年、一〇七四頁。

（13） 四国大演習の観兵式を終えた摂政宮は、一一月一九日古義真言宗善通寺へ行啓、御影堂と車寄せの間（山階宮晃親王御手植松の傍ら）に稚松を植樹したという記述がある。善通寺住職佐伯宥粲謹話「摂政宮殿下の行啓を仰ぎて」『六大新報』九九三号、一九二二年一二月一〇日、六頁。善通寺市教育委員会市史編さん室『善通寺市史第三巻』善通寺市、一九九四年、九六五頁。岡本貴久子「空海と山水―「いのち」を治む」末木文美士編『比較思想から見た日本仏教』山喜房佛書林、二〇一五年。善通寺以外でも県下の各学校等でお手植えが行われた記録がある。『東宮職 行啓録一九 南海道ノ部 大正一一年』（識別番号二九九二七‐一九二）、宮内庁書陵部宮内公文書館所蔵。

（14）「久邇宮殿下善通寺へ御成」『六大新報』一〇一五号、一九二三年五月二七日、一四頁。蓮生観善『善通寺史』総本山善通寺編集局、一九七二年（一九三二年九月）、三八～三九頁、一四四頁。龍田宥量編『大本山善通寺案内』大本山善通寺御遠忌事務所、一九三四年、一九～二〇頁。二本の記念樹は善通寺玄関前に大きく育っている。善通寺にて宝物館学芸員松原潔氏のご案内で見学させていただいた（二〇一三年八月二二日）。

（15）「小柴名誉教授ノーベル物理学賞受賞記念に「学問の木」を植樹」二〇〇三年一月一六日、東京大学理学部一号館前。『学内広報』東京大学公報委員会、一二五五号。

（16）「鎮魂と復興を願い柴燈護摩、植樹式執行　於宮古市」『神變』一一八四号、二〇一二年七月、一二～一七頁。「復興の花　咲かせて 醍醐桜、宮古に植樹」京都新聞、二〇一二年五月二八日付。

（17）上原敬二『樹木の美性と愛護』（前掲注8）、一九六頁。

（18）「お手植の樹は枯れたら代木に」東京朝日新聞、一九二七年一〇月四日付。

（19）同前。

（20）黒田乃生「世界遺産はだれのため？　登録への長い道のり」『文化資源學』一〇号、文化資源学会、二〇一二年、二〇頁。

（21）桜井廉『街路樹と並木』小学館、一九八六年、一三九頁。

（22）上原敬二『樹木の美性と愛護』（前掲注8）、一八二頁。

（23）平澤毅「近世以前の日本における並木の成立と発展」『国際交通安全学会誌 IATSS Review』、二二巻一号、一九九六年五月、四頁、七～八頁。

（24）「近代街路樹発祥之地」の碑があるという。白幡洋三郎「近代都市計画と街路樹―日本の場合」『京都大学農学部演習林報告』五六号、一九八四年一一月、二一一頁。

（25）同前、二一三頁。「内務省の表門前通りへ津田仙さんが出張して天竺産の神樹（エーランチス）の苗木を植付られました」読売新聞、一八七八年四月一二日付。津田

仙「擁道樹」『農業雑誌』九一号、学農社、一八七九年一〇月一五日、四四三〜四四四頁。

（26）上原敬二『樹木の美性と愛護』（前掲注8）、一八〇〜一八二頁。

（27）長岡安平「都市の行路樹（明治卅六年稿）」井下清『祖庭長岡安平翁遺稿』文化生活研究会、一九二一年、五五頁。

（28）オギュスタン・ベルク『日本の風景・西洋の景観そして造景の時代』篠田勝英訳、講談社、一九九〇年、一七九頁。

（29）大正一〇年五月六日、建設寄附を申入れた安田善次郎と古在由直総長との会見後、一二月に略設計図完成、翌年一二月工事に着手するも大震災に遭遇、一三年四月一日工事再開、一四年七月六日にようやく竣工式挙行となった。「大講堂」『東京帝国大学五十年史 下』一九三二年、六六二頁。『東京大学百年史 通史二』東京大学百年史編集委員会、一九八五年、四一四〜四一五頁。

（30）一九〇八年、宮内省内匠寮の折下吉延が新宿御苑在来のイチョウ樹から銀杏を採取して南豊島御料地苗圃に播種した。田阪美徳「幸福なる兄妹樹」『都市公園』二号、一九五六年、二〜四頁。

（31）上原敬二『樹木の美性と愛護』（前掲注8）、一八二頁。

（32）二〇〇六年一〇月二五日、壇上伽藍蓮池の岸で悠仁親王御誕生記念に資延敏雄座主が「お印」のコウヤマキを記念植樹、ヤマブキやヤマアジサイ二〇〇株も植樹。「金剛峯寺 高野槇を記念植樹」毎日新聞（和歌山版）、二〇〇六年一〇月二六日付。

（33）全国巨樹・巨木林の会編集協力『巨樹・巨木林の基本的な計測マニュアル』環境省自然環境局生物多様性センター、二〇〇八年、四頁。

第二章　記念植樹をめぐる歴史的諸相

第一節　前近代と近代をむすぶ記念樹の文化史

前章で記念植樹の定義から近代における記念植樹を取り巻く歴史的、社会的な背景を検証し、その具体的な三形態について確認を行ったが、本章ではこれらを踏まえ、環境省の「巨樹・巨木林」調査や古代の神話や文学等により、老樹や巨樹、名木として尊重される近代以前の記念樹のあり様とそれを取り囲む山林の状況について論述する。

（1）今なぜ「緑の国勢調査」か――環境省「巨樹・巨木林フォローアップ調査」――

巨樹の大きさを測ってみませんか。巨樹巨木は、間違いなく私たちよりずっと早くこの世に生まれ、私たちよりずっと先の時代まで生き延びていくでしょう。……子供たちが大人になったとき、もう一度大きさを測る機会が来るでしょう。子供たちの子供たちもまた、この巨樹を仰ぎ見ることでしょう。そのときどのくらい大きくなっているのか、未来の子供たちが知ることができるように。(1)

これは環境省自然環境局生物多様性センターが推奨する巨樹測定マニュアルの巻頭メッセージである。大人も子供も、自然との新しいより良い関わり方を見つけてほしいという願いから、大木を測ることで山の老樹や巨樹に親しむ機会を増やそうと提案する企画である。「巨樹巨木は、間違いなく私たちよりずっと早くこの世に生まれ」という文言に見るように、巨樹や老樹をとりまく歴史やその土地の文化を学ぶことを勧めるものでもある。それら長く守られてきた巨樹・老樹にはその持ち主がいることが多いため、こうした調査にはその地方の住民の協力が欠かせないとして、親子で実地調査に取り組み、あわせて自然環境や巨樹をめぐる山里の暮らしについての理解を深めるといった学習上のねらいも込められている。

次に具体的な取り組みを見てみよう。同センターでは昭和六三年（一九八八）より「緑の国勢調査」と称する全国の巨樹・巨木林の調査を行っている。これはわが国に生育する巨樹や巨木林の現況を全国規模で把握することを目的とする、いわば「樹木の国勢調査」だが、正式には「自然環境保全基礎調査　巨樹・巨木林フォローアップ調査」[2]（以下、「巨樹・巨木林調査」と略）と呼ばれる。

この調査では「単木・並木・樹林」という三種の類型区分に基づいて巨樹が実測されるが、ここで対象となる「巨樹」とは地上から約一三〇センチの位置で幹周が三〇〇センチ以上の樹木を示す[3]。この定義は、旧環境庁が巨樹や巨木林の調査を開始した昭和六三年に定めた統一基準で、今では一般的な基準になっているという[4]。

ちなみに同調査の先輩格にあたる本多静六の『大日本老樹名木誌』（一九一三年）を参照すると、同時代における巨樹の定義は「樟、欅、杉、公孫樹は目通り周囲二丈以上、松は一丈五尺以上、桜は一丈以上[5]」となっているが、一丈以上、すなわち約三〇〇センチを基準とするところは今日に継承されているといえよう。

巨樹・巨木林調査の内容について実際に使用されている「巨樹・巨木林調査表」を確認すると、各樹木の種類や樹齢、寸法、接木の有無やＧＰＳ測定値、周囲の気候環境や動植物の生息の有無といった科学的調査に必要な項目のほか、文化財保護指定の有無やその樹木に備わる通称名や由緒、故事・伝承、信仰、禁忌といった人文的項目も含まれている。樹木を文化財的存在として取り扱うのは文化庁の管轄だが、環境省（旧環境庁）がこれまでの自然科学的な調査にこうした文化的な視点を導入し、樹木をめぐる環境の総合的な調査を行うことは意義あることである。なぜなら自然環境の中にある樹木というのは決してすべてが単なる自然物としてそこに自生しているのではなく、記念に植栽された記念樹を含めて、それぞれに歴史的、宗教的、社会的な背景があってはじめて生育する樹木も存在するからである。

この点については、本多が日本全国の老樹巨木調査において、その大きさに限らず「特に誌すべき由緒、伝説等を有するもの、若しくは特に著名なる」樹木を重視したところにも見出される。本多に言を借りれば、老樹名木は一般生物学上の資料として必要とされるのみならず、「何れも数百年、若しくは千余年間、其地の歴史と共に生存し、最も能く其地方の過去を聯想せしめ、大に地方歴史上の考証」の参考となる。本多はこれを「生きたる記念碑」[6]という言葉で表したが、こうした地域に伝わる老樹巨木を大切に見守ってゆくことは、故郷を愛する心、ひいては国を愛する心の基礎となり、風致風教上にも大いに貢献すると論じている[7]。

今日の調査報告（第六回平成一一・一二年度調査[8]）によると、巨樹の樹種で最も多かったのはスギであり、二位がケヤキ、三位にクスノキ、ついでイチョウ、スダジイが続く。所有者の割合は社寺が全体の五七％を占め、信仰対象となっている巨樹は全体の約二二％、樹種別ではスギ、シイ、サワラ、ヒノキが三割近い。名称や通称のある巨樹は約一六％で、その樹種はイチイ、サクラ、マツに多く、故事伝承を有する樹木は全体の五・六％との報告がなされている。地域分布性については、幹周一二メートル以上の巨樹一一七本が三九都府県に分布し、そのうち鹿児島が一三本と最多であるが、この中には日本一の巨樹という蒲生のクスノキも含まれる。

文化財保護指定については指定有りが約四五％、多くは天然記念物指定等である。保護指定が半数に満たない点については、指定を受けることによって種々の制約が課され不利益を被るといった理由から辞退する所有者も少なくないと聞く。しかし近年伐採された巨樹のうち約八割近くが何の指定も受けていなかったという今回の調査結果は、文化財保護指定のあり方に再考を促す検討課題になると思われる。

全国の巨樹に関するこうした調査報告は単なるデータに過ぎないが、巨樹に備わる風格や存在感といった有形無形の価値は見る者の感性によるものであり、直接その樹木と触れ合った者にしか知ることの出来ない貴重な情報が得られるとして、同センターはこの取り組みを推奨する。本章冒頭のメッセージに見るように、実地体験を通して「何百年にもわたるその木と人の歴史を知ること、その背景に想いを寄せること、この感動を次の世代に受け継いでいくこと」(9)がこの調査の本来の目的なのである。次に記す巨樹測定マニュアルの最後に書かれた「里の約束」、「山の約束」にはそうした理念が顕著である。

〈里の約束〉
巨樹には私有の木がたくさんあります。調査の前には必ず所有者に挨拶し、先祖代々木を大切にされてきたことに感謝と敬意を表しましょう。

〈山の約束〉
巨樹の多い場所は、古くは神聖な場所や信仰のための通り道である場合が多いようです。もし、神様が祀られているような祠等に行き当たったら失礼のないようにし、巨樹の残ってきた意義を考えてみましょう。

(2)　お手植え伝承と史蹟名勝天然記念物

環境省による巨樹巨木林調査の目的からもいえるように、樹木を単なる自然物としてではなく、文化的・歴史的な存在として見ることの重要性は明らかであろう。そこで本節では、同調査報告でも明示された「故事伝承」

を有する記念樹の文化財保護制度における位置づけに注目したい。

神社仏閣の境内には、信仰の対象となる神の憑代として保護されている神木や勧請木をよく見かけるが、こうした樹木の場合、何らかの故事伝承がその一本の木を名木ならしめる所以となっている例が少なくない。たとえば国や地方自治体の天然記念物として指定されるような巨樹・巨木には、お手植え伝承をはじめ高僧の杖や殿様の箸から芽が吹いたというような、挿し木伝説等が付随しているケースが認められる。わが国の文化財保護法において、天然記念物というのは「動物植物及び地質鉱物のうち学術上貴重で、我が国の自然を記念するもの[10]」を指し、そのうちの「植物」は、名木、巨木、畸形木、栽培植物の原木、並木、社叢等が対象となる。

例をあげれば弘法大師が創建したという港区麻布十番に位置する麻布山善福寺の大銀杏（国指定天然記念物）、通称「逆公孫樹」（杖公孫樹）[11]には親鸞上人が地に刺した杖が根を張ったという伝承がある。また戦国時代に武将が篤い信仰を寄せ、家康が神領五〇〇石寄進したという武蔵国総社六所明神、今日の府中大國魂神社前の国指定天然記念物「馬場大門ケヤキ並木」には、遡ること永承五年（一〇五〇）六月一九日、戦勝祈願で参拝した源頼義、義家父子が奥州征伐凱陣の戦勝報賽として記念にケヤキ苗一〇〇〇本を社地に植樹したという逸話がある。時代は下り、近世初期には大坂の陣の報賽として左右馬場に二本が寄進植栽され、堤には並木が植栽された。だが正保三年（一六四六）の火災により神社も類焼、のちに家綱が家康の造営を手本に六所宮の再建をはかり、寛文七年（一六六七）三月にケヤキ並木を補植したといわれる。ただしその神社縁起の古記録も焼失し、現存する由緒に関する史料は近世になって書かれたものと社伝に断り書きがあるとして、史的根拠に乏しいという報告[12]がある。

故事伝承をともなう樹木のうち、いかなる内容の言い伝えが付随しているかという個々の点については、先の『大日本老樹名木誌』、環境省自然環境局生物多様性センター発行の「巨樹・巨木林データベース[13]」、渡辺典博

『巨樹・巨木（日本全国六七四本）』（山と渓谷社、二〇〇六年。初版一九九九年）、『続巨樹・巨木（日本全国八四六本）』（同、二〇〇五年）によって全国の巨樹・巨木を一覧すると、国や都道府県市町村を問わず天然記念物として文化財に指定された樹木の多くが、何らかの記念にお手植されたという故事を有していることがわかる。したがって天然記念物の選定には記念植樹の伝承の有無もまた判断の要素の一つとして価値づけられているといえる。

一方、こうした故事伝承が備わっていても指定のないものに関しては、樹齢が百年に満たないものや二代目、三代目といった継承木、細工が施された樹木、あるいは先述のように指定を受けることによって何らかの不利益を被るといった理由から持ち主が辞退したということが考えられる。

ところで樹木に付属する伝承の真偽の程については、先にあげた馬場大門ケヤキ並木に伝わる由緒書そのものの根拠が乏しいように故事伝承の真贋を逐一確証するのは極めて困難である。今日の科学的な年代測定による樹齢と伝承の植樹年代が異なるケースも往々にしてある。あるいは神話上の人物による植樹などは検証のしようがない。

たとえば素戔嗚尊（すさのおのみこと）の植樹などは、「杉の大杉（国指定特別天然記念物）」（高知県大豊町・八坂神社）、「素桜神社の神代桜（国指定天然記念物）」（長野県長野市）に伝わっている。人物の存在そのものが伝説であるという若狭の尼僧八百比丘尼が植樹したと伝わる樹木は、「八百杉（国指定天念記念物）」（島根県隠岐の島町・玉若酢命神社）、「倒さ杉（県指定天然記念物）」（石川県珠洲市・高照寺）、「国見のイチイ（市指定天然記念物）」（長野県長野市）がある。実在の人物ではあるが日本各地に散見する弘法大師の挿木伝承[14]もまた然りである。

無論、本考察の目的は伝承の真贋を逐一確認することなどではない。伝承の真偽はさておき、何らかのいわれを有する記念樹というのはその土地において大抵、大切に扱われるものである。したがって、なぜこうした記念植樹の故事伝承が全国各地に散在し、語り継がれる現象が起きたのか、という本質的な問題を解き明かすことこそが重要である。というのも、この現象は日本の近代化政策の一環である、のちの文化財保護法につながる「古社寺保存法」（明治三〇年）や「史蹟名勝天然記念物保存法」（大正八年法律第四四号）等の名所旧蹟をめぐる法令の制定とそれにともなうインフラ整備の推進が深く関わっていると考えられるのである。

（3）国民教化の背景と史蹟名勝天然紀念物保存協会

明治三〇年（一八九七）の「古社寺保存法」制定にはじまる近代日本の文化財保護行政が、「旧蹟」の保存と文化的「伝統」の顕彰を図る政策であったということはよく知られていよう。ネーションステーツ形成期にあたり、この法案と同時に施行された主に保安林を規定する森林法（明治三〇年）による国土整備の側面を含めて、列強に匹敵する一流の近代国家を目指すにはその国独自の伝統文化を保持していることが不可欠であるとして、文化財保護制度の整備が急がれたのである。ここでいう保安林とは国土保全のための森林（災害防止や名所旧蹟の風致向上などを目的とする）を指す。ことに岩倉具視や伊藤博文らが中心となって推進した国民教化政策の一環である明治天皇聖蹟調査の方針は、高木博志氏の『近代天皇制の文化史的研究』[15]でも述べられているように、第一に欧州の王室に倣い宮家とゆかりある社寺や宝物、陵墓、史蹟名勝等の全国調査を行い、それらに対する保護規制を敷くことにあった。

このうちの史蹟名勝の保存については、愛郷心の育成を説く各地方の郷土保存協会の動向も手伝って[16]、明治四四年（一九一一）三月に帝国議会ではじめて法案が審議される。学界の動きとしては明治四五年（一九一二）五月、東京帝国大学の文学博士黒板勝美が「史蹟遺物保存に関する意見書」[17]を『史學雜誌』に発表する。周知のとおり黒板は高野山宝物調査に尽力した歴史学者である。

こうした潮流にあわせて大正期には自然科学の分野においても新たな動きが現れる。植物学が専門の理学者三好学を筆頭に、同じく植物学の分野から男爵田中芳男、また侯爵徳川頼倫らが大正三年（一九一四）九月、プロイセンの天然記念物保存中央委員会会長コンヴェンツ博士（Hugo Conwentz）に倣い、史蹟名勝天然紀念物保存協会を立ち上げる。三好はドイツ留学中にコンヴェンツの自然保護運動に感化され、明治三九年（一九〇六）に名木保存を論じた。のちには病に侵された吉野桜や円山公園の老桜に治療を施すなど天然記念物の保存に尽力した桜博士として知られる。(18)

記念物を保護する動きについては、ドイツでは帝国が成立する一八七一年以前、カッセル（一七七九年）、バイロイト（一七八〇年）、プロイセン（一七九四年）における歴史的記念物保護の法令制定に遡る。一九世紀初頭にはナポレオン侵攻による文化財の破壊や散逸が懸念され、城郭や城砦を中心に中世の公共建造物やローマ遺跡を守るためのリストづくり（Denkmalliste）が行われた。国内の記念物を把握することは古来、国家の責務であったといわれる。(19)

ドイツを手本とした日本の史蹟名勝天然紀念物保存協会は雑誌『史蹟名勝天然紀念物』(20)を発行し、各地方における自然物や植生調査等を通して国民の愛郷心を啓発する活動を推進する。ここでいう愛郷心の啓発について、特にドイツの場合は一九世紀後半から二〇世紀初頭にかけて工業化にともない郷土を離れる人びとが増え、農業人口が減少する一方、新たな農業の担い手となる外国人が多数流入して人口変動が生じたことから、自国文化や民族性を尊重する郷土保護に関心が高まったことが背景にあった。(21)一八九〇年代のこうした傾向は、近代化を促進するビスマルク政権への反動から生じた反近代主義の動きであり、自然の中にこそ本来の人間的な生活があるという思想の現れを意味するものであった。(22)

一九〇四年（明治三七）にドレスデンで設立されたドイツ郷土保護連盟を中心とするハイマートシュッツHeimatschutz運動（郷土保護運動）は、史蹟名勝天然紀念物保存協会のいわば手本となった活動だが、このドイツ郷土保護連盟の呼びかけ人には先のコンヴェンツも名を連ねていた。ハイマートシュッツの目的は、自然破壊や風景の悪化を避けるべく、具体的には、①記念物保存、②伝統的な農家や町家の建築工法の保存、③廃墟を含む風景の保存、④原産の動植物と環境の保護、⑤動産としての民芸の保存、⑥慣習・風俗・祭礼および民族衣装の保存をドイツ政府に働きかけることにあった。ドイツに限らずイギリスでは一八九五年に民間の非営利組織によるナショナルトラスト運動が起こり、フランスでは一九〇一年にフランス風景保護協会ＳＰＰＦ（Société pour la protection des payages de France）が設立され、一九〇五年にはスイスで郷土保護会Schweizer Heimatschutzが発足するなど、史蹟名勝保護を唱える運動は近代化の進む各国に見られた。(23)

なお、史蹟名勝天然紀念物保存協会の評議員を務めた本多静六は、同協会にて「天然紀念物と老樹名木」と題する講話を行い、各地域で尊重される老樹名木の年輪に刻まれた郷土の歴史や伝承こそ「生きたる記念碑」の証であり、先のようにこうした記念樹を保護することが愛郷心や愛国心を養う源になると述べている。(24)

（4）史蹟名勝と故事伝承――歴史学者黒板勝美の論――

次に各地域に語り継がれる「伝承」の近代における位置づけを確認するために、黒板勝美による「史蹟」の定義を次に引用する。

一、地上に残存せる過去人類活動の痕跡中不動的有形物にして歴史美術等の研究上特に必要あり便宜を与ふるもの

二、変化し易き天然状態の過去人類活動と密接なる関係を有するものにして、偶(たまたま)今日にその旧態を留むるもの

三、厳密なる意味に於て右二類に属せざるも古来一般に史蹟として尊重せられ、特に社会人心に感化を及ぼ

せるもの[25]

第一については歴史や美術史上有用な文化財、第二については自然史上有用な文化財を示すのであろうが、これらはいずれも史実に基づくものである。一方、第三については事実よりも社会への影響力が優先されたものといえる。この点については鈴木良氏の論考「近代日本文化財問題研究の課題」に詳しいが、黒板は欧米の実状調査報告を踏まえ、スイスでは伝説上の人物ウィリアム・テルの史蹟が保存されている例をあげ、たとえそれが伝説や小説のごときであっても「古来一般に史蹟として尊重せられ、特に社会人心に感化を及ぼせるもの」であればこれを史蹟として認可すると主張した。黒板は次のように続ける。

テルが実在の人物にあらず、従ってテル伝説の史実たらざるも、亦た既に定論あり、然れどもテルは瑞西人(スイス)が久しく愛国者の典型として欽仰措かざる所なり、その伝説の社会人心に及ぼせるもの大なるを以て、彼等は旧に仍て之に関係ある地点を保存し、美なる瑞西の山河をして、一層詩趣に富ましむるにあらずや。[26]

このように国民の模範となるべくして「愛国者の典型」に位置づけられたテルの史蹟保存に鑑み、黒板が日本における例としてあげたのが楠公父子訣別の史蹟「桜井駅跡」である。

……史学上より論ずるも、国民の風教道徳の方面に於ける研究資料として、既に一種の史蹟と認めらるべきものなればなり、その顕著なる一例として、吾人はこゝに桜井駅趾を挙ぐるに止めんとす、桜井駅を以て楠公父子訣別の処となすは、専門学者の間に論議の存するありとするも、この美談が後世に於ける感化力の偉大なるは争ふべからざる事実にして、その趾の保存せらるべき価値は、実にこゝに存するといはざるべからず。[27]

要するに、専門学者の間における「論議」よりも「美談」が尊重されたかたちである。「伝統の創造」といわれるように、国民の文化レベルや愛郷心を高めるべく全国各地の史蹟や景勝地の保存地域選定の際には、時に伝説や逸話に依拠することを認めるなどして、文化財指定に結びつく社寺宝物や名所旧蹟の調査研究および保存対策が進められたわけである。この点について鈴木氏は、学術上の価値はもとより「皇国の歴史」の事績か否かが史蹟保存に関する格付け基準になったと論じている(28)。

(5)　史蹟をめぐる弘法大師の伝承と明治政府の宗教政策

素戔嗚尊や弘法大師の植樹にまつわる伝承は各地に散在する現象だが、前記の鈴木氏の見解を参考にすると、まず素戔嗚尊伝承を持つ記念樹は神道国教化政策の下、復古神道の思想と宮家との由縁によって保護されるべき対象になったと推察し得る。弘法大師伝承については前近代の宮中において尊崇された真言密教の開祖であったことが理由として考えられよう。加えて後代の聖が歩き伝えた説話を含め、諸国行脚の行く先々で数々の奇跡をおこし「弘法大師信仰」という民間信仰まで生じさせたといわれる空海である。こうした伝承の遍歴地もまた、史蹟として保護されるに相応しい記念樹を生み出したに違いない。

だが弘法大師については新政府との関係を少し考える必要がある。それは明治元年（一八六八）制定の神仏分離令において、神仏習合的で非文明的、呪術的要素を含んだ真言密教こそが矢面に立たされた宗派だったということである。

宮坂宥勝氏と梅原猛氏の「密教の再発見」によれば、鎌倉新仏教を主として、人間を中心に捉える宗派の教義は近代化を成し遂げようとする明治政府にとってはさほど問題にはならなかった。しかし平安仏教を代表する密教に見られるような大日如来を中心に据える自然神に対する信仰などは、明治政府のいわば目の敵とされた宗派であり、何よりもまず排斥の対象とされた。前近代において崇敬された弘法大師、つまり空海という人物像に対してもまた、維新後はまるで手の平を返したかのようにその全能的人間像が否定され俗物視されるにいたったと

いう。(29)

密教の教義の点では、高木博志氏もまた真言密教の秘儀である大元帥御修法や後七日御修法といった宮中における即位の勧請を例にあげ、宮廷の儀礼が神仏習合的に執行されていたことからそれらが解体されたと指摘する。(30)『眞言宗年表』を確認すると、幕末期には第Ⅱ部第一章で述べる醍醐寺の徳大寺行雅大僧正がこの大法を修めたが、神道国教化政策下で両法とも明治四年（一八七一）九月二日に廃止となる。しかしその後、明治一五年（一八八二）二月一六日、三条西乗禅らが御修法再興の運動を起こし、同二四日、宮内卿徳大寺実則に御七日御修法復古が出願される。同年一一月二七日、徳大寺宮内卿によって「後七日御修法に御衣を下附せらる可き旨」が指令され、翌一六年（一八八三）一月八日に東寺灌頂院にて復興後七日御修法が修められた。(31)

要するに明治初年の行き過ぎた廃仏毀釈や神仏分離が一段落したと同時に、史蹟名勝の指定において宮家が中心となっていたように、元来鎮護国家・玉体護持を祈禱する密教宗派は、たとえそれが神仏習合的であっても明治政府としては黙認せざるを得ない重要な宗派とみなされるにいたったのであろう。したがって、各地に散在する弘法大師の史蹟や伝承が保存すべき価値のあるものとみなされたのは、それが、宮中において尊重されてきた歴史を有する信仰であるとともに、その土地と大師とを結びつける象徴になったことなどが影響したと考えられる。

このように、故事伝承というのはその土地の人びとが共有する自然や信仰をめぐる暮らしに根付いた道徳的教訓を含む言い伝えであり、(32)こうした故事伝承が備わる各地の史蹟に目を向けることはその土地を知ることになり、ひいては愛郷心の育成にも役立つとされたのである。

羽賀祥二氏は著書『史蹟論』において、地域社会の文化構造、つまり人びとの社会的活動や相互の接触の場面での振舞いや作法の仕方、あるいは集団を結びつける諸観念を規制する枠組みの中では史蹟を中核とした社会空間が築かれるとして、それを象徴するのが郷土史と記念碑であると論じている[33]。ここで羽賀氏の示す「記念碑」という語を老樹巨木といった「記念樹」に置き換えても意味は通じよう。本書の関心からいえば、無機的な記念碑よりもむしろ、生命のある有機的な老樹巨木こそ、人びとに畏怖や尊崇の念を抱かせるとさえ思われる。それが弘法大師や素戔嗚尊などの伝承を有する記念樹に対する「愛樹心」の要素の一つであり、先の本多の説く愛郷心の源といえるのではないだろうか。

（6）記念物をめぐる近代日本のインフラ整備事業

こうしたお手植伝承をめぐる感性的、儀礼的側面に対し、弘法大師による「インフラ整備事業」として伝承される実用的側面もまた注目に値する。

弘法大師の場合は、讃岐の「満濃池（まんのう）」や「益田池」の工事をはじめ、いわば土木監督者のように治山治水のインフラ事業を行ったと語り継がれている。満濃池は二六谷から大量の水が流れ込み、一万町歩の田畑を潤すことからその名が付いたという。佐和隆研氏は、弘法大師空海が郷里の人びとからこの任を懇望された背景には、同郷出身という理由のみならず、貴賤を問わず庶民にも適切な指導を行うという人間的な魅力が大きく作用したと説く[34]。満濃池は地元民の生活のための大事な池であると同時に、それを完成させた弘法大師という郷土が誇りとする偉人を記念すべく史蹟として価値づけられたのである。

しかしながら名所旧蹟や天然記念物を同時代の観光資源としてただ指定するのみでは、政府が主導するところの国民教化方針の意味をなさない。地元民はもとより、そこへ多くの人びとを出向かせることが必要である。そこで名所旧蹟へ人びとを導くために、まず交通手段として並木などで街路を整えてやり、近代水道の源である水源涵養林を確保するなど、山と街をむすぶインフラ整備事業が推進されたと考えられるのである。富国殖産政策のもと、時代はやがて鉄道路線の拡張につながってゆく。この動力を活用するにも枕木などの木材や防風雪林の設置は必要であったろう。

明治初期に進められた植樹に係るインフラ整備のうち、内務省が命じた植樹奨励は本書に関わって重要である。たとえば明治八年（一八七五）六月一五日、内務省達乙第七八号をもって各府県の植樹計画（苗木の種類や本数、費用等）を当局へ届け出ることが通知され[35]、明治一一年（一八七八）三月一五日には乙第二七号により「森林の経国」と木材需要の高さから「植樹の儀」を最急務とみなした大久保利通によって植樹・植林が奨励されて以降、山や街路への植樹が増加する。この動きに同調して同年七月、警視第二課は各分署宛に「街路及び橋際等に樹木植付之あり、未だ辻札之なき場所、来る十七日迄に御調出之あり度候事[37]」として、路傍などに植樹された樹木の概況調査を指示している。

当時の読売新聞を参照しても、明治六年に本邦初の「公園」に指定された長崎諏訪神社境内には桜の植樹計画が打ち出され（明治九年四月一日付）[38]、桜の名所嵐山（京都）では数百本を植樹、「昔しに勝る宜い景色」になりましょうと期待され（明治一二年一月九日付）[39]、猿沢の池（奈良）には数千本の桜を植樹（明治一四年一二月一四日付）[40]、樹木が枯れて見苦しかった待乳山（まつちやま）（東京）には秋の眺めのために楓を植樹（明治一五年四月八日付）[41]、などという記事は数え上げたら際限がない。一風変わった所では市ヶ谷禁獄所の運動場に梅や桜が植栽され、中にいる人も有り難かろう、との記事もある[42]。

このように史蹟や名所の設定は国民の啓発を目的としたものであり、加えて列強に引けを取らないネーションステーツを具現化するには社会資本の整備が何より肝心だったのである。ことに治山治水事業を進める際には先の満濃池のごとく、施者を効率よく動かし整備事業を軌道に乗せるために[43]、名水を滾々と湧かせたという弘法清水[44]や挿し木伝承など古来語り継がれる弘法大師の実践的側面はよい手本になったと思われる。近代日本のインフラ整備はこうして、各地の史蹟や記念樹にまつわる伝承の力も借りながら推進されたと考えられるのである。なお、公園設置計画や観光地開発にともなう交通機関の整備、水源涵養林整備といった近代社会生活の基盤となる事業は、第Ⅱ部において中心的話題となる林学者本多静六の得意とする部門であることを付け加えておく。

第二節　古典からよむ記念植樹——儀式性と実践性の由来——

木を植えるという行為は「生命（いのち）」を植える行為であり、記念に植栽された樹木は「生きたる記念碑」となる。本節では「記念に木を植える」という儀式的行為と治山治水という実践事業の源流を探るべく、時代を上古に遡り、和歌や神話など古典籍に表れた記念植樹の諸相について述べることにする。

記念に木を植えるという行為を推奨した本多の思想の根源を探る意味において、古代における記念という概念や杣人（そまびと）の風習を読み解くことは、それが近代造林学にいかに評価されどのような形で継承されているかを見極めるうえで必要な手続きであろう。森づくりとは、いわば伐採と植樹、つまり自然の「生命」を頂くとともにこれを植え育む持続的行為といえようが、そこで本節では、杣人を中心とする実践的事業としての森づくりに係る伐採行為についても検討を加え、植樹にかかる儀式性と実践性の両者の関係性について考えてみる。

(1)　形見として植える

万葉集には、自然界における樹々や草花をはじめ稲や麦といった穀物など種々の植物が多く詠まれている。その詠まれ方も、たとえば神木や霊木が佇む森を畏怖する気持ちや草花を通じて語る男女の情愛、あるいは「木を伐る」杣人の山神信仰などがあり、賀茂真淵がいうようにいずれも詠み人の心根にある森羅万象に恐れ畏（かしこ）まる「まこと」の感情を清く高らかに表現した和歌が特徴的である。

そうした歌の中でここでは本書のテーマに即して「植栽」の中でも取り分け「記念」や「形見」などの意味が込められた和歌を対象に吟味したい。そこでまず全二〇巻に収録された四五一六首のうち[45]「植栽」に該当する和歌を拾い集めてみた。収集に際してはいずれも「植える」をキーワードとし、樹木に限らず草花もその対象とした。また植林するということは先のとおり樹木を伐るという山の作業にも類することであり、当時の山のあり様を知るという意味で杣人の歌も加えた。なお、「植える」といえば「田植え」については、神事としても「稲」は神聖な供物として扱われるため考慮すべきであろうが、本書で主軸となる「記念植樹」を奨励した本多の専門分野が林学および造園学である点を踏まえ、彼の扱う草木類には該当しないため、ここでは対象としないことにした。

結果からいえば、樹木や草花を植える和歌は約二九首あり、「相聞」、「挽歌」、「雑歌」の三部門それぞれに詠まれていた。その内訳は相聞が七首[46]、挽歌が大伴旅人と家持の二首[47]、家持を主な詠み人とする雑歌が二〇首[48]あった。そこからさらに特別な想いが込められた記念の花木、あるいはなにかの「記念」に植樹するという内容で選別すると、それらしき歌は全部で一六首数えられた[49]。しかしながら男女の恋愛感情を綴った歌などは意味が摑み難いものもあり、その点については深く立ち入らない。引用にあたっては読み下し文と口語訳を記した。出典はいずれも小島憲之・東野治之・木下正俊校注『萬葉集』新編日本古典文学全集（小学館）である。

〈二四八四〉君来ずは　形見にせむと　我が二人　植ゑし松の木　君を待ち出でむ（巻一一）

（あなたが来ない時の偲びぐさにしようと二人で植えた松の木ですもの　あなたのお越しを待つ甲斐がきっとありましょう）

「形見」の記念樹である。慕い合う二人の男女が相手の憑代として松の木を植えたのだろうか。「物に寄せて思ひを述ぶる歌」三〇二首から古今相聞往来歌に類する詠み人知らずの一首である。そのおもむきから、変らぬ松の緑に待ち人の変らぬ心を念じてそれに想いを重ねた歌とも解せられる。後述する『野宮』における榊の常緑性にもみられる表現である。常緑樹は時として「生命の木」とみなされ、緑葉をかんざしにして長寿や豊穣を願う呪術用具として使用されることもあった(50)。松を「人」に喩える歌は『古事記』にもみえる。瀕死の倭建命(やまとたけるのみこと)が美夜受比売(みやずひめ)を偲んで詠んだ望郷の歌である。

尾張に　ただに向へる　尾津の崎なる　一つ松　あせを　一つ松　人にありせば　太刀はけましを　きぬ着せましを　一つ松　あせを

（尾張に直接向っている尾津の岬にある一本松よ、なあお前、一本松がもし人であったら、太刀をはかせようものを、着物を着せようものを、一本松よ、なあお前(51)）

続いて二一一九番は秋の雑歌に含まれた花を詠む歌三二首の一首である。萩は万葉植物として最も名高く、梅の一一九首より多い一四二首が詠まれている。漢名は胡枝花だが、秋に咲く花として和名「萩」が名付けられたという(52)。

〈二一一九〉恋しくは　形見にせよと　我が背子が　植ゑし秋萩　花咲きにけり（巻一〇）

（恋しくなったら偲び草にせよとあなたが植えて下さった秋萩は　花が咲き始めました）

ここで「忍び草」、つまり思い出に植えられたのは萩である。前の相聞歌二四八四番は、常盤木のように愛の変らぬことを祈る情愛の歌であったが、萩は季節の花であり、秋に花を咲かせ、時の移ろいとともに散る花である。それは恋愛中の男女が交わす歌というよりは、遠く離れた場所に赴任しているか、あるいは再び会うことが叶わない状況にある夫婦や家族への想いから詠まれた歌という印象を受ける。

〈四五三〉我妹子が　植ゑし梅の木　見るごとに　心むせつつ　涙し流る（巻三）

（わが妻が植えた梅の木を見るたびに　胸がせつなく涙は流れる）

かわって弔いの記念樹となった梅を詠んだ一首である。大伴旅人が妻、坂上郎女の死(53)を悼んで、妻が植えた梅の木に忘れがたい思いを念じてつくった挽歌である。

大宰府長官の任に就いた大伴旅人は妻子をともなって筑紫の地に赴くのだが、その周辺には山上憶良ら漢学の教養ある者が集っていた。人生を悲観する「あきらめの念」を詠った憶良に対し、讃酒歌に代表される「ゆとりの人生」を詠った旅人であり、その歌趣は仏教をはじめ老荘思想や神仙思想といった大陸伝来の思想の影響に基づくものといわれる。

ここで万葉集において植栽される花の種類についてみると、中西進氏によれば前の二一一九番の歌の題材となったハギやナデシコといった草花は庶民のものであり、ウメやタチバナなど大陸伝来の花はエリートのものであったといわれるが、[54]これは旅人と家持の庭の風趣の違いにも現れる。家族と暮らして余裕ある人生を送った旅人が選んだのは貴族趣味的なウメやタチバナであったが、家族や愛する妻と離れて暮らすことの多かった家持がその寂しさを紛らわすかのように選んで植栽したのは、どこにでも咲くナデシコや四季の草花であった。先にあげた挽歌二首のうちのもう一首は、軒下の雨落ち石のそばに咲く撫子を見て家持が詠んだ歌である。

〈四六四〉秋さらば　見つつ偲へと　妹が植ゑし　やどのなでしこ　咲きにけるかも（巻三）

（秋が来たら　見てわたしを偲んでくださいと言って　妻が植えた　庭のなでしこの花が咲きはじめた）

息子の家持が小さな草花に思いを寄せ、父親の旅人が妻の死に涙咽（むせ）ぶ姿は、いずれも賀茂真淵の言葉を借りれば「まこと」の心の表れといえる。特に旅人の挽歌からは、妻が植えた梅の木にその亡き姿を重ね合わせることによって、そばに生き続ける「いのち」の木として守り育ててゆこうという彼の力強い意思が感じられる。

なお、ここで筆者が生命を平仮名で「いのち」と記したのは、単に生物学的な意味における生命のみならず、魂や霊といった不可視なる感覚的な存在も包括するという日本的な自然観によるものである。

（2）杣人の山神信仰と鳥総立

次に万葉集が編まれた頃の山林の状況をうかがい知る目的で、植林や伐採など杣人の風習を詠んだ和歌について検討する。

〈一八一四〉古の　人の植ゑけむ　杉が枝に　霞たなびく　春は来ぬらし（巻一〇）

（古の人が植えたのであろう　その杉の枝に霞がたなびいている　春が来たらしい）

まずは春の雑歌から杣山[55]を詠んだ一首である。杣山とは主に都造営や寺社建造用材となる樹木が植生する山林をいう。木材の生産活動である林業には、採取林業と呼ばれる天然林から有用材を伐採して利用する方法と、植林によって有用材を育林する育成林業という方法がある。[56] かつて日本では採取林業が中心に行われたと伝えられるが、この一首からすでに「山に木を植え育てる」という活動が作歌以前より営まれていたことが想像される。しかしここで詠まれた「古（いにしへ）」がいつの時代に遡るのかは知る由もなく、あるいは詠み人は昔、神々が植えたであろう杉を思い描いたのかもしれない。

〈四〇二六〉とぶさ立て　船木伐るといふ能登の島山　今日見れば　木立繁しも　幾代神びそ（巻一七）

（とぶさを立て　船材を伐り出すという能登の島山　今日見ると木立が茂っている　幾代経てこうも神々しくなったのであろうか）

杣人の「鳥総立」を詠んだ大伴家持の一首である。春の推挙に応じて諸郡を巡行した家持は、行く先々で見聞した風物を歌の題材とした。この歌は「能登郡にして香島の津より船発し、熊来村をさして往く時」[57]に詠まれたものだが、家持が訪れた能登半島というのは暖地性の針葉樹が生い茂り、船木を伐り出す島山として有名であったと伝わる。船木を伐りだす故事は『古事記』にも見られる。

（仁徳帝の）御世に、兎寸河の西に　一つの高き樹ありき。その樹の影、旦日に当れば、淡道嶋に逮び、夕日

　に当れば、高安山を越えき。かれ、この樹を切りて船を作れるに、いと捷く行く船にありき。時に　その船を号けて、枯野といふ。(58)

船舶建造用材は貴重であり、大伴旅人と交遊のあった筑紫観世音寺別当の沙弥満誓（笠朝臣麻呂）も、船舶用に「鳥総立」を行い伐採した木を次のように詠じた。「〈三九一〉とぶさ立て　足柄山に船木伐り　木に伐り行きつ　あたら船木を」（巻三）(59)。沙弥満誓とは木曾路を開通させた功労者と伝えられ、森林事業に馴染み深い人物であろうことがうかがえる。

さて、家持の目に留まった「鳥総立」に注目してみよう。鳥総立とは「古代、木を伐ったとき、そのこずえの枝を切り株に立てて山の神に祭る風習」(60)を意味し、杣人が樹木を伐採する際に山神の怒りを鎮めるために行われた神事であり、木を伐ることを生業とする杣人にとっては作業の安全を祈るうえで欠かせない重要な祭事であった。「鳥総立」に鳥の文字が用いられるのは、『古事記』において船のスピードが話題とされたように、「船の速さを鳥にことよせる習慣」(61)に関連づけられる。同時に鳥は霊魂を運ぶものとみなされる故に(62)、鳥総立は「いのち」を結ぶ、あるいは繋ぐ信仰と考えられる。

古来の信仰形態における山の神に関しては、桜井徳太郎氏によれば次のように分けられる。たとえば、大和の三輪山に見られるように山そのものを聖なるご神体とみなし、遠く麓から仰ぎ拝む「入らずの山」(63)に宿る崇高な山霊をはじめ、大山祇命や木花開耶姫命など神話上の特定の神格に結びつけられた山の神、山中他界観に基づく祖霊祭祀の対象となる霊魂、あるいは狩猟や伐採、採草といった山仕事に従事する者の安全と生産の増大を祈願する民間信仰における山の神などである(64)。

民間では山民、農民、漁民などそれぞれの生業によって山の神の性格や祭り方に違いがあり、農民の間では山中に鎮まる山の神が春になると里に降りて田の神になるといわれるが、山民の間では田の神にはならず山中に常在する。山の神と田の神の本体は大地を潤して豊穣多産を促す水の神とされる(65)。この見方によれば、鳥総立は山民の民間信仰的な「山の神」に対する祭式といえよう。

鳥総立について「木曾式伐木運材図会」（林野庁中部森林管理局所蔵）（図1）とともにもう少し詳しくみてみたい。これは江戸後期、国学者富田禮彦が木曾の杣人による一連の山の作業を実地調査したうえで著したと伝えられる絵巻の一部である(66)。

木曾における山林開発の歴史は「小木曾荘（藤原道長建立の無量寿院領、のちの高山寺領）(67)」が成立する平安時代にまで遡り、万葉集巻七には「〈一一七三〉飛驒人の真木流すといふ丹生の川　言は通へど舟そ通はぬ」という歌が見られることから、飛驒の工匠も伐採等に従事していたことが推測されるという(68)。

図1-1は「祭山神図」という伐採の前の神事である。図中に次の賛がある。

杣人の小屋掛調ひ、山入最初に山神を祀り、常盤木をたて、注連縄を張、頭分のもの両三人にて御酒を奉り、材木元伐に懸れるよりかくの如く、一ヶ月に一度づゝ、不怠御酒を奉り、日待と唱へ通夜するなり

祭神　山津見神
　　　山伎大明神(69)

老大樹を祭神として常葉木の榊と御幣をたて御酒を奉じる儀式である。樹木の生命を奪うのは一瞬であるが、その生長した姿は年輪に見るごとく長い年月にわたって生命が営まれ続けた結果であり、故にこの日は徹夜して日の出を待ち、山神に万事安全を祈念したのであろう。

ついで図1-2の「元伐之図」は文字どおり、伐採時の心得を描いたものである。

材木根伐せざる前に、斧のみねにてきるべき木を擲て、鳥或は栗鼠など飛出ればその日其木は不伐といへり、倒るゝ時発声三度あぐるなり、大木は鼎の足の如く、三つ足・五つ足にも伐残すなり(70)、

図1－1　祭山神図（「木曾式伐木運材図会」）

図1－2　元伐之図（同上）

図1－3　株祭之図（同上）

伐るべき木に対しては、その前日にその木の前で唱え言をしてヨギ（斧）を立てかけておき、翌日斧が倒れていたらその木は伐ってはならず、倒れていなければ山の神が伐採を許したものとみなして伐木に取り掛ったというわれもある[71]。杣人の生業は伐採により樹木の生命をいただくことにあり、鳥や栗鼠などを含め山に共生する他の生命を侵すことは許されない。「倒る、時発声三度あぐるなり」と木が倒れる時にも万事安全を尽くす。文中にはそれが示されている。

続く図1-3「株祭之図」は伐採した後の儀式であり、これが「鳥総立」の神事である。

樹木伐倒し、其木の梢を打て株にさしたて山神に奉り、其木の中間を山神より賜るといふ、古へ木伐例にて、

延喜式大殿祭の祝詞に見へ、又萬葉集三ノ巻・十七の巻に鳥網立（とぶさたて）とよめる、即此事なり[72]、

文中の祝詞については、「大殿祭（おおとのほがい）」に「今奥山の大峡小峡に立てる木を、斎部の斎斧をもちて伐り採りて、梢をば山神に祭りて、中間を持ち出で来て」という文言が見られるという[73]。

伐ったばかりの梢を切り株に挿す行為は樹霊への奉謝を表しており、神の憑代となるべく神籬を立てる儀式に通じるが、同時にそれは切株から新たな生命が芽生え、森林資源が尽きることなく繁栄することを祈願する行為でもある。これは「木産み」と呼ばれる山の信仰で、特に旧暦一二月八日に山の樹木が身籠り、翌二月八日に木産みするという伝承から、この間の伐採を忌む習慣は各地に見られるという[74]。この「木産み」という信仰に基き、梢を立てて新たな生命の芽生えを念じる行為は、生命（いのち）の繁栄を念じて木を植える「記念植樹」の原型といえるかもしれない。なぜなら森づくりというのは一本の樹木に始まって、その生命を育成、繁栄、循環させることによって営まれるからである。儀式としての植栽式と実践事業としての植林の関係性を考えるうえでも、「木産み」信仰や鳥総立という儀式的行為は重要と思われる。

「木曾式伐木運材図会」によると、その後、伐出された材木は川伝いに流され、下流の木場（きば）に貯木される。そして一連の作業における杣人社会での神恩奉謝行事が、次にみる伊勢神宮への神木奉納であった。

杣人山入、斧初（おのはじめ）に材を伐、吉日を撰み大川に引入るを渡入（どいれ）と云ふ、日雇一組不残立寄、木遣歌を謡ひ神納木を渡入するなり

男木一本　各長五尺五寸　四寸角[75]

女木一本

先のとおり同図会は江戸後期の作と伝わるものであり、この神木奉納がいつの時代に遡るかについては定かではないにせよ、男木と女木の一対の奉納から五穀豊穣・子孫繁栄の祈願であることが想起される。

ここで家持の歌（四〇二六）に戻ってその詩句を見ると、「幾代神びそ」と詠まれている。これは年代を経て次第に神々しくなるという「神さぶ」と同意である。図会が示すとおり、山の「いのち」をいただく者は精進潔斎して慎んで山入りした。たとえ伐採や植林が行われる生産林業の森であっても、山をご神体として崇める真摯な心がこうした神々しい立派な山に育てるのだということを、家持の歌から読み取ることができるのである。

（3）神さぶる山

次に山神信仰の根源にある山や樹木そのものを神聖視し、それを畏怖する心を詠んだ歌をみてみたい。まずは草木を伐ることを戒める詠み人知らずの旋頭歌からの一首。

〈一二八六〉山背の　久世の社の　草な手折りそ　我が時と　立ち栄ゆとも　草な手折りそ（巻七）
　　開木代　来背社　草勿手折　己時　立雖栄　草勿手折（傍線筆者）

（山城の久世の社の草を手折るでないぞ　わが世の盛りとばかり　立ち栄えていようと　社の草を手折るでないぞ）

原文で「山」を「開木」と記すのは、山という場所は「木を伐り開く所」との説[76]による。寺社建立から船舶建造にいたるまで、都市社会では山林資源の枯渇が懸念されるほど大量の木材が必要とされた。瀬田勝哉氏の研究に詳しいように、この歌は社寺林の樹木に手を出すことへの訓戒が込められている。

〈一四〇三〉み幣取り　三輪の祝が斎ふ杉原　薪伐り　ほとほとしくに　手斧取らえぬ（巻七）

（幣を手に取り　三輪の神人らが大事にしている杉原　薪採りはすんでのことで　手斧を取られるところであった）

次の一四〇三番は、三輪山を詠んだ作者不詳の旋頭歌である。「斎ふ杉原」の詩句は三輪山の杉林の神聖さを穢すことのないように守り育てていくことを説くものである。三輪山の神杉への畏れは巻四の「〈七一二〉味酒を三輪の祝が斎ふ杉　手触れし罪か君に逢ひ難き[77]」にも見られるが、これは一度その禁を犯したら自然というのは容易に回復することが出来ないことを警告する歌にも受け取れる。

〈二五九〉何時の間も　神（かむ）さびけるか　香具山の　桙杉が本に　苔生すまでに（巻三）

（いつの間に神々しくなったのか　香具山の桙杉の根本にかずらが這うほどに）

鴨君足人（かものきみたるひと）という伝未詳の人物が天香具山を詠んだ一首である。香具山は天から降りて来たという伝説を有する聖なる山であり、古来、ご神体として人びとの崇敬を集めてきた名山である。神杉が苔生すまで、幾世代を経て、その神々しい姿を保ち続けてきた山の神聖さに恐れ畏まる万葉の人びとの自然に対する心が顕現している。

〈一三五五〉真木柱（まきばしら）　作る杣人　いささめに　仮廬のためと　作りけめやも（巻七）

（見事な真木柱を作る木こりは　ぞんざいにぼろ小屋のためとて　それを作ったであろうか）

最後は「木に寄せる」譬喩歌である。真木柱とは檜や杉で造った柱を意味するが、船木が尊重されたように、建築物の根幹を成す柱もまた貴重な資材であった。「檜」の枕詞をあらわす「真木栄（さ）く」は「建築用材となる良い木が栄える」の意だが、『古事記』にも「まきさく檜（ひ）の御門（みかど）」(78)と、檜で出来た御殿の材質を賛美する箇所がある。見事な真木柱を立てるために杣人は山に入る時は心身を浄め、木を伐る時は神事を行い、切り株には「鳥総立」を設え、新たに木が根付くように祈念して山神を奉ったのである。

以上のように、万葉時代の山々においては、山林資源を循環させ、樹木を絶やすことのないようにとの願いが、「木産み」というまじない的儀式をともなう山神に祈る信仰に結びついていたと考えられる。そこでは山の「いのち」を守ると同時に山に入る者の安全、すなわち人びとの「いのち」も祈願されていた。そうして植林された山は、いよいよ「神さぶる」のである。このように万葉集にみる山や植林の歌にはあらゆる自然の生命の豊穣と繁栄を祈念する心が詠まれているのである。

（4）五十猛命の植樹とご神木

次に「木を植える」という神話を中心に樹木をめぐる思想とその背景をみておきたい。まずは『日本書紀』（巻一神代上）[79]から日本の山々へ樹木が植栽された由来を説く神話を紹介する。

> 初め五十猛神、天降ります時に、多に樹種を将ちて下る。然れども韓地に植ゑずして、尽に持ち帰る。遂に筑紫より始めて、凡て大八洲国の内に、播殖して青山に成さずといふこと莫し。所以に、五十猛命を称けて、有功の神とす。即ち紀伊国に所坐す大神是なり。

五十猛命というのは素戔嗚尊の息子で、「植樹の神」として紀伊国伊太祁曾神社に鎮座する神である。五十猛命がなぜ「木を植える」ことを任されたかといえば、父親の素戔嗚尊の神話にその由縁がある。よく知られる素戔嗚尊が各種樹木の使い道を定める場面である。

> 一書に曰はく、素戔嗚尊の曰はく、「韓郷の嶋には、是金銀有り。若使吾が児の所御す国に、浮宝有らずは、未だ佳からじ」とのたまひて、乃ち鬚髯を抜きて散つ。即ち杉に成る。又、胸の毛を抜き散つ。是、檜に成る。尻の毛は、是柀に成る。眉の毛は是櫲樟に成る。

素戔嗚尊の髭が杉苗となり、胸毛が檜苗となり、尻毛が柀苗となり、眉が櫲樟苗となった。その用途は次のとおりである。

> 已にして其の用ゐるべきものを定む。乃ち称して曰はく、「杉及び櫲樟、此の両の樹は、以て浮宝とすべし。檜は以て瑞宮を為る材にすべし。柀は以て顕見蒼生の奥津棄戸に将ち臥さむ具にすべし。夫の噉ふべき八十木種、皆能く播し生う」とのたまふ。

スギとクスは「浮く宝」すなわち「船」にする。高田宏氏は『木に会う』で、木はまず何よりも船をつくる材料として大事なものであったと述べているように[80]、船木が貴重であったことは前述した。佐藤洋一郎氏によれば実際に考古遺跡（静岡県神明原・元宮川遺跡）からも縄文時代後期のものとされるクス材の丸木船が出土している。船材にクスを用いるのは建造船のない時代、巨木に育つクスの性質は丸木をくり抜いて船を造るには都合よく、樟脳の成分には防腐効果があり、かつクス材の船は「速鳥」と称されるがごとく決まって速い船になったと伝えられていたことがその理由として考えられるという(81)。そしてヒノキは宮殿に、マキは奥津棄戸（棺）の材料とする。「奥」は家の奥、山の奥、土の奥底、「棄戸」は人を納める甕を意味する。要するに移動用の船と王の居場所である宮殿、墓所の棺が主な使い道とされたわけである。

こうした貴重材を含む八〇種の木種が大八洲に播かれたと日本書紀は伝えている。播種を任されたのは素戔嗚尊の子供たちであった。

> 時に、素戔嗚尊の子を、号づけて五十猛命と曰す。妹大屋津姫命。次に枛津姫命。凡て此の三の神、亦能く木種を分布す。即ち紀伊国に渡し奉る。然して後に、素戔嗚尊、熊成峯に居しまして、遂に根国に入りましき。棄戸、此をば須多杯と云ふ。柀、此をば磨紀と云ふ。

五十猛命と二人の妹神が大八洲に木種を植えて廻ったとあるが、そもそものストーリーは次のとおりである。大暴れして高天原を追放された父の素戔嗚尊と一緒に五十猛命は朝鮮半島の新羅国、曾尸茂梨の地に降り立つ。五十猛命はたくさんの樹木の種を持参していたが、新羅国での暮らしを拒んだ父は埴土の船で日本へ渡り出雲の国に移り住む。ここで引用の冒頭に戻り、五十猛命は新羅国で播種せずに持ち帰った種を妹の二神、つまり大屋津姫命と枛津姫命と協力して、筑紫から始めて大八洲の国全体に植え付けた。故に日本は青々とした樹木の生い茂る山となった。全国にわたる植樹事業を終えた五十猛命はその功績によって「有功之神」と称えられ、「植樹の神」として紀伊国に祀られるようになったという。

五十猛命は『古事記』においては「大屋毘古神」と称され、伊耶那岐・伊耶那美二神による神生み伝説では住居関係を司る神として五番目に誕生する。大屋毘古神とは木の家を象徴する「大きな家屋の男性」を意味する神名である。[82] 五十猛命と一緒に植樹をした妹の大屋津姫命と枛津姫命については、大屋津姫命の「オオヤ」は先の「大きな家」の意、枛津姫命の「ツマ」は結婚の相手を表し男女ともに使う。「本家の端（ツマ）にツマ屋を立てて一緒に住む」[83]という行為から派生した語といわれ、いずれも住宅関係を司る大屋毘古神にまつわる二神である。この三柱はそれぞれ和歌山県に鎮座する伊太祁曾神社、大屋都姫神社、都麻都姫神社の祭神として崇められている。[84]

このように五十猛命は「木の国」（紀伊国）の神[85]として祀られたのであるが、五十猛命とは「木を植える」という所作自体が讃えられた神であり、樹木そのものに憑代として宿る神ではないことを押さえておく必要がある。

（5） 神道をめぐる神木の位置づけ

樹木や山岳そのものに宿る神、つまり自然物を神体の憑代として仰ぎ、それらに超自然的な威力を認める信仰は各地に存在する。

神道における聖なる木をめぐる自然信仰から社殿神道への発展過程については、神仏習合の初期、山に籠った修験者が霊感を受けて神木に仏像等を彫りつけ「立木仏」として礼拝、のちにこれを安置する堂宇を建立したことを契機に社殿神道へ移行したというのが通説とみられる。[86] 古代では三世紀から七世紀頃にかけて氏族の長の霊魂を奉る祭祀と農耕にともなう穀霊祭祀が並行して発展したとされ、それは神体山や神籬（ひもろぎ）、磐座（いわくち）といった祭祀遺跡や遺物の存在によって認識されてきたという。神籬は万葉集にも「〈二六五七〉神奈備にひもろき立てて斎へども人の心は守りあへぬもの（巻一二）」[87]と詠まれているが、ヒモロは御諸（みもろ）に等しく、ヒは霊力、モロはモリ（杜）と同根で神霊の憑依する場所を指し、針葉樹では主に杉が、広葉樹林では林叢自体が神木あるいは神林にみたてられるという[88]。

神道においては四方枠の中央に榊をはじめ、松や檜など常緑樹を立てる形式が通常だが、「昔は神の鎮まり給う神聖な土地に生えて居る木を皆さかきと云って、坂樹とも賢木とも書いた」[89]といわれる。世阿弥元清の作能『野宮』[90]においても六条御息所の忌垣（いがき）の内に賢木の枝を置いた光源氏に対して、「神垣ハしるしの杉もなきものを 如何にまがへて折れる賢木ぞ」と詠む御息所が描かれている。作り物の柴垣付鳥居が印象的な舞台である。うつろいゆく時とひとの心に対し、「昔に変らぬ色ぞとハ 賢木のみこそ常盤の蔭乃」と変わらぬものを常緑の榊に喩えた場面設定だが、これは先の万葉集に見る常緑の松や橘と同じく、まじない的な効果を期待する古代の人びとの深層心理の現れといえよう。

榊が神木の代表になった所以については、瀬田勝哉氏の『木の語る中世』に、春日信仰が浸透する院政期に起きた「神木動座」の強訴の際、延暦寺が日吉社の神輿をもって朝廷に向かったのに対し、興福寺では「御正体」と呼ばれる鏡を結び付けた春日の榊を「ご神体」として入洛したという例が紹介されている[91]。また鎌倉前期に編纂された『古社記』の「宝亀十一年（七八〇）八月三日、中臣殖栗連時風之を記す」と書かれた一文には、神々を山上から麓の神殿まで移そうとした時、神が「宣（の）」りて「榊を乗り物としてお移し申せ」と告げ、その宣告通りに榊に乗せたところ神の住まいが定まったとの記述があるという[92]。

翻って、先述の五十猛命は樹木や山岳を憑代とする神ではなく「樹木を植え、緑を育むこと」、つまりみずから全国行脚して植樹を実施し、大八洲を青い山脈にならしめたという偉業が理由で崇拝される神であった。憑代として自然物そのものに宿る実体のない神と、人格的要素を有しその行為が崇められる神という点に注目すれば、それぞれに儀礼性と実践性という特性を認めることができよう。

第三節 霊木信仰と神仏習合

真言密教の総本山である高野山の金剛峯寺や当山派修験道場の醍醐寺では、今日、儀式としての植栽式と山づくりのための実践的な植樹事業が営まれている。弘法大師空海や理源大師聖宝の山々との関わり方は、自然の根源である大日如来と一体であることを自覚することによって、祈りの力を強化させることにあった。

山岳修行者は霊木信仰を有し樹木に仏像を彫って霊験を表したというが、聖宝が醍醐寺開山に際して木像を彫り進めたように、空海もまた優婆塞(うばそく)時代に木彫の技術を有していたと伝えられる[93]。教相研究を進めた牛窪弘善氏によれば、山城の北大峰、鞍馬寺の西北に位置する金峰寺と号する岩屋に安置されたという不動像は伝空海作とのことである[94]。

山や樹木そのものを憑代とみなす信仰は先のとおり古来の神崇拝に由来するが、こうした自然観からも樹木と山岳信仰は不可分であることが理解されよう。そこで本節では山岳信仰における手彫りの仏像と霊木の関係について考えてみたい。

(1) 山岳信仰と手彫りの仏像――「霊木化現仏」――

醍醐寺の歴史は開創者聖宝が二体の柏の仏像を奉安したところに始まる。それ以前にも聖宝は修行時代に吉野の金峯山にて如意輪観音、多聞天、金剛蔵王菩薩像を手彫りしたと伝えられる。金剛蔵王菩薩は役行者が感得した修験道の本尊である蔵王権現に関連する。平安時代においては、浄土とみなされた山上に薬師如来像を安置することが習いであったというが、その験力によって国家安穏を祈願する目的で、聖宝は延喜七年（九〇七）、醍醐天皇の勅願により上醍醐に薬師堂を建立、本尊として薬師如来像の造立を志す。実際には聖宝亡き後、直弟子の観賢によって引き継がれ、仏像も木彫技術に長けていた会理(えり)僧都の手によるといわれるが(96)、いずれにせよ、その志が樹木に霊性を見出す信仰を一つの根拠とするものであることに違いはない。

平安仏教を展開した空海を筆頭に、玉体護持・国家安寧の加持祈禱を中心とする同時代の仏教においては、山林においてその霊力を高めることが念頭にあり、神聖な力を授けられんとする行者は常に山の中にあった。峰中にある空海や聖宝の手彫り仏像にまつわる逸話を遡ると、それは奈良時代の行基上人に辿り着く。行基上人もまた滅罪作善のために山林修行(97)を為して木像仏を彫り進めたとされる高僧で、お手植え伝説(98)を含め、人びとの生活のために土木技術を用いて種々の社会事業を行ったといういわれもまた、空海に劣らず語り継がれている。

なぜ山林修行者は樹木に仏を手彫りするのであろうか。これまで述べてきたように、日本には古来、山や樹木そのものを拝む自然信仰がある。曲がりくねった奇怪な姿態に生長した老樹巨樹には、えもいわれぬ畏怖や崇高さを感じるものであるし、そうした古木に瑞々しい新芽が吹いたなら、その生命力の神秘に感嘆せざるを得ないのは遥か昔からの人間の感性によると思われる。

ことに古代の信仰形態においては、社殿神道以前に実体のない神々が降臨した自然物をその憑代として崇拝する信仰があった。そこへ人間宗教としての仏教が渡来する。両者の対立は互いに接点を探しながら神仏習合という一つの形で融和するのだが、その手助けをしたのが山林修行者といわれる。自然の中の祈りによって感得した霊異神験を形にするために、行者は生きたままの霊木に仏像を彫る。いわゆる「立木仏」である。井上正氏によれば、それは神が宿る霊木に仏を置くことであり、神木が仏として現出することを表すという。これが「霊木化現仏」である(99)。覚りを得た奇跡の証として立木仏を彫ることはその利益を衆生に分け与えるための直接的な方法ではあったが、しかしながら生きたままの霊木に彫刻することは母体の生命を損なう危険がある。そこで行者が感知した霊木は敬意をもって伐採され、死してなおも霊性を保つ料木として彫り進められ、仏として化現させたのである。

ところで、現在彫刻といえばその技法は大きく分けて二種類ある。一方の明治日本にイタリア人雇教師ラグーザが移入した西洋彫塑は、こねた粘土をちぎっては貼り付けるというモデリング作業を繰り返しながら形を整えていく。要するに何もないところから人間の手技によって形を生み出す作業である。古代のプロティノスは芸術の「美」というのは素材にではなく制作者のうちに形相（エイドス）が内在すると説いているが、[100]このことはラグーザに学んだ近代彫刻の祖・大熊氏廣がいうところの、敬虔な者の手から美徳なる芸術がうまれる、[101]という思想にも通じていよう。

もう一方、前近代の日本に伝わる手法というのは、仏師と呼ばれる職人が材料である木の塊を彫り進めながら仏の形に仕上げていく作業であり、いわば樹木の中から仏様を出してやる、といった感覚に近いものであろう。『日本霊異記』に登場する禅師下毛野朝臣広達が吉野の金峯山中にて、「ここから出してくれ」と頼む仏の声を聞き、その橋材に使われていた梨の木から阿弥陀仏を彫り出したという話もある。[102]井上正氏の言葉を借りれば人間と仏が心を通わせ協働して、「霊木の生命と一つになって仏が出現する」[103]過程の手助けをする作業ともいえる。

やり直しがきかないという側面も、木という素材に固有な性格による。型を用いるためいくつもの同じ像を作ることが可能なブロンズ像と異なり、世に二つと同じものを作ることができないという点も、木彫ならではの個性である。彫刻の大敵である刀を受けつけない幹の節や木目のうねりや歪みさえ、霊木の生命の姿であるとして取り除かれることなくそのまま大切にされた。「歪み」や「割れ」というのは利休の美意識にもつながるが、大陸伝来の端正な仏像に対し、自然のままの生命力を生かした「異なる美意識」を有する日本の木彫仏に仏教の土着化が現れていよう。

そしてこれらの「霊木化現仏」は、多く行基ゆかりであるといわれる。大抵は伝承にすぎないとされるが、しかしながら井上氏は「伝承は不純物」であるという見解を退け、「片々たる伝承も大切なものとなる。数多くの伝承は、宗教的な潤色に彩られながらも、そこに真実性を含んでいることが多い[104]」という姿勢をとる。宗教学者五来重氏もまた、特に山岳信仰、修験道においては文献化される面が少なく、相承は主に口伝で行われる故に伝承の資料的価値は決して小さくないと述べている[105]。

このように山林修行者が感知した霊木に仏像を彫ることによって自然に対する古来の信仰と外来の仏教が習合され、その傾向は平安朝において隆盛をみるにいたった。そこには主に日本で展開したという「一切衆生悉有仏性」、「草木国土悉皆成仏」という本覚思想がうかがえるが、こうした自然に対する思想は、日本の自然観における基層の一つに位置づけられるようになる。

（2）　修験道における霊木の位置づけ――「実修実証」と蔵王権現の桜――

醍醐寺といえば桜である。今日、同寺で記念に植樹される樹木ももちろん、桜である。

醍醐寺の桜については太閤秀吉ゆかりの深雪山にちなんで「深雪桜」と称されるが、日本の国花にも位置づけられる桜という花木が蔵王権現として崇敬されるところは興味深い。そこで本項では蔵王権現にまつわる伝承を紐解き、修験道における霊木の位置づけと植樹に係る自然観について検討する。

蔵王権現とは神変大菩薩、すなわち役行者が「末世衆生済度護法国家鎮護の為、祈念影向の尊体を祭祀[106]」したものであり、大峯の山上堂とともに吉野山へ祀られたものを示す。蔵王権現が現出する伝承については、先の牛窪弘善氏が「神変大菩薩伝」（『修験』一九三二年）で次のように述べている。

場面は役行者が大峯奥院といわれる山上嶽にて濁世の大衆のために能化の本尊を祈請し、祈念を凝らしていた時のこと。

大磐石の中から金剛蔵王大権現が忿怒降魔の御相で涌出し給ふたのである。そして未来永劫、正法を守護して、天下安穏、万民快楽ならんことを告げさせ給ふた。行者はこゝに末代相応、濁世降魔の尊容を拝して未曾有の感激に打たれ、手づから石楠花の霊木で等身の形像を模造して、湧出の磐石の上（後世こゝを湧出嶽と名づく）に八角の堂を建てゝ安置された。それが有名な山上蔵王堂の内陣であるといふのである。或は湧出の磐石は蔵王堂の南面、剣ヶ峰の傍に在る丈余の宝石ともいはれて居る。かゝる由来で以て権現は鎮護国家、済世利民の本尊として全国の諸寺・諸山に奉安され、国民大多数の信仰の的となったのである。[107]（傍線筆者）

祈りによって神徳を感知した役行者がすばやく「石楠花」に大権現を彫刻するところは、大衆に利益を分かち与えるための山林修行者の務めであった。

本尊蔵王権現は、青黒の忿怒の形相に右手に三鈷杵を振り上げ、左足で磐石を踏み右足を虚空に上げるというポーズをとっているが、これは軟弱な大衆を覚醒させ煩悩を断ち切り、悪魔を降伏させる正義と力を表すという。忍苦鍛錬、質実剛健を尊ぶ行を主とする修験道の象徴であり、山の霊力と一体となって感得した生命の力を表すものである。[108]神徳を覚った役行者が形像を彫り進めた石楠花は今日、高野山を彩る花として知られる。

一方、吉野山の桜は役行者が植林したという伝承が通説として語られているが、蔵王権現との関わりはどうであろうか。金峯山修験道の見解を参照すると、

蔵王権現が湧出し、降りたった岩は竜穴と称され、まさにその位置に山上の蔵王堂（現大峯山寺本堂）が建立されている。したがって蔵王権現湧出の山上こそ、金峯山修験道の最要の聖地であり、根本道場というべきものである。さらに役行者は、蔵王権現の像を桜の木に刻み、山上ならびに山下の蔵王堂に安置したと伝える。これがすなわち金峯山寺の発祥の所伝である。また桜の木が吉野山において、蔵王権現の神木として

保護育成されるにいたる所以である。[109]（傍線筆者）

と記されているように、同派においては役行者が蔵王権現を木彫したのは桜の木であったとみられる。湧出する蔵王権現の神徳を得た修行者がその場でいくつの霊木を感知し、どれだけ像を木彫したかは知る由もないが、桜と修験道の結びつきについては、「名所」にまつわる次のような話もある。吉野の峰入にともなう「花供懺法」の逸話である。

「花供懺法」の法要は、そもそも白河天皇の御代、高僧高算上人が吉野の草庵にて一千日間、蔵王権現に祈誓修行して天皇の病を治癒した功績から、蔵王権現の供料に初穂米が充てられたことに由来する。これにより吉野の人びとは秋の収穫後、日本国中を廻って初穂を集めては毎年四月一〇日に御供搗きを為し、一一、一二の両日に蔵王権現の大法会供養を勤修することになった。高算上人はこれを花供懺法会と名付けて衆生の滅罪供養のために花を立て供物を奉献した。ところが「花供懺法」はいつしか「花供千本」と訛って伝えられ、殊に神変大士の最初、権現の賞花として殖樹せし桜も、吉野の山々に自然に桜の古木の咲き匂ふて居たのが、この花供千本の名を合して、遂に一目千本桜が現出し、上の千本、下の千本、中の千本等と桜の名勝地と成った。[110]

という。金峯山修験道において四月に修められる花供の法会には、神木として桜の花が献じられるが、先に蔵王権現の「石楠花説」を紹介した牛窪氏もまた蔵王権現と桜の関係については「神変大菩薩伝」のなかで、貝原益軒の『和州巡覧記』の一文を引いている。

この山にて桜を切る事を甚だ禁ず。桜木を薪にせざるが故に樵夫、桜をきりて売らず。もし薪のうちに桜あれば里人これをえらびてすつ。是、里人のひとへに桜を愛するにあらず、蔵王権現の神木にてをしみたまふといひ伝へて、神のたゝりを畏るゆゑなりと。[111]

「大和めぐり」とも称される『和州巡覧記』は、元禄五年（一六九二）、益軒五六歳の筆に成る古都奈良の名所古蹟案内記である。[112] 益軒によれば吉野の里人が桜を伐らないのは花を愛する心のみならず神への畏敬心に基づくという。

加えて牛窪氏は役行者による桜樹の植林についても述べている。当麻寺開創記には、当麻は役家の所有地で行者修練の地である故に当麻開山を役行者とみなす一説がある。たとえば天武天皇の白鳳年間、河内の万法蔵院を大和の当麻に移した時のことを牛窪氏は次のように記す。

さて、当麻寺の落慶であるが白鳳十年といふから、行者四十八歳の時で、行者は当時大峰から法会に臨まれて、田園・山林若干頃を施入し、又、桜樹を手植えされたのである。それは寺中の染野寺の地に、林学界のオーソリチー本多博士の談に、千年以前に行者が杉を植ゑたらしい。とあり、又、箕面の紅葉も其の手栽に係るものだといはれてゐる。であるから、行者の植林上の功績も大いに認めねばならない訳だ。[113]（傍線筆者）

この説によれば行者は伽藍落慶法会の記念として、所有地から田地山林を寄進し桜を植林したことになる。なお、ここで注目すべきは本多静六についての言及である。牛窪氏が「神変大菩薩伝」を『修験』に著したのは昭和七年（一九三二）だが、同時期に大日本山林会、帝国森林会および日本庭園協会等で記念植樹を奨励していた本多の横顔が宗教関係者から語られることは興味深い。第Ⅱ部第三章で触れるが、本多は大正一〇年（一九二一）、吉野山の桜を復興すべく、同じ『和州巡覧記』の蔵王権現の記述を例に献木の呼びかけを行っているのだが、牛窪氏はこの本多の主張を支持したものと思われる。

蔵王権現の石楠花説も桜説も伝承であり確証を得ることは困難だが、いずれにせよ修験道においては石楠花はもとより桜の植林を行ったという役行者の姿が今日も語り継がれ、吉野山の象徴となっていることが意味深い。聖護院門跡宮城信雅氏も「役行者が桜樹を蔵王権現の神木となして植林せられたのに始まって、吉野山が桜の名所となり、観桜の雅客を集めて来た」[114]と記しているが、祈念による霊木化現仏の出現から蔵王権現に捧げる桜樹植林にいたるまで、それは「祈りと実践」が複合された形の植樹である。このことは、いわば「実修実証[115]」をもって社会との結びつきを図り、衆生に福徳を分け与えんとする修験者の理念と近代の記念植樹事業の理念が相通じていることを示唆するものといえるのではないだろうか。

（3）霊木観と山林経営

樹木崇拝を根底として、特に天然の老樹や巨木を伐ることは禁忌のごとく畏れ多いこととみなされていた。人びとが樹木の祟りに怯えていたという言い伝えや、伐採したがために災難に見舞われたというような話はいくらでも見つけられる[116]。だが船舶建造や建築資材を得るために伐採は行わねばならない。

瀬田勝哉氏によれば、中世社会の成立期にあたる一二世紀前後には「開発領主」と呼ばれる在地領主層や名主層の農民による濫伐が続き、寺領山林を守ろうとする僧たちと山を伐り拓こうとする民衆との間には争論が絶えず、時に伐採をめぐって杣夫の暴力沙汰さえ起きたという。寺側が山林を守る目的は寺院運営のための資材確保という実際的な動機が主であったと伝えられる。霊木伐採を含む同時代の濫伐による山林資源の枯渇に対しては、「山林竹木は仏神の荘厳」という御題目を掲げて殺生禁断と伐木を禁止せざるを得なかった。たとえば行基創建と伝わる真言宗古刹の河内金剛寺の定書は次のように示された。

山は草木を以て庄（荘）と為し、人は才智を以て徳と為す。草木無くんば即ち泥丸（でいがん）の如し。才智無くんば即ち木頭に似たり。故に祇薗精舎は祇樹を以て前栽と為し、竹林精舎は堅竹を以て後薗と為す。是れ西天古風仏国の作法也[117]

仏国土の再現としての山林においては、原生の自然を保つことが必要であると説かれたのである。だが当時、現実に伐採をやめさせるには「山林の荘厳」という論理や仏法のみではたいした効果は見られなかったという。
そこで行われたのが、樹木を伐ったら植えるという実践的な植樹事業である。植樹によって修禅の聖地を整備したのは行基や空海にも伝えられる事柄だが、春日野の例では山林資源の枯槁が懸念された文暦二年から一六年後の建長三年（一二五一）、山の聖域化を目指して春日社一ノ鳥居から六道までの参道両側に桜と柳が献納され、それぞれに札がつけられ、のちの世まで守り育てることが定められたという。[118]
「草木成仏説」など日本的に変容した、いわば土着化した仏法に見られる本覚思想が尊重された平安以降の仏教全盛期に、[119]果たして植樹神の五十猛命などの神話がどれだけ森林運営事業に貢献したかは詳らかではないが、いずれにせよ山を敬い植樹を尊重する傾向が神仏ともに現れるのは確かなことである。特に草木成仏説については、北條勝貴氏は平安初期における木材の大量伐採を例に、「悲鳴のような轟音を立てて倒れゆく巨木を目にした僧侶たちは、その成仏を願わずにいられなかったのだろう」と殺生に対する後ろめたさが日本仏教に特有とされる草木成仏説を生んだのではないかと論じている。[120]
そして、こうした僧侶や神官たちの樹木の「いのち」を敬う自然観は、たとえば今日、高野山金剛峯寺や明治神宮で修められる霊木への「斧入れ」の儀式[121]の中に息づいていると考えられるのである。

小括　語り継がれる「いのち」の記念樹

以上のように「念じて樹を植える」という行為が日本の黎明期の神話や和歌に詠まれ、その根底には樹木の霊性を敬う心が備わっていることを述べてきた。なにか特別なことを機縁に樹木を植えるという行為がいかに重要な文化として位置づけられてきたかということが、これまでのところで明らかとなったであろう。

古代においては、新文明の到来を尊ぶ姿勢や古来の身近な事物を愛でる姿が、橘や梅、松や撫子など植栽される花樹の選択に現れていた。万葉の人びとにも、なにかの記念に草花や樹木を植栽する行為が親しまれていたようだが、その行為は、中西進氏の言葉を借りれば、自然の生命と人間の生命との間に区別をしていなかった古代の人びとの生命観の現れといえるものであり[122]、その意味では古代の人びとにとって記念に植樹するという行為には、魂を込める「念ずる」という姿勢があったものと思われる。「記念」という言葉の初出は初唐時代の『遊仙窟』にあると冒頭で記したが、不老不死をテーマとする『遊仙窟』の世界においては、いわば愛を結ぶことが人びとの生きる目的となっていた。万葉集にも命がけの恋愛を綴った和歌が多く詠まれているように、万葉の人びとにとっても、記念というのは愛と死を記念すること、つまり「いのち」を記念することにあったといえよう。

また、古代・中世においては、伐採という殺生のあとに、新たな生命の芽生えを念ずる杣人の「木産み」の信仰や鳥総立の儀式によって森林の「いのち」を循環させるがごとく、山が守られてきたことが認められた。鳥総立は「記念植樹」の原型とも見るべき行為である。このように、なにか特別なことを機縁として樹木を植える「記念植樹」という行為は、神仏を問わず、自然を敬う精神に支えられながら、前近代より連綿と行われているのである。自然のいのちを尊びその繁栄を願うという心がけによって、すなわち「祈りと実践」によって、人工的に植栽される森であってもそれはますます「神さぶる」のである。

では一体なぜ「記念植樹」という行為が近代化する日本において隆盛するのであろうか。国家的事業に位置づけられた記念植樹は、果たして何を記念し、どのような形態で展開してゆくのであろうか。続く第Ⅱ部では日本の造林学を構築した東京帝国大学教授本多静六に焦点を当て、いかにして本多が記念植樹を奨励するにいたったか、その思想の根源に迫る。

（1） 全国巨樹・巨木林の会編集協力『巨樹・巨木林の基本的な計測マニュアル』環境省自然環境局生物多様性センター、二〇〇八年、二頁。
（2） 環境省自然環境局生物多様性センター『巨樹・巨木林フォローアップ調査報告書（概要版）』二〇〇一年。
（3） 実際の測り方は、平面の場合は地上から一三〇センチの位置で幹周を測定する。斜面では山側斜面の高い方の地上から一三〇センチの位置を測る。高さ一三〇センチの位置で樹幹が複数に分かれている「株立ち」の状態では、主幹の幹周が二〇〇センチ以上、個々の幹周の合計が三〇〇センチ以上ある木が対象となり、それぞれ幹周を測定して合計する。樹根が盛り上がっている「根上り」の場合は、地表に出ている樹根の上端から一三〇センチの位置を測定する。こうして巨樹かどうかが判断される。『巨樹・巨木林の基本的な計測マニュアル』（前掲注1）、七頁。
（4） 渡辺典博『巨樹・巨木』山と渓谷社、二〇〇六年、四三二頁。
（5） 本多静六『大日本老樹名木誌』大日本山林会、一九一三年、緒言、一頁。
（6） 本多静六「天然記念物特に名木の保護」『大日本山林會報』三四四号、一九一一年、三頁。
（7） 本多静六『大日本老樹名木誌』（前掲注5）、序。
（8） 第六回調査に当たる前回調査報告参照。『巨樹・巨木林フォローアップ調査報告書（概要版）』（前掲注2）、一四～一六頁。
（9） 『巨樹・巨木林の基本的な計測マニュアル』（前掲注1）、二〇〇八年、三頁。
（10） 特別史跡名勝天然記念物及び史跡名勝天然記念物指定基準（昭和二六年五月一〇日 文化財保護委員会告示第二号）。
（11） 一九二六年一〇月二〇日指定（管理者東京都）。『東京市内の老樹名木』東京市役所、一九三四年、二～三頁。文化庁『史跡名勝天然記念物指定目録』一九八〇年、五四頁。
（12） 中村克哉・小野徹「国指定天然記念物馬場大門ケヤキ並木の成立とその保存対策」東京都府中市教育委員会、一九七三年五月、二～三頁。
（13） 環境省巨樹・巨木林データベース（奥多摩町日原森林館）http://www.kyoju.jp/data/index.html（二〇一六年二月三日現在）
（14） 弘法大師の例「逆杖のイチョウ（県天）」（愛媛県松野町・妙楽寺）、「高井の千本杉（県天）」（奈良県宇陀市）、「栄福寺のイブキビャクシン（県天）」（和歌山県岩出町・栄福寺）、「国恩寺のヒイラギ（県天）」（岐阜県本巣市）、「五十谷の大杉（県天）」（石川県白山市・八幡神社）、「西光寺の大杉（市天）」（福井県勝山市）、「コブニレ（市天）」（岩手県水沢市）、「杉ノ木のイチョウ（市天）」（青森県十和田市）、「上古賀の一本杉（町天）」（滋賀県高島市）、「七ツ田の弘法桜（町天）」（岩手県雫石町）。

(15)　高木博志『近代天皇制の文化史的研究』校倉書房、一九九七年、二六四頁。

(16)　郷土保存の古参では日光山内二社一寺保存を目的とした保晃会（一八七九年）や岩倉具視の発意による京都保勝会（一八八一年）がある。西村幸夫『都市保全計画　歴史・文化・自然を活かしたまちづくり』東京大学出版会、二〇〇四年、六四～六七頁。

(17)　黒板勝美「史蹟遺物保存に関する意見書」『史學雑誌』二三編五号、一九一二年五月、五六八～六一一頁。

(18)　「吉野桜に手術」『庭園』一八巻五号、日本庭園協会、一九三六年、一九六頁。「荒療治の若返り法　老桜の手術」大阪毎日新聞、一九三六年四月二八日付。

(19)　西村幸夫『都市保全計画　歴史・文化・自然を活かしたまちづくり』（前掲注16）、五三〇～五三一頁。

(20)　史蹟名勝天然紀念物保存協会『史蹟名勝天然紀念物』南葵文庫内、第一巻一号、一九一四年九月二〇日。

(21)　赤坂信「ドイツの国土美化と郷土保護思想　美を与えることと美を見いだすこと」西村幸夫編『都市美　都市景観施策の源流とその展開』学芸出版社、二〇〇五年、七四～七七頁。

(22)　白幡洋三郎『近代都市公園史の研究　欧化の系譜』思文閣出版、一九九五年、二〇六～二〇七頁。

(23)　西村幸夫『都市保全計画　歴史・文化・自然を活かしたまちづくり』（前掲注16）、七二頁、四四四頁、四八七頁、五三四頁。赤坂信（前掲注21）、七六～七七頁。

(24)　本多静六『天然紀念物と老樹名木』（南葵文庫に於ける史蹟名勝天然紀念物保存協会講話）、一九一六年一〇月二八日、三～四頁、九州大学附属図書館所蔵。

(25)　黒板勝美「史蹟遺物保存に関する意見書」（前掲注17）、五七〇～五七五頁。

(26)　同前、五七五頁。

(27)　同前、五七四頁。

(28)　鈴木良「近代日本文化財問題研究の課題」鈴木良・高木博志編『文化財と近代日本』山川出版社、二〇〇二年、一二～一五頁。

(29)　宮坂有勝・梅原猛『生命の海〈空海〉』（『仏教の思想』第九巻、角川書店、一九六八）角川学芸出版、二〇〇八年、二〇一～二〇五頁。

(30)　高木博志『近代天皇制の文化史的研究』（前掲注15）、三四～三八頁。

(31)　守山聖眞編纂『眞言宗年表』豊山派弘法大師一千百年御遠忌事務局、一九三一年（国書刊行会、一九七三年）、七〇一～七〇八頁。

(32)　斎藤昭俊「弘法大師伝説」日野西真定編『弘法大師信仰』民衆宗教史叢書一四巻、雄山閣出版、一九八八年、五〇～五一頁。

(33)　羽賀祥二『史蹟論—一九世紀日本の地域社会と歴史意識—』名古屋大学出版会、一九九八年、三頁。

(34)　佐和隆研『空海の軌跡』毎日新聞社、一九七三年、二〇七～二〇八頁。

(35)　明治八年六月一五日内務省達乙第七八号、『法令全書明治八年』内閣官報局、九二〇頁。読売新聞、一八七五年六月一九日付。

(36)　明治一一年三月一五日内務省達乙第二七号、『法令全書明治一一年』二三二～二三三頁。読売新聞、一八七八年三月二〇日付。

(37)　読売新聞、一八七八年七月一三日付。

(38)　読売新聞、一八七六年四月一日付。

(39)　維新前に人びとによって勝手に手折られ景色が損われていたという。読売新聞、一八七九年一月九日付。

(40)　読売新聞、一八八一年一二月一四日付。

(41)　読売新聞、一八八二年四月八日付。

(42)　読売新聞、一八七七年一月三一日付。

(43)　工事着手の際、大師が加護を念じると、大師の高徳を欽仰して止まない民は日夜役務に励んで怠らず、故に短期間で大工事が完成したという。龍田宥量『大本山善通寺案内』大本山善通寺御恩忌事務局、一九三四年、三九～四〇頁。

(44)　柳田國男の説では「水無伝説」は行脚僧への待遇の善し悪しから清水が湧いたり枯渇したりする伝承だが、この僧は必ずしも弘法大師に限らず、大師はおそらく「大子」の意で長男あるいは神の世継を指し、単に大子ということからのちに名僧弘法大師に重ねられたという。「弘法清水」柳田國男『定本柳田國男集第二六巻』筑摩書房、一九八三年、四〇五～四〇六頁。

(45)　小島憲之・東野治之・木下正俊校注『萬葉集一・二・三・四』新編日本古典文学全集六（二〇〇三年）、七（二〇〇二年）、八（二〇〇二年）、九（二〇〇二年）、小学館。

(46)　巻三（四〇七）、（四一〇）、（四一一）、巻四（七八八）、巻八（一六三三）、巻一一（二四八四）、巻一四（三四九二）。巻三の譬喩歌は巻四の相聞から移したものといわれるが例外もある。小島憲之・東野治之・木下正俊校注『萬葉集一』（前掲注45）、一五六頁、二六六頁。

(47)　巻三（四五三）、（四六四）。

(48)　巻八（一四二三）、（一四七一）、巻九（一七〇五）、巻一〇（一八一四）、（一九四六）、（一九五八）、（二一一三）、（二一一四）、（二一一九）、（二一二七）、巻一七

（三九一〇）、巻一八（四〇七〇）、（四一一三）、巻一九（四一七二）、（四一八五）、（四一八六）、（四二三二）、（四二五二）、巻二〇（四三一四）、（四四八一）。

(49) 巻三（四一〇）、（四五三）、（四六四）、巻八（一四七一）、（一六三三）、巻九（一七〇五）、巻一〇（二一一九）、（二二二七）、巻一一（二四八四）、巻一四（三四九二）、巻一八（四〇七〇）、（四一一三）、巻一九（四一八五）、（四一八六）、（四二三二）、（四二五二）。

(50) 「命の　またけむ人は　たたみこも　平群の山の　熊白檮（くまかし）が葉を　髻華（うず）に挿せ　その子」（倭建命、望郷の歌を残し病死）西宮一民校注『古事記』新潮日本古典集成二七、新潮社、一九七九年、一六九頁。

(51) 「倭建命、望郷の歌を残し病死」『古事記』（前掲注50）、一六八頁。

(52) 中村浩『植物名の由来』東京書籍、一九八〇年、二九頁。

(53) 大伴坂上郎女は神亀五年（七二八）四月頃に没したといわれる。小島憲之・木下正俊・東野治之校注「萬葉集関係略年表」『萬葉集二』（前掲注45）、四五四頁。

(54) 中西進「万葉の秀歌」『中西進著作集二二』四季社、二〇〇八年、二三四頁。中西進校注『万葉集一』講談社、二〇〇四年、二三一頁。

(55) 杣庄ともいう。奈良時代の寺院造営材を生産した山作所に甲賀山作所、田上山作所、伊賀山作所などがある。東大寺末寺の石山寺造営の際は甲賀、田上両山作所で造営材の伐採製材が行われた。山作所は律令制度の崩壊に従い農地に開発されたという。筒井迪夫『山と木と日本人　林業事始』朝日新聞社、一九八六年、一二頁。

(56) 『日本民俗大辞典』吉川弘文館、二〇〇一年、八〇五～八〇六頁。

(57) 小島憲之・木下正俊・東野治之校注『萬葉集四』（前掲注45）、二二一頁。

(58) 天皇の飲料水「大御水」を運ぶための早船。この船の廃材を焦がして琴にしたところ、七つの里に音色が響いたという。「枯野の琴の瑞祥」『古事記』（前掲注50）、二一八～二一九頁。

(59) 「とぶさを立て、足柄山で船木を伐って、ただの木に伐って行きおった。惜しい船木なのに」小島憲之・木下正俊・東野治之校注『萬葉集一』（前掲注45）、二二六頁。

(60) 『角川古語大辞典』。

(61) 中西進校注『万葉集一』（前掲注54）、二二五～二二六頁。

(62) 中西進『中西進著作集二二』（前掲注54）、四三頁。

(63) 小松和彦「入らずの山と鎮守の森――もうひとつの環境思想としての民俗知」秋道智彌編『日本の環境思想の基層』岩波書店、二〇一二年、二八〇～二八一頁。

(64)　桜井徳太郎「民間信仰と山岳宗教」桜井徳太郎編『山岳宗教と民間信仰の研究』山岳宗教史研究叢書六、一九七六年、一五頁、一八〜一九頁、二六〜二七頁、二九〜三二頁。
(65)　桜井徳太郎編『民間信仰辞典』東京堂出版、一九八三年、三〇〇頁。「山の神」薗田稔・橋本政宜編『神道史大辞典』、九八八〜九八九頁。
(66)　富田禮彦（一八一一〜七七）は旧高山城主金森氏に仕えた旧臣の家に生まれ、天保一三年（一八四二）に地役人頭取に就任。公務の傍ら皇典研究に励み国学者田中大秀の門下となり、その師を継いで山岡鉄舟らを養成した国学者である。『斐太風土記』や『和名抄国郡郷名索引』等を記した国学者である。絵師松村寛一の協力で作成された『官材画讃』（一八四五年）は、高山郡代豊田藤之進に献上となるが、未完であった故に嘉永七年（一八五四）、上下巻の『官材図会』として補完された。所三男解説『木曾式伐木運材図会』徳川林政史研究所、一九七七年、九八〜九九頁。「木曾式伐木運材図絵巻物二巻 由来記」長野営林局作業課編『木曾式伐木運材圖繪』長野営林局、一九五四年、一頁。
(67)　所三男解説『木曾式伐木運材図会』（注66）、一〇二頁。
(68)　羇旅にして作る雑歌（訳：飛驒人が真木を流すという丹生の川は、言葉は通うが肝心の舟は通わない）。小島憲之・木下正俊・東野治之校注『萬葉集二』（前掲注45）、二一二頁。
(69)　所三男解説『木曾式伐木運材図会』（前掲注66）、七五頁、一〇六頁。
(70)　同前、七六頁、一〇六〜一〇七頁。
(71)　「山入り」大塚民俗学会『日本民俗事典』弘文堂、一九八六年、七五九頁。
(72)　所三男解説『木曾式伐木運材図会』（前掲注66）、七八頁、一〇七〜一〇八頁。
(73)　小島憲之・木下正俊・東野治之校注『萬葉集一』（前掲注45）、二二六頁。
(74)　「山の神」佐々木宏幹・宮田登・山折哲雄監修『日本民俗宗教辞典』東京堂出版、一九九八年、五六八頁。
(75)　文中の「大川」は飛驒川を指す。所三男解説『木曾式伐木運材図会』（前掲注66）、八一頁、一一一頁。
(76)　小島憲之・木下正俊・東野治之校注『萬葉集二』（前掲注45）、二四二頁。
(77)　「〔味酒〕を三輪の神人が大事にしている神木の杉に手を触れた罰でしょうか、あなたにお逢いできないのは」小島憲之・木下正俊・東野治之校注『萬葉集一』（前掲注45）、三五二頁。
(78)　『古事記』（前掲注50）、二五〇頁。
(79)　坂本太郎・家永三郎・井上光貞・大野晋校注『日本書

紀 上』岩波書店、二〇〇〇年、一二三～一二八頁。

(80) 高田宏『木に会う』新潮社、一九九三年、一五〇頁。

(81) 佐藤洋一郎『クスノキと日本人 知られざる古代巨樹信仰』八坂書房、二〇〇四年、一九六～一九九頁。

(82) 『古事記』（前掲注50）、三二頁、三三三頁。

(83) 『日本書紀 上』（前掲注79）、一二三頁、一二八頁。

(84) 『神道史大辞典』（前掲注65）、七二頁、一五九頁。

(85) 「大穴牟遅神の受難」に「すなはち木の国（紀伊国）の大屋毘古の神の御元に違へ遣りたまひき」とある。『古事記』（前掲注50）、六二頁。

(86) 『神道史大辞典』（前掲注65）、五六六～五六七頁。

(87) 「神奈備にひもろきを立てて慎み祈るのだが、人の心というのは守りきれないものだ」小島憲之・木下正俊・東野治之校注『萬葉集三』（前掲注45）二四一頁。

(88) 『神道史大辞典』（前掲注65）、五六六～五六七頁、八四一頁。

(89) 高山章介編『古典樹苑植栽案内』八幡人丸神社、一九五六年、二頁。

(90) 廿四世観世左近『野宮』檜書店、一九七七年、四～五丁。

(91) 瀬田勝哉『木の語る中世』朝日新聞社、二〇〇〇年、五八頁。

(92) 同前、七八～八四頁。

(93) 五来重「高野聖のおこり」五来重『高野山と真言密教の研究』名著出版、一九八三年、一一五～一一六頁。

(94) 牛窪弘善「神変大菩薩伝」『修験』五三号、一九三二年三月、二五頁。

(95) 「孔雀王の呪法を修持ちて異しき験力を得て現に仙と作り天に飛ぶ縁 第二八」出雲路修校注『日本霊異記』、岩波書店、一九九六年、四一～四三頁。

(96) 東京国立博物館・総本山醍醐寺・日本経済新聞社『国宝醍醐寺展』日本経済新聞社、二〇〇一年、二三～二六頁、一六五頁。

(97) 五来重「高野山の山岳信仰」『高野山と真言密教の研究』（前掲注93）、二〇頁。

(98) 行基創建という高野山真言宗飛騨国分寺には行基手植えの樹齢一二〇〇年と伝わる大銀杏がある。

(99) 井上正「霊木化現仏への道」『藝術新潮』新潮社、一九九一年一月号、八三～八四頁。井上正「檀像と霊木化現仏」『岩波日本美術の流れ② 七―九世紀の美術 伝来と開花』岩波書店、一九九一年、八六頁。

(100) 古代において、プロチノスは大理石の塊と石彫の女神像を比較して後者が美しいのは「芸術がそれに内在せしめた形エイドス（形相）による」とした。この形は石の内にやってくる以前に表象する人、すなわち制作者、工匠に内在していたものという。佐々木健一『美学辞典』

東京大学出版会、二〇〇一年、一一一頁。出隆『プロチノス エネアデス』、岩波書店、一九三六年、七三～八六頁。
(101) 大熊氏廣「宗教ト美術ノ関係」『大日本教育會雑誌』七四号、一八八八年四月、二六七～二七三頁。
(102) 「いまだ仏の像を作畢らずして棄てたる木異霊しき表を示す縁 第二十六」『日本霊異記』（前掲注95）、一〇一～一〇二頁。梅原猛「私を導いた謎の仏像」『藝術新潮』新潮社、一九九一年一月号、三五～三六頁。
(103) 井上正「檀像と霊木化現仏」（前掲注99）、八六頁。
(104) 井上正「霊木化現仏への道」（前掲注99）、八〇頁。
(105) 五来重編『修験道の伝承文化』名著出版、一九八六年、一頁。
(106) 込茶喜市「吉野花供懺法と蔵王権現」『神變』二六四号、一九三一年四月、二一～二二頁。
(107) 牛窪弘善「神変大菩薩伝」（前掲注94）、二二頁。
(108) 石槌山横峰寺の蔵王権現の木像は独鈷を持し、吉野山如意輪寺の国宝の木像は五鈷を持つという。牛窪弘善「神変大菩薩伝」（前掲注94）、二四頁。
(109) 「金峯山修験本宗の修行」修験道修行大系編纂委員会編『修験道修行大系』国書刊行会、一九九四年、二六八～二六九頁。
(110) 込茶喜市「吉野花供懺法と蔵王権現」（前掲注106）、二一頁。
(111) 牛窪弘善「神変大菩薩伝」（前掲注94）、一三頁。
(112) 貝原篤信『和州巡覧記 益軒全集巻之七』益軒全集刊行部、一九一一年七月、一頁、六九頁。
(113) 牛窪弘善「神変大菩薩伝」（前掲注94）、二八頁。
(114) 宮城信雅「国史より見たる吉野熊野国立公園地帯」『修験』九七号、一九三九年七月、一三頁。
(115) 山田廣圓・高井善證『修験大綱』神變社、一九三三年、九二頁。
(116) 瀬田勝哉『木の語る中世』（前掲注91）、五～一四頁。
(117) 同前、二五頁。
(118) 同前、一二〇～一二三頁。
(119) 末木文美士「草木成仏論」『平安初期仏教思想の研究 安然の思想形成を中心として』春秋社、一九九五年。
(120) 北條勝貴「草木成仏論と他者表象の力 自然環境と日本古代仏教をめぐる一断面」長町裕司・永井敦子・高山貞美編『人間の尊厳を問い直す』上智大学、二〇一一年、一七二頁。
(121) 明治神宮では「御杣始祭」、金剛峯寺では「霊木伐採斧入式」が修められている。『代々木』五七巻一号、明治神宮社務所・明治神宮崇敬会、二〇一六年一月、二三頁。「廟辺霊木伐採斧入式」『高野山時報』一六二四号、一九六一年一一月、七頁。『総本山金剛峯寺山林部五〇年の歩み』総本山金剛峯寺山林部、二〇〇一年、三五頁、六九頁。『高野町史　近現代年表』高野町、二〇〇九年。岡本貴久子「空海と山水─「いのち」を治む」末木文美士編『比較思想から見た日本仏教』山喜房佛書林、二〇一五年。

(122)　中西進『中西進著作集二二』（前掲注54）、五五頁。

第Ⅱ部
林学者本多静六の思想

本多静六　林学教室にて（大正15年３月）

（1）　はじめに

明治半ばから大正、昭和戦中期にかけて山林政策や都市政策が促進されていく過程において、『記念植樹の手引』、『植樹デーと植樹の功徳』といった著作を記し、記念植樹を推奨したのが東京帝国大学教授・林学博士本多静六である。だが本多の事績は専門の造林学のフィールドに限定されることなく、当時行われた社会基盤整備のあらゆる分野にその姿が認められる。大規模な地域開発に取り組みつつ、一方で自然風景の保護を説いた本多がなぜ記念植樹という行為に関心を払い、それを奨励するにいたったか。記念植樹と社会基盤整備との間にはいかなる関係があったのか。

第Ⅱ部では本多静六という人物に注目し、彼が記念植樹を推奨した動機を探るために、第一章において本多が生家折原家において家庭内で享受した「不二道」という山岳信仰をとりあげ、第二章において東京山林学校、ならびにドイツ留学で受けた学生時代の教育に焦点を当てその思想形成を分析する。この手続きを踏まえたうえで、「記念植樹」の方法と理念を考察するべく、第三章で彼の言説や事績から記念植樹の目的、日程の設定、樹種選択といった形式を検証し、本多の説く記念植樹の実態と思想的背景を探究する。

（2）　本多静六の事績概観

本多静六というと一般的には独自の蓄財法によって資産を築いた財産家、あるいはミュンヘン大学で取得した経済学博士という肩書きから論じられることの方が多いかもしれない。造林学が専門の本多がなぜ経済学博士かといえば、明治日本が林学分野で手本としたドイツにおいては山林政策が「国家経済学」(1)に属していたことに由来する。山づくりは国土整備であり、ひいては国づくりとみなされていた。しかし本多の事績は専門の造林学にとどまることなく当時の社会基盤整備事業をはじめとして、あらゆる分野にその姿が確認できる。

たとえば同じ埼玉県出身で日本鉄道株式会社の渋沢栄一に進言した青森県野辺地の鉄道防雪林造成（明治二六年）に始まり、数々の役職や事業に関わっている（表1）。

特に公園や地域開発事業に関しては、明治三四年（一九〇一）、建築家辰野金吾より依頼された日比谷公園設計を手始めに、植民地を含む全国七〇か所以上の整備に携わり、今日「公園の父」と称されている。本多はこのように近代日本の景観を開発、造成し続けたといってよい。

この一連の事業に共通するのが、地域の環境を保全しながら計画的な地域開発を行い、風景を市民に開放して観光事業を振興するという積極的開発を進めた点である。たとえば古くより親しまれる景勝地においても水道や道路、水力発電等の社会基盤整備は文化的生活を送るうえで欠かせないとして、自然にある程度、人工の手を加えることは致し方ないという意見を呈した。風景を観光の目玉とするためにロープウェーやケーブルカー等の登山鉄道整備を推進したことも特筆に値する。(2) 本多の風景開放策が何を主眼としているかは、次の「風景の利用と天然記念物に対する予の根本的主張」にも明確である。

> 今日は彼の山水風景の如きも、従来の如く、或一部の文人墨客や少数の風人閑人のみが其美を娯むべきものとするのは間違いであって、最大多数の民衆即ち日々忙しく活動する所の民衆に向て開放せらるべき時代である。(3)

本多の風景開放策というのはこのように近代における一般庶民の生活を対象に出発するものであった。そこで、

> 従て、交通機関其他、大仕掛の設備を策し、従前の駕籠や馬背が現今の汽車、電車、自動車、ケーブルカー等に代らざるを得ないのである。(4)

図１　渡欧する本多静六（明治40年）

表1　本多静六の主要事績

主要事績	年	備考
鉄道防雪林造成（青森県野辺地）	明治26年	
大日本山林会評議員	明治26年	理事・大正４年、顧問・昭和15年
東京帝国大学農科大学助教授	明治26年	
東京専門学校（現・早稲田大学）講師	明治27年	
台湾山林調査	明治29年	
水源林整備	明治32年	千家尊福東京府知事時代、東京府森林調査嘱託
東京帝国大学農科大学教授	明治33年	
足尾銅山の鉱毒調査委員	明治35年	
露国西伯利亜・清国・韓国へ出張	明治35年	
日比谷公園造成	明治36年	
内国勧業博覧会審査員	明治36年	
欧米各国へ出張	明治40年	図１
防雪防風林・鉄道用林調査嘱託	明治41年	
東京市水源経営調査委員会顧問	明治42年	
鉱毒調査会委員	明治42年	
マレー半島・ジャワ・スマトラ・ボルネオ等へ出張	大正２年	
東京大正博覧会審査官	大正３年	
東京帝国大学評議員・高等官一等に叙任	大正３年	
明治神宮造営局参与	大正４年	
日本庭園協会理事	大正７年	理事長・大正10年、会長・昭和３年
帝国森林会理事・副会長	大正８年	会長・昭和２年
帝都復興院参与	大正12年	
東京市の恩賜公園常設議員嘱託	大正13年	
都市美協会副会頭	大正15年	
東京帝国大学名誉教授	昭和２年	
国立公園協会副会長	昭和４年	
東京震災記念事業協会顧問	昭和４年	
渋谷町々議会議員	昭和４年	１期４年
大多摩川愛桜会名誉副会長	昭和５年	昭和７年社団法人認可
国立公園調査会委員	昭和５年	
所有する山林を埼玉県に寄贈	昭和５年	
埼玉学生誘掖会第２代会頭	昭和６年	渋沢栄一を継ぐ
本多静六博士育英基金条例制定	昭和７年	
満洲国森林調査	昭和９年	
風景協会副会長	昭和９年	
神宮関係調査委員	昭和９年	
紀元二千六百年祝典評議委員会委員	昭和12年	
万国博覧会委員	昭和12年	
東照宮三百年記念会調査委員長	昭和13年	
宮城外苑整備事業審議会委員	昭和14年	
戦時貯蓄中央審議会委員	昭和17年	
東印度振興会顧問	昭和17年	
静岡県伊東町教育委員会委員	昭和22年	
伊東市特別市法審議会委員	昭和25年	

出典：遠山益『本多静六 日本の森林を育てた人』（実業之日本社、2006年）、本多静六『本多静六体験八十五年』（大日本雄辯会講談社、1952年）、武田正三「本多静六略年譜」（『本多静六伝』埼玉県文化会館、1957年）、『日本の公園の父 本多静六』（本多静六博士没60年記念事業、久喜市企画政策課、2013年）のほか『官報』、新聞記事などによる。

としたうえで、天然記念物等に対しては保護地域を設けるなどして、なるべく自然の山水風景の俗化毀損がないように配慮したのである。かくいう本多の主張は次のような理解に基づいている。

世界と人生とに亘る諸相は真善美の三者に包含し、幸福なるべき人生の彼岸は右三者の円満なる調和の世界に在ると信ずる。併し、其は現実の世界に於ては容易に到来することの出来ない久遠の理想である。三者の大調和を此世で体現するものは独り選ばれたる聖賢である。……其最大多数の体験の世界では美と真善とは調和する時もあるが、又撞着する時も多い。(5)

要するに現実の世界では完全なものはありえないとして、その時代の環境や状況に応じて、最も理想とされる方法を講じたのである。

本多の説く右の山野における景勝地の開放は、市街地においては大名や貴族、富豪の庭園における名勝地の保護に基づいた風景開放の研究や名園の保存運動に結びつく。(6) 本多の風景利用策における「最大多数の」という文言にはベンサムの功利主義が想起されるが、このような景勝地の開放からそれらを開発・運営する目的は、より多くの人びとと楽しみを分かちあうことにあった。地域開発に係る経済的要素については、彼がミュンヘン大学で学んだルートヴィヒ・ブレンターノ（経済学博士、Ludwig Joseph（Lujo）Brentano, 1844–1931）の教えによるところが大きい。

ただし、本多の山林開発や都市開発が常にうまく進んだというわけではなく、初期の東京水源林整備においては失敗を経験した。(7) 和歌山城址の公園開発では旧蹟を破壊する一因であるとして、後述するように南方熊楠から痛烈な批判を浴びたことさえあった。(8)

このように日本の近代化を推進するべく本多静六は「自然をつくる」かのように整備事業に従事していたのだが、同時に「記念植樹」を奨励する著作も数多くも執筆していた。「旧習を打破し知識を世界に求める」というご誓文に始まる明治日本において、近代文明の導入に積極的な姿勢を示した本多が、なぜ一方で記念植樹という前近代的で伝統的な自然観を礎とする行為を推奨したのか。本多の根底にある思想とはいかなるもので、それはどのように展開してゆくのであろうか。

（1）　箕輪光博「森林経理学の変容」『草創期における林学の成立と展開』農林水産奨励会、二〇一〇年、一〇〜一一頁。

（2）　熊谷洋一・下村彰男・小野良平「マルチオピニオンリーダー本多静六 日比谷公園の設計から風景の開放へ」『日本造園学会誌』（ランドスケープ研究抜刷）五八巻四号、一九九五年三月、三五〇頁。

（3）　この論考は「世には往々予の主張を誤解し、予を目するに徒らに自然美を毀損し天然記念物を破壊する者であると難ずる者がある」という当時の本多に対する誤解を解くべく、本多自身が反論を示したものである。本多静六「風景の利用と天然記念物に対する予の根本的主張」『庭園』三巻七号、一九二一年、二九二〜二九三頁。同内容の論考が「風景の利用と天然記念物に対する主張及び実例」として本多静六『天然公園』雄山閣、一九三二年（一九二八年初版）に収録されている。

（4）　本多静六「風景の利用と天然記念物に対する予の根本的主張」（前掲注3）、二九二頁。

（5）　同前、二九二頁。

（6）　「庭園解放の時勢に応じ各富豪の庭園を研究 本多博士の庭園協会の試み」読売新聞、一九二〇年四月五日付。「蓬萊園いづこへいく」東京朝日新聞、一九三四年一月二五日付。「「蓬萊園」近く史跡保存指定か」東京朝日新聞、一九三四年二月七日付。本多静六「庭園の開放を勧む」『庭園』二巻二号、一九二〇年四月、三〜六頁。

（7）　伐採跡地に造林したスギ、ヒノキ等の針葉樹が育成しなかったため、下刈を徹底し中小の雑木を残すなど私財を投じて改良、この苦い経験が本多造林学の基礎となる。『本多静六体験八十五年』大日本雄辯会講談社、一九五二年、一六九〜一七五頁。

（8）　南方熊楠「古書保存と和歌山城の破壊」渋沢敬三編『南方熊楠全集五文集Ⅰ』乾元社、一九五二年、一五六〜一五八頁。

第一章　不二道の歴史と思想

本多静六とはいかなる人物か。本章では彼の生立ちと深く関わる不二道の歴史、そして折原家（本多静六の生家）の由緒を紐解きながら、本多の思想の源流を辿る。

まず幼くして父親を失った静六が家族や周囲の人びととの交流から享受したさまざまな教育に注目する。なぜならこれら幼少期の教育はいずれも生涯を通じて静六を支える精神的なバックボーンとなっていると推測されるからである。ことに本章では祖父折原友右衛門から授かった宗教的思想に着目する。静六の生家である折原家は代々、山岳信仰「富士講」を祖とする「不二道孝心講」の会所であった。静六の祖父が、実は近世末から明治にかけて神道国教化の時流に対峙した人物であるという事実は意外に知られていない。

本章では近世の富士山信仰から近代にいたる「不二道」ならびに「不二道孝心講」の変遷を辿り、富士講の指導者食行身禄（じきぎょうみろく）や小谷三志（こたにさんし）の信条を継いだ祖父とその周縁をとりあげるとともに、近代国家が築かれてゆくプロセスにおいて本多が培った折原家の宗教教育とはいかなるものであり、時代の中でどのような位置におかれていたか、その内容と歴史を確認していく(1)。

齢八五で天寿を全うするまでに山林政策から公園設計、人生相談にいたるまで、ありとあらゆる事績を残した林学博士本多静六はいかにして成ったのか。

第一節　折原家の由緒と「不二道」

本多静六は慶応二年（一八六六）七月二日、武蔵国埼玉郡河原井村（現在の久喜市菖蒲町）で折原長左衛門（禄三郎）とその妻やその三男（第六子）として生まれた。この時点では折原静六という姓名であり、本多姓を名乗るのは明治二二年（一八八九）に本多家に婿養子として入籍して以降である。

生家である折原家は代々武州河原井地区の大地主で名主役をつとめた家柄ではあったものの、静六が九歳の時、父の折原友長左衛門が他界（享年四二歳）して以来、一家は困窮し、静六もまた家業の農作業を手伝う傍ら苦学したといわれる。本多は自著においてこの時味わった貧苦こそ彼自身の精神鍛錬に貢献したと記しているが[(2)]、今一つ、彼の人格形成に大きく関与したであろう家庭内教育がある。それは幼少期から少年期にかけて享受した宗教的な情操教育である。お天道様はお見通し、正直に働きさえすれば人間は幸せになれる、といった本多の著作にしばしば見られる教訓は、実は折原家が代々山岳信仰「富士講」の会所であったことに由来する。

静六の祖父折原友右衛門ならびに長兄折原金吾は富士講一派「不二道」から派生した「不二道孝心講」の代表を務める人物であった。「不二道」とは、現在の埼玉県川口市（旧鳩ヶ谷市）で活動した小谷三志（一七六五～一八四二）によって江戸後期に組織された講社で、古来の富士山信仰と実践道徳を融合させた教義をその特徴とする。静六の祖父友右衛門はこの小谷三志の古参高弟にあたる。不二道信徒の推挙により第一〇世不二道孝心講大導師に就任した祖父は、富士登山六七度の大先達であった[(3)]。

父亡き後の家庭内教育は祖父と兄による影響が大きく、静六自身、一五歳になるまでこの祖父に教導され[(4)]、ともに不二道行脚の旅に出かけた際には祖父の講話の前座として「天地三光の御恩」、「父母の恩」といった不二道の写本を読み上げたと自伝に記している。(5) 天保の頃より朝夕に一家で不二道法会の歌を斉唱したと伝わる敬虔な折原家で、静六は三、四つの頃は曾祖母やつ（折原家八代目友右衛門の妻）に抱かれ、法会の歌を子守唄にして眠ったという。

ところで、折原家が山岳信仰富士講に関係するようになったそもそものきっかけは何であろうか。そこで折原家の由緒とあわせてその経緯を述べておく。

折原家の先祖は藤原鎌足の後胤、折原丹後守と伝えられ、武勇秀でた東国武士であったが、のちに遁世して河原井の里に移る。一族郎党とともに河川の氾濫による荒廃した同地を開墾し、そこに小農村を築いた。(6) 晩年、折原丹後守は折原長左衛門と改名、慶長七年三月に病没した。折原の子孫らは世々里正を務めたという。同地域では八代将軍吉宗による新田開発奨励に従い、見沼をはじめとする開発工事が進められたが、なかでも河原井沼は水害を受け易く、その都度、普請願が出された。(7)

折原家七代目当主の長左衛門は当初仏教を信仰し、善根功徳を積んで名望家と仰がれる存在であった。長左衛門はしかしながら晩年、不二道の先達小谷三志の法話を聴き、家族ともども不二道の帰依者となる。

次に折原家の歴代当主を掲げる。このうちの不二道信仰に係る項目については『鳩ヶ谷市の古文書』を翻刻・解説した不二道研究家岡田博氏の見解を参考とした。没年月日については、折原家第一五代当主金吾氏のご厚意によりご教示いただいた幸福寺の折原家墓所の碑文に従った。(8)

（代）（当主名・実名・行者名）	（没年月日）
七代　長左衛門	文政一三年五月一五日没
八代　友右衛門・友行三香	嘉永二年五月一日没

九代　善次郎（友右衛門の子）・永行三寿　　天保五年九月二三日没
一〇代　友右衛門（静六の祖父）・由行三、　明治三〇年五月二七日没
一一代　長左衛門（静六の父）・禄三郎・音行三禄　明治九年五月二日没
一二代　金吾（静六の長兄）　昭和一三年一〇月二八日没

八代目友右衛門は弘化二年（一八四五）二月一二日、「土持」奉仕（土木工事への無償奉仕）を呼びかけた篤信家といわれる。先に河原井村では被災に対する普請願がたびたび提出されたと記したが、こうした折に道普請や堤防修繕など土木作業を無償で率先して請負ったのが不二道信徒であった。本多の自伝によれば、早世した兄九代善次郎を継いだ一〇代友右衛門は慈善奉仕の志高く、私財を投じて土持や弱者救済に努め、手弁当で諸国を行脚し信心による勧善懲悪の道を講じ廻ったという。後述する神道国教化政策のもとで不二道本来の教えを遵守し、「不二道孝心講」を旗揚げしたのも、この折原友右衛門である。静六の実父、一一代長左衛門は明治初年に家督を継ぎ、南埼玉第一八副区長を務め久喜町の郡役所に通勤していたが病で急逝、友右衛門が家長に復帰する。一二代金吾は静六の長兄で南埼玉郡会議員や同村長などを務め、約三〇年間不二道孝心講の代表にあった(9)。

以上が本多静六の生家折原家の略史である。祖父の活動に象徴されるように静六の周辺には常に不二道があった。

第二節　近世富士山信仰史とその思想

（1）富士講の始祖長谷川角行伝

そもそも「富士講」とは富士を霊山と仰ぐ山岳信仰の一派であり、夏季には菅がさ・金剛杖に白装束という出で立ちで、先達に引かれて「六根清浄・お山は晴天」などと唱えながら登拝する講社のことを指す。

富士の名前はほかに「不二」、「不尽」と書かれるが万葉集で多く用いられるのは「不尽」の字であるという(10)。

富士の神格は、水源としての水神と噴火による火山神が展開したところにあるとされ、特に密教的要素を有する信仰については『日本霊異記』に修験道の祖とされる神変大菩薩、すなわち役行者が配流先の伊豆から毎夜富士登拝する姿が描かれた[11]。山岳仏教としての開基は、『本朝世紀』の久安五年（一一四九）の条にみる末代上人（富士上人）が山頂に大日寺を建立し、国家安泰、現世利益、来世安穏のために大般若経（一切経）を埋経したことに始まるという。登拝数百度と伝えられる富士上人の篤い信仰心はのちの富士行者が多数の登山を志す鑑になったといわれる[12]。

戦国時代には行者・長谷川角行（角行藤仏）が登場する。多くの伝説が語られる人物だが、いわゆる富士山信仰というのはこの角行の流れを汲む信仰集団を指す。後世の門流が記した『角行藤仏「佝」記』[13]（「御大行之巻」）によれば、天文一〇年（一五四一）一月一五日に肥前長崎に生まれた角行は幼名を竹松、元服して長谷川左近藤原武邦を名乗り、その先祖に大職冠内大臣藤原鎌足公の後胤、父は長谷川氏三位中将左近衛大輔藤原之久光、母は二条従二位藤原之清安の女とされる[14]。

永禄二年（一五五九）、一八歳で山岳跋渉の旅に出た角行は、奥州北大峯の窟で断食修行中、役行者から駿河国の富士山麓にある人穴（洞穴）で大行せよとのお告げを授かり富士を目指した。そこで「不睡大行」や四寸五分四方の角材に爪立ちする「爪立行」を勤修、苦行の結果、日月の行道から陰陽の和合によって万物の生育する所以、そしてその働きを掌るのが不二仙元大日神の霊威にあると覚り、秘儀を感得したという。彼の行者名角行はこの爪立行に由来する。そこで富士の神霊と一体化した我が身から抜き出たものを意味する「御身抜」と呼ばれる教義を図形化したものと祈禱の詞言である「御伝」を用いながら諸国巡礼し、現世利益の祈願に務めたと伝えられる[15]。

（2）食行身禄と近世の富士山信仰

角行の死後、弟子によって相承された富士山信仰は近世にいたって村上光清（村上三郎右衛門）と食行身禄（伊藤伊兵衛）という二人の行者によって発展する。井野邊茂雄氏によれば、団体登拝を行う講集団として組織化されるのもこの時代のことである。

光清は日本橋小伝馬町の葛籠(つづら)問屋という富裕な商家に生まれ、父の村上月心を継いだ富士行者であり、統率する教団の規模も大きく、後年には北口浅間神社の社殿新築を成就した行者として知られる。かたや身禄は伊勢国一志郡川上清水村に生まれた農民（小林姓）で、八歳で大和国宇陀郡へ養子に出され、一三歳で江戸の商家に奉公、享保の頃には桶を担いだ油売りだったという(16)。

富士講の系譜

なお、ここで富士講の系譜に係る本書の立ち位置を説明しておく。富士講八百八講と呼ばれるまでに流行した富士講の系譜は角行以降諸説あり(17)、幕末から明治初頭にかけての宗教政策の影響からさらに分派が生じた。本書は本多静六を主軸とするものであり、彼の生家が鳩ヶ谷の小谷三志に由来する道統を引き継いでいることから、食行身禄、小谷三志、折原友右衛門という流れを汲む鳩ヶ谷の系統を基本とした（川口市立文化財センター分館郷土資料館展示資料・『鳩ヶ谷市の古文書』等による）。図1の［　］内の富士講特有の異体字表記についてもそれによった。その法脈は丸付数字で示した。

食行身禄の経歴

食行身禄に話を戻そう。身禄の経歴については基礎的研究として岩科小一郎『富士講の歴史』や平野榮次『富士信仰と富士講』をはじめ、伝記として写本「食行身禄佝(くう)御一代之事(18)　その他種々の訳大全」や、身禄の弟子で庇護者の小泉文六郎(19)が記した「小泉文六郎聞書横物之内(20)」等がある。

一三歳で奉公した身禄は江戸本町の親類富山清兵衛が経営する商店から独立し、本町三丁目に呉服屋を構える。商売は順調で元手金四〇〇〇～五〇〇〇両の裕福な呉服商となり、のちには大名の御用も引き受け、京橋に薬種店、大伝馬町に太物店、神田に燈油店等を出店する(21)。

食行身禄の富士講入信は貞享四年（一六八七）、独立前の一七歳で富士行者に弟子入りしたところに始まるとされる。身禄が帰依した劊忡（そうちゅう）は本名を森太郎吉と称し、江戸白銀町で煙草商をはじめ多くの店を営む伊勢国松阪出身の同郷人といわれる。入信の理由については「小泉文六郎聞書横物之内」の記述が参考になる。

然る所十七才より、元のちゝはゝ様、仙元大菩薩様、長日月光仏様ゑ信心なし奉る心つづき、月行劊忡へ弟子と成御伝を聞、追々ありがたき心ざしまさり、人にしらさず深く御信心被成候(22)。

富士信心は本来現世利益を祈願する信仰であり、将来の独立と繁盛を祈る心から信仰を選んだと考えられる。このことは商売が順調に進展してゆく中で語ったと伝えられる、次の身禄の言葉からも推測される。

年々御ふじ山参りに付ても、御願行につけても自由よくきびしく願行御つとめ、こりは毎日弐度宛、日断も数度、穀断も御勤いろいろつよき御願行も被成、身上ますますのぼり、金銀追々のび延増候に付、商売増候

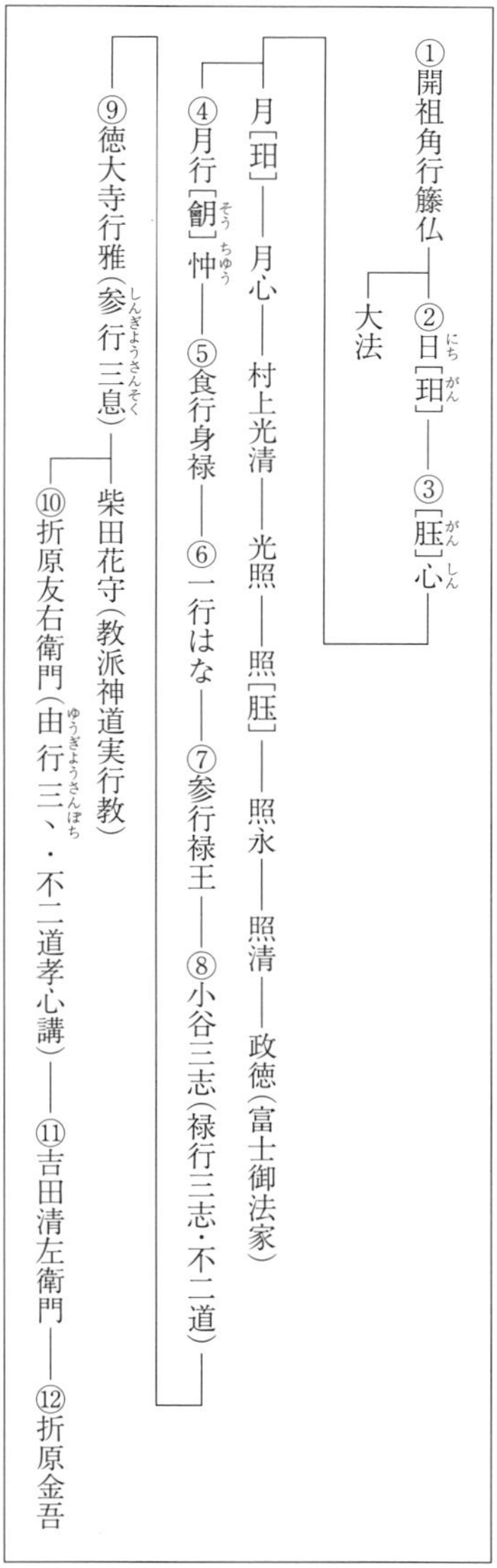

図１　富士講の系譜一例

に付、皆勘弁いやます[23]

営業の傍ら、種々の願行達成のために富士登拝をはじめ断食や木食行を厳修したという描写だが、この文言に続いて、「いまだ御心附ひらけきらず候時ゆへなれば、名聞のしかたも数々有之よし也」とこぼしているように、いくら厳しい修行を重ねても有難い教えを耳にしても、まだ信仰への心が開けていないと彼自身の信仰態度を顧みている。この真摯な姿勢こそ、食行身禄の富士信仰に対する悟りであったといえる。

身禄は商いで儲けることに疑問を感じ、商売を偽善、つまり「悪」とみなすようになる。その結果、家産を奉公人に分配し、みずからは油売りの行商を始め、信仰の道に進んだといわれる[24]。先の村上光清が「大名光清」の異名をとる一方、彼が「乞食身禄」と評されたのは身禄のこうした実直さに由来していよう。現世利益を目的として入信した富士信仰ではあったにせよ、考える余裕が生じるにつれ信仰のあり方を問うようになり、ひいては社会のあり方そのものの問い直しに結実するのである。

その心根が示されたのが身禄入定の決意書といわれる「御決定（ごけつじょう）之巻」である。

享保十六念亥の六月十五日に、我等ふじ山へ一切の決定にのぼり候時、大行合に居申候、田辺十郎右衛門と申水売、石室の役人佐藤半左衛門、薬師かたけ大宮司役人頭春田与三右衛門と申右三人の役人共に、我等はふし山八方ゆじゆんのせいにて今度三日のからだん食にて、身禄俐の御代の御世の決定に参り候間。是よりしては身禄の御世、御山の御名も参明藤開山（さんみょうとうかいざん）と御かわり御極り被為遊候間、不二権現も日本の天狗のかしら、ふじ太郎も天狗とは天のいぬちくしやうとかくではないか。

天照皇大神宮も日本の神共も、人間は申に不及草も木も、なべて川のうろくずも、生有ほどの物は、我がいふやうに面々の其身〳〵にそなわりたる家しよくをし、心を禄にしてたゞ一筋に南無仙元大菩薩様の御代の御ひろまり候様に不至仕候はゞ、何ものにても三日にても差置不申[25]。

岩科小一郎氏は、これは「身禄が享保十六年六月十五日、角行の唱える明藤開山を改めて、参明藤開山の名号を声明した記念すべき日のことを記した書面」であり、身禄派の「聖典」に値すると論じている。[26]ここでいう「明藤開山」[27]とは角行が名付けたという富士山の神号だが、身禄はそこに参の文字を加えた。「参」（三）とはすなわち、「日・月・天」の三つを示し、「三明」を書き分けると「三日月」になることから富士山と日月天は一体であるとする説である。身禄は信仰上の用語に新たな解釈を加え、教義を展開させたのである。[28]「参明藤開山」の意味は、これをさらに発展させた身禄法流継承者小谷三志の「万坊の御本と申すは」[29]に明解である。

この参明藤開山と申事を、是より下よりよみてと、

御しらせいただかせよみ上る。

山　おやまが

開　ひらけて

藤　ふじより

明　つきひさまが

参　おうまれ遊すと　よみ申候

すなわち、参明藤開山を逆から読めば、[30]富士の神霊から万物が生まれたという真意に結びつくというのである。「明」の文字は「日」と「月」を示し、逆さから読ませるのは次に述べる「お振りかわり」の教えによる。

身禄は享保一八年（一七三三）、富士山「烏帽子岩」に入定する。将軍徳川綱吉から吉宗の時代のいわゆる生類憐令と米価高騰による政治的、社会的混乱に対する批判を込めた入定といわれるが、即身仏と成るべく捨身行為によって世の中に「お振りかわり」という社会が逆転する現象が起こり、「みろくの世」が到来するという教えを伝えたのである。[31]

一字不説の巻

享保二年（一七一七）に、亡き師の教えを継承する一人となった身禄は、「みろくの世」実現の啓示を受け、享保七年（一七二二）頃、布教活動の傍ら代表作となる教義書『一字不説之巻』[32]の作成に取り掛かる。[33]一字不説とは身禄自身がその書において「坊主にして　一字不説とは　いわぬ　かたらん　かきおかん」との断りを入れているように、禅[34]でいうところの「不立文字」に近いとされる。[35]

同時期に身禄は「伊藤伊兵衛」を行者名「食行身禄」に改めたとされるが、[36]みずからを契機として「振りかわり」が起こり世を救済するというメシア的な意味が込められたであろうことは想像に難くない。同時に、人間は「こころをろく」にして「めんめんのそなわりたるかしやうく（家職）おして、はたらき申せば、天と一体のこころに御座候」[37]という同書の記述から、天分に沿った実践的な生き方こそ人間のあり方であるという教えが込められた行者名とも解せられる。岡田博氏によれば身禄が説くのは「神に対する人間の尊厳であり、万有より受ける恩恵への報恩」[38]であって、「ミロクの御世」も仏の出現によって理想社会が到来するのではなく、身を禄に持ち、分に応じて生きることによって成立することを意味するという。

享保一四年（一七二九）に完成した巻子一二本組の『一字不説之巻』にみる食行身禄が目指した信仰は、角行の教えからまじない的な要素を排したもので、呪術による現世幸福を祈願するものではなかったといわれる。[39]しかし角行の説く、「身の程を護り、天禄を減らさず」という教え、つまり「元米壱粒を以て、世界の満る事」[40]を知り、天の心に沿うように身の程を知った生き方をせよ、という実践的な教えは遵守されたとみられる。

三一日間の断食入定の記録は弟子で北口御師菊屋豊矩（おしきくやとよのり）（田辺十郎右衛門）の口述筆記によって『三十一日の御巻』[41]にまとめられ、身禄入定は瓦版で江戸の町に知らされた。身禄の烏帽子岩入定をきっかけに富士講の布教活動はいよいよ活発化し、教義書の筆写本が出回り、多くの信者を獲得する。「富士山の神霊と一体になり衆生を救うとの請願を全うさせた富士行者食行身禄の、神霊としての存在が世に喧伝[42]」され、社会を改めるべく一身を投じた身禄の情け深い行為が人情物好きの江戸庶民の関心を呼んだとみえる。宮崎ふみ子氏によれば、これは身禄の教義はもとより、「神格化された」身禄自身の所作に注目が集ったことを意味するという[43]。

こうして文化文政時代には俗に「富士講八百八講」ともて囃されるほど多くの分派が生まれることになる。

（3）富士講の組織と活動

ここで富士講の組織と活動内容についても詳しくみておきたい。富士講はまず教主をトップに本講から分岐した枝講に分かれる。たとえば井野邊茂雄『富士山信仰に就いて』によれば、「今でも（本文が書かれた昭和一二年頃——筆者注）東京渋谷道玄坂の山吉講は有名であるが、これが山吉玉川講（多摩川浅間神社周辺の富士講——筆者注[44]）、山吉十七夜講と幾つかに分れて[45]」、本文の関係を築く。講を統治するのは講元・先達・世話人の三方で、講元とは講の主宰者で財政上の全権を掌握する故に徳望ある資産家がその役を務めた。先達は信仰方面を専門として通常は加持祈禱を行い、峰中では信徒を引率する。世にいう富士行者とはこの先達を指す。信望の厚い先達は時に養子縁組の相談にも応じたという。世話人は庶務係として事務的能力のある者が任された。

富士塚

講の活動の一つとして知られるのが「富士塚」築造である。富士山の溶岩を使った富士遥拝所が深川や音羽、目黒、品川など各地に設けられた。富士山頂から持参した土を富士塚の山頂に埋めてミタマウツシを行うことによって、富士塚は御本山と同じになるのだという。

江戸の富士塚第一号は安永八年（一七七九）、新宿で植木屋を生業としていた高田藤四郎（食行身禄の直弟子・日行青山）が築いた「高田富士[46]」である。身禄三三回忌にあたる明和二年（一七六五）、追善として富士塚建立を発願した藤四郎が高田水稲荷神社の古塚を利用して築造したと伝えられる。

なお、岩科小一郎氏によれば、富士塚というのは近世の富士講信徒が作った人造の富士山を指し、もともと山の上に社殿が建立された駒込の富士神社やその他の浅間神社は鎌倉時代の系統で両者の性格は異なっているという[47]。

こうして富士登拝を誰でも容易く疑似体験できる点が江戸庶民の好評を得た。しかしながら不特定多数の民衆を大量に取り込んだことが災いしてか、信仰に対する真面目さは徐々に損なわれ、各所に設けられた富士遥拝のための富士塚ものちには見世物化するケースがみられた[48]。

幕府の統制

一方、富士講のこうした隆盛は幕府にとって無視できないものとなっていた。寛保二年（一七四二）の町触や寛政七年（一七九五）正月の「新義異宗の禁」をはじめとする幕府の宗教政策は、「職人、日雇取、軽商人等講仲間」が結集する団体に対するものであった[49]。庶民社会で流行した民間信仰のうち、為政者の目の届き難い呪術的作法による富士行者の布教は特に禁圧の対象になったという。これは正式な山伏として登録された身分でないにもかかわらず、修験者の風態をもって布教する者に対する取り締まりであった。

宮中に限らず、一般においても修験山伏に対する信仰は篤く、その言葉は絶対的であるとして彼らを畏敬する背景がそこにあった。こうした事情は古来為政者を悩ませてきた要素であり、藤原時代に配流された役行者の処分にも通じていよう。

つまり問題は富士信仰の教義自体にあるのではなく、和歌森太郎氏によれば弱者である貧困層に対し「その乏しい材を略奪するかのように加持祈禱料、護摩料などを強要[50]」しては不安を煽るものがいたことにあるのであって、そうして蓄積された庶民の不安や不満がいつ一揆といった暴動的行為に走らせるかわからないところに近世の為政者は警戒感を抱いたのだという。

（4）鳩ヶ谷の小谷三志と不二道

小谷三志の生い立ち　明和二年（一七六五）一二月二五日、武蔵国足立郡鳩ヶ谷宿（埼玉県川口市）で麴屋（屋号・河内屋）を営む富裕な商人小谷太兵衛の長男として生まれた小谷小兵衛(51)（行者名・禄行三志、通称・小谷三志／一七六五～一八四一／図2）(52)は、家業を継いで日光御成道鳩ヶ谷宿の宿年寄を勤める傍ら、手習いの師匠を行っていた。地域経済の中心地である鳩ヶ谷は行き交う学者や文人の影響から文化の薫り高い宿場町だったといわれる。

三志の富士信心については、寛政四年（一七九二）、二八歳の頃より行者として鳩ヶ谷浅間神社等(53)を巡拝していたことが確認されるという。千社札はりで諸国を巡ったという若き日の旺盛な好奇心(54)が流行りの富士講へ目を向けさせたとも考えられる。だがもともと富士への信仰心があったわけではなく、「天の心にかなう生き方」を希求する心から入信したものであるといわれる。要するに食行身禄の教えに惹かれたということである。たとえばのちに、

図2　折原家に与えた小谷三志肖像

先づ富士講と申せば何か別の法立にもあるやふに思ひども、只よき子孫をつくり出し、きみゃうふしぎなる事には決して心を奪はれず、家内揃ふてかせぐより外の教へは無之候まま、心を入れて、くり返しくり返し御読みあるべく候。(55)

と記しているように、「地ごくにすむも、極楽にくらすも、只心の持ちやふの一つなり」という道徳的な信心のあ

り方に感心したものと思われる。そして享和二年（一八〇二）、三八歳の頃には、地元の富士講一派「丸鳩組」を率いる先達（行者名・正行三至）として活動していた(56)。しかしながら当時の遊楽化した富士信仰のあり方に疑問を感じていた。

参行禄王との出会い

寛政一二年（一八〇〇）の富士登拝の際、三志は吉田宿の中込儀左衛門方にて、中込から身禄の真の教義を継承したという跡目・参行禄王（一七四六〜一八〇九）の存在を聞いた(57)。参行禄王とは食行身禄の三女・一行はなの弟子を務めた孤高の行者といわれる。身禄には長女うめ、次女まん、三女はなという三人の娘があったが、跡継の不在を嘆く身禄に対して、次女と三女は父を継いで富士信心の道に入った。七歳で父と死別したはなは、のちに幕臣七〇〇石小笠原権九郎に嫁し、行者名を「一行」と改めて身禄派法流を継いだという(58)。

中込の話を聞いてから九年後の文化六年（一八〇九）三月一七日、三志はついに病床に伏す金物の彫物師、参行禄王との面会を果たした(59)。参行禄王（伊藤参行・参行六王、二代目伊藤伊兵衛とも）は、一行はなの養子で、義母の後を継いで身禄の遺志を相承した教化書を著し、身禄派の教条の筋を通そうと苦闘していたと伝えられる。だが華やかな行事を好む江戸っ子には容認されず、江戸浅草の裏長屋で餓死寸前のところを教理の理解者小谷三志に迎えられたと岩科氏は述べる(60)。

三志が記したとされる『師弟会見記(61)』の内容をみてみると、参行禄王の様子は、「畳は一帖、……障子は骨ばかり、其の向にはごみ也。……御衣服は木綿の古き単物、……ひげぼうぼうと髪も成されし事は見えず、誠に凡人ならざる御すがた」をしており、三志の随身両人は、「畳のへりより虱のはひ上るを恐れて、尻をまくりてつくばい候よし」という状態であった。「三年待ちし」と語ったという参行禄王の「誠の御伝へ」には、次のような三首の和歌があった。

回りあひていまそ誠の食行の直の教へを伝ふ嬉しさ

忘るなよ世々はふるとも参鏡の教への奥の不二の割石[62]

参鏡の教へまかせに割石へあらたに向ふ人ぞとふとき

〈三志の返歌〉

参鏡のおしゑまかせに割石へあらたに向ひ道開きせん

参鏡とは富士山頂に存在するといわれる正邪を顕にする「峯の御鏡」を意味し、すべてを知る富士の神霊を表す言葉であるという。参行禄王は三志に『一字不説之巻』『御決定之巻』『御添書之巻』の巻物とともに第八世跡目を譲り、行者名禄行三志を与えた[63]。

継承者三志と出会った参行はその後、住居を銭六〇〇文[64]で売り渡して鳩ヶ谷に移り、文化六年（一八〇九）、跡目として初の禅定に出立する三志を見送ったあと、蕨宿にて「天の御用は済んだ[65]」といって断食に入り八月一〇日に往生した。この様子はさながら空海と師の恵果阿闍梨の邂逅を思わせる。三志を含めた講員は互いに同気と呼び合い、相承した巻物を独占することなく共有し、その教えの普及に努めたという。「気」とは「体」に対して三志が「わが気はもと天よりさづかり得しもの[66]」として、「たましいが行と申事、是気の行也[67]」と説いているように、いわば永遠のたましいのようなものを意味しており、その同じ「気」を有する仲間を「同気」と呼んだのである。

不二孝の立上げ

文化一五年（一八一八）小谷三志五四歳の時、彼は新たな講の立上げを志す。三志は身禄の生地・伊勢国一志郡川上村を巡礼し、その生家小林邸にて食行身禄産湯の水を汲んで墨をすり、富士講教典全二〇巻を同伴した弟子たちに写させこれを奉納、この一連の儀式によってみずからの一派を新たに「不二孝」（不二道）と改めた。のちに不二道支援者となり、かつ良き理解者であったという大久保利通の三男利武が、「今日の実用活用主義の教へは、小谷の創見活動に基づくもの[68]」として、「中興の師匠」と讃えたその三志によって組織されたのが「不二孝」であった。三志の著述『不二孝のおしゑしかと』には次のようにある。

不二孝とはふたつなき孝と教へる、この五りん五体揃ひたるからだを、御あたひ被下候、仮のちゝはゝの高恩を説くおしゑ。それより段々その元へたづねいり、月日仙元大菩薩様の元のちゝはゝ様の御恩、天子将軍様の日夜の御高恩にあづかり奉る処の恩礼奉申上事也[69]。

「不二」とは、富士信仰への道は「二つなき孝の道」であり、その初めは「孝」にあるという意味で名付けられたものである。なお、「不二孝」という名称は、天保五年（一八三四）に入信した次の後継者となる醍醐寺理性院住持・徳大寺行雅が天保七年（一八三六）の頃、〈孝〉という文字よりも〈道〉の方が「道を伝えるもの[70]」としてわかりやすいと提案して「不二道」と定めて以降こちらが定着する（本書でも便宜的に不二道を用いる）。

不二道を組織した三志は弟子たちと巡回布教に出向き多くの信者を集めた。文政元年（一八一八）からは京坂を中心に関西地方を行き来し、宮中の節句会や仁孝天皇の大嘗祭に参賀する[71]。また文政八年（一八二五）一一月以来の長崎布教は、富士信仰の開祖角行藤仏の生誕地巡礼に基づくといわれる[72]。長崎訪問については「御尊師様廻し文」（文政八年一一月）に記されているが、総鎮守諏訪神社に参拝し、「是を御立て青木数馬とか申すもの、是も富士山よりよき名石をひろ得、天子様迄展覧にかなへて、御名を付いたし、今にまつりて有[73]」と、富士山にゆかりある神社縁起を説いている。またオランダ商館を訪れた三志がオランダ人に不二道の教えを語った様子も描かれている。

おらんだの人にもだん〳〵はなし通じ候、今にひらけ可申候。おらんだの屋敷へ参り、おらんだと咄しいたし候処、おもしろき事也。ふじの山の絵図をこのみ候まゝお心がけ置可被下候[74]。

オランダ人にも話が通じ、不二道の教えが世界に広まる日が来るとの確信を持ったという。翌文政九年（一八二六）、富士登拝ののち、三志は再び長崎を訪問する。「気」を通して東から西へと教えが広がることを期待する様子は、鳩ヶ谷の町年寄に送った「富士の山みな三国をあらたまの東へ出でて西の奥まで[76]」という身禄の歌や、「おらんだより気のわけ有たれば、はや三界気の世となったり、是を三国第は一体と開道す[77]」との一文に読み取れる。[75]

このように各地への布教活動を通じて不二道の組織は次第に巨大化していくのだが、その範囲は、武蔵・上総・下総・常陸・上野・下野・相模・伊豆・駿河・遠江・三河・信濃・甲斐・山城・大和・摂津・伊勢・肥前の一八か国八六九村におよび、その信者層は記録に現れる範囲では百姓と町人が大多数を占め、上層から下層まで幅広く分布し、公家や武家もわずかながら含まれていたという[78]。

第三節　小谷三志の不二道の思想

では、不二道の教義とはいかなるもので小谷三志はその教えをどのように教示したのであろうか。ここではその特徴をまとめておきたい。

（1）不二道の教義と「行」としての実践道徳

これまで述べてきたように、不二道の教義は、始祖角行に由来する食行身禄法流の教義を礎に、小谷三志がその内容を発展させたかたちとなっている。山岳信仰をベースに神道から仏教、陰陽道、陽明学、実践道徳など各種の思想や生活道徳が混淆する他の創唱宗教との類似が認められるが、まず「万物の創造主」であるという「元の父母（もとのちちはは）」、神道でいえば伊耶那岐・伊耶那美といった神霊を信仰の対象とする[79]。そのもとに「天の三光」である「日・月・星」を置き、さらに「天子・天日」つまり「天皇・将軍」を位置づけて、それらが一体となって世の中に「恩」を与えていると説く。天地和合の神である「元の父母」から生まれた万物は、「日の御照らしと月の御潤い」によって生育されるとして、陰陽男女の和合とその生成を尊重する。この「天の意」に従って生きることを信仰の目標とした[80]。

天から与えられる「恩」というのは、よき「子孫」や「タネ（籾種）」を授かることを意味する。「籾種」といえば富士信仰では角行以来、「我身に備る処の米（ぼさつ）一字（粒）成[81]」といって、富士の神霊と一体になることによって授かる米を「菩薩」と呼んで敬重に扱う姿勢が見られるように、食行身禄も「仙元大菩薩、米お真（まこと）の菩薩と貴（とうと）み思召事、皆己々が身に有[82]」と伝えている。その解釈には富士講の伝書「烏帽子岩 天玉之御伝書」が参考となる。

心をつかひて、心に遣はれず　米、真宝の王は心の主たり、米の真にて心をつかふべし。心にまかするときは躰を心、二ツかはるなり、大事成[83]。

つまり「米」はその身を亡ぼして命を支える尊いものであり、その貴重な米を体内におさめて命を保つのが人間であり、したがって人間の本性は菩薩心を持つという説である。

たとえば「米の体、不二の体、一仏一体の利」と身禄がいうように、米と富士とは不二の存在であり、「本一（もと）粒万倍なり[84]」との言葉が象徴するように、一粒の良い米（籾種）は万粒を実らせるとして、豊饒と子孫繁栄が説かれるのである。要するに富士の神霊と一体であることを覚ることで生じる円環的な連鎖によって、世の泰平が実現するという教えである。

具体的には、夫婦和合、家業出精、倹約勤勉、近隣および遠隔地間の相互扶助等が重んじられる[85]。家業出精や倹約勤勉といった教えは本多静六の著作において馴染み深いフレーズであり、報徳思想を説いた二宮尊徳にも通じる。実際、尊徳の『二宮翁夜話』においても三志についての言及があり、三志と尊徳は書簡のやり取りを行う間柄であった[86]。

実践的な修行の心得については角行が伝えたという次の説教が参考になる。

天より人に授（さずけ）あたひ給ふ事の禄（ろく）の積（つもり）は、うへず、さむからざるを元として、米と塩と水の外は無用の奢りなり。此心を知らざるものを天心に不叶（かなわず）、元米（もとこめ）壱粒を以て、世界の満る事をしらず(87)

不二道においても、米飯に塩のみの塩菜行、酒・煙草断ち、水行といった「行」が積極的に行われた。ことに塩菜行や酒・煙草断ち等の倹約によって貯められた「余徳」は富士登拝等にかかる講の活動経費のほかに、相互扶助といった人助けに充てられることがあった。次章で述べるように、本多もまたドイツ留学の際に講の支援を受けた一人である(88)。

各講員が実施した「行」は世話方の「行帳」という帳簿に、「朝飯断十日間何某、塩菜行十日間何某、煙草断十日間何某……」といった具合で逐一記され、そうして書き込まれた帳簿が被支援者に渡されたようである。鳩ヶ谷の郷土資料館（川口市立文化財センター分館）には当時の不二道の「行帳」が保存されている（図3）。

また「土持」と呼ばれる道普請や沼田、山林の開墾等の土木作業を社会奉仕の「行」として勧めたことも不二道の特徴である(89)。この「土持」工事に関しては、後述する明治一七年（一八八四）の皇居造営をはじめ、大正期の明治神宮造営の際にも不二道の一派「不二道孝心講」の信者らが総力をあげて奉仕した。

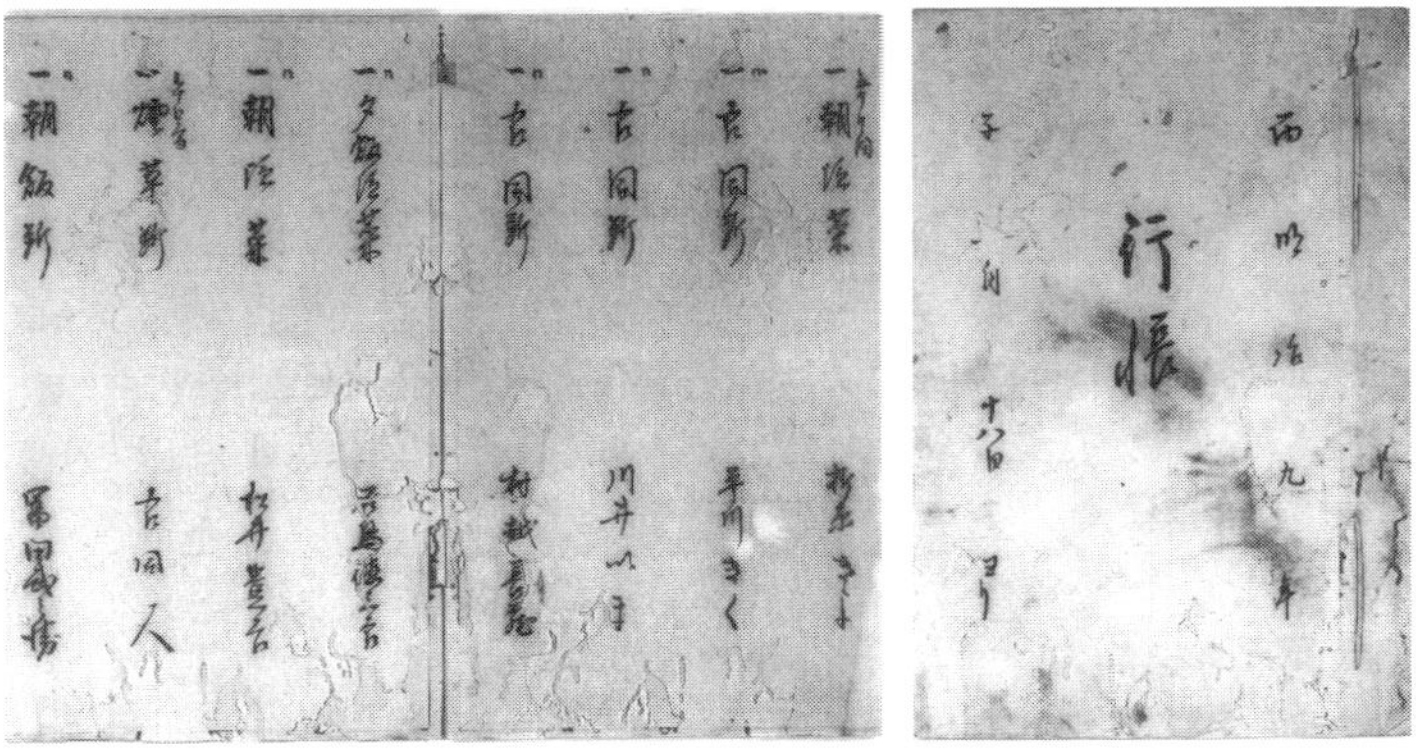
図3　不二道孝心講の行帳（明治9年1月18日）

（2）不二道の自然観

天地和合の理

次に本書のテーマである「記念植樹」に関連する不二道における「自然観」について探ってみる。まず弟子の口述筆記による食行身禄の教義書から「自然」に関する記述をとりあげると、先に紹介した「食行身禄御一代之事 その他種々の訳大全」の冒頭には次のような文言がある。

水の元一切の天地水は元也、水は元天の物にして地へ下り、万物を慈しみ恵む也。天井とは天の井と書なれば、則家の天井は水を表し火を治むる道理にて、女の性は家を治め和合うるほひ慈しむ理にて、一切を兼治むる道理を表して天井と書決定也。(90)

一切の本質は「水」であると説かれている。天からもたらされる水を尊重することは、山をご神体と仰ぐ富士信仰の伝統的自然観であり、山岳宗教の根本であるとして治山治水の思想に結びつく。不二道ではさらに女性を水、男性を火とみなして、「月のお潤いと日のお照らし」による天地和合の理を次のように説いている。

水は根元、天の慈水なれば地に下りて万物を慈み、助かりて則ち天地は水なれば、和合は情、一切が不離、男女の義理の道を情、和合にてなければ夫婦の道は立ず、女は水、天に侍す、男は火、地に侍す、一切万物は水にて侍ち、水恵に慈にてなければ世界はたゝず、一切万像道理皆人間の体也、割出道の深理知るべし。(91)

天地和合の理は「よき子孫」を授かることにもつながる。不二道においては女性を天、男性を地とみなすことから陰陽男女和合のあり方を次のように教えている。

みろくのみよを守んせて　とつきのみちをあらためて、女が上に下男　おんなのしようは水なれば、下へながる、ものぞかし　男は火にてのぼるもの　今迄とつきは世おあわせ　ふりかわりなばいだき合ひ　これむつましきたねつくり。(92)

天地が入れ替わるという「お振りかわり」の思想に基づいて女性を天に、男性を地におくことで睦まじい和合が成り立ちよき子が生まれるというのである。人間をはじめ万物は天の水を元にして天地和合の情により現世に生を得るという思想は、角行の「御水之文句」にみられる。

天地和脈　月之身子白露身玉丸　日之御照　安善拾坊旺善門

（人間壱人出生は、天地和合にして、日月体より刻て分出すなり。此故に善人、悪人共に、日々に常あり。旺善門にてらし一々にしるし、仮の父母体にやどり、後に出生いたすなり）[93]

天地和合の理によって生じた日月の分身とされる人間は、前世における業の善悪を明らかにされ、現世と冥府との境である旺善門を通ってこの世に宿るということであり、万物の創造主である富士の神霊「元の父母」から生じた生命の根源は、「仮の父母（両親）」を通してこの世に生まれるという思想である。

また不二道には、生きとし生けるものは同様、同価値であるという次のような文言もある。

皆此心のなすわざといへ共、其心に物が有る故也。打割てみれば何もなし、此深き道理は咄にてはならず不知、一切の草木迄もの同じ深言知るべし。[94]

なお、仏教においては草木類が有情とみなされることはなく、「草木成仏説」[95]もインド仏教には見られず中国伝来とされる。ただし中国の教説においては草木それ自体の成仏を問うのではなく、行者側の主体性の問題として扱われるという。日本の場合はそれが空海、最澄を経由して、安然の『斟定草木成仏私記』によって万物を神聖視する在来の自然観に転換され、のちに日本的な「草木成仏説」を唱える本覚思想として発展したといわれる。[96]日本で草木成仏説が展開した理由に関して、山林資源の大量伐採に対し、樹木の生命を奪う殺生する側の心の痛みから草木の成仏を発願したと考えられること、その背景に日本の山林で行われた「木産み」という「いのち」の繁栄を祈願する山の風習も影響したとみられることは第Ⅰ部第二章で述べた。

このように基本的に一切の草木にいたるまで生物はみな同じであると説く食行身禄だが、一方で人間の存在をより尊重する言説も残している。

> 人間に限りては元麱偠様(ちちはは)、仙元大菩薩様直の御身を分け、真の菩薩を御授け置被遊候へば、真直にて天地の間は直のもの、中に、人間より外に尊き者は無之候得共、(97)

富士信仰の伝統で「米」を「真の菩薩」と仰ぐ姿勢は前に述べたが、万物はすべて同価値であるとはいえ、真の菩薩である「米」を食すことが許されたのは富士の神霊の御身を分けられた人間のみであるとする。この教説が唱えられた背景には、先の生類憐令や米価高騰に喘ぐ庶民の気持を代弁する食行身禄の心があったであろうことは想像に難くない。世相を反映した実践的なかたちの生活信条といえる。

不二道の自然観

不二道における自然物の生命観および霊性については、身禄の高弟小泉文六郎による「小泉文六郎決定之覚書」からの一説を参照しよう。

> 御山参の節、御山の中の役人俄にきりにて包み闇にて包み暗くなる訳も有事也、(98)

注釈によれば、富士山には仙元大菩薩のみが存在するのではなく、山中の木々、岩石、沢々にみなそれぞれの霊が存在し、それらはみな山を守る役目を与えられた神霊であるという。いわば万物に霊性ありという見解である。

小谷三志の高弟である石川利兵衛（棟行三上）による「棟行三上著述綴　咲行三生所持」には次のようにある。

> ちゝはゝ様御合体の御気を参第といふ。此参第の気　天地日月星に備、人間鳥類畜類草木鱗迄、御恵みを被降候事なり。……仏家には、一切衆生悉有仏性といふも、草木国土悉皆成仏と教解したまふも、これ則其もとは本一ツ御恵みにて発したるもの故に、其もとへ帰する事を伝ふ。(99)

右の二例とも、「和合」と「タネ」を重視する不二道の自然観においては、単に万物に「霊性」を認めているだけではなく、細胞分裂のようなかたちであっても、生殖して、あるいは増殖して、あとを継いでいくという

「命の営み」の能力、つまり「命を宿す」、「命を引き継ぐ」という機能が備わっていることを重視していると考えられる。そしてその機能はみな富士の神霊である「天のお恵み」の理に基づくとされる。仏教における草木類の成仏については先に示したが、不二道の教えに見られる自然界における生殖や繁殖といった機能に関する思想は、密教における「和合」の重視にたどり着くのではないだろうか[100]。加えて種子の重要性や和合による子孫繁栄については、それらを「自然の道であり、天の道であり、また人の道である[101]」と捉えた本多静六の著述にもたびたび登場する。

不二道におけるこうした自然観というのは、精神と生命の繁栄を祈願する記念植樹という行為を推奨した本多静六の思想の根底に、着実に受け継がれていると考えられる。つまりは「生」に対する肯定的な姿勢であり、この点については同じく山林で修行して「五大にみな響きがあり」（『声字実相義』）と感得したと伝えられ、「いのち」を「壽」（『三教指帰』）という文字で表した空海の思想にも相通じるところがある。

最後に、「自然は至善なり[102]」と語った小谷三志の生死観を表す句を記しておく。空海の『秘蔵宝鑰』を思わせる一句である。

死んで生まれてまた死んで　うまれる人があればこそ　かかるめでたい御誕生　さとり給へ[103]

(3)　小谷三志の世界観

小谷三志は国学者の高田與清（小山田与清、一七八三〜一八四七）を通じて文政元年（一八一八）より、たびたび京都を訪れるようになる。姉小路家や九条家などへの講話や祈禱を行うことによって不二道の教えを皇室や公家に伝え、同時に宮中を中心とする世界観を不二道に取り込もうとする様子が見られるようになる[104]。

こうした活動の一例が、三志自身の「文政十三年十月二十八日書状」（「九条右大臣家にて説法記録」）に具体的に記されている。文政一三年（一八三〇）の上京の際[105]、右大臣九条尚忠が三夜続けて同じ夢をみることがあったという。

九条様御夢に、砂川御殿に不二山出現、さて有我体気事におもひ、頂上へ御登り遊し、日の拝を遊し候御夢を御覧遊し候処、白髪老人白衣にて立ちて居たり。何人と尋ね候処、我は不二の行者なりと答しなり[106]。

九条尚忠に心当たりを尋ねられた近習頭佐々木佐京や山科安芸守は、そこで三志を呼び出した。禁中並公家諸法度によって公家の行いが幕府に規制され、かつ富士講禁令が出される傾向にあった当時、ようやく御所参内の許可が下りたと伝えられる。三志はこの日を「今日は四肢冑伝（ししいでん）拝見、首尾能相済[107]」と綴っている。

通常、鼠色の行衣を着用していた三志だが、この時は富士登山の白衣の出で立ちで、特に身禄入定に倣い、真新しい行衣で整えた。御済渡の場は、「正面　右府公　殿下様とも申し上げる。若様方　次に女中方　御簾は薄き事にて、みな〳〵平座にて咄しの如、諸大夫、侍、右座大勢[108]」という様子が記されている。そこで三志は開祖角行から身禄についての富士講の由緒と信心を講じ、続いて以下のような説話を伝えたという。

大陽大陰を御振かへ遊し、小陽小陰、南北を東西と御つなぎかへ、六首の御歌の事[109]、子供の作り方の事、気の世・体の世の事、四肢冑伝の事、人の四肢冑伝の事、日本の四肢冑伝の事、皇居の事、三千世界の四肢冑伝不二山の事、夫より菩薩の御事、其外いろ〳〵申上、暮方に相成候へば、もはや此道御教色々、一合二合の事御たづね有、是にて御意をゆるし給へと申上、跡之下り候。（傍線筆者）

先に「今日は四肢冑伝（ししいでん）拝見」という文言が見られたが、これは「京の紫宸殿（ししいでん）」を表している。三志のいう「紫宸殿は日本の中心であり、富士山は万国の中心である[110]」という説は、須弥山思想やエリアーデのいうコスミックマウンテンといった思想に通じている。聖なる場所、――たとえば一本の聖樹であっても――それを宇宙の根元とみなすという世界観は、山々に霊性を認め、人間の世界と神霊の世界を結ぶ神聖な場所として崇拝する山岳信仰などに顕著である。[111] 角行の場合は、「先上頂上には峯有。裾野には湖有。我六拾余州の元也。相海に三千大世界我山の流なり[112]」と大海原にそびえ立つ富士山を世界の中心に見立てたが、三志の場合は富士山に等しく京都の紫宸殿が世界の中心であった。「紫宸殿」に語呂合わせした「四肢胃伝」については、先にあげた三志の「万坊の御本と申は」に詳しい説明がある（図4）。

我人の胃のふのたとひ　手足四本なり　是を四つの枝と云　則四肢なり　胃に渡りて　是を四肢胃伝といふ也。今日の四肢胃伝は人也　京の四肢胃伝　日本の真中が天子様の胃の腑　是四肢胃伝建。三界の胃のふは万坊の御本地 おふじさんの真中の胃の腑が　三千世界の四肢胃伝なり。[113]

人間の生命は四肢の中心にある胃の腑にあるとしたうえで、胃という文字を分解すると「日・日」「月」となり、それが転化して「日・月・星」となる。すなわち天の三光を表すことから、「胃の腑」というのは富士の神霊である生命の根元と一体であると説くのである。[114]

宮中を「京のししい天」という言葉で表した最初は食行身禄とされるが、それを身体の中心を意味する「今日の四肢胃伝」と発展させたのが参行禄王といわれる。[115] さらにそれを三志は、右のように「天子様の胃の腑」の役割を果たす日本の最重要地点としての「京の四肢胃伝（紫宸殿）」と読み替え、人間の心身と富士と紫宸殿とが一体化した「三千世界の四肢胃伝」という世界観を展開したのである。

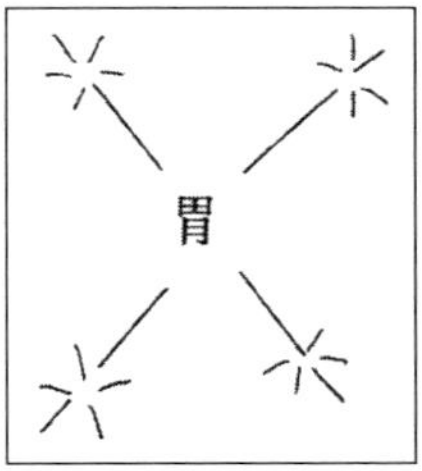

図4　四肢胃伝の図「万坊の御本と申は」

このように宇宙山たる富士山と紫宸殿を結びつけ、御所を世界の中心とする「聖なる場所」に位置付けた三志は、公家や宮中より懐妊や安産祈願、病快癒の祈禱のために招かれるようになったという。[116] 三志の教えの主な対象である一般衆生というのは、天子・天日（天皇・将軍）から「恩」が付与され生きているという教義ゆえに、聖なる皇子の誕生を祈り、[117] その幸福を願うことは衆生の幸福を願うことにも結びつく。こうした「天地和合の理」によって子孫繁栄を願うことは国土安穏、五穀豊穣を成すための富士信仰の根本であった。それは三志の説く、「万坊によき子供御種願、五穀の御願、これでよし」[118]という言葉、つまりは、よき子種を授かりよき人に育てることこそ、「天の恩」に対する「孝」であるという教えに象徴されよう。

加えて、天から授かる「恩」というのは「よき米（籾種）」、すなわち身を犠牲にして衆生を救う「真の菩薩」を授かる事を意味するものであった。このことは先の九条右大臣家における三志の講話に見る「一合二合の事」[119]にも現れている。これは富士の姿が米を盛った形に似ていることからその高さを米の量に喩えて一合目、二合目と数えることに通じるのだが、ここにおいて米・衆生・天子天日・元の父母たる富士の神霊が一つに結ばれた世界観が表明されるのである。

このように三志が宮中との積極的な交流を進めた背景には、

> 多つ祢（たね）きてこのかきものおもち出て天子天日ゑひらかせてみよ、ふじの山おしゑのごとくこの山の主いゑにこそ身和参りける[120]

という身禄の『御添書之巻』の遺言、つまり衆生済度をはじめ、天皇や将軍に対する布教を後世に託した言葉が作用したといわれる。一方、実際問題として新義異宗が禁じられるなか、幕府から認可されるにはまずその教義がいかなる内容であるかを「お上」に知ってもらう機会が何をおいても必要だったといえる。

以上のように不二道の教義における自然観や生命観、コスモロジーは、近世後期の民衆社会において民間宗教を素地に生まれた大本教や天理教、金光教といった他の新興宗教と大筋で変わるものではない。こうした団体の教義がいずれも維新の政変や社会変革の煽りを受け、そのあり方を大きく変容せざるを得ない状況に陥るのは宗教史の示すとおりである。

新たな支配体制の樹立により、国民の国家に対する意識統一を図るために神道国教化政策が間もなく打ち出されようとするなか、三志の不二道もまた新たな局面を迎えることになる。

第四節　近代社会への移行期における不二道の変遷

（1）小谷三志と醍醐寺理性院徳大寺行雅の不二道入信

近世後期に宮中との積極的な交流が図られるなか、小谷三志の後継は身内である庄兵衛（三子）や古参高弟ではなく、醍醐寺理性院の高僧で徳大寺右大臣家出身の行雅に譲られる。[121] 天保一二年（一八四一）、行雅は鳩ヶ谷を訪ねた折に病床の三志から不二道第九世（参行三息（しんぎょうさんそく））を継承、理性院に所属したまま跡目の座に就いたというが、不二道に入信した徳大寺行雅とはいかなる僧であろうか。

醍醐寺理性院というのは、第Ⅰ部で述べたように、古義真言宗小野六流[122]を構成する醍醐三流に属する賢覚開創の一流派で、大元帥御修法が厳修される門跡である。大元帥御修法とは、「皇国擁護の霊尊大元帥明王」の宝前で柴燈護摩供が捧げられ、宝祚延長、国体鞏固を祈願し、あわせて信徒・講社員の家業繁栄を念じる秘法を指す。[123]『眞言宗年表』[124]を確認すると、徳大寺行雅は大僧正の位にあって幕末から明治維新にかけてこの大法を修めている。安政四年（一八五七）から慶応元年（一八六五）までの間、正月八日より理性院本坊にて大元帥御修法を厳修、慶応二年（一八六六）正月八日および翌年二月八日には、南殿および東寺灌頂院にて後七日御修法を奉じたとの記録があり、かなり高位の僧であったことが認められる。

ではなぜ行雅が不二道に入信したのか。そのはじまりは、理性院に出入りしていた京行（岡田）という行者の案内によるという。文政初年に三志の門下となった岡田は師の肖像も数多く描き残した画人である。天保五年（一八三四）に三志と対面した行雅は、その教えに感じるところあり、同年一一月に入信する。[125] 岡田博氏の研究によれば行雅自身が次のように語ったという。

真言秘密とは誠を以ていわぬと看板かけたるも同前、真言を密家と号、誠をかくす家とは気が付なんだが、是よりはふり替ゑて助りにならふ事は何でもゆるす。誠をゆるす仲間に成って本心の真を言ませう。[126]

行雅がいかなる意図でこのような発言をしたのかは不明だが、ここで注意しなければならないのは「真言秘密」というのは人に隠したり内緒にしたりする秘密を意味するのではないということである。すなわち、法身仏大日如来の所説というのはあまりに深義であり、顕教で菩提仏果とするような等覚または十地といった位に到達した仏菩薩でさえ容易にはわからない、見聞することが出来ないという甚深秘密を意味する。それ故顕教に対し密教と名付けられたのである。[127]

この点に関して不二道の場合、不二道教義には密教のように秘密の伝授があるかという寺社奉行所の質問に対して、三志の高弟石川利兵衛（棟行三上）は、不二道はよきことは何一つかくさずに教え、かくす秘密はないと答えたという。[128]

ここにみる「よきことは何一つかくさず教え」という文言については、小谷三志の「教訓寸言集」に「よき事ならかくすにおよばず」[129]との言葉がある。世の教えというのは「秘伝」としてよき教えを包んで他にもらすまいとすることが多いが、三志は「顕善」を勧め、教典を広く公開して布教したことを意味するという。

このようにみると、行雅の発言は空海の教えが民間においては弘法大師信仰として親しまれているように、民衆教化には「天分の職」と「正直な心」さえあればよいという、不二道の道徳に感心した一人の高徳な僧の発言といえるかもしれない。

こうして門下となった行雅に三志は連日連夜にわたって不二道の奥義を伝授した。[130]同時に三志もまた行雅の意見によく耳を傾けたとみられ、前述のとおり「不二孝」を「不二道」と改めている。

三志は天保一二年九月一七日に七七歳でその生涯を終えるのだが、三志の高弟である棟行三上は行雅を「不二道の教えが天子に至るために、弘法大師の化神と現れた人[131]」とみなし、跡目就任に向けて周囲に積極的に働きかけを行った。行雅に跡目を継承させようとする動きの背景に、嘉永二年（一八四九）の禁令[132]などたびたび出される富士講禁止令や後述する神道国教化対策が教団幹部の念頭にあったことは容易に想像される。同時に行雅の不二道への信仰心は申し分のないものであり、何より修験道の正統派である醍醐寺当山派の大僧正でかつ公家出身という身分は、これからの講を支える導師として何者にも代えがたい存在であったに違いない。

（2）　国家神道と教派神道

ここで明治政府の神道国教化政策をめぐる「国家神道」ならびに「教派神道」の位置づけとその動向について確認しておく[133]。

慶応四年（一八六八）三月一三日の太政官布告第一五三号により、政府は祭政一致を掲げて、古代律令制で太政官と並ぶ位置にあった神祇官を再興し神仏分離令を施行する。これは東京遷都の際、明治天皇が氷川神社に参詣した折に発布した詔勅中の「神祇を尊び、祭祀を重んずるは、皇国の大典、政教の基本なり」という祭政一致を掲げる一文に依拠するもので、同月一七日付神祇事務局達第一六五号によって神社の別当や社僧の還俗が認可され、以降、相次いで出される法令によって神道の純化が図られることになる。

この措置によって痛手を被ったのは仏教寺院のみならず、修験道や富士講といった神仏を一体視した神霊を崇拝する山岳宗教も同様であった。明治五年（一八七二）、神祇省を廃止するとともに教部省を置き、大教院を中心とする神仏合同の布教が試みられたが、「神主仏従」という位置づけや政教分離を説く島地黙雷を中心とする浄土真宗の反対は大きく、明治八年（一八七五）には大教院が早くも解散するなど、新政府が指揮した神道国家体制の樹立は思うようには進まなかった。

ついで明治一五年（一八八二）、太政官は政教分離の建前として神道における祭祀と宗教の部分を切り離し、神官が教導職を兼職することを禁止、ここにおいて祭祀に限定された「国家神道」[134]と布教活動を司る政府公認の「教派神道」が区分けされるのである。

教派神道は「宗派神道」や「教祖神道」とも称され、教祖、教典（教義）、結社組織があることに特徴づけられるという。[135]たとえば黒住教、出雲大社教、扶桑教、御岳教、実行教（実行社）などがある。実行教（実行社）は不二道の再編成により出来た組織である。

また江戸八百八講といわれた関東一円の富士講の集団は、宗教団体とはいえ、別に本業を持つ一般庶民が指導者であることが多く、政府が定めた教部省に属する「教導職」の資格が得られなかった。そこで彼らの苦境を察した教部省の役人宍野半（ししのなかば）（一八四四〜八四）が富士一山講社に統合した。元鹿児島藩士宍野休左衛門の次男である宍野は、平田鋕胤（かねたね）（篤胤の養子）の門で学び、富士山本宮浅間神社宮司を務めた宗教者で、神道系に統一された講社はのちに扶桑教として公認される。[136]

神仏分離は神号のみならず、富士山頂諸峯の山名も仏教的であるとして、釈迦岳は白山岳に、薬師岳は久須志岳に、文殊岳は三島岳に、といった具合で改名されたという。だが政府の公認による保護と布教の合法化と引き換えに教義や組織の面で「国家神道」への従属と変質を余儀なくされ、本来の信仰から外れる教派も少なくなかった。

このように神道国教化政策の下で生き残りをかけて不二道を神道化した教派神道実行教やその他の富士講については、事典や宗教史においてもその団体や活動内容、歴史等の詳細な説明が残された。一方、教義を守ることを徹底した「不二道孝心講」の方は一部の専門書や郷土史料に限ってのみ、その存在を知り得ることができるという状態となった。明治政府の宗教政策に対峙することで隠れた存在となった不二道孝心講という組織に光をあてることは、当時の宗教政策の意味を考えるうえでも意義あることであろう。

（3）神道国教化と不二道の選択――教義改革派・実行教と教義遵守派・不二道孝心講――

分裂

幕末維新期を迎えると、右に述べた諸宗教団体と同じく不二道も困難な時代に突入する。小谷三志の死後、行雅が跡目として不二道第九世の座に就任にすると、組織は二派に分裂したという。

一方は時流に沿って不二道を神道に傾斜化させることを目的とした行雅の側近、肥前小城藩士柴田花守（一八〇九～九〇）ら平田篤胤系の国学者による教義改革推進派である。柴田は三志の長崎門人で、のちに明治政府から教派神道のお墨付きをもらう「実行社」の初代管長となる人物である。他方、相反する一派というのは小谷三志の身内である庄兵衛（鳩三子）を含む折原友右衛門らが率いた教義遵守派である。

教団の幹部は醍醐寺理性院に参集して講の運営方針を練ったというが、早々と教義改革に着手している点からも、行雅の跡目就任への懇願は、信仰のためというよりはむしろ講の運営を存続させるためのものであったことが少なくとも推察できる。宮崎ふみ子氏によれば事実、行雅の役割は三志のように直接信徒を指導することではなく、醍醐寺所属という制約から「重立世話人」として行者名の授与や拝式用掛け物の染筆といった儀礼的なものにとどまったという[137]。明治に入ると行雅は名前を「莞爾」と称して還俗する[138]。

教義改革派のメンバーの中には小谷三志の一人娘いち[139]と儒学者鶏殿正応との間の子である鶏殿直紀（正親）もいた。行雅や柴田らが信頼を寄せていたという鶏殿は、鳩ヶ谷で唯一といわれた神道化論者であった。なお、岩科小一郎氏によれば、明治八年（一八七五）に刊行された不二道史『不盡道別　全』（実行社）の序文を柴田花守と鶏殿直紀（中行子鶏殿正親）が書いているのだが、これは初代管長とその二代目と嘱目された彼らによって不二道神道化が進められたことを意味するという。[140]

周知のとおり、明治政府が国民教化政策のバックボーンとしたのが復古神道である。復古神道とは江戸後期に起こった国学、つまり儒学・仏教を排し記紀神話や古代日本の文献を「実証的」に探究することで日本古来の固有の道を明らかにしようとする学問を礎に、平田篤胤や本居宣長らが中心となって提唱した神道説で、[141]その教義は尊王攘夷運動の中心的な政治思想となっていた。

こうした時代を背景に展開する教義改革派と教義遵守派の動きを見てみると、まず改革派は三志の遺文に「仏臭きを払い」という一文があるのを根拠に、文久元年（一八六一）から二年にかけて京都の行雅（参行三息）の名の下に教義改革の教書「御恩礼勤方改申」を発行した。その内容は「衆生」や「極楽」といった仏教用語を抹消し、「参鏡」等の神道的語句が加えられ、かつ神号を仙元大菩薩や「元のちちはは」から「天御中主」に改めたものであった。先の不二道史『不盡道別 全』においても、「参鏡乃、くもらぬ御世と代々の……」[142]という和歌が詠まれているが、そもそも「参鏡（みかがみ）」とは「峯の御鏡」として善悪を映し出す鏡を富士山頂に喩えたもので、富士の神霊がすべてお見通しであることを説く言葉であった。不二道で重要な「お振りかわり」というミロク信仰も、「古復（ふりかえり）」と読み替え、復古思想にちなんだ意味づけを行ったという。[143]

不二道孝心講の立上げ

一方、国学者らとの交流がほとんどなかった不二道教義遵守派は、古来の山岳信仰が神仏調和を超えたところにあるとして、神・儒・仏のいずれにも置き換えることの出来ないのが不二道独特の教えであるという態度を示した。[144]しかしながら行雅より命じられた「御恩礼勤方改申」については答えが出ず、この一件は「お山に伺う」ことになり、文久二年（一八六二）三月一七日、鳩ヶ谷の世話方二一人は「御恩礼御伺いの行」として富士登拝する。

入峯の結果、折原友右衛門と小谷庄兵衛（鳩三子）は連名で願文改め反対の意を表すことを決した。これに対し行雅は「天御中主」をやめ、「元のちちはは」等の表現を復活させたが、やはり「仏臭い」ところは捨て置かれた。

慶応二年（一八六六）六月二〇日、鳩ヶ谷尊師と仰がれた三志の実子である三子が亡くなると、鳩ヶ谷では由行三（ぎょうさんぽち）、すなわち折原友右衛門を指導者に立て、従来と同じく道普請や河川修複、堤防嵩上げ等の土持奉仕を中心に「御国恩報じの行」を続けた(145)。

だが維新後の神仏分離政策は凄まじく、結局、明治五年（一八七二）三月一日の書状で徳大寺莞爾（行雅）教主より折原らに「破門」が予告され、それでもなお態度を改めない彼らに対し、九月二二日、「万一不承知之人有之、旧来之儘御恩礼被相勤候へば、不及是非、同士之縁を絶」との文書によって絶縁が通告される。これは政府の嫌疑をさけるための措置であったといわれる。あわせて徳大寺莞爾教主は同日付にて教義内容の神道化に賛成する者から成る「実行社中」を定める文書を呈した。不二道「実行社中」が整備した新たな教義は、「賢所遥拝、皇統一系と国体無窮の祈願、惟神の彝倫の章明、幽顕貫通」という神道観に基づくものであった(146)。明治政府の宗教政策については前述のとおり、同年より宗教活動に携る者はみな教部省に属する「教導職」の資格が不可欠となった。同省へ出仕した徳大寺莞爾は小教正を、柴田花守は中講義の位が授与され、他の側近たちもそれぞれに地位を授かり堂々と布教活動を継続することが出来た(147)。

これに対し教義遵守派にとってさらなる打撃となったのは、土御門家の天社神道、廻国修行の六十六部、普化宗、修験宗、梓巫、市子、憑祈禱、狐下げ等が神仏混淆・迷信という理由で禁止されると同時に、異端邪説排除や家業の尊重などを定めた「教会大意」十ヶ条が出されたことである(148)。家業尊重といえば先の宍野半の措置にみるように、富士講先達の多くは正式の宗教者ではなく各々家職を持つ一般庶民がほとんどであった(149)。

明治八年（一八七五）の頃、教義改革派では膳所錦村に隠棲していた徳大寺莞爾に代わって柴田花守が第一〇世不二道「実行社」跡目を継承する。柴田は小谷三志の孫である鶏殿正親が継ぐべきものと辞退したが、衆議により決定した。その後、柴田は明治一五年（一八八二）六月二日に教派神道実行派の管長となり、同一七年（一八八四）一一月一日、政府公認の「実行教」初代管長に就任した。(150)

他方、折原友右衛門ら教義遵守派もまた「不二道孝心講」という別組織を立ち上げる。このプロセスでは教義改革派が小谷三志の遺言を根拠に願文改めを遂行したように、彼らも同じく三志の遺言を頼りとしてみずからの行動を支えた。

我ら妻子けんぞく子々孫々までも、うまれかわり、うまれかわり、三万年の間御世話被下候事故、何程御つとめ被成候ても、かぎりなき御事也。われらも何度となく、一年に四五度づつ、はゝち、様の処へ御礼に行ひ候事也。これだけははとがや迄も御つとめ被下、私しし候ても、跡々迄も御つとめ下され候を願ふる也(151)

こうして、伝統的な教えを貫いた不二道であるにもかかわらず、政府のお墨付きを得られなかった「不二道孝心講」という団体は、近代宗教史から忘れ去られた存在となるのである。

第五節　不二道孝心講のあゆみ

折原家と富士講との関係は折原家七代目長左衛門の入信から数えて一〇代目友右衛門で四代目にあたる。彼の行者名は由行三、という。「ゝ」（ポチ）とは、師である小谷三志のあとをそのままついて行きます、との誓いを立てて三志から授かったものであり、(152)「忠孝挺身」の思想が顕著な行者名である。岡田博氏によればこの「ポチ」は富士講行者が被る「かさ」の天辺を指すという。つまり円錐状のかさを真上から見たときの頂点の部分が「ポチ」にあたるというわけで、富士登拝の数をこなしたベテランの行者のかさには特定の印があるが、新米の行者のかさにはこの「ポチ」以外に何もないことから初心の意味もあるのだという。(153)「㋣」（丸にポッチ）のみの印は折原家の「かさ紋」にもなったといわれる。[154]

このような行者名を有する折原友右衛門、つまり本多静六の祖父とはいかなる人物か。由行三、ら遵守派は何を信念として不二道孝心講を立ち上げたのであろうか。

（1）折原友右衛門と土持奉仕

第一節でも述べたように、折原友右衛門は、世のため人のために尽くすという社会奉仕をその真髄として、「忠孝挺身」と「相互扶助」を理念に貧困層への食料支給をはじめ、「土持」などのボランティア活動を続けた。三志の存命中はもちろんのこと、徳大寺完爾に破門宣告を受けた後も継続して奉仕作業を行っていた。

不二道における土持奉仕を信徒らに最初に呼びかけたのは折原家八代友右衛門（友行三香）と伝えられ、その始まりは弘化二年（一八四五）二月一二日に遡る。いわば折原家ゆかりともいえる不二道「土持」奉仕の記録を、由行三、は明治二四年（一八九一）に集計し、『不二道孝心講古今土持記』に残した。

一、弘化二年より明治十二年まで三十六年間首唱者となり、人夫および食料等を寄附し、新道を開き田道を修繕し、堤防を修築し、または山林、沼田を開墾せしこと多数にして列記する事能はざるを以て、その合計を挙げれば、上野・下野・武蔵・下総・上総・常陸等の国々にして、其工事の延長は拾三万五千五百拾五間にして、人夫を要せしこと弐拾六万八千九百六拾八人、牛馬二百三十八頭、荷車百五十五輌なり。

一、明治十四年より同二十四年まで十一ヶ年間首唱者と成り、人員および金料等を寄附し、新道をひらき田路を修繕し、堤防を修築し、また荒地を開墾せし事多数にして、一々列記する事能はざるをもって其合計を挙げれば、上野・下野・武蔵・下総・常陸等の国々にして、その工事の延長は十万四千三百八十九

間、外に坪数四千四百拾弐坪、人員十七万五千四百九十二人、杭木九百七十三本、敷石三千弐百枚、空俵千弐百十七俵、縄七百房。

合計長　弐拾三万九千九百〇四間

町間に直し、三千九百九十八町二拾四間

里程にして百拾壱里六町四拾四間

人員　四拾四万四千四百六十人[155]

現時点で確認可能な最初期の土持奉仕事業は、弘化二年（一八四五）二月一五、一六日、武州羽生領大桑村の堤上道路にて出水被害で流出した個所を約一〇〇人が手弁当で補修した工事である[156]。

（2）不二道孝心講の人道主義と天分の奉仕

不二道孝心講の「行」としての土持奉仕は、「日取りと場所」を知らせる世話方の一声で、関東一円（東京・埼玉・千葉・茨城・栃木・群馬など）の組頭を通して数十、数百の奉仕者を動員することが可能であったという[157]。土木作業の「土持」というと男性信徒のみの力作業のように見えるが、たとえば弘化二年（一八四五）から昭和三年（一九二八）までの土持奉仕を記録した『至誠報国不二道孝心講土持御恵簿』を参照すると、どの土持奉仕にも男女の名前が記載されている。

力自慢の女性であればこうした作業にも加わったと思われるが、具体的な作業内容については、嘉永二年（一八四九）二月一五日の「道直し孝心人別帳」からうかがうことができる。この記録[158]を見ると、力仕事のほかに「御膳炊之行」「煮物方之行」「洗い方並給仕之行」「茶番之行」「風呂番之行」「荷物預り之行」「草履片付方之行」等の役割が列記されている。数日にわたる屋外での土木作業では、いわば炊き出し場の奉仕も必要となるのであろう。「洗い方並給仕之行」には女性と思しき名前「すみ、やす、たけ、ぶん、この、ゑち、わき、つね、りつ、やゑ、しん、かつ」が並ぶ。「御膳炊之行」には「仁助、午之丞」、「煮物方之行」には「幸八」、「風呂番之行」に「神島村清八、多重郎、吉五郎、新七、宇七」など、体力や持料にあわせて種々の作業を「行」として手伝ったものと考えられる。

また『至誠報国不二道孝心講土持御恵簿』には、大人に混じって子供たちもまた奉仕や講話の席に参加していたとみられる記述がある。たとえば明治一五年（一八八二）頃に実施された北埼玉郡水深村の作業では、「第五回月並土持孝心仮帳」に「車二輪　河原井村　折原友右衛門」の名とともに「読　河原井村　折原清六」と記されていることから、少年時代の本多静六も教義書その他の読み手として参加したものと思われる。実際、本多はその自伝において、一二歳から一五歳になるまでの間、農閑期には祖父に連れられ近県（日光、足尾、桐生、足利、館林、栃木、千葉、銚子、神奈川、東京その他）の不二道講中の家々を巡り、毎夜の講話で不二道の写本（「天地三光の御恩」「父母の恩」等）を読まされた体験を書き綴っており、のちに「演説つかひ」と称されるほど本多が講演好きになったのは、この人前での素読が要因であるとさえ書いている。[159][160][161][162]

奉仕の現場では、昼間は土持、夜は泊まり込み先で講話や談話の会が設けられたというが、子供たちには「子守唄」役や「読み手」役の「行」が与えられたと考えられる。子供には歌や本を読ませることで不二道の教えを体得させる教育の意味もあったのであろう。要するに老若男女それぞれが「天分にあった作業をする」という不二道の教えに基づく奉仕といえる。

また折原友右衛門は弱者への配慮を怠らなかった。特に多様な階層の信徒が大勢加わる土持奉仕においては、家職を持たない貧困者層、あるいは囚人等に土持奉仕を通して社会的な役割意識を持たせることも、「人助け」として重要であったと思われる。のちの本多静六が「職業の道楽化」を説いたように、労働というのは決して苦[163]

役ではなく楽しみであるという意識を持たせることが折原の念頭にあったといえよう。

　幼くして父を失った静六が祖父とともに奉仕した一二歳から一五歳という時期は、ちょうど学問を志して上京する前の段階にあたるわけだが、このように土持という実践的な作業現場で世話方として献身する祖父の姿を間近にして、静六少年は共同作業のあり方やリーダーシップ、また人道主義という思想を肌で学んだに相違ない。

　こうして続けられてきた土持奉仕は、明治一〇年（一八七七）頃に後述する鳩ヶ谷の篤農家大熊徳太郎の不二道孝心講入信をきっかけに地元有力者の信徒が増加したことで活動資金にも余裕が生まれ、その活動はますます盛んになっていく。彼らの奉仕作業で著名な所では、大熊の出身村である武州足立郡平柳領中居村と小淵村にまたがる旧日光御成道の補修工事や、明治一七年（一八八四）一一月八日の皇居吹上御所造営が例としてあげられる(164)。

　右のうち皇居造営奉仕に際しては、明治一七年一〇月一五日付で不二道孝心講総代として折原友右衛門以下五名を筆頭に、皇居御造営事務局長杉孫七郎宛の「皇城御建築土工御手伝願(165)」が作成され、北足立郡白幡村連合戸長吉川鼎衆、吉田清英埼玉県令（代理埼玉県少書記官）を介して申請された。折原らの出願は大阪朝日新聞（同年一一月一五日付）に報じられ、当日は、大熊徳太郎ら関東周辺の信者が結集して城濠埋め立て工事を手伝った。この日は皇后の行啓があり、不二道孝心講信徒を労ったという記述が『明治天皇紀』にもみえる。

　不二道孝心講信徒の力役を献じて、城濠埋立工事に従事するの状を覧たまふ、是れより先、山里・吹上間の釣橋を撤し、城濠幅十五間を填埋せんとするや、諸県の人民力役を献じて其の工を授けんと請ふ者多し、是の月三日より八日に至る間、武蔵・上野・下野・下総・常陸・伊勢・甲斐諸国の不二道孝心講信徒等力役を許さるゝ者、総延人員五千六百八十五人に及び、明年四月神道実行教信徒等亦力役許さるゝ者総延人員三千八百七十九人に及ぶ、是の日台覧あらせられしは不二道孝心講の信徒なり、皇后、庶民子来して工を援くるの状を視て喜びたまひ、力役者中に高齢者あるを勦はし、皇后宮大夫香川敬三をして其の年齢を問はしめ、賞詞を賜ふ、次いで又紅葉御茶屋に成らせられ、奏任以上の御造営事務局員に謁を賜ひ、局員等並びに不二道孝心講総代八人に酒饌を賜ひ、又力役実況の状を撮影せしめて、之れを総代に下賜し、力役人夫に酒肴を賜ひて其の労を犒ひたまふ、[166]（傍線筆者）

傍線部には、高齢者が皇后から労いの言葉を掛けられたとあるが、不二道孝心講の土持奉仕は、青年に限らず高齢の者も協力して行うところが特徴であった。この姿勢は、第Ⅲ部第二章でみる大正時代の明治神宮造営奉仕についても当てはまる。なお、引用文中には翌年の神道実行教信徒による奉仕の記述もあるがこのことは土持奉仕が、不二道の伝統的な「行」であったことを裏付けるものとなろう。

（3）不二道孝心講の理念と方法

折原友右衛門率いるこうした不二道孝心講の奉仕活動を好意的に捉える者も次第に増えていき、明治一一年（一八七八）には埼玉県庁付近の外廓工事の際、囚人とともに奉仕する信徒らの行為に対して、埼玉県令白根多助は折原に「至誠報国不二道孝心講」という幟を書き与えたという。[167]

この幟にみる「至誠報国不二道孝心講」という言葉が折原家と縁深いことは、明治三〇年五月二七日にその生涯を閉じた友右衛門（由行三、）の戒名「至誠院報国孝心居士」に認められる。『至誠報国不二道孝心講土持御恵簿』の記録によれば、折原友右衛門の土持奉仕は明治二九年（一八九六）三月三日に地元菖蒲町で行われた「月並土持孝心御恩礼」[168]の道路改修を最後に記名がないことから、友右衛門は八六歳で往生する直前まで、戒名の文字どおり不二道の土持奉仕に命をかけたといえる。先の皇后の目に留まった力役の高齢者には折原友右衛門（七〇代当時）も含まれるかもしれない。

不二道孝心講の活動は、同じく埼玉県知事を務めた大久保利武（一八六五～一九四三）[169]から深い理解を得るにいたる。大久保利通の三男で牧野伸顕の弟である大久保は、明治三九年（一九〇六）に『不二道孝心講』を著し、その取り組みを讃えた。

大久保は講の実践活動として、「第一　定時集会」「第二　初穂共進会」「第三　種子交換会」「第四　四方拝御礼」「第五　富士登山」を列挙したうえで、第六に「土持」をとりあげる。

第六　土持

諸国土持と題する道歌にある如く、講の最も特色と見るべき事業なり。土持とは、講員が平生涓滴の余徳を貯はへ、業務の余力を集め、公共道路の修繕、開鑿、敷地の地均しを行ふ事にして、報徳の精神発揮されるものである。国恩に対し身を詰め遠近同気相応じ、老弱男女の差別なく、各其の応分の力を土工に致すなり。……特記すべきは此の際の旅費食料は、皆講員各自の節約貯金したるものを以て弁じ、独立自営、決して他の力を仮らず、講員争ひ其の地に集まり、自炊自弁、気を揃へ志を合はせ、勉励終日憩はずして土工に従事す。工事の進捗、成績の良好、常に賞賛を博すと云へり。維新以来に在りて単に道路に関する土持に従事したる延長里数は、実に五十里を超え、其の他大小の工事は挙げ数うべからずとのことなり。

このような大規模な奉仕作業をするにはいくら人馬による無償の労力とはいえ、財政面がよほど潤沢でなければ継続は不可能である。たとえば先の大熊の旧日光御成道修繕の記録をみると次のようにある。

明治七年不二道孝心講員となり、村内弐拾余名の講員を勧誘し、旧日光道路の修繕をなさんと欲し、各講員をして酒断、茶断、煙草断、等の行徳を積み、同十年に至り右道路の修繕をなすに至り、金拾円費消せり。[170]

大久保の記述にも「余徳」や「節約貯金」とあるように、講員の寄附や朝飯断、酒・煙草断等の行によって捻出された資金が講の運営に充てられたとみえる。

このボランティア精神については、折原友右衛門もまた「信心は自分の余徳でやるべきもの、人から金をもらったり、無理をしてまでやるべきものではない」[171]と孫の静六に教えており、行脚の旅で弟子の所に身を置いたとしても必ずそれ相応の金額を納めることを当然の行為とみなしていることから、天分に応じてそこにゆとりが生じればそれを社会に還元するという意識がベースにあったと思われる。そのため折原自身を含め必然と名主層や余裕のある地元有力者が世話方を務めたようだが、支持者からの不定期な寄附によって賄われる講社の運営はしたがって不安定であり、有力者の入信に頼らざるを得ないというのが実際のところであった。

そうした運営法を懸念した大久保利武は講社の永久資産の確保と財政基盤の安定を目指し、信者各自の営農改善を目的とする「積立」を行う貯蓄組合と「貸付」を行う産業組合[172]の設立を提言したという[173]。小谷三志の四男徳蔵と親交のあった山岡鉄舟もまた不二道の土持奉仕に感心して援助を申し出た一人とされ、彼は講社の財政基盤整備のための不動産確保を勧奨したと伝えられる[174]。

以上のように、折原友右衛門が考える不二道孝心講の土持とは、個人的には「行」であり、社会的には「人道支援」であり、名誉心はなく「世のため人のため」という三志の教えを追従する献身的行為であった。こうした「土持」奉仕の理念と方法論のもとで不二道孝心講の組織は成り立っていたのである。

（4）篤農家大熊徳太郎と不二道孝心講

さて、柴田花守率いる「不二道」が教派神道実行教として公認される一方、不二道孝心講は無認可のままであったが、それでも不二道本来の教えである「忠孝挺身」と「相互扶助」を理念として土持や弱者支援等のボランティア活動を続けていた。こうした不安定な状態で講を導くには何より有力者の支援が欠かせなかった。このようなときに新たに講員に加わったのが大熊徳太郎であった。

大熊徳太郎は嘉永二年（一八四九）七月一二日[175]、武蔵国北足立郡平柳領中居村八幡木で農業を営む素封家に生まれた。大熊家は代々学芸を重んじる家系で、父伝右衛門は「文里」と号する俳人で歌をよくし、祖父良平もまた文人や画人との交流があったと伝えられる[176]。

大熊の実弟は靖国神社にそびえる明治二六年（一八九三）制作の大村益次郎像をはじめ、上野公園の小松宮彰仁親王像（明治四五年）や表慶館前ライオン像（明治四三年）等で知られる近代彫刻の祖・大熊氏廣[177]である。

地元有力者としての大熊の実績は、明治九年（一八七六）に上新田村副戸長に名を連ね、翌一〇年（一八七七）には合併した三ツ和村副戸長となり、同二二年（一八八九）並びに二四年（一八九一）に北平柳村村長、同三七年（一九〇四）には鳩ヶ谷町町会議員、大正四年（一九一五）には北足立郡会議員・副議長を歴任するなど、大正一〇年（一九二一）に七三[178]歳で亡くなるまで名士として聞こえた。

大熊が入信した明治一〇年頃は副戸長という重責を負う立場にあり、先のとおり神道国教化の波に逆らい苦渋を強いられていた不二道孝心講にとって、大熊の入信はことに歓迎されたとみえる。その証左となるのが同年八月一七日に折原友右衛門と小谷庄兵衛[179]の連名で発行された「御紋特許状」という書状[180]である。大熊の農業振興への取り組みを賞賛した大久保利武も、このことを栄誉として自著『不二道孝心講』に記している。大久保によれば講員には先輩後輩の区別があり、普通の者は衣に印として「ヽ⃝」を付けるのだが、徳を積んだ者は一定の式に則ったうえで「本⃝」（丸に本一）の御紋特許が得られる。大熊の場合は例外にして衆議一決でこの御紋特許が授けられた。有望な若き大熊はそれだけ講中において期待された人物だったようである。

大熊が専門としたのは農業経営と農業技術向上に関連する分野で、その功績は明治の『篤農家列伝[181]』にも伝わる。明治二〇年代に勧農会を軌道に乗せ、明治三七、三八年にかけては軍需品として米麦など兵馬の食糧購入の検査員を担当、明治三九年（一九〇六）一一月一五日には農商務大臣松岡康毅より銀盃が授与された。大正元年

（一九一二）一一月一八日には川越大本営の特別大演習に召集され宮内大臣渡辺千秋より農事について下問を受け、大正五年（一九一六）には緑綬褒章を授賞するなど、その活動は政府からも一目置かれるものであった。[182]

篤農家としての大熊の軌跡は、明治一九年（一八八六）五月、「平柳勧農会」を創立し毎月の勧農談話会を開いたことに始まる。この時の創立旨趣を次に掲げる。

民は国家の基礎、民富めば国自から富む。是故に我が政府は農学校等を置れ、専ら農事を改良進捗せしめんと欲するにや、……国産に乏しき当地の如きは遂に惰農に陥らん事を恐れ、今回連合内に勧農談話会を開設して、方今改良の農学書、或は官報・県報・雑誌中、当地に適応の要項を懇切に講述し、該業に利害得失懇談研究せしめ、積幣を革除し、漸次進路を図りて改良を実施せんとするにあり。[183]

右に見る「国産に乏しき」とは当時の平柳領村内には米や大麦、慈姑（くわい）、養鶏以外にこれといった特産物がなかったことから、その点を中心に研究を重ねて農業振興を図ることが目標とされた。

集会の形式は定例の談話会で農事百般の研究を行い、年二回の大会として農耕シーズン前の三月に農産物の種子交換会を開き、一一月には収穫祭として農工産物品評会を行うというスタイルがとられた。大熊は翌二〇年（一八八七）一一月、三ツ和村の実正寺を会場に「第一回平柳勧農会農産物品評会」[184]を企画した。

品評会の主なルールとしては、出品作は自家製産物、成績優良品には褒賞授与、会期中購買者なき出品物は出品者に還付、開催に係る費用は有志者の寄附とする、酔狂者・悪疾病者および喧嘩・口論お断り等が定められた。[185]出品数は四三九点と多く、参観人も大勢で盛会を極め、翌年より定例行事となった。[186]大熊の取り組みは、大久保利武の信頼を得て県下の行事に発展し、農商務省からも評価されるにいたった。

勧農を主とする行事は、不二道では小谷三志自身の発案によって開始された優良品種の種子（籾種）交換に由来するが、制度化されることはなく呼びかけ人の発願に応じて開かれていた。当時の農産物品種改良の取り組みは東久米原村（現・南埼玉郡宮代町）の鷺谷某を中心になされていたが、鷺谷の死後は河原井村の折原友右衛門宅にて種子交換会が継続されていた。だがその頃というのは静六の父で家長の長左衛門が病で急死した時期と重なり[187]、かつ友右衛門には土持世話方という重要な役割も任せられていた故か、その後も続けられていたかどうかは詳らかではない。

こうした経緯のもとで講員に呼びかけて勧農事業を不二道孝心講の行事として定例化したのが大熊徳太郎であった。隠居の身分から家長に復帰するという家庭内の種々の事情やみずからの役割を考慮すると、折原友右衛門にとっては篤農家という天分を備えた大熊は、いずれ講を率先してくれる頼みとなる存在であったに相違ない。

（5）大熊徳太郎と折原友右衛門の役割

大熊がはじめた農産物品評会は地元の農産業振興のうえでも重要な行事に位置づけられ、高齢の折原友右衛門も大熊の活躍ぶりを安心して見ていたものと思われる。だが岡田博氏によると、鳩ヶ谷を本拠とする大熊徳太郎と河原井の折原友右衛門との間に分裂騒ぎが起きたという。

本来ならば奉仕作業は人助けという相互扶助を目的として実施されるものだが、皇居造営奉仕をきっかけに川浚いや土手直しが宮中や政府高官への奉仕に取って代わり、品評会で集められた収穫の品々も貧困者層ではなくいわゆる社会の上層部に届けられるようになった。こうしたことに対立の原因があると考えられている[188]。そこで「人助け」を本望とする不二道孝心講に立て直すには、「重立」という一世話役ではなく教主が不可欠であるとして、教派神道「実行教」が公認されて以降、しばらく不在であった第一〇世教主の座に折原友右衛門を就任させる運動が起こる。賛同者一〇名の署名をもって出された「乍恐不二道孝心講跡相続之御伺申上候[189]」という書状がそれである。老いた身でもあり、悩んだ友右衛門は明治二六年（一八九三）四月一日付で「不二道一大事重立同気御心腹改帳[190]」という文書を発行し、講員らの元を廻って意見を聞き、考え抜いた末に不二道第一〇世を継承した。だが跡目は小谷三志家世襲でなければ認めないとする信徒らに反対され、二派に分裂したという。

岡田氏は以上の顚末を明らかにしているが、しかし本書では不二道の教えである「天分」に鑑み、社中における折原と大熊のそれぞれの貢献に着目して考察してゆくことにする。

まず大熊が関与した農業振興の方針については、農産物品評会に係る規則[191]を参照する限りでは、出品された収穫物をのちに上納するという決まりは見られない。しかし大久保利武は不二道孝心講の行事である「初穂共進会」について次のように説明している。

此の共進には、講員の自作に係る農作物中、成績佳良なるものを携へ、四方より会場に集まる。其の人員大抵三百に上り、出品点数は常に千を数へる。……閉会の後、数組の世話方は相分担して、出品点数を携へ、知事邸宅に出て之を贈り、又上京して北白川宮殿下を始め、貴顕の家に持参するを例とせり。其の重もなるは、九条、九条公、宮内大臣、内務大臣、次官、等其の数甚だ多し[192]。

確かに大久保は出品作が知事宅をはじめ各宮家等に配布された様子を記しており、優良な生産物を上納することが慣例としてあったことがわかる。

だが品種改良による農業振興への功績が讃えられた大熊[193]の心情を察するならば、宮家に最上の品を献上したいという篤農家の素直な気持ちが働いたのであろう。

折しも世は博覧会全盛の時代であり、大熊は明治二三年（一八九〇）第三回内国勧業博覧会では出品作の大麦が有功三等賞受賞、明治二六年（一八九三）の米国コロンブス世界博覧会（シカゴ）では自作の米が入賞する栄誉も授かっていた[194]。京都で開催された明治二八年（一八九五）第四回内国勧業博覧会では審査官を任されるなど、勧農分野における大熊の存在感は大きかった。また宮家と大熊家との関わりでは、工部美術学校を修了した弟の彫刻家大熊氏廣が明治一六年に有栖川宮家新築邸の彫刻部を担当して以降、皇族の肖像彫刻を制作するという縁もあった[195]。

さらに、大熊は明治三三年（一九〇〇）の皇太子嘉仁親王ご成婚の際には次のように、東宮御所および九条家へ大麻と真綿を献納するとともに、同年五月一〇日、地元の八幡神社において有志者と松の記念植樹を行っている[196]。

同（明治）三十三年五月、東宮殿下御大婚奉祝の為め、不二道孝心講総代となり、東宮御所幷に九条家へ真綿大麻を献納し、同月十日、同奉祝の為め村社境内へ有志者を以て紀念松を植付く。

現在の八幡神社境内には「東宮殿下御大婚奉祝紀念松」と刻まれた石碑（図5）の傍らに、この時の記念樹と思しき黒松が現在も生長している[197]。

以上のような宮家や高官に対する大熊の姿勢をみると、勧農を目的とする一連の企画は大熊の本業に属するものであり、大熊の「官」へ向けた奉仕は、「信仰は余徳で」という不二道孝心講の行の実践とは別枠で捉えた方がよいのかもしれない。

図5　「東宮殿下御大婚奉祝紀念松」の石碑

たとえば大熊はランづくりにも自信があったと見え、北白川宮家や大正天皇に豊歳蘭の鉢植えを献納しているが[198]、花の種子交換ならともかく、美しい花々の鉢植えが相互援助として寄附されたという記録はこれまでのところ確認できない。先の『至誠報国不二道孝心講土持御恵簿』には信徒らが持ち寄った種々の品が記録されているが、これらのほとんどは白米から味噌、芋、ねぎ、大根、人参、牛蒡、青菜、沢庵など[199]日常の食糧品で、土持作業で歌われた唄の「余徳を積みて手賄い[200]」という歌詞のとおり、「塩菜行」や「朝飯断行」による奉仕の品である。

また同史料に見る限りでは大熊が常に上層部へ向けた奉仕のみを行っていたというわけではなく、たとえば草鞋の寄附[201]や罹災者支援物資に大麦一斗七升五合を出穀するなど、弱者へも配慮している[202]。土持奉仕についてもその作業場が道路や土手の改修から県庁等の施設に代わっていったとの指摘があるが[203]、同じく『至誠報国不二道孝心講土持御恵簿』を参照すると、皇居造営工事奉仕以降も明治二〇年（一八八七）の北埼玉郡成田地内における道路新築土持[204]をはじめ、竹藪地開発[205]、道路修繕[206]など、近隣地で「行」としての土持奉仕は続けられている。大熊も明治二一年（一八八八）の野州（栃木県）上都賀郡小代村における新道開鑿土持工事に際し、県外からの参加者として世話方人名簿にその名があがっている[207]。要するに大熊もまたみずからの天分に即してその「余徳」を奉仕しているわけで、必ずしも有力者ばかりを見ていたとは一概にはいえないのである。

不二道孝心講は明治三〇年（一八九七）に折原友右衛門が亡くなると、不二道孝心講第一一世に千葉県香取郡の吉田清左衛門（布行三益）が就任する。吉田が明治四一年（一九〇八）に死去すると、友右衛門の孫で本多静六の長兄である金吾が第一二世の座を継ぐことになる[208]。

この折原金吾教主の代には、大熊との「分裂騒ぎ」も和らいだと見られる。先にも触れたように、大正時代の一大記念事業である明治神宮造営に際しては、不二道孝心講の信徒らが他の団体に率先して奉仕を行ったという記録がある[209]。その明治神宮鎮座の翌年、『明治神宮記録』に記載された大正一〇年（一九二一）四月六日の参拝記事は、講内の対立の収束を示唆している。

四月六日　水曜日　晴

不二道孝心講員六百余名の参拝あり、例に倣ひ一同に修祓を行ひ拝殿前に整列せしめ奉告の祝詞を奉す、同講員埼玉県南埼玉郡三箇村折原金吾は鏡餅一重（一斗取）を、同県北足立郡鳩ケ谷町の大熊敬三は白米三俵（三升入）を、……何れも美はしく装飾を凝らして奉奠せり。[210]

折原金吾を筆頭に、大熊徳太郎の後継者である大熊敬三らが揃って明治神宮に参拝、美しく装飾された品々を奉納する様子が記されている。川口市立文化財センター分館の郷土資料館にはこの時の不二道孝心講一団が揃った参拝記念写真（図6）が保管されている。

図6　不二道孝心講の明治神宮参拝記念写真

神宮外苑技師を務めた折下吉延によれば、不二道孝心講は土持の造営奉仕以降、年頭に奉献品を捧げて参拝することが通例であったという[211]。折原金吾は明治四一年（一九〇八）に第一二世不二道孝心講跡目を継承した存在であり、その本人を先頭に大熊を含め鳩ヶ谷の代表者がともに神前にあることから、前代の跡目継承問題も農産物出品問題も解消したものと思われる。

いかなる団体もそれが諸地域にわたる大集団となれば、おのずとそこに意見の相違が生じるのは致し方ないことであろう。両者の「天分」という不二道の観点から見れば、人道主義的な配慮から弱者への食糧支援を行い人助けとしての「土持」を重視する折原の奉仕と、人間が生存するために不可欠な農業振興を重んじる大熊の奉仕は、いずれも重要な社会的奉仕であり、互いの職分をもって役割を果たしたと考えれば問題はなかったように思われる。

すなわち、譲り合いと和合を重んじる三志の教えに基づいて奉仕する双方の念頭には、いずれもどうしたらより良い社会が築けるかという思いがあったのである。

小括　本多静六と不二道

近世から明治にかけての不二道の歴史と思想を概観してきたが、本多静六の祖父折原友右衛門はまさに不二道と運命をともにして生きた人物であった。その不二道への篤い信仰心は、「三つ子の魂百まで」という諺どおり、本多にも脈々とそれが受け継がれている。日々の生活における家業精励、夫婦和合、子孫繁栄、相互扶助といった教えはもちろんのこと、彼の残した業績もまた不二道と分離し難い。

第一に本多にとって山林は職の場である以前に信仰の場であった。第二に公園の開発設計や行道整備などの社会基盤整備は不二道の「土持」奉仕が礎にあると考えられる。そして第三にのちに資産家となった本多にとって財政安定を図ることは、不二道が財政に無関心であったことに対する教訓といえる。それは報徳思想にみる「分度法」によってみずから名付けた「四分の一貯金」という蓄財法に実を結び、これより得た「余徳」をこれもまた不二道の教えにより寄附した。その「余徳」は大正九年、不二道孝心講の基本資金となり講の永続が願われ、昭和五年には埼玉県下の育英資金として子弟教育に活かされることになる。[212]晩年の本多はその自伝において、幼少時の彼の眼に映った祖父折原友右衛門の奉仕の姿勢を次のように述べている。

私が後に種々社会事業のために尽してゐるのも、この祖父の主義からで、余分に働いて得たものを蓄積し、それで公共事業に尽力するのであって、決して信心や慈善や社会事業などの名の下に、儲けようなどといふことではない。このころからの祖父の行動を学んだものであることを、ついでながらはっきりしておく。[213]

このことは次章で述べるドイツ留学時に不二道より授かった支援の「御恩」に対する本多の「孝」であり、ここに相互扶助の理念が生きている。そして何より、不二道の「行」とはすなわち「実践」であり、学者として生きることを決してからは毎日一頁分の有益な文章を書くことをみずから「行」として課したという。本多の幾多の業績はその結果なのである。

しかしながら祖父と信念を異にするところもあった。それは時の政府に対する姿勢である。祖父友右衛門は行者名「、」が示すように、政府よりも信仰の道を選んだが、本多は時流に逆らうことなく守れる範囲で不二道の教えに従った。つまるところ本多は信仰に対して祖父のように頑固一徹な側面を持たず、彼自身の職分に合うように教えの良いところは取り入れ、合わないところは工夫するというように、うまく活用しながら信心したといえる。これは本多の雅号である「如水生」(214)が示すように、流れに合わせてほどほどにするというやり方であり、不二道が重視するところの「和合」の精神上、功を奏したといえよう。そのような要領の良さは本多の著作でもたびたびうかがえる。こうした意味においては食行身禄や小谷三志が始祖角行の説教を発展させていったように、不二道の良いところを理解し、それをうまく実践していたのが本多静六だったといえるのではないだろうか。

本多は八八歳になったらすべての公職を引退し、不二道孝心講に専念するからそれまでお前が守っていてくれと折原家直系第一四代致一氏に語ったそうだが(215)、いずれにしても不二道の精神は折原家代々の家訓といって間違いはない。

最後に、食行身禄の教義の一文と、本多が祖父友右衛門の日常を描写した一文を掲載し、両文の内容がいかに類似しているかを紹介して本章を終わることにする。

〈食行身禄〉

あずかの一生おむげ(無碍)に暮すわもつたいなき事　ただただ何事もうちすてて　ねに伏し寅におきて　こころおろくにして　まんぼうのしう生もろともに御たすけ被下候と御礼申上ヶ候得て　よるひるはたらき申せば天のこころにかない　すえの世は十るい(従類)迄　御たすけ被下候との　御伝えにて御座候(216)

〈本多静六〉

私の祖父折原友右衛門は背は一七〇センチ、体重六十四キロくらいであったが、百姓の余暇に剣道を学び、免許皆伝であり、農耕にも今の人の三倍働き、その余暇に不二道孝心講の大先達として修養慈善の行を勤めた。私も十五歳になるまで祖父に教導されたが、毎朝おそくとも五時に起きて冷水浴をなし、夜は縄ない、わらじ作り、その他の夜業をなし、その上になお読書や書き物をして十二時頃に寝るのが常だった。そしてさらに旅に出ると一日平均五〇キロくらいずつ歩くという健脚ぶりで、八十六歳で往生するまで無病息災であった。[217]

（1）　なお、不二道ならびに不二道孝心講に関する著述は幕末・近代宗教史においても決して十分とはいえない状況にあり、ここでは不二道研究家岡田博氏ならびに日本史家宮崎ふみ子氏の研究をはじめ、渡邊金造『鳩ヶ谷三志』（文進社、一九四二年）、鳩ヶ谷市教育委員会『鳩ヶ谷市の古文書』、川口市立文化財センター分館郷土資料館所蔵史料等によるものとし、富士講については岩科小一郎『富士講の歴史』（名著出版、一九八三年）、五来重編『修験道史料集Ⅰ東日本篇』（名著出版、一九八三年）、平野榮次編『富士浅間信仰』（雄山閣出版、一九八七年）、『日本思想大系六七　民衆宗教の思想』から伊藤堅吉・安丸良夫校注「富士講」（岩波書店、一九七一年）、古河歴史博物館編『富士山』（二〇一四年）等を主に参照した。

（2）　本多静六『本多静六体験八十五年』大日本雄辯会講談社、一九五二年、一九～二〇頁、二三五頁。

（3）　同前、四頁。

（4）　本多静六『自分を生かす人生』三笠書房、一九九二年、二一九頁。武田正三『本多静六伝』埼玉県立文化会館、一九五二年、一八～一九頁、三四～三五頁。

（5）　『本多静六体験八十五年』（前掲注2）、二四～二五頁。

（6）　「私の祖先」『本多静六体験八十五年』（前掲注2）、三～四頁。遠山益『本多静六　日本の森林を育てた人』実業之日本社、二〇〇六年、一四頁。大久保利武・岡田博校訂『不二道孝心講』小谷三志翁顕彰会、一九九二年、一一一～一一二頁。鳩ヶ谷市文化財保護委員会『不二道農産物品種改良運動資料集Ⅴ　大熊徳太郎履歴書他　鳩ヶ谷市の古文書二七』鳩ヶ谷市教育委員会、二〇〇三年、一一頁。

（7）　久喜市公文書館『河原井村の開発』二〇〇〇年八月。

（8）　折原家第一五代当主折原金吾氏に幸福寺の折原家墓所

をご案内していただいた（二〇一五年三月一二日）。「河原井折原金吾の記録」『鳩ヶ谷市の古文書二七』（前掲注6）、一一～一三頁の記述には没年月日等に一部誤りがみられる。

（9）本多静六『本多静六体験八十五年』（前掲注2）、四頁、一七頁。『鳩ヶ谷市の古文書二七』（前掲注6）、一一頁。

（10）加藤玄智「富士山信仰」（『神國民の知と行』錦正社、一九四二年）、島薗進・高橋原・前川理子監修『加藤玄智集第七巻』クレス出版、二〇〇四年、一二九頁。

（11）出雲路修校注『日本霊異記』岩波書店、一九九六年、四一～四三頁。牛窪弘善「役行者と其密教一〇」『神變』一四〇号、一九二〇年一二月、五～一一頁。

（12）遠藤秀男「富士山信仰の発生と浅間信仰の成立」平野榮次編『富士浅間信仰』雄山閣出版、一九八七年、二七～三二頁。遠藤秀男「富士信仰の成立と村山修験」鈴木昭英編・五来重監修『富士・御嶽と中部霊山』名著出版、一九八三年、三一～三六頁。横山健堂「富士山を背景とせる人物」『歴史地理』三六巻一号、日本歴史地理学会、一九二〇年七月、一七～一八頁。

（13）富士講特有の異体字で敬称を示す。また富士講では呼吸を「ごうくう」と称して出る息も表すという。伊藤堅吉・安丸良夫校注「角行藤仏㑨記（「御大行之巻」）」『日本思想大系六七　民衆宗教の思想』岩波書店、一九七一年、四五二頁。岩科小一郎「創成期の富士講　角行と身禄」鈴木昭英編・五来重監修『富士・御嶽と中部霊山』（前掲注12）、六五頁。鳩ヶ谷市文化財保護委員会『不二道願立御紀に付解答書　鳩ヶ谷市の古文書三』鳩ヶ谷市教育委員会、一九七七年、六五頁。

（14）岩科小一郎「富士講」平野榮次編『富士浅間信仰』雄山閣出版、一九八七年、七五頁。岩科小一郎「創成期の富士講　角行と身禄」鈴木昭英編・五来重監修『富士・御嶽と中部霊山』（前掲注12）、六〇～六三頁。「角行藤仏㑨記（「御大行之巻」）」『民衆宗教の思想』（前掲注13）、四五二頁。

（15）平野榮次「富士信仰と曼荼羅」『富士信仰と富士講　平野榮次著作集一』岩田書院、二〇〇四年、五三頁。「角行藤仏㑨記（「御大行之巻」）」『民衆宗教の思想』（前掲注13）、四五三～四五九頁、四八二～四八三頁。井野邊茂雄「富士山信仰に就いて」『明治聖徳記念学会紀要』四七号、一九三七年四月、一三〇頁、一三七頁。岩科小一郎『富士講の歴史』名著出版、一九八三年、三頁。宮崎ふみ子「民衆宗教のコスモロジーと王権観」網野善彦・樺山紘一編『天皇と王権を考える　宗教と権威　四』岩波書店、二〇〇二年、一九一頁。

（16）岩科小一郎「富士講」（前掲注14）、七九頁。岩科小一郎「創成期の富士講　角行と身禄」鈴木昭英編・五来重監修『富士・御嶽と中部霊山』（前掲注12）、六八～六九頁。

(17)　富士講の系譜については以下を参照した。川口市立文化財センター分館郷土資料館展示資料（二〇一二年八月）。岩科小一郎『富士講の歴史』（前掲注15）富士講系図。徳大寺莞爾『不盡道別 全』実行社、一八七五年、五丁。南方熊楠「富士講の話」『郷土研究』東京郷土研究社、二巻一二号、一九一五年、二三頁。井野邊茂雄「富士山信仰に就いて」（前掲注15）一三〇頁。山本信哉「富士講の沿革」『歴史地理』日本歴史地理学会、三六巻一号、一九二〇年七月、六二頁。

(18)　補注によれば原本にした武州足立郡松本新田の霜田新兵衛写本以外に写本が伝わらず、タイトルが原名か霜田によるものか不明という。鳩ヶ谷市文化財保護委員会『富士講古典教義集Ⅱ　食行身禄俐御一代之事　鳩ヶ谷市の古文書二〇』鳩ヶ谷市教育委員会、一九九六年、二六頁。

(19)　小泉文六郎尚忠、下総国関宿藩久世大和守五万八〇〇〇石の藩士で駒込の屋敷に常住。享保一二年（一七二七）頃、身禄の長女お梅が隣家の幕府祐筆岩田小太郎家に仕えていた縁から食行身禄と対面、敬服して入信した。身禄は享保一七年（一七三二）三月二八日、火災で焼出された巣鴨中町の家を離れ小泉文六郎方に同居したという。岡田博「解説」鳩ヶ谷市文化財保護委員会『富士講古典教義集Ⅲ　小泉文六郎決定之覚書　鳩ヶ谷市の古文書二二』鳩ヶ谷市教育委員会、一九九七年、九頁。

(20)　身禄の少年時代や江戸に出たあとの記述がある。岡田博「解説」『鳩ヶ谷市の古文書二二』（前掲注19）、一二～一三頁。

(21)　平野榮次『富士信仰と富士講』（前掲注15）、七〇～七一頁。「小泉文六郎横物之内」『鳩ヶ谷市の古文書二二』（前掲注19）、二〇～二一頁。

(22)　「元のちちはは様」とは角行が富士の神霊と定めた宇宙創造の男女一対神を示す。別名を「仙元大菩薩」とする。長日月光仏とは富士神霊の神力が顕現した姿で日月星の光明をあらわす。地上のあらゆる生物は日月星の三光の恩恵で存在するという。『鳩ヶ谷市の古文書二二』（前掲注19）、二一頁。

(23)　『鳩ヶ谷市の古文書二二』（前掲注19）、二一～二二頁。

(24)　岩科小一郎「富士講」（前掲注14）、八〇頁。

(25)　「御決定の巻」（霜田家寄贈文書目録一三号）鳩ヶ谷市文化財保護委員会『不二道基本文献集　鳩ヶ谷市の古文書四』鳩ヶ谷市教育委員会、一九七八年、五〇～五五頁。「御決定之巻」は、身禄が入定直前に故郷の二人の兄に送ったという書面で、富士講中で筆写が繰り返され通読されてきたという。平野榮次『富士信仰と富士講』（前掲注15）、一一五頁。
（26）　岩科小一郎「身禄遺文」『あしなか』一二八号、山村民俗の会、一九七一年八月、一四～一五頁。
（27）　「明」の字は富士山型に図形化されている。「角行藤仏俯記（「御大行之巻」）」『民衆宗教の思想』（前掲注13）、四五七頁。
（28）　伊藤堅吉・安丸良夫校注「三十一日の御巻」『民衆宗教の思想』（前掲注13）、四二四頁。
（29）　『万坊の御本と申は』（意・三界の根本とは）、小谷長茂家二次寄贈文書（埼玉県指定文化財二―一二番）、写者補注として、禄行三志筆の年月日不記入だが、三志直筆天保五年一二月六日の巻物とほぼ同文であるという。鳩ヶ谷市文化財保護委員会『小谷三志著作集Ⅱ　鳩ヶ谷市の古文書一四』鳩ヶ谷市教育委員会、一九八九年、一〇八～一一六頁。鳩ヶ谷市郷土資料館『小谷三志関係資料目録』一九九一年、七頁。
（30）　「参明藤開山」の逆さ読みについては小谷三志「天保三辰の九月廿六日夜様」（埼玉県指定四二―三―二九番）の文書にも同文あり。『鳩ヶ谷市の古文書一四』（前掲注29）、二六頁～二九頁。
（31）　宮崎ふみ子「近世末の民衆宗教 不二道の思想と行動」羽賀祥二編『幕末維新の文化』吉川弘文館、二〇〇一年、一四八～一四九頁。
（32）　食行身禄「一字不説の巻」（巻子装・享保一四年）富士吉田市・田辺四郎氏所蔵。同一六年に北口御師や弟子に与えたという。田辺家は富士登拝の宿所であった北口御師。岩科小一郎「解題 一字不説の巻」五来重編『修験道史料集Ⅰ東日本篇』名著出版、一九八三年、六九一頁。
（33）　安丸良夫「富士講」『民衆宗教の思想』（前掲注13）、六三八頁。
（34）　身禄の檀那寺は江戸駒込の禅宗海藏寺で、身禄の供養塔や木像が安置されたことから身禄の禅の素養も考えられるという。井野邊茂雄「富士山信仰に就いて」（前掲注15）、一三一～一三二頁。
（35）　食行身禄「一字不説の巻」五来重編『修験道史料集Ⅰ東日本篇』（前掲注32）、三九三頁、六九一頁。
（36）　「食行」の名は断食行をあらわすという。岩科小一郎「富士講」平野榮次編『富士浅間信仰』（前掲注14）、七九～八一頁。平野榮次『富士信仰と富士講』（前掲注15）、七二頁。
（37）　食行身禄「一字不説の巻」五来重編『修験道史料集Ⅰ東日本篇』（前掲注32）、三八九頁、三九二頁。
（38）　岡田博「富士講と呪術」平野榮次編『富士浅間信仰』（前掲注14）、二〇三頁。岡田博「解説」『鳩ヶ谷市の古文書二〇』（前掲注18）、二一一～二一二頁。

(39)　岩科小一郎「解題　一字不説の巻」五来重編『修験道史料集Ⅰ東日本篇』（前掲注32）、六九一頁。
(40)　「角行藤仏㣲記（「御大行之巻」）」『民衆宗教の思想』（前掲注13）、四七三〜四七四頁。
(41)　「三十一日の御巻　享保十八年　喜多口御師　烏帽子岩御日講伝書直筆　丑ノ六月十三より七月十三日迄　菊屋豊矩」『民衆宗教の思想』（前掲注13）、四二四頁、六三九頁。
(42)　岡田博「解説」大久保利武・岡田博校訂『不二道孝心講』（前掲注6）、一〇四頁。
(43)　宮崎ふみ子「民衆宗教のコスモロジーと王権観」（前掲注15）、一九二頁。
(44)　水上市郎平「富士講と富士登山について」『町の風土記』水上市郎平、一九九四年、一三五頁。多摩川浅間神社所蔵。
(45)　井野邊茂雄「富士山信仰に就いて」（前掲注15）、一三五頁。
(46)　山号を「東身禄山」とする「高田富士」は、岩科氏によれば昭和三九年秋、早稲田大学の拡張工事により崩され、代わりに付近の新宿区戸塚二丁目水稲荷神社境内に新たな富士塚が設けられることになった。昭和四〇年一月二一日、各新聞都内版に「富士山お引越し」と題し富士塚竣工のお披露目記事が掲載されたという。早大の負担で再建されたという「富塚」には安永八年銘の石鳥居から狛犬、手洗盤、その他碑石の類も移築された。岩科小一郎「東京の富士塚」『あしなか』山村民俗の会、一四八号、一九七五年一二月、九〜一〇頁。平野榮次「富士と民俗　富士塚をめぐって」平野榮次『富士信仰と富士講』（前掲注15）、二二九〜二三一頁。
(47)　岩科小一郎「東京の富士塚」（前掲注46）、三〜五頁。
(48)　浅草寺五重塔改修の際に下足料一銭で螺旋状に組んだ足場に人を登らせたところ人気が出たことから浅草富士が造られたという。北澤憲昭「江戸の人造富士」『眼の神殿［美術］受容史ノート』美術出版社、一九八九年、五四〜五五頁。岩科小一郎「浅草木造富士始末」『あしなか』一一七号、山村民俗の会、一九六九年八月、一〜六頁。
(49)　和歌森太郎「近世末期の修験と富士講」『日本歴史』二七二号、日本歴史学会、一九七一年一月号、一二六〜一二八頁。宮田登「富士信仰とミロク」桜井徳太郎編『山岳宗教と民間信仰の研究』山岳宗教史研究叢書六、名著出版、一九八〇年、二八五〜二八七頁。
(50)　和歌森太郎「近世末期の修験と富士講」（前掲注49）、一二九〜一三一頁。
(51)　安永二年、三志九歳の時に父を亡くす。渡邊金造「小谷三志略年譜」『鳩ヶ谷三志』文進社、一九四二年、一九〇頁。

(52)　小谷三志の郷里鳩ヶ谷にある埼玉県川口市立文化財センター分館郷土資料館には小谷家をはじめ門下の霜田家・折原家・黒田家・飯島家・川鍋家寄贈文書および遺品が多数所蔵され、富士講、不二道、不二道孝心講を含む富士信仰史に関する詳細な展示がなされている。図2の賛は次のとおり。「川原の井戸（せんげん）はお峯のお八りゅう八ッ八ッの水のみなかみ　川原井の里へ参りて　是は天保五年三月廿八日様　三志拝書　右二首武州河原井村折原友右衛門に与う　京行三喜筆肖像自賛」。川原井を仙元（せんげん）と結びつけ河原井村の折原家を讃えた一首という。鳩ヶ谷市文化財保護委員会『小谷三志著作集Ⅳ　道歌・和歌・句・寸言・和讃・散文集　鳩ヶ谷市の古文書一六』鳩ヶ谷市教育委員会、一九九一年、六一頁。

(53)　鳩ヶ谷浅間神社については、享保一八年幕府へ提出した「寺社書き上げ」に「御除浅間宮地　一社地三千弐拾坪　治右衛門抱　起立弘治弐辰年より享保一八年丑迄百七十八年に罷成申候」との記述がある。鳩ヶ谷市文化財保護委員会『鳩ヶ谷市の文化財一六　鳩ヶ谷の富士信仰と小谷三志関係資料』鳩ヶ谷市教育委員会、一九九一年、六頁。

(54)　国学者荻野信敏、俗称天愚孔平の始めた「千社札」は り仲間であったという。『鳩ヶ谷市の文化財一六』（前掲注53）、九頁。

(55)　小谷三志「不二孝のおしゑしかと」（推定文化一一年）、鳩ヶ谷市文化財保護委員会『小谷三志著作集Ⅰ　鳩ヶ谷市の古文書一三』鳩ヶ谷市教育委員会、一九八八年、六一頁。

(56)　岡田博「実行教と不二道孝心講」平野榮次編『富士浅間信仰』（前掲注14）、二八四頁。

(57)　渡邊金造「参行六王との邂逅」『鳩ヶ谷三志』（前掲注51）、三一～四一頁。『鳩ヶ谷市の文化財一六』（前掲注53）一三頁。

(58)　岩科小一郎「身禄遺文」（前掲注26）、一二八号、一九～二〇頁。

(59)　『小谷三志日記Ⅰ』中の「師弟会見記」に「文化六巳年三月十七日様なり」とある。鳩ヶ谷市文化財保護委員会『小谷三志日記Ⅰ　鳩ヶ谷市の古文書七』鳩ヶ谷市教育委員会、一九八二年、一六八頁。

(60)　岩科小一郎「身禄遺文」（前掲注26）二〇頁。

(61)　小谷三志「師弟会見記」（「文化七午年正月　ろく行三志認置」）、小谷長茂家二次寄贈文書目録第九番。補注によれば題名「師弟会見記」は『鳩ヶ谷三志』の著者渡邊金造の命名という。『鳩ヶ谷市の古文書七』（前掲注59）、一六八～一七〇頁、二〇一頁。

(62)　「割石」富士山頂釈迦之割石の意。二つに亀裂した白山岳西方の大露岩。小谷三志「万坊の御本と申は」『鳩ヶ谷市の古文書一四』（前掲注29）、一一二頁。「角行藤仏㑨記（「御大行之巻」）」『民衆宗教の思想』（前掲注13）、四六〇頁。鳩ヶ谷市文化財保護委員会『小谷三志著作集Ⅳ 鳩ヶ谷市の古文書一六』（前掲注52）、六三頁。

(63) 大久保利武「小谷三志の富士講改革」大久保利武・岡田博校訂『不二道孝心講』（前掲注6）、一三～一五頁。岡田博「実行教と不二道孝心講」平野榮次編『富士浅間信仰』（前掲注14）、二八四～二八五頁。

(64) 補注に当時の米一升の相場一四〇文とある。『鳩ヶ谷市の古文書七』（前掲注59）、一六九頁、二〇一頁。

(65) 渡邊金造「参行六王との邂逅」『鳩ヶ谷三志』（前掲注51）、三三～三四頁。

(66) 「気の世という事」「日の本の事（文政八年五月）」大宮市 実行教本庁所蔵」鳩ヶ谷市文化財保護委員会『小谷三志著作集Ⅲ 鳩ヶ谷市の古文書一五』鳩ヶ谷市教育委員会、一九九〇年、三五～三六頁。

(67) 「尊師御状の写し（文政五年三月十日）永井路子家所蔵文書 巻物中より」鳩ヶ谷市文化財保護委員会『小谷三志著作集Ⅴ 書翰 鳩ヶ谷市の古文書一七』鳩ヶ谷市教育委員会、一九九二年、八九～九一頁。

(68) 大久保利武「小谷三志の富士講改革」大久保利武・岡田博校訂『不二道孝心講』（前掲注6）、一四頁、一〇六頁。

(69) 小谷三志「不二孝のおしゑしかと」『鳩ヶ谷市の古文書一三』（前掲注55）、五五頁。

(70) 岡田博「解説」大久保利武・岡田博校訂『不二道孝心講』（前掲注6）、一〇六頁。

(71) 「京都と小谷三志」『鳩ヶ谷市の文化財一六』（前掲注53）、二〇頁。

(72) 同前、二二頁。

(73) 「御尊師様廻し文」『鳩ヶ谷市の古文書一五』（前掲注66）、四五頁。

(74) 同前、四二頁。

(75) 世界への布教については、たとえば三志と出会った感慨を七言律詩に詠み墨書して贈った清国人沈萍香がいる。喜んだ三志はその書を刷り上げ、二宮尊徳にも送ったという。「長崎と小谷三志」『鳩ヶ谷市の文化財一六』（前掲注53）、二二頁。

(76) 鳩ヶ谷宿本陣の分家で町年寄を務めていた湊屋八郎右衛門に宛てたもの。「長崎と小谷三志」『鳩ヶ谷市の文化財一六』（前掲注53）、二二頁。

(77) 小谷三志「夢のしらせ有 天保三年閏十一月廿六日夜様」『鳩ヶ谷市の古文書一四』（前掲注29）、三七頁。

(78) 三志の死去直後の天保一三年の記録という。宮崎ふみ子「幕末維新期に於ける民衆宗教の変容」尾藤正英先生還暦記念会『日本近世史論叢 下』吉川弘文館、一九八四年、三七四頁。宮崎ふみ子「民衆宗教のコスモロジーと王権観」（前掲注15）、一九九～二〇〇頁。
(79)　富士講のモトノチチハハは伊耶那岐・伊耶那美をモデルとしたことが歴然であるという。岩科小一郎『富士講の歴史』（前掲注15）、三七二頁。
(80)　「小谷三志と不二道」配布資料、鳩ヶ谷市立郷土資料館（川口市立文化財センター分館郷土資料館）。宮崎ふみ子「幕末維新期に於ける民衆宗教の変容」（前掲注78）、三七五頁、三八八頁。
(81)　「角行藤仏㑨記（「御大行之巻」）」（前掲注13）、四六四頁。
(82)　「三十一日の御巻」『民衆宗教の思想』（前掲注13）、四三一～四三三頁。
(83)　「烏帽子岩 天玉之御伝書第一」鳩ヶ谷市文化財保護委員会『富士講古典教義集Ⅰ 鳩ヶ谷市の古文書一九』鳩ヶ谷市教育委員会、一九九四年、一〇九頁。
(84)　「三十一日の御巻」『民衆宗教の思想』（前掲注13）、四三一頁。
(85)　宮崎ふみ子「幕末維新期に於ける民衆宗教の変容」（前掲注78）、三七五頁。『富士山信仰と小谷三志』図録、川口市立文化財センター分館郷土資料館、二〇一四年、四頁。
(86)　「二宮翁夜話」児玉幸多編『二宮尊徳』中央公論社、一九八二年、二二五頁。「二宮尊徳と禄行三志」『鳩ヶ谷市の文化財一六』（前掲注53）、二三頁。
(87)　「角行藤仏㑨記（「御大行之巻」）」（前掲注13）、四七三頁。
(88)　本多静六『明治二十三年洋行日誌　附・学位試験及び学位授与式の景況（明治二十五年）』本多静六博士を記念する会、菖蒲町役場企画財務課内、一九九八年、二五頁、三七頁、四三頁。
(89)　鳩ヶ谷市文化財保護委員会『至誠報国不二道孝心講土持御恵薄 鳩ヶ谷市の古文書六』鳩ヶ谷市教育委員会、一九八〇年、七七頁。
(90)　「食行身禄㑨御一代之事」『鳩ヶ谷市の古文書二〇』（前掲注18）、二六頁。
(91)　「食行身禄㑨御一代之事」『鳩ヶ谷市の古文書二〇』（前掲注18）、二七頁。
(92)　小谷三志作「鳩ヶ谷御師匠様御済渡 天保二卯とし卯のつき」鳩ヶ谷市文化財保護委員会『不二道孝心講詠歌和讃集　鳩ヶ谷市の古文書二』鳩ヶ谷市教育委員会、一九七六年、五五～五八頁。「児産和讃」（文政十三寅二月拾七日様）に同様の句がある。『鳩ヶ谷市の古文書一六』（前掲注62）、九九～一〇七頁。
(93)　「角行藤仏㑨記（「御大行之巻」）」（前掲注13）、四六二頁。

(94) 「食行身禄術御一代之事」『鳩ヶ谷市の古文書二〇』（前掲注18）、四六頁。

(95) 「草木成仏の事」多田厚隆・大久保良順・田村芳朗・浅井円道校注『天台本覚論』岩波書店、一九七三年、一六六～一六七頁、四五八～四五九頁。

(96) 末木文美士「草木成仏論」『平安初期仏教思想の研究　安然の思想形成を中心として』春秋社、一九九五年。

(97) 「食行身禄術御一代之事」『鳩ヶ谷市の古文書二〇』（前掲注18）、四九頁。

(98) 「小泉文六郎覚書」は、史料編纂官井野辺茂雄氏が昭和三～六年に刊行された官幣大社浅間神社社務所編纂『富士の研究』の『富士の信仰』（第三巻）において一部を紹介した。昭和五六年、渋谷区役所『渋谷区史料集二』「吉田家文書」に収録される。『鳩ヶ谷市の古文書二一』（前掲注19）九頁、八五頁。

(99) 石川利兵衛は寛政元年、下総国の生まれ。「天保十三壬寅年辰の月廿六日様に認めおく」鳩ヶ谷市文化財保護委員会『小谷三志門人著作集Ⅱ　鳩ヶ谷市の古文書一一』鳩ヶ谷市教育委員会、一九八六年、一四～一五頁、八九～九〇頁。

(100) 三志の著述には空海に関する記述もたびたび見られる。小谷三志「睦嘉居観世那可久伊能知者満寿加賀見倶茂羅天富貴野登倶遠天羅参（むかひみよながくいのちはますかがみくもらでふきのとくをてらさん）　空海」（天保四年二月の書状）『小鳩ヶ谷市の古文書一四』（前掲注29）、四五頁。小谷三志「天神咄し」（天保四巳年一一月二五日）では、学問といえば、諸人は「いろは」歌をつくった弘法を拝まずに天神を信仰するという。同前、六八頁。小谷三志「弘法大師十無益之御詠歌写」（文化一四年三月）は弘法の名が付くが空海の歌ではないという。『鳩ヶ谷市の古文書一三』（前掲注55）、四九～五〇頁。

(101) 本多静六『幸福とは何ぞや「附」子孫の幸福と努力主義』（帝国森林会第四回講演会、一九二八年二月一〇日）帝国森林会、一九二八年、三四～三五頁。

(102) 「自然は至善なり」（文政元年一一月一五日）という寸言は、仁孝天皇の大嘗祭を待つ間の八日間、伊勢川上へ向かう途中の長谷寺にて京都への旅に随行した語行三吟が筆記したもの。『鳩ヶ谷市の古文書一六』（前掲注62）、七九頁。

(103) 小谷三志「小谷三志教訓寸言集」『鳩ヶ谷市の古文書一六』（前掲注62）、七八頁。

(104) 宮崎ふみ子「近世末の民衆宗教　不二道の思想と行動」（前掲注31）、一四一頁。

(105) 岡田博氏の解説に、三志は文政一三年八月三日、持明院左京太夫より持明院流入木道の伝授を受けたとある。岡田博「解説」『小谷三志著作集Ⅵ　書翰　鳩ヶ谷市の古

文書一八』鳩ヶ谷市教育委員会、一九九三年、一八頁。

(106) 小谷三志「文政十三年十月二十八日書状」（「九條右大臣家にて説法記録」小谷家第二次寄贈文書）『鳩ヶ谷市の古文書一三』（前掲注55）、一〇四～一〇八頁。九条家との経緯は渡邊金造『鳩ヶ谷三志』（前掲注51）にも記述がある。

(107) 「文政十三年十月二十八日書状」『鳩ヶ谷市の古文書一三』（前掲注55）、一〇七頁。

(108) 同前、一〇七頁。

(109) 参行禄王作『岩田帯御歌』六首のこと。同前、一〇八頁。岩田帯御歌「いわたおび結ぶはじめの五月にはめつなを上にかけてつなげよ。結びおふ後五月はふり替へておつなを上へ天といただけ」『鳩ヶ谷市の古文書四』（前掲注25）、六六頁。

(110) 宮崎ふみ子「民衆宗教のコスモロジーと王権観」（前掲注15）、二〇二頁。

(111) ミルチャ・エリアーデ『聖なる空間と時間　エリアーデ著作集三』久米博訳、せりか書房、一九八五年、六八～六九頁、七五頁。宮田登「山岳信仰と修験道」桜井徳太郎編『信仰　講座日本の民俗七』有精堂、一九七九年、六九～七〇頁。

(112) 「角行藤仏㑨記（「御大行之巻」）」（前掲注13）、四五九頁。

(113) 小谷三志「万坊の御本と申は」『鳩ヶ谷市の古文書一四』（前掲注29）、一〇九頁。

(114) 岡田博「解説」『鳩ヶ谷市の古文書三』（前掲注13）、二八頁。

(115) 宮崎ふみ子「民衆宗教のコスモロジーと王権観」（前掲注15）、二〇二頁。

(116) 宮崎ふみ子「近世末の民衆宗教　不二道の思想と行動」（前掲注31）一四一頁。

(117) 「御たねの願」（「京都御書状写し」文政五年午年かきはじめ）『鳩ヶ谷市の古文書一八』（前掲注105）、一二一～一二二頁。

(118) 小谷三志「万坊の御本と申は」『鳩ヶ谷市の古文書一四』（前掲注29）、一一二頁。

(119) 『鳩ヶ谷市の古文書一三』（前掲注55）、一〇八頁。

(120) 「御添書之巻」『鳩ヶ谷市の古文書四』（前掲注25）、四八頁。宮崎ふみ子「幕末維新期に於ける民衆宗教の変容」（前掲注78）、三七八頁。

(121) 「小谷三志」『国史大辞典』、八六七頁。岡田博『報徳と不二孝仲間』岩田書院、二〇〇〇年、二三二～二三三頁。なお跡目継承された日付は次のように諸説あり定かではない。天保一二年六月二三日（岡田博「解説」『鳩ヶ谷市の古文書一八』前掲注105）、一九～二〇頁、七月一七日（岡田博「解説」『鳩ヶ谷市の古文書一四』前掲

注29)、一四～一五頁、天保一二年九月（宮崎ふみ子「幕末維新期に於ける民衆宗教の変容」前掲注78)、三七八頁など。

(122) 小野六流：小野三流・寛信（勧修寺流）・宗意（安祥寺流）・増俊（随心院流）、醍醐三流・定海（三宝院流）・賢覺（理性院流）・聖賢（金剛王院流）。大山公淳「三宝院流の成立まで」『神變』二五二号、一九三〇年四月、七〇頁。

(123)「理性院の柴燈大護摩 正月八日」『神變』二六一号一九三一年一月、三一頁。

(124) 守山聖眞編纂『眞言宗年表』豊山派弘法大師一千百年御遠忌事務局、一九三一年（国書刊行会、一九七三年）、六九二～六九六頁。

(125) 岡田博「実行教と不二道孝心講」平野栄次編『富士浅間信仰』（前掲注14)、二八八～二八九頁。

(126)「嘉永元年五月十二日呼出し」『鳩ヶ谷市の古文書三』（前掲注13)、一一頁、八三～八五頁。

(127) 岡田戒玉（遺稿）「真言密教における醍醐寺の地位」『神變』六八七号、一九六七年四月、九～一〇頁。

(128) 三志亡き後、不二道公認を求める上訴がなされた際の寺社奉行所の取調べ（弘化四年六月～嘉永二年九月「不二道願立御糺に付御答書」『鳩ヶ谷市の古文書三』前掲注13)に対し、石川が行雅の言葉を例に不二道に秘密はないと答えたという。岡田博『報徳と不二孝仲間』（前掲注121)、一二三頁。岡田博「実行教と不二道孝心講」平野榮次編『富士浅間信仰』（前掲注14)、二八九～二九〇頁。

(129) 小谷三志「よき事ならかくすにおよばず」『鳩ヶ谷市の古文書一六』（前掲注62)、八九頁。

(130)「天保六年三月十日書状」（永井路子家文書）『鳩ヶ谷市の古文書一七』（前掲注67)、九三頁。

(131) 岡田博「解説」『鳩ヶ谷市の古文書一一』（前掲注99)、一九頁。

(132)「食行身禄与申者、神道、仏道にも無之自己之存在附を以、種々異様之儀申唱候をも帰依致候段於公儀御立被置候神道諸宗門之外俗人之教を信用致異様之儀等相唱（下略）」。宮田登氏は富士講への徹底した弾圧は為政者の浅薄な民衆理解に基づくという。宮田登「富士信仰とミロク」（前掲注49)、二八六～二八七頁。

(133)「神仏分離」佐々木宏幹・宮田登・山折哲雄監修『日本民俗宗教辞典』東京堂出版、一九九八年、二九九～三〇〇頁。

(134) 国家神道の語は、敗戦後、GHQが用いたState Shintoの訳語として一般化する。戦前の日本では「神道」「神ながらの道」「国体」と呼ばれていたという。『神道史大辞典』吉川弘文館、二〇〇四年、三八四頁。また国家神道＝神社神道とみなす考え方はＧＨＱの神道観にあるといわれる。島薗進『国家神道と日本人』岩波書店、二〇一〇年、七四〜七五頁。

(135)「教派神道」『日本宗教事典』弘文堂、一九八五年、八八〜九六頁。

(136)宍野半については、神道扶桑教管長宍野史生氏より筆者がご教示をいただいた（二〇一六年一月一一日、於神道扶桑教大教庁）。平野榮次「明治前期における富士講の糾合と教派神道の活動」平野榮次編『富士浅間信仰』（前掲注14）、三一四〜三一五頁。

(137)宮崎ふみ子「幕末維新期に於ける民衆宗教の変容」（前掲注78）、三七八〜三七九頁。

(138)岡田博「解説」大久保利武・岡田博校訂『不二道孝心講』（前掲注6）、一〇七〜一〇九頁。

(139)小谷家略系図『鳩ヶ谷市の古文書七』（前掲注59）、八〜九頁。

(140)「不尽道別序　明治八年六月十五日　鳩谷　中行子鵜殿正親識」徳大寺莞爾『不盡道別　全』（前掲注17）、二丁。岩科小一郎『富士講の歴史』（前掲注15）、三七七頁。岡田博「実行教と不二道孝心講」平野榮次編『富士浅間信仰』（前掲注14）、二九六頁。

(141)原武史『〈出雲〉という思想』講談社、二〇〇二年、五頁。

(142)徳大寺莞爾『不盡道別　全』（前掲注17）、最終丁。

(143)補注によれば三志は天保四年三月二九日、長崎の門人柴田花守に「仏くさきを捨て、梵語、漢語、万葉を用いず、身禄きっすいの世と書き伝ふ心は」という一文を与えたという。『鳩ヶ谷市の古文書一六』（前掲注62）、六三頁。岡田博「実行教と不二道孝心講」平野榮次編『富士浅間信仰』（前掲注14）、二九二頁。宮崎ふみ子「幕末維新期に於ける民衆宗教の変容」（前掲注78）、三八一頁、三九四〜三九五頁。

(144)宮崎ふみ子「幕末維新期に於ける民衆宗教の変容」（前掲注78）、三八七頁。

(145)岡田博「実行教と不二道孝心講」平野榮次編『富士浅間信仰』（前掲注14）、二九二〜二九三頁、二九五頁。

(146)宮崎ふみ子「幕末維新期に於ける民衆宗教の変容」（前掲注78）、三八六〜三八七頁。岡田博「実行教と不二道孝心講」平野榮次編『富士浅間信仰』（前掲注14）、二九六〜二九七頁。

(147)岡田博「解説」大久保利武・岡田博校訂『不二道孝心講』（前掲注6）、一一二頁。

(148)宮崎ふみ子「幕末維新期に於ける民衆宗教の変容」（前掲注78）、三八四頁。

(149)「明治八年十月廿一・廿二日様　膳所におへて御尊師様御病気に付御見舞、幷川上御恩礼、二見御恩礼之節御世

話に預り申候」（「㊇孝同行帳」）鳩ヶ谷市文化財保護委員会『不二道農産物品種改良運動資料集Ⅰ 御恵合種籾配分附立帳 鳩ヶ谷市の古文書二三』鳩ヶ谷市教育委員会、一九九九年、一三一頁。

(150) 岡田博「解説」大久保利武・岡田博校訂『不二道孝心講』（前掲注6）、一一三頁。「柴田花守」『国史大辞典』、四九頁。

(151) 嘉永六年（一八五三）、小谷家は近所の類焼を被るが、安政二年に世話人が土蔵の焼け残った文書を虫干しした所、この三志真筆同書が現れたという。岡田博「実行教と不二道孝心講」平野榮次編『富士浅間信仰』（前掲注14）、三〇七〜三〇八頁。

(152) 岡田博「解説」大久保利武・岡田博校訂『不二道孝心講』（前掲注6）、一一二頁。

(153) 岡田博氏邸にて行者笠の紹介とともに「、」の意味をご教示いただいた（二〇一二年八月二日）。川口市立文化財センター分館郷土資料館学芸員島村邦男氏ご同席。

(154) 『鳩ヶ谷市の古文書七』（前掲注59）、二〇二頁。

(155) 折原友右衛門「不二道孝心講古今土持記」（「河原井尊師より御上へ差出候文」・黒田家寄贈文書）『鳩ヶ谷市の古文書六』（前掲注89）、七七〜八一頁。

(156) 「為御国恩道直し心得廻文」『鳩ヶ谷市の古文書六』（前掲注155）、三八〜三九頁。

(157) 岩科小一郎『富士講の歴史』（前掲注15）、三七七〜三七八頁。

(158) 「嘉永二念酉二月十五日様」（武州埼玉郡羽生領下谷村字柳原耕地 孝心宿）河原井村 長左衛門持（折原致一家寄贈文書目録一）『鳩ヶ谷市の古文書六』（前掲注155）、四〇〜四四頁。

(159) 「第五回月並土持孝心仮帳北埼玉郡水深村」（折原致一家寄贈文書六三）。『鳩ヶ谷市の古文書六』（前掲注155）、二二四〜二二五頁。

(160) 折原家第一五代当主折原金吾氏によれば折原家に静六は「静六」のみということから「清六」は漢字の間違いと思われる（二〇一五年三月一二日、久喜市にてご教示いただいた）。その他、「明治十三年第二月二十五日様より二十九日様迄 引堤新築土持孝心着到帳 北足立郡飯田新田」（折原致一家寄贈文書二八）に折原清六の名がみられる。『鳩ヶ谷市の古文書六』（前掲注155）、一五一〜一五二頁。また明治九年（一八七六）四月二三日の群馬県山田郡赤岩における土持奉仕人員表には「折原友右衛門・同人妻・孫」とあるが、友右衛門のどの孫かは不明。同前、一一頁、一二九頁。

(161) 『本多静六体験八十五年』（前掲注2）、二四〜二五頁。

(162) 本多静六の雄弁家ぶりは一九一五年二月一三日付読売新聞「駒場だより」にも次のようにある。「林科の本多静六博士は十年一日の如くに赤松亡国論を絶叫してゐるが、農科第一の大気焔家として有名である。先生の講義はいつも横路にそれて忽ち天下国家になつて了（しまふ）ので学生は拍手して聴講してゐる。」

(163)　明治六年、武蔵川口に鋳物業を興させる前段階として船着場工事が為された際に浦和監獄の囚人が使役され、明治一一年埼玉県庁付近の外廊工事にも囚人が不二道信徒らとともに作業したという。岡田博「実行教と不二道孝心講」平野榮次編『富士浅間信仰』（前掲注14）、三〇九～三一〇頁。

(164)　「明治十七年皇居御造営土工御手伝出勤人員表」（黒田家寄贈文書）、「明治拾七年皇居御造営御手伝集会人名簿第十月二十日様」（折原致一家寄贈文書目録四二）、「明治十七年十二月三日様ヨリ八日様至ル六日間　皇居御造営土工御手伝　諸費収出精算帳　東京本郷区湯島龍岡町麟祥院　不二道孝心講会所会計掛」（同家文書目録四二）、『鳩ヶ谷市の古文書六』（前掲注155）、一八八～一九六頁。鳩ヶ谷市文化財保護委員会『不二道農産物品種改良運動資料集Ⅱ　大熊徳太郎の編著と初期運動　鳩ヶ谷市の古文書二四』鳩ヶ谷市教育委員会、二〇〇〇年、一〇四頁。『鳩ヶ谷市の古文書二七』（前掲注6）、五七頁。岡田博「解説」大久保利武・岡田博校訂『不二道孝心講』（前掲注6）、一一五～一一六頁。

(165)　「願書　皇城御建築土工御手伝願　明治十七年十月十五日」『鳩ヶ谷市の古文書二七』（前掲注6）、一三七～一三九頁。

(166)　宮内庁『明治天皇紀第六巻』吉川弘文館、一九七一年、三二四～三二五頁。大阪朝日新聞、一八八四年一二月一四日付にも記事がある。

(167)　岡田博「実行教と不二道孝心講」平野榮次編『富士浅間信仰』（前掲注14）、三〇九～三一〇頁。

(168)　「明治弐拾九年　月並土持孝心御恩礼　参月三日様　南埼玉郡菖蒲町」に「南埼玉郡菖蒲町字宮本　道直し上置一、長延百二十間　一、巾壱間　一、高サ五寸　三月三日様夕着　南埼玉郡河原井　折原友右衛門」（折原致一家寄贈文書目録六〇）とあり、参加者は一八一名との記述がある。『鳩ヶ谷市の古文書六』（前掲注155）、一二一頁。

(169)　なお、大久保利武に関する研究については直孫にあたる大久保利泰氏よりご助言をいただいた（二〇一六年三月二日）。大久保利武「九、不二道孝心講の実践活動」大久保利武・岡田博校訂『不二道孝心講』（前掲注6）、四八～五一頁。

(170)　大熊徳太郎の記録「雑事業調書」『鳩ヶ谷市の古文書二七』（前掲注6）、五七頁。

(171)　本多静六『本多静六体験八十五年』（前掲注2）、二二一～二二三頁。

(172) 農村社会における信用組合制は報徳運動に限らず、明治四年には品川弥二郎、平田東助らがドイツで研究する。欧州で研究をさらに深めた品川は明治一九年に信用組合の日本への普及を主張した。明治二四年に内務省から「信用組合法案」が提出され、同三〇年に農商務省から「第一次産業組合法」、同三三年に「第二次産業組合法」が出される。綱沢満昭『日本の農本主義』復刻版、紀伊國屋書店、一九九四年、五六〜五七頁。

(173) 大久保利武「十一、講の将来への提言 貯蓄組合と産業組合の組織を」大久保利武・岡田博校訂『不二道孝心講』(前掲注6)、五八頁。

(174) 岡田博「実行教と不二道孝心講」平野榮次編『富士浅間信仰』(前掲注14)、三一〇頁。大久保利武・岡田博校訂『不二道孝心講』(前掲注6)、九六頁。

(175) 「大熊徳太郎履歴書」(大熊武男家寄贈文書目録E九九)『鳩ヶ谷市の古文書二七』(前掲注6)、三三頁。

(176) 川口市立文化財センター分館郷土資料館は一九八一年の開館以来、大熊武男家文書を保存し大熊徳太郎・大熊氏廣の遺品の一部を展示している。鳩ヶ谷市立郷土資料館『大熊武男家文書目録』、二〇〇三年。鳩ヶ谷市文化財保護委員会『鳩ヶ谷市の文化財一二 大熊氏広作品集』鳩ヶ谷市教育委員会、一九八三年、四頁。

(177) 大熊氏治編「大熊氏廣年譜稿」明治美術研究学会事務局『明治美術研究学会第十四回研究報告』一二巻一号、一九八六年四月、二二頁。

(178) 『大熊武男家文書目録』(前掲注176)、二頁。

(179) 小谷三志の孫娘すぎの夫で小谷清治郎という。鳩ヶ谷市文化財保護委員会『不二道農産物品種改良運動資料集Ⅳ 不二道孝心講新嘗祭御恩礼着到帳 鳩ヶ谷市の古文書二六』鳩ヶ谷市教育委員会、二〇〇二年、八頁。『鳩ヶ谷市の古文書二四』(前掲注164)、九〜一〇頁。

(180) 「明治十念卯刻御禅定 御中道相勤御恩礼 八月十七日様 小谷庄兵衛 折原友右衛門 武州足立郡三ツ和村大熊徳太郎殿」大久保利武「八、不二道孝心講の組織と世話方」大久保利武・岡田博校訂『不二道孝心講』(前掲注6)、四二〜四三頁。

(181) 「埼玉県 大熊徳太郎君」愛知県農会編『全國篤農家列傳』(題字・内務大臣平田東助、文部大臣兼農商務大臣小松原英太郎)、一九一〇年四月、七八〜八〇頁。

(182) 大熊徳太郎「履歴書」・「経歴」『鳩ヶ谷市の古文書二七』(前掲注6)、四二〜四三頁、四七頁、七四頁。大久保利武「大熊徳太郎の声望」大久保利武・岡田博校訂『不二道孝心講』(前掲注6)、四六〜四七頁。

(183) 「勧農談話会創立之旨趣」(大熊武男家寄贈文書目録五一一七)『鳩ヶ谷市の古文書二四』(前掲注164)、七八頁。

(184) 新義真言宗智山派光照山実正寺。「第一回北足立郡平柳勧農会農産物品評会規則」『鳩ヶ谷市の古文書二四』（前掲注164）、八一～八三頁。「殖産事業調書」（大熊武男家寄贈文書目録Ｅ九九）『鳩ヶ谷市の古文書二七』（前掲注６）、一〇頁、四八頁。

(185) 衛生上から会場内吐唾喫煙禁止とされた。『鳩ヶ谷市の古文書二四』（前掲注164）、八五頁。

(186) 愛知県農会編『全國篤農家列傳』（前掲注181）、七八頁。『鳩ヶ谷市の古文書二七』（前掲注６）、六一頁。

(187) 『鳩ヶ谷市の古文書二四』（前掲注164）、七九頁。

(188) 岡田博「解説」『鳩ヶ谷市の古文書二六』（前掲注179）、一三～一四頁。岡田博「解説」大久保利武・岡田博校訂『不二道孝心講』（前掲注６）、一一八～一一九頁。

(189) 「乍恐不二道孝心講跡相続之御伺申上候」（折原致一家文書目録一九〇）『鳩ヶ谷市の古文書二六』（前掲注179）、一四～一五頁、九四頁。『鳩ヶ谷市の古文書二七』（前掲注６）、二二一～二二三頁。

(190) 折原友右衛門「不二道　明治廿六年四月朔日　一大事重立同気御心腹改帳」（折原致一家文書目録一九〇）『鳩ヶ谷市の古文書二六』（前掲注179）、九五～一〇一頁。

(191) 『鳩ヶ谷市の古文書二四』（前掲注164）、七八～一〇〇頁。

(192) 大久保利武「九、不二道孝心講の実践活動」大久保利武・岡田博校訂『不二道孝心講』（前掲注６）、四九～五〇頁。

(193) 明治二〇年七月、大熊は大日本農会（明治一四年創立　会頭北白川宮能久親王、幹事長品川弥二郎）の会員となる。明治二三年四月一二日に新嘗祭供御の精粟を献納し、木杯を一つ下賜される。『鳩ヶ谷市の古文書二七』（前掲注６）、三五頁、四八頁。「大日本農会略史」『大日本農會・大日本山林會・大日本水産會創立七拾五年記念』大日本農会・大日本山林会・大日本水産会・石垣産業奨励会、一九五五年、二九頁。

(194) 「廿五年三月十五日　米国コロンブス世界博覧会へ精米ヲ出品シ、有功賞碑ヲ授与セラル　審査員ヱーデーアステーキアン外五名」、このときの記念額は大熊家より川口市立文化財センター分館郷土資料館に寄託されている。『鳩ヶ谷市の古文書二七』（前掲注６）、三五～三七頁、五五頁。

(195) 大熊氏治編「大熊氏廣年譜稿」（前掲注177）、二六頁。

(196) 大熊徳太郎「履歴書」『鳩ヶ谷市の古文書二七』（前掲注６）、五八頁、六八頁。

(197) 八幡神社氏子総代の高橋隆光氏によれば、同地域の区画整理の際にも境内には手を付けなかったことから、このときの記念樹といって差し支えないとのことである。八幡神社境内にてご教示をいただく（二〇一三年八月七日）。川口市立文化財センター分館郷土資料館学芸員島村邦男氏ご同行。

(198)「同年（明治四十三）五月五日 北白川宮殿下江豊歳蘭弐鉢を献納し酒肴料金弐千疋下賜せらる 北白川宮家」。補注に、大正元年一一月の川越大本営における特別大演習の際には大正天皇へ献上されたとある。『鳩ヶ谷市の古文書二七』（前掲注6）、四六〜四七頁、五六頁。

(199)『鳩ヶ谷市の古文書六』（前掲注155）、一二四〜一二五頁、一三三〜一四〇頁、一五〇頁、一八八頁。

(200)「高田村孝心和讃」（明治八年 小谷すき写帳より）『鳩ヶ谷市の古文書六』（前掲注155）、一〇九頁。

(201)「大熊徳太郎 一、金五円、一、草鞋二十五足、一、地形小タコ七ツ」（「明治十五年土持孝心御恵簿 四月廿一日 第二十三区足立郡中居村・小渕村」小谷家二次寄贈文書目録五九）『鳩ヶ谷市の古文書六』（前掲注155）、一四〇頁。

(202)「明治十五年五月十一日雹災に罹りたる内、前書村々該災害被り、麦種請求設度趣に付、孝心講中一同協議を遂げ、右夫々の行を成し、其余徳を以て右村々同気、其の他罹災者、前表之穀種曽送り申候也 明治十五年第十一月 孝心講中」（折原致一家寄贈文書目録二一六）、鳩ヶ谷市文化財保護委員会『不二道農産物品種改良運動資料集Ⅲ 不二道孝心講中出穀人名帳 鳩ヶ谷市の古文書二五』鳩ヶ谷市教育委員会、二〇〇一年、五九〜六三頁。

(203) 岡田博「解説」『鳩ヶ谷市の古文書二六』（前掲注179）、一四頁。

(204)「明治二十年五月十二日 埼玉県北埼玉郡成田地内道路新築土持人名簿 不二道孝心講」『鳩ヶ谷市の古文書六』（前掲注155）、二〇二頁。

(205)「明治二十五念第二月二十六日様 至誠報国不二道月並孝心着名簿 群馬県南勢多郡東邑大字花輪村」『鳩ヶ谷市の古文書六』（前掲注155）、二一一〜二一三頁。

(206)「道路修繕合計簿 明治二十五年第八月七日 茨城県常陸国不二道孝心講中」『鳩ヶ谷市の古文書六』（前掲注155）、二一三〜二一六頁。

(207)「北足立郡三和村 大熊徳太郎」（「明治二十一年 不二道孝心講 新道開鑿土持御恵簿 野州上都賀郡小代村 四月十三日様始」）『鳩ヶ谷市の古文書六』（前掲注155）、二〇六〜二〇七頁。

(208)『鳩ヶ谷市の古文書二七』（前掲注6）、一二頁、八〇頁。

(209)『明治神宮造営誌』内務省神社局、一九三〇年、四二五頁。第Ⅲ部第二章も参照。

(210)『明治神宮記録二』（明治神宮蔵）明治神宮『明治神宮叢書第一二巻造営編一』明治神宮社務所、二〇〇〇年、二六四〜二六五頁。

(211) 明治神宮五十年誌編纂委員会『明治神宮五十年誌』明

治神宮、一九七九年、二五頁。
(212)『本多静六博士寄金管理議定（大正九年三月十九日）』（折原致一家文書市指定一九四・一九五）、『不二道孝心講基本金利配当並請取帳（大正九年一月）』（折原致一家文書市指定一九三）川口市所蔵。「本多博士の美挙　五千余町歩の山林寄付」東京朝日新聞、一九三〇年一一月八日付。
(213)『本多静六体験八十五年』（前掲注2）、二三三頁。
(214)本多静六『私の生活流儀』実業之日本社、二〇〇五年、一六二頁。
(215)岡田博「解説」大久保利武・岡田博校訂『不二道孝心講』（前掲注6）、一二二頁。
(216)「一字不説の巻」五来重編『修験道史料集Ⅰ東日本篇』（前掲注32）、三八九頁。
(217)本多静六『自分を生かす人生』（前掲注4）、二一九頁。

第二章　本多静六と明治の林学・林政

本多静六の思想の根源を探究するべく、前章では家庭内で培われた山岳信仰「不二道」に注目し、さらに幕末から明治期の宗教政策に揺らぐ同時代社会における不二道の歴史的・思想的変遷を祖父折原友右衛門を中心に跡づけた。幼少期に父親を失った静六にとって祖父は親代わりの存在であり、不二道に献身する祖父の思想と行動が、その肯否を含めて少年の心に少なからず影響を及ぼしていることが読み取れた。

続く第二章では明治一〇年代後半から二〇年代初頭の本多の学生時代に的を絞る。対象とするのは第一に東京山林学校（現・東京大学農学部）における学びである。特に西欧の流儀を拠り所とした当時の日本において、「林学」という新たな学問が林業政策といかなる関係を有していたかに注目する。第二に近代ドイツ林学を学んだ留学時代に目を向け、本多の西洋思想の受容と展開について検討する。いわば日本古来の伝統思想に依拠する生家における教育に対し、学生時代の教育は西洋を学ぶ機会であり、ここに東洋と西洋の出会いがある。

さて、山岳信仰を中心とする東洋思想を身に付けた本多の目に、西洋とはいかに映るのであろうか。

第一節　東京山林学校と明治の林政

（1）東京山林学校の開校

「山林行政の基礎を立てんとするには先づ林業教育を起し林業知識の普及を図り人材を養成せざるべからず[1]」という理念のもと、明治一五年（一八八二）、東京山林学校が開設される。折原（本多）静六が同校に入学したのは明治一七年（一八八四）三月一日のことである。[2]

東京山林学校は、明治一一年（一八七八）に創設された東京西ヶ原の内務省樹木試験場に由来する現在の東京大学農学部の前身にあたる。立役者となったのは明治林学の基礎を構築した松野礀（はざま）（一八四六～一九〇八）である。明治三年（一八七〇）、ドイツに留学する伏見宮（北白川宮能久親王）に随行して渡独し、翌年、エーベルスワルデ山林学校に留学した松野は、明治八年（一八七五）に帰朝後、内務省地理寮に奉職する。そこで先の理念のもとに山林学校創立を志すも不許可となり、まずは前段階として樹木試験場を設置した。山林関係は当初、民部省や大蔵省の所管であったが、明治六年（一八七三）の内務省設立にともない同省の管轄となる。明治一一年（一八七九）に内務省地理局山林課が山林局に昇格、明治一四年（一八八一）には農商務省新設とともに試験場も移管され、これを機に松野は再び山林学校設立を建言、農商務卿臨時代理西郷従道の支持を得て当局の認めるところとなった。[3]

明治一五年（一八八二）一二月一日、樹木試験場は東京山林学校と改められ、松野を校長兼教授に開業式を執行する。明治一九年（一八八六）七月に同校は勅令第五六号をもって駒場農学校と合併し東京農林学校となり、農学部、獣医学部、林学部が設置された。その後、明治二三年（一八九〇）五月、勅令第九二号および第九三号によって帝国大学と合併し分科大学の農科大学となる。[4]同校の変遷は本多が林学を志した六年間と重なる。

（2）本多静六の入学

東京山林学校に入学する機会を与えたのは、静六の恩師島村泰である。かつて岩槻藩の藩塾で本多の長兄金吾を指導した島村は、大蔵省二等属で四谷仲町一丁目（現・赤坂御所付近）に居を構えていた。本多は明治一三年（一八八〇）、甥の茂樹と上京、農閑期に限って島村邸の玄関番兼書生となり、夜は島村から漢学を、昼は四谷見附の伐柯塾にて英語を学んだ。(5)旧大名屋敷跡の島村邸には築山泉水を設けた二〇〇坪余りの庭園があり、さらに二反歩ほどの野菜畑が備えられていた。小松菜、茄子、胡瓜、里芋、隠元その他が栽培され、それらの世話も静六らの役目であったというが、この庭の様子はのちに彼が名勝庭園の保存を説く一方、自邸の庭には実用主義から果樹や菜園を設けた(6)という両極的な庭のあり様に少なからず影響を及ぼしたものと考えられる。

明治一六年（一八八三）一二月、静六は島村から「昨年新たに出来た官立学校で山林学校といふのがあるが、新時代の専門学を教へるのだし、半官費で安い学校だから、お前一つやつてみないか」と勧められ受験を志す。試験に備え陸軍士官学校の細井という数学教官から幾何と代数を教わり、受験者五〇名中五〇番目で合格、静六が受かったのは作文の出来がよかったからと伝えられる。(7)

晴れて入学した東京山林学校の様子については、明治一八年（一八八五）三月、静六は兄折原金吾に宛てた手紙で意気揚々と次のように語っている。

わが山林学校は、王子町より日本橋に至る街道に沿い、桜の名所飛鳥山の隣にあります。場所も高く絶景な所です。しかも鉄道が直ぐ下を通り、交通も便利です。敷地内も広く山や池もあり、試験場には万国の植物が植えられ、その境界はいまだどこにあるのか分かりません。建物には門番舎、受付局、会計室、応接室、事務室、博物場、機械館などがあり、その他教場が四棟、小遣室、湯浴室、食堂などがあります。……生徒の寄宿舎は硝子窓の入った長屋で、六棟三十六室あります（他に病室一棟）。一室に四人が入ります。寝室の藁布団は厚さ一尺五寸程で、夜具が一枚あります。これに寝るときは体ごと布団にくるまって入るので、とても暖かです。しかも部屋ごとに大きな火鉢が二個あり、朝夕二度山のように火が配られるので、少しも寒さを感じません。(8)

前記のとおり、静六の在学中に同校は駒場農学校と合併して東京農林学校となり、校舎も王子西ヶ原から駒場に移転するのだが、その時の印象を彼は自伝に次のように記している。

山林学校の寄宿舎は平家のおそまつな長屋作りで、一室四人、それも入口の両側に二段の蚕棚式寝台をまうけたものであつたが、駒場の方はさすがに大久保利通卿が、その奉還禄を寄附して造つたというだけあつて、二階建洋風のハイカラな建物であつた。木造ペンキ塗りではあつたが、駒場野に聳立した堂々たるもので、階下は勉強室、階上が寝室、しかも今までのやうな蚕棚式ではなく、何れも独立した寝台だつたので、私達はなんとなく出世したやうないゝ気持になつてゐた。(9)

東京山林学校と駒場の学舎を比較する静六の本心が垣間見える興味深い内容だが、米国の農政家ホーレス・ケプロンに由来する札幌農学校をはじめ、明治政府の殖産政策が山林や農業を中心とする農本主義を方針としていたことが、文中の大久保利通の名からも読み取れる。明治一九年当時といえば、前章で述べたように篤農家大熊徳太郎が勧農談話会を創立した年であったことともまた思い出されよう。

この学び舎で受講した教科については先の手紙に、

新入生徒は第七級生といい、幾何学、代数学、植物学、科学、画学、物理学の六科を勉強します。……本年二月の試験で卒業した学科は次のものです。算数学全科、代数学全科、平面幾何学全科、無機化学非金属編全科、植物外貌学全科、植物解剖学全科、画学全科、物理学（物性学、平等学、器械学、運動学、水学、色学）。また今学期修業するものは次のとおりです。植物生理学、同綱目学、(10)同病理学、金石学、鉱物学、動物学、画学実物、化学金属及び分析学、立体幾何学、物理学（光学、熱学及び電気学）とある。ちなみに初年度は幾何・代数を落第し古井戸に身投げするも未遂となり、これを機に静六が心機一転したという逸話はよく知られるところである。その時の静六を励ましたのが祖父折原友右衛門の「塙保己一は盲目でありながら、六百三十巻余の群書類従その他を著したのだ、目の二つあるお前が保己一以上に勉強を続けたならば、もっと大きな仕事が出来る筈ぢや」[11]との言葉であったという。

（3）明治林政の黎明

同校の恩師の一人に志賀泰山（一八五四～一九三四）[12]がいる。東京大林区署長を兼務していた志賀は、農商務省の命によりのちに静六が留学するドイツ・ターラント山林学校で学ぶのだが、そもそも志賀は物理学が専門であった。その物理学者の志賀に林学への研究転向を迫ったのは、当時農商務省次官を務めていた品川弥二郎（一八四三～一九〇〇）といわれる。

志賀にこのような辞令が下った背景を知るためには、ここで明治の林学研究と山林政策の推移を整理しておいた方がよいだろう。ドイツで始められたという「林学」は森林や樹木産業の技術向上や経済の理を教える学問だが、これをいち早く勧めたのが品川弥二郎といわれる。[13]品川は周知のとおり松下村塾出身の長州藩士であり、尊王・倒幕運動に参加した人物である。

明治四年（一八七一）、品川はプロイセンにて農業政策や共同組合を研究し、[14]大久保利通の内務卿時代において勧農局勤務を経験したことを発端に、農商務次官、御料局長官等を歴任、国有林と御料林制度の設置を提唱し、明治一五年（一八八二）、伏見宮貞愛親王を総裁に戴く大日本山林会を設立する。その目的は森林の保護増殖の方策を講じることにより、近代林業の発達を促すことにあった。[15]明治の林政を「官林主義」と位置づけるならば、それは明治二二年（一八八九）に設定された御料林における優良な用材生産と地元民から隔離された森林管理および経営技術の下に展開されたものであったという。(16)

近代以前の幕府による山林管理については、たとえば留木や禁木と呼ばれた木曾五木（ヒノキ・サワラ・アスヒ・コウヤマキ・ネズコ）等にかかる伐木の取り締まりは「檜一本首一つ」といわれるほど厳重であった。諸制度に関しては分益制や刑罰として科される過怠植、番山制（順伐山）等があり、(17)また藩主の直接支配林である御林や預林ではそれらを管理する「山守」「林守」「山廻り」という監督者に地元村民が任じられ、その役料として彼らには下草や下柴の採取や帯刀等が認められていた。あるいは村民一同が管理する村持山や郷山、個人の所有する抱山や腰林、給人林の区別もあり、薪炭材の伐採を認める明山も普通に行われるなど、地元民には山を共同利用する入会権が付与されていた。

だが明治政府の措置は、ドイツの領主林で行われた入会権の整理をまずもって林政の基本とするものであった。(18)品川は、こうした山林所有と林業経営の推進について、欧州における貴族の大山林所有を視察したのち、那須野ヶ原に一〇〇〇町歩の山林を所有していた山県有朋をはじめ、中央財閥の住友、三井はもとより地方の地主階級、三重の諸戸清六や静岡の金原明善(19)らにも大いに進言したという。(20)

明治一九年（一八八六）にはドイツの林制を手本に全国に大小林区署（現・営林局）が設置され、国有林の歳入を増やすために長期的な施業林経営の方針が固まる。つまるところ官有林の経営を確立して国家財政に寄与することが明治の林政の基本方針であり、領主のすべてが大山林所有者であるというドイツにおいて、森林経営という学問が「国家経済学」として官房学の重要な一部門に位置づけられていたことが日本の林政にも影響を与えたのである。(21)

そのような状況下で明治三年（一八七〇）、外交官青木周蔵の勧めで最初に「ドイツ林学」修学を命じられたのが長州藩出身の松野礀[22]であった。

先のとおり彼はプロシア・エーベルスワルデ高等山林学校に留学し、帰国後、東京山林学校の創設に尽力しその校長となるのだが、同校設立時に参考にされたと思しきドイツの山林学校の規則便覧を翻訳した冊子が東京大学農学部図書館の書架にある。「孛国「ノイスタットエーベルルスワルデ」府及「ミユンデン」府官立山林学校規則 千八百六十八年三月日布達[23]」との文言で始まる史料がそれである。第一条「学校ノ目的」に、「官立山林大学校の目的は山林学と其補助学とを教授し、将に国有山林管理員たらんと欲する者を養成し並に山林学を一般に奨励するにあり」と記され、第二条には「山林大学校は大蔵卿に属し各校の長は大蔵卿の挙上を持ち国より之を任ず」とあるように、山林学校が大蔵卿管轄のもとで国家経済に属する学問であることが明記されている。

右の規則から講義内容について確認すると、「甲 山林学、乙 博物学、丙 数学、丁 法学一に四分類され、山林学として「一、山林の沿革著書及含画、二、造林学、山林地位論養樹論、三、山林保護学、四、山林収額計算法、輪伐整理法の沿革理論及条規、孛国々有山林輪伐整理法及山林収額計算法、林価計算法及山林統計学、五、山林利用学及山林技術、泥炭掘採法、林道建築法、六、経済学、財務学、官営林業論、孛国土田条例上森林義務□止法、七、孛国山林組織上山林管理法、八、狩猟学及狩猟管理学」とある。静六が東京山林学校で修めた科目以外に法学や経済学、また山林保護学、狩猟学等が含まれているところがドイツ林学の特徴とみられる。当時、林学を志した者がドイツで学んだのはこのような学科であった。

さて、松野のドイツ林学留学を発端に、東京農林学校からは前述の志賀泰山、松本収[24]、川瀬善太郎、そして本多静六らが続いて渡欧した。本多の恩師志賀は、日本の林学者はまだ中村彌六、松野礀の他にいないからと品川に勧められ[25]、林学を研究することになったのであった。長年研究してきた物理学をやめさせられ門外漢の分野に変更させられることに困惑していた志賀に、先輩の子爵濱尾新もまた林学に賛成の意を表した。

そもそも志賀は農商務省山林局長の武井守正がドイツの森林事情視察から帰国した際に復命書の代筆を担当したり、森林管理の書物を著したりするなど彼の国の森林事情に明るく、しかも幼少よりドイツ語に優れていたことが留学推挙につながったという。林学を勧めた濱尾は志賀の兄で農学者志賀雷山の教え子であり、泰山が南校に入学した際には濱尾はその舎監を務めており、そうした所以から泰山とは長年の信頼関係が結ばれていたと伝えられる(26)。

上記のような経緯で志賀のターラント高等山林学校への留学が決まった時、静六は志賀の門下にいた。師のドイツ留学を前に明治一八年（一八八五）一〇月七日に送別会が催され、学生を前に志賀は林政と林学への思いを語った。その模様を兄金吾へ宛てた一〇月二六日付書簡で本多はこう綴っている。当時の林政・林学の状況が具に記されている。

……さて本校におきましても一大奮発して、本校の教員である志賀泰山、松本収の両先生が山林学研究のため、三か年間ドイツの山林大学校に留学することとなり、学資として一年に銀貨千円が支給されることになりました。去る九日に出発することになっていたので、有名な写真家鈴木真一氏を招いて、当校において去る七日、前述の両氏及びその他の教員、学生一同を一枚の写真に収めました。……午後から神田明神社内の開花楼において洋行者のための盛大な別宴が開かれました。杯が一周する頃、生徒総代が祝辞を述べ、続いて志賀、松本両先生の演説がありました。志賀先生のお話をまとめると次のようになります。「私は今から物理学者を変えて森林学者となる。諸君、わが国の国有林の反別は五百三十八万八千七百余町であり、八万二千九百八十三箇所に分かれ、民有林の反別もまた六百二十二万五百余町にも達している。そしてわが国の毎年の山林の収益は、平均一町歩につき十銭であり、ドイツにおいては一町歩につき十円となっている。その差は甚だしいものである。熟慮するにその差には根本的な違いがある。すなわちわが国とかの国とは、学問上の価格が十銭と十円の違いにあることが基因しているのである。このため私はその学術上の差を減少させ、山林からの収益の差の原因を減少させる。これに従事する者は諸君にあらずして他にいるであろうか。……帰朝のうえは再び諸君と講堂において会うことだろう。私は今諸君に別れる憂いを捨てて、再び会える日を楽しみにしている。」松本先生も化学者を変えて山林学者になるという話の内容で、山林国家の本質を論じました。[27]（傍線筆者）

志賀のドイツ留学中、駐ドイツ公使に着任した品川弥二郎は機会あるごとに彼の国の森林視察を行い、不生産地の原野が広がり、山焼きが盛んに行われる日本の状況と比較して、「林学」を充実させるという先の方針を固めたという。文部省学務局長の濱尾新もまた欧州視察の際に同校のユーダイヒ校長と面会し、あわせてドイツ林業を具に見て廻った。濱尾も品川に等しく、日本における林業振興と林学教育を充実させることが急務であると実感したという。ことにターラント山林学校に隣接する演習林に感心し、学術的な実地演習と同時に林業収益も上げられるという利点から、のちに本多が尽力する清澄山演習林設置に協力を惜しまなかった。[28]帰国後の志賀は、林学者の国内需要が増加傾向にあるにもかかわらず、その供給が追いつかないことを懸念して自著『本邦ノ森林及ビ林学』[29]においてこの分野の志学を勧めた。

先の書簡にみる「山林国家」、つまり山林を主体に収益をあげる富国殖産を目指す日本のために、専門を変更してまで慌しく出国する恩師の姿に、本多は林学への興味とドイツ留学への憧れを一層篤くしたようである。それは彼の婚姻の経緯にもうかがえる。

静六が本科生で二二歳の時、教授の松野礀に呼ばれ、旗本で元彰義隊頭取を務めた父本多晋[30]と母梅子の長女詮子（一八六四～一九二一）との縁談を打診される。静六より二歳年上の詮子は米国人宣教師メアリー・ツルー女史に預けられたことから英語に通じ、一四歳の頃に外交官河瀬真孝子爵夫人の通訳をこなし、竹橋の官立東京女学校時代には皇后の所望で英文読書と御前揮毫を修めたという才媛であった。また海軍軍医総監高木兼寛の発意で開校した成医会講習所に学び、荻野吟子、生沢クノ、高橋瑞子に続く日本でも最初期の女医に数えられる[31]。本多家では大学首席を婿にとることを希望し、静六はそれに該当していた。洋行した父がアメリカから取り寄せたカリフォルニアの葡萄酒も揃う同家の晩餐に招かれた静六は、相手から断られることを目論み大食家ぶりを見せたうえで学業優先を理由に一旦断るものの、学則が改正され学生の官費留学の道が閉ざされていたこともあり、四年間のドイツ留学費用の本多家負担を条件に詮子との結婚を承諾した。

こうして本多を名乗ることになった静六は、芝区芝園橋脇の本多邸から駒場に通学することになった。当時の大学は三月までに学科を終え、四月から六月に実地演習として山林へ赴き、その間に卒業論文を完成させる規定であったが、本多は二月に学長の前田正名（農商務省次官兼任）の次官室を訪ねて先に卒業論文を渡し、実地演習をドイツで行う旨を申請する。卒業前の変則的な留学は前例のないことであったが、前田の特段の計らいにより間もなく明治二三年（一八九〇）三月五日付で許可が下り、本多はドイツへ私費留学することになった[32]。

本多の留学中、妻の詮子は自宅で開業し、慈恵病院産婦人科の勤務や横浜フェリス女学校で衛生学を担任するなどして本多の留守を預かった。詮子はその後、明治三〇年（一八九七）に仕事を辞め、内助の功に専念する[33]。詮子と本多の夫婦のなれそめと新婚時代の様子は、明治三七年（一九〇四）一月一九日付読売新聞に「花聟花嫁（十八）本多静六氏・本多せん子[34]」という記事で紹介されている。

第二節　ドイツにおける林学と自然思想――「森づくりは科学であり芸術である」――

本多家の計らいで留学した静六は、明治二三年（一八九〇）三月二三日午前一〇時、仏船ゼナム号で横浜を出港した。日本人乗客には池田正介（陸軍少佐）、坪野平太郎（逓信省参事官）など本多を含めた八名がいた。生家折原家に保管されていた『洋行日誌 巻一・二』には、留学中の滞在記と合わせて航海の様子が仔細に綴られている。日誌の目的は家族の心を安心させ楽しませるために書かれたもので、明治人が初めて触れる外国の風物や暮らしぶりを伝える、いわば本多静六版西洋見聞録である。

一行は神戸に寄港し上海付近でメルボルン号に乗り換え、香港、サイゴン、シンガポールへ進み、コロンボ、アデンからスエズにいたる。モーセの登ったシナイ山を認め、地中海へ続くポートサイド、アレキサンドリアを経て四月二九日午後九時にマルセイユ入港。三八日間の航海であった。翌日パリへ向かい、五月四日にベルリン府フリードリヒ町のステーションに到着。公使館で西園寺公望公使との面会を済ませ、動物園や園芸博覧会に立ち寄って市内を見物したのち、五月八日午後一二時半、ようやくターラントに到着した。日誌には、ターラントは人口二〇〇〇人足らずの小さな市だが、日本の王子や滝野川のような所で、ドレスデンのあるザクセン地方でも景色のよい聖なる場所、と初めて降り立つ街の印象が記されている。荷物を駅に預けたまま志賀泰山からの紹介状を携えて面会先のドクトル・シュミットのもとへ直行、志賀も滞在したという下宿屋（一階がクルゲという料理屋）のシュミットの隣室に住むことになった。

志賀の推薦で在籍したターラント高等山林学校（Königlich Sachsischen Forstakademie）は、「森林ロマン主義」の時代と称される一七九五年、ゲーテやシラー、フンボルトと親交のあったハインリヒ・コッタ（H. Cotta, 1763-1844）が、故郷チューリンゲンのクライネン・チルバッハにおいて森林保護区員に就任した際に創立した高等教育機関に由来する。コッタを訪ねては樹木の生理的顕微鏡標本やザクセン地方の鉱物標本を収集したゲーテは、「森づくりは半ば科学、半ば芸術」というコッタに共感し、コッタもまた「自然は常に正しい、もし誤るとすれば、それは人間が間違えたからである」というゲーテに感化され、その思想を森林技術論に体系化したという。それは自然の摂理に調和させることを基本として、伐採する面積と植林する面積とを毎年平均化する『面積平分法』を用いた持続可能な森林経営であった[35]。

同校でコッタが教えた学科は造林学、森林経理学、林価算法、森林保護学、国有林経営学を主とするもので、先の「国家経済学」としてのドイツ林学の根幹を成す「林業の官房技術的諸研究の伝統を受け継いだ正統派[36]」に位置づけられる。このようなゲーテやコッタの森に対する思いは、一八世紀にはすでに荒廃、消失していたゲルマンの森の再現を望むところにあったといわれる。

こうした沿革を有するターラント山林学校で本多が直接教えを授かったのはコッタから三代目の校長にあたるフリードリヒ・ユーダイヒ（F. Judeich, 1829-94）であった。本多は『洋行日誌』「第四十八日目・続き　五月九日金曜日付」で、世界森林学の王と称されるユーダイヒ氏は、歳は六〇歳前後、温厚な語り口が特徴で、ザクセン皇帝の枢密顧問官の一人であることから校長ではなく枢密顧問ユーダイヒと呼ばれている、とその印象を記している。

ターラント山林学校に学んだユーダイヒはライプチヒ大学に進学し、動植物学、昆虫学、地質学、経済学を修めたのち、母校に戻って二八年間、校長として林学の発展に貢献する。ユーダイヒはコッタの創ったカリキュラムを基盤として、数学や自然科学の基礎課程を徹底させ、ザクセンの産業復興や経済に寄与する林学教育を志した。しかしながら必ずしも経済性のみに注目するのではなく、安全も美も同様に収益であるという理念から、保安林や風致林など直接的に収益を生まない森林にも配慮した。このように無形の効用である美的景観もまた環境上・林業経営上、有益とみなすところがユーダイヒの説く森林学の特徴であった[37]。

明治初期に松野礀が留学したエーベルスワルデ山林学校はこのターラント山林学校より二一年後の創立であることから[38]、志賀や本多はいわばドイツ林学の源流にふれたことになろう。

第三節　本多の西洋思想の受容と展開

ではターラントの地において、本多は何を感じ、何を学び取ったのであろうか。ここでは滞在中の具体的な出来事を通して、「記念碑性」を論点に本多が西洋思想をいかに享受し、咀嚼し、それをどのように発展させたかを検討する。

（1）ドイツ留学の記念

種子交換　本多はドイツ留学を記念して、学び舎の校長であるユーダイヒに植物の種子四七種と木材標本五種を進呈する。箱書きの日付に本多はターラント山林学校を初訪問した明治二三年五月八日と大書した。そこには本多の林学者として生きる決意が込められている。五月一四日付の日誌には次のようにある。

明治二十三年五月八日、日本帝国の林学士本多静六独乙国に来り。このザクセン皇帝の山林学校に入り、業を受けんとするに当り、携え来りたる所の日本の林木五種の標本を、時の校長ユーダイヒ氏に呈し、長くこの校に陳列せしめ、以て入学の記念となすというのみ。[39]

本多は「これを苗圃に種蒔きして、広く全欧に移植させ、長く入学の記念を表そうとするもの」と意味づけた。翌一五日はキリスト教の祭日で休校だったが、本多は午前一一時に登校し、記念の品を進呈する。するとユーダイヒに大変喜ばれ、植物学担当の教官に命じて播種させ、長く保存するとの言葉があったという。[40]

この日の午後、ユーダイヒより会食に招かれた本多は西洋流のマナーに戸惑い、大勢の貴賓の前で少々遠慮気味だったが、ユーダイヒ夫人の親切なもてなしにより不都合なくご馳走に預かることができた。その席で本多にとって思いがけぬ喜ばしい出来事が起こる。校長は本多が記念に手渡した種物の添書きを貴賓一同に披露し、和洋の樹名のドイツ語説明が良く出来ていると大いに褒めたのであった。

ところでこの種子交換という行為は、第Ⅱ部第一章で述べたように、本多の生家折原家が信奉する富士山信仰「不二道」において、そもそも勧農策として制度化された行事であったことが思い出されよう。小谷三志が弘化年間に始めた種子（籾種）交換会はその後、折原友右衛門に引き継がれ、明治一九年頃には篤農家大熊徳太郎によって農産物品評会と種子交換会を兼ねた催事に発展した経緯があった。

不二道への恩　本多が留学先で記念の種子交換を思い立ったのは、この不二道の種子交換会がヒントになったと考えられる点がある。記念品を贈呈した一五日の朝、本多は長兄の金吾と不二道講員一一五名宛に礼状を書き送るのだが、それは次のような内容であった。

海外留学に際し至誠の厚情をもって私のために難行をお執りいただき、誠にもって感激に堪えないところでありますその行帳は常に机前に掲げて、長くその誠情を拝させて頂きます云々[41]。

不二道の信心には相互扶助の理念から、個々の天分に合わせた「行」を修め、そこから得られた「余徳」を人助けのために用いるという教えがあった。「行」とは被災地復旧作業や道普請をはじめ、貧困者への食料支援、草鞋作りや縄ない、塩菜行に朝飯断・酒煙草断といったもので、それらが逐一行帳に記された。本多は不二道信徒より贈られた行帳を机に掲げて常に拝んでいると書いている。

本多の不二道への感謝の念は留学中にもたびたび示される。たとえば本多の誕生日である七月二日（『洋行日誌』三日付）のこと、その日が誕生日と気付かないでいた本多は、昼食の席で助教たちからお祝いにと見事な薔薇の花を贈られ、会う人ごとに、おめでとう、幸福な生活をお祈りします、といった喜びの言葉を掛けられた。西洋では誕生日が「人間第一番の祝日」に位置づけられていると理解した本多は、ドイツに無事到着した喜びも兼ねて下宿先で誕生会を開くことにした。

本多が宿の主人から蠟燭立や花瓶、種々の飾りものを借りると、なかには主人秘蔵の高価なマイセンの皿もあった。テーブルに親しい助教陣ら七人分の食器を並べ、中央には贈られた花を飾る。蠟燭四本を点じ、花の脇には（これも主人自慢の）大きな瓶を置き、白葡萄酒に苺の実を浮べたものを満たした。部屋の隅に小さな机二台を据え、一方にはランプを灯し、菓子や桜の実を山のように盛り、もう一方は煙草用として葉巻と鋏箱等を置いた。本多の机には祖国から持参した錦絵(42)などを飾って準備を整えた。特別な日の晩餐は、「洋行帰りの養父好み(43)」と本多が記す本多家の豪華な食卓を思い起こさせよう。

昼のうちに主人から西洋の礼式を習っておいた本多は、主役としてみずから献酬した。杯も進み会話も弾む中、本多は日本の種々の品を一同に見せた。ここで本多は不二道の行帳を紹介する。

特に（不二道関係者）百十五名の行帳を見せたときには皆驚いたようである。私はドクトルシミット氏に言った。私はこれらの人々に対し、半銭の銭をも無益に使うことはできない。一秒の時間をも無益に経過させることは出来ない。しかし私はまた、この人々に対してその道のために行う事があるのなら、敢えてその労を厭わない。もし真に助けを必要とするものがあれば、私は私の衣服をもってこれを助けることを怠らない(44)。

誕生会は一人も不機嫌な者はなく、皆十分に酔って喜んで帰宅した。遠い異国で誕生の祝杯を交わすことが出来たのは、なにより留学の道を開いてくれた本多家の両親や留守を預かる妻銓子のおかげであり、また不二道信徒の土持や川浚いの「行」あってのことであった。七月二四日付の日誌にも、家族からの手紙と並んで不二道の行帳が届いたことに対し、行帳は実に感激に堪えないと述べている。欧州の人びとがもっとも大切にする誕生日を初めて祝した記念すべき日に、本多が不二道の行帳を披露したのは、不二道の支援なくしては今の自分はないという彼の感謝の思いを表す行為であったといえよう。

以上のように、本多の留学は多くの人びとの支えによって実現したものであり、それを記念する種子交換は、のちに記念に樹木や種を植えることを推奨した本多自身にとって、まさに原点ともいえる記念碑的、儀式的な行為だったと理解できるのではないだろうか。

（2）生命（いのち）の記念碑性

次に本多が考える記念碑性と欧州におけるその思想について、特に生き物の扱い方に着目して考察する。

本多が学んだ履修科目については、ターラント高等山林学校修業証書を参照すると、森林利用学、研修旅行と実習（森林枢密顧問長官・教授ユーダイヒ署名）、森林植物学、植物記録野外実習（教授・博士ノッペ署名）、林道建設（教授・博士クンツェ署名）、動物学実習（教授・博士ニッチェ署名）、森林保護学、林価算法（教授・博士ノイマイスター署名）、農芸化学（教授シュウレーダー署名）、積算法（教授ワインマイスター署名）、公財政、牧草栽培（教授・博士レーマン署名）、ザクセンの地質、地質学野外実習（森林枢密顧問長官・博士ファーデル署名）とある。(45)

生き物へのまなざし　こうした科目以外に日常生活からも多くのことを学んだが、特に生き物の扱いに関する特筆すべきエピソードが本多の自伝にみられる。

ターラントの町の中央を流れる河にはホーレーレといふ鮎によくにた魚が多く、旱天の時には河水が減じて河原の水溜りに目の下七、八寸もある大きな魚がウヨ〳〵居る。魚取りが大好きの私はたまりかね、河原に下りてたちまち六尾をつかまへ、柳の小枝にさして持帰らうとしてゐると、陸上で動物学の教授ミッチェー先生が、日本人すぐあがれ、魚をにがしてあがれとどなつてゐる。驚いて上つて行くと先生は、只今日本人が魚をつかまへてゐると小使が知らせて来たのだが、何でそんなことをするかと云ふ。河の中に魚がウヨ〳〵ゐるのにこの町の人は魚が嫌ひと見えて誰もとらないから、私がとつて宿で煮て貰はうと思つたのだと答へると、お前はこの国の規則を知らないからだと、ジュン〳〵と説き聞かされた。ドイツでは狩猟の権は凡てその動物の居る所の地主に属し、一般の人々がとることはできないのだ。山林は山林所有主、特に林区署の特権に属するが、畑や町や小山林の中を流れる河の漁魚権はその地主組合の所有になり、漁権はすべて組合に属し、組合の代表者又は委託者が一定の季節に漁して収入を挙げるのである。お前の行為は盗漁罪となる、と叱られてしまった[46]。

この状況は前述の入会地の整理に由来するドイツの近代的な森林管理を表しているが、右でミッチェーが説く狩猟権については、本多は帰国後に著した『國家と森林の関係 林政學後編』のなかで、欧州諸邦の官林における狩猟のあり様を「大抵自猟にして、山林官は大なる娯楽を以て狩猟を営み、朝に銃を肩にして後山に狩し、夕に網を携ふて前川に漁す[47]」と紹介している。一方、日本の狩猟の場合は、土地所有者に帰せず政府の特権に属すと論じて、関連する制度の東西比較を行っている。

先のユーダイヒの教育方針はザクセン地方の産業振興も視野に入れたものであったが、周知のとおり、西欧では狩猟は紳士の特権的スポーツに位置づけられていた[48]。ツルゲーネフの『猟人日記』が、*The Sportsman's Diary* と英訳されたのも、*Sportsman* という言葉が本来「遊びとしての狩猟に熱中する人[49]」を意味したところにあるといわれる。欧州では鹿を育てるための狩猟場としての森林は、王侯貴族の厳重な管理によって保護されてきた由緒があり[50]、ザクセンにおいても国王が狩猟を楽しむために滞在する御猟御殿が設置されていた。欧州人にとって獣猟は無上の快楽であり、どこそこで一匹の鹿を見たといえばまるで世界一の美人でも見たというような会話になると本多はその印象を記している。しかしながら本多が西洋流儀を手本に、積極的に狩猟制度の改革を説いたという話はこれまでのところ余り耳にしない。

ここで本多の人物像を知るべく、もう一つのエピソードを紹介しよう。ターラント高等山林学校ではセメスター終了後、「大修学旅行」と称して各大林区長や林務官の案内でドイツやオーストリアの山々を巡る「登山」

を行う習慣があった。本多もまた八月にユーダイヒはじめ卒業生二九名と大修学旅行に出かけた記録がある[51]。旅行の目的は林業研修にあるが、森林景観の保全を趣旨として風景美を楽しみながら森林風致を学ぶことも含まれていた。眺望のよい所に着くと親族や友人に絵葉書を送るという欧州の風習に感心し、本多もまた本多家の義父と恩師松野磵宛に絵葉書を送っている[52]。切手はユーダイヒがくれたものであった。本多にとってこの登山体験は、不二道における「行」を修める信仰の対象としての山ではなく、レクレーション、あるいはスポーツの場としての山、つまりアルピニズムとの出会いを意味するものとなった。

山林をめぐる修学旅行の第二日目、本多は八月一二日に「御猟御殿」を訪れた。本多はそこで狩猟に関する自身の見解を強く主張する。

森林官が私に対してのご追従として「何時でも日本には鹿がいますか。貴方は猟をなさいますか」と決まり文句を言う。殊におかしいのは、御殿内に掛けた鹿の角には、何処の国王または何太子が、何年何月何山で射たなどと大業に記してあることである。鹿を射るのが何の手柄だ、余り面白くないので、森林官の例の問いに対して、「私は射を好まない。生き物を殺して楽しみとすることは、私の好まない所である」と答えた。これには一言も返事がなかった。しかし私も余り処世の方に通じないのは頑固な答えだと思った[53]。

生き物の扱いについてはまた、『洋行日誌』に各地の動物園を訪れたり[54]、辻芸人の連れた熊や猿回しに興じたりする本多の姿が見られる。しかし遊戯として生き物を殺傷することには嫌悪感を覚えていたようである。

動物に芸をさせることに対する考えは、七月一一日付の日誌にうかがえる。

昼食の時に猿の見世物が来る。これは日本の罪人を輸送する馬車のように、鉄の網で大きな箱を作り、これを馬車に載せ、一人は音楽を奏じ、一人は見物人から銭を貰う。十疋ばかりの猿と三疋の熊がおり、それぞれ音楽に合わせて飛び跳ねる様は大変面白い。銭を貰う人は、料理屋の中に入って来て、麦わら帽子を逆さまに出して銭を乞う。このようなものは日本にはないだろう。余り関心しない風俗である。私も人並みに五ペンニッヒ（一銭五厘ばかり）を投げてやった。[55]

この続きは西洋におけるチップの習慣に話題が及ぶことから、本多の不満の種はどうやら金銭を支払うことにあったようだが、のちに本多が設計した多くの公園では動物園や水禽園が併設され、たとえば日比谷公園では羊や猿が飼育され、来園者は自由に動物とふれあうことが出来た。[56]

また七月一三日付の日誌には次のようにある。ドイツの田舎町、エルナウン村を訪れた本多は、牧場で有料の鳥打ち遊び（日本の弓を鉄砲の筒に結びつけたようなもので、引き金で矢を外す仕組み）を目にし、村人からやってみないかと声をかけられる。だが大人がこうした遊びに興じるのは実に馬鹿げて見えると綴っている。本多が周辺を見回すと村はあまり裕福とはいえない様子で、可愛そうに小さな泥池で家鴨が濁った水を飲んでいた。本多の心を捉えたのは鳥打ち遊びではなく、哀れな家鴨の方であった。

こうした生き物へのまなざしは少年時代に培われたのであろう。暴れん坊の静坊と呼ばれた少年の頃、近所の子供たちに大将たらんことを示そうと威張りに威張って幸福寺のサイカチの大木によじ登り、そこに巣作りしたカケスの雛を無惨にもつかみ出し、つかみ出してはみな木の上から地面に投げつけた。静六は怒り狂った親鳥の来襲にあい、高い木からずり落ちて大怪我をしてしまった。

それを知った幸福寺（曹洞宗）の洞学和尚から、

子を思ふ親の心は鳥ですらあの通りじや。まして人間は万物の霊長というてな、それは〳〵大変に子供のために心配もし、骨を折つてゐるものぢや。だから、お前たちも悪戯がすぎて、その親達に心配をかけてはいかん。親の罰は小雨のやうなというてな、よく〳〵気をつけないと、当らぬやうでも当るものぢや。[57]

と諭された。後年本多はこの教えを忘れられないでいると語っている。

記念碑性の違い

本多がこうして学んでいったドイツの森づくりは、人工的に植栽された森であっても、自然本来の力によって年月とともに天然に近い状態に近づけていくという、自然の生命と科学技術の両者を重視する造林法であった。その表面にはユーダイヒが理念とする森林美学を尊重する思想があり、その深部には「森づくりは科学であり芸術である」というコッタの思想が生きている。

しかしながら記念碑性をめぐる思想については、彼の地におけるその思想との間に根本的な違いがあったようである。それは狩り捕った生き物の首や角を記念物にするという風習に不快感を示した本多の態度に現れている。それよりも本多が選んだのは種子交換という行為であった。つまり名前や手柄の繁栄を記念するのではなく、子々孫々と、生命の繁栄を記念する行為である。

このように明治という欧化主義の時代にあっても、本多は西洋における近代造林学の知識や方法論、あるいは暮らしの流儀をただ闇雲に身に付けるのではなく、自身の信念と合わないところは取り入れない、もしくは工夫するという姿勢で、新旧東西の思想と方法論をうまく組み合わせながら、みずからの造林学や公園論、また人生哲学の基礎を構築していったといえる。

そしてそれは、自然の生命を植え育み、これを記念物として大切にする本多の「生きたる記念碑」の思想、すなわち記念植樹の理念と方法論の展開にも、少なからず影響を与えたものと考えられるのではないだろうか。

第四節　ドクトル本多静六の誕生

ターラント高等山林学校でドイツ林学の基本的な理念と方法論を学び、明治二三年（一八九〇）一〇月、本多は本願の学位取得のためミュンヘン大学に転学、ここで「国家経済学」を学ぶ。

ターラントを離れる際には、この四か月間余り欠かさず通った山上の教会堂の信者たちが聖書や種々の贈り物をし、送別会を開いてくれた。語学の訓練に、と思って通い始めた教会に過ぎないが、その本多を信者と思い込んだ牧師は時折説教で本多のことを述べた。「遠く東の国日本から唯一人できてゐる本多氏は、当地来着以来一日も欠かさずに毎日曜参詣する。しかるに当地の人は毎日曜つゞけてくる人が極く少ないのは恥ずかしいことだ」[58]と称えられ恐れ入る本多であった。本多の妻詮子はクリスチャンだが、本多にとっては不二道に加え、西洋思想の基盤である聖書の教えを学ぶ機会になり得た。同時に、一つのことを継続して実践する本多の努力主義がここにおいてもうかがえる。

さてミュンヘン大学ではドクトルの学位取得に向けていかなる取り組みが見られるのであろうか。

ミュンヘン大学における林学の目的は元来、バイエルン王国の財政を賄う国有林経営を担当する技術者を養成することにあった。したがって林学は経済学と併存する「国家経済学」という学部に属していた。林政に関する時代の論調は、重商主義的国家経済論、重農主義的国家経済論、そして自由主義的「国民経済論」へと近代化の方向に進むが、ミュンヘン大学の「国家経済学」部は当時「林学」がヴィッセンシャフトとしての地位を占めていたことで知られるという[59]。この学部においては本多より先に明治一五年（一八八二）、近代林学の祖と呼ばれ、のちに衆議院議員となる中村彌六[60]が学位を得ている。中村はハイエル（G. Heyer）から森林経理学を、ハルティヒ（R. Hartig）からは植物学や理財学など、森林関係に限らず政治経済や文明史についても学んだ[61]。本多は同学部で造林学のほかに森林経営学や財政経済学を学び、明治二五年（一八九二）に材木の生長に関する考察でドクトルエコノミー（経済学博士号）を取得した[62]。官林経営の基盤を固めて国家財政に寄与することが本多のいう「山林国家」を目指す明治林政の基本方針であり、中村、志賀、本多と続く、日本の林学を率先する学者が身に付けたのがドイツ官房学流の森林学だったのである。

ブレンターノと社会政策学会

ミュンヘン大学における本多の恩師のひとりに新歴史学派（講壇社会主義）のブレンターノ博士（Ludwig Joseph（Lujo）Brentano, 1844-1931）がいる。本多は彼から財政経済学を教わった。同時代に活躍した経済学者ブレンターノは英国で労働組合を研究後、祖国ドイツにて一八七三年、社会政策の必要性と中間層の維持のための啓蒙活動を行う社会政策学会に参画する。

社会政策学会とは、ドイツの古典派経済学者グスタフ・シュモラー（Gustav von Schmoller, 1838-1917）を中心に創始された学派で、彼らはビスマルクによる社会主義に対する弾圧と懐柔の時期に、超階級的な国家有機体説と社会政策を主張した。保守的・国家主義的といわれた右派のワグナー、労働組合主義を唱える左派のブレンターノらが主たるメンバーであった。

イギリス資本主義に対し、後進国ドイツの産業資本の自立とその発展を促すために国内産業の保護育成が図られたが、経済が進展するにつれ社会主義と労働者階級の攻勢が激化していった。こうした社会的弊害を取り除きつつ、資本主義を擁護することが国民経済学に託された課題であった。そこで新歴史学派は分配関係の修正と社会不安の緩和を社会政策として論じたのである。

しかしながら同学派が次第に国家主義的となりビスマルクと結びついていくなかで、ブレンターノは社会改良の基礎を労働者団結の自由におき、自由貿易を主張するなど自由主義の立場を示した。土地自由処分の観点からプロイセンの農業改革に対する批判も行っている。こうしたブレンターノの主張は「社会自由主義」と呼ばれるものであった。(64)

ブレンターノとヴェーバー

ブレンターノといえばまたプロテスタンティズムと資本主義精神に係るマックス・ヴェーバーとの論争が知られる。歴史上における資本主義とピューリタニズムの交渉の事実を認める点は両者とも変わらないが、大塚久雄氏の論から簡単にその捉え方の差異を説明すると、ピューリタニズムの経済倫理の目的とは「中産階級政策」にあり、ヴェーバーにとっては「ピュウリタニズムは資本主義精神の形成に積極的に参与するもの」であるのに対し、ブレンターノにおいては「なんら進歩に寄与するところのない小市民層の曖昧な町人根性（Banansentum）という、むしろ軽蔑的な地位におかれた」という。[65]

近代資本主義を「解放」という観点からみれば、ヴェーバーにとってそれは封建的束縛を解かれた中産社会層を苗床として、古い賤民資本主義（貨殖の業、商業資本、高利貸資本）[66]と鋭く対立しながら「産業資本」として発生するものであり、その産業資本の合理的な成長を賤民資本主義の圧力から護る役目を果たすのがピューリタニズムという倫理的精神であった。一方、ブレンターノにとって近代資本主義とは解放された賤民資本主義が自由に成熟をとげた姿に他ならず、資本主義精神の成長過程におけるピューリタリズムの役割を消極的に捉えるものであった。[67]

またブレンターノのいう「資本主義精神」（kapitalistischer Geist）という用語について、彼にとってはその担い手が資本家（Kapitalisten）ないし資本主義的「企業家」（Unternehmer）という支配的、指導的地位を占める社会層の心的態度を示すのに対し、ヴェーバーがかたくなに「資本主義の精神」（》Geist《 des Kapitalismus）という語を用いたのは、彼のそれには「賃金労働者」（Lohnarbeiter）層が含まれるものであり、近代経済社会の基幹部分をなす「資本家（企業家）」層と「賃金労働者」層の二つの社会層に共通の心的態度を見るところによる。[68]

両者のいう心的態度（Gesinnung）とは、それぞれの層が有する「営利心」[69]を表すが、大塚氏によれば、ブレンターノはこれを「規律の反対物」としての資本家ないし企業家の「営利欲」あるいは「営利衝動」とみなすのに対し、[70]ヴェーバーはそこに労働者の賃金に対する「きびしい経済性」も認め、その営利心を包み、方向づけるところのエートス、つまり「倫理的な色彩をもつ生活の原則という性格」を帯びたその特有のエートスこそが「資本主義の精神」であるとした。[71]

ヴェーバーに影響を受けた大塚氏の論には若干ヴェーバーへの肩入れが見られなくもないのだが、いずれにせよ明治政府が模範とした林政に対する姿勢はブレンターノの影響によるところが大きかったといえよう。

本多とブレンターノ

ところでブレンターノといえば経済学者福田徳三[72]が傾倒した師でもある。本多に続いて明治三〇年代に彼に師事した福田は、西洋経済学の日本への移入定着にあたり恩師の所説を広く紹介したことで知られる。ブレンターノが福田に寄せた信頼は厚く、明治三三年（一九〇〇）、福田は彼の勧めに従いドイツと日本の社会的・経済的事情が歴史的に一致している点に着目した"*Die gesellschaftliche und wirtschaftliche Entwicklung in Japan*"（日本における社会的ならびに経済的発展）[73]という独語論文を欧州読者に向けて発表、のちには共著『労働経済論』[74]を出版する。

一方の本多はブレンターノに難儀した。博士が講義で用いる「エーアベルクの財政原論」（菊判二五七頁）が理解できず、屈辱感からついに切腹を覚悟する。手にしたのは上野の山で若武者を叱咤した元彰義隊の義父本多晋が持たせてくれた伝家の脇差しであった。ふと顔をあげると、一匹のクモが丹念に巣を張っていた。そのとき逆に理性が頭をもたげてきた。思い出したのは盲目の塙保己一であった。気を取り直して努力を続けた本多は、いよいよ試験日を迎えた[75]。

本多はずらりと揃った教授陣の質問に一つ一つ答えていった。だが最後にブレンターノからドイツやスイス、イタリアの古い学説を次々に問われ答えに窮し、危うく落第しかけたという。その時本多が、「然らば問わん。師は熊沢蕃山の経済論を知るや」、と問い返すと、ブレンターノは「極東小国の学者の説を我は知らず」と答えた。そこでさらに本多が「師にとっては未知の学者ならんも、我が日本にとりては蕃山は重要な経済学者なり。師が蕃山の学説を知らずともドイツの大学で講義が可能なりとせば、余がたまたま〇〇先生の学説を知らざりしとて、ドクトルの資格なしと断定されるのは酷ならずや」とやや屁理屈に近い論で切り返したところ、ブレンターノもようやく及第させてくれたという[76]。

ここで本多が前近代の日本の学説をとりあげたのは、西洋近代の森林経営に限らず日本においても「山川は国の本なり[77]」という思想のもとで、森林資源の枯渇や荒廃防止のために植林を勧める林業政策が論じられていたことを示唆したかったのかもしれない。

蓄財のすすめ

ところで、一足先にブレンターノに師事した本多と師との間には、福田とは異なる師弟関係が築かれていた。それはいわば実践の学を本多に伝授した点にある。ブレンターノは経済学者であると同時に山林の投資開発等で資産を築いた実践家であり、その部分に関しては、イギリスであればケインズのような学者であったと評される[78]。ブレンターノは本多にこう告げたという。

> お前もよく勉強するが、今後、いままでのような貧乏生活をつづけていては仕方がない。いかに学者でもまず優に独立生活ができるだけの財産をこしらえなければ駄目である。そうしなければ常に金のために自由を制せられ、心にもない屈従を強いられることになる。学者の権威も何もあったものではない。帰朝したらその辺のことからぜひしっかり努力してかかることだ[79]。

本多の苦学の原因はミュンヘン大学に入学早々、本多家からの送金が途絶えたことにあった[80]。学資金を預けていた銀行が破産したという意外の悲報に一時は呆然自失となり、努力して自活するようにという義父のいいつけに従うものの、アメリカと違いドイツでは働こうにも働ける場所がなかった。幸いにして残っていた金一〇〇〇円をもとに「水行塩菜行」ともいえるような緊縮生活に入った。

しかし経済的受難は思いがけぬ効果も生んだ。質実倹約は本多の努力主義に一層拍車を掛けるものとなり、四年間の修業過程を二年でこなすという冒険的計画を立てさせそれを実現させたのであった。本多は先のとおりブレンターノのドクトル試験に難儀するも晴れて明治二五年（一八九二）三月一〇日に学位を授与された。

このような本多を見ていたブレンターノは、みずからその投資法――山林所有と株式取得――を本多に伝授した。赤裸々に財産告白する恩師の姿に本多は眉をひそめたものの、学者であっても経済的に自立していなければならない、そうしなければ自由を制せられることになる、という言葉に本多は納得し尊敬の念を深めた。本多はブレンターノから授けられた教えを次のように記している。

財産を作ることの根幹は、やはり勤倹貯蓄だ。……その貯金がある程度の額に達したら、他の有利な事業に投資するがよい。貯金を貯金のままにしておいては知れたものである。今の日本では、――明治二十年代――第一に幹線鉄道と安い土地や山林に投資するがよい。幹線鉄道は将来支線の伸びるごとに利益を増すことになろうし、また現在交通不便な山奥にある山林は、世の進歩と共に、鉄道や国道県道が拓けて、都会地に近い山林と同じ価格になるに相違ない。現にドイツの富豪貴族の多くは、決して勤倹貯蓄ばかりでその富を得たものではない。こうした投資法によって国家社会の発展の大勢を利用したものである。[81]

帰国後の山林経営

この教えに従い、帰国後、本多は自身の発案による「四分の一貯金」、すなわち給与の四分の一を貯金するという一種の「分度法」[82]と並行して、まず日本鉄道株（上野―青森間、私鉄時代）を一二円五〇銭の払込で三〇株購入した。まもなくそれが三〇〇株に増え、払込時の二倍半で政府買い上げとなった。次に安値の山林を探し、専攻学科に関連する秩父地方の山林買収に着手する。そこに日露戦争後の好景気時代が到来し木材の価格が上昇したと本多は自著において説明する。[83]折しも品川弥二郎らがレールを敷いた山林所有政策や殖産政策が軌道に乗り出した時期でもあった。

本多の山林経営で特筆すべきは学校基本財産を構築する大学演習林の設置にある。演習林は本来、林学科の学生教師の実習と研究に寄与する学術施設であり、その管理には多額の費用を要するが、やがて成長した間伐材や択伐材の払下げ等によって収入が得られるようになる。こうして得られた多額の収益は、大学当局において懸案の事項であった停年制実施の財源として提供されることになり、[84]大正一一年（一九二二）三月、本多の協力により古在由直学長の下で停年制が実現したという。

また鉄道に関連する事績といえば、ドクトルの学位を得た翌明治二六年（一八九三）、留学の帰途に見聞したカナダの防雪林の効果を日本鉄道株式会社の渋沢栄一に説明し、東北本線沿いの水沢―厨川間、下田―小湊間に約五〇ヘクタールの防雪林造設を進言、これが採用となる。東京―青森間が明治二四年（一八九一）に全通して間もない頃のことであり、本多がドイツ留学で得た林学知識を実践に移した最初の事例である。野辺地周辺では一・七ヘクタールあたりスギが二万一一九〇本、カラマツが一〇〇〇本植林された。殖産興業時代に威力を発揮したこの社会基盤整備は、それまで地吹雪や豪雪で立ち往生しがちだった雪国の輸送手段に光をもたらし、除雪のための人件費も大幅に削減させた。[85]コッタの説く森林の保安作用とユーダイヒの森林風致学が根付いた防雪林は、現代では地域の環境緑地林としての役割も認められるという。[86]

小括　本多静六の思想形成とその展開

「国家経済学」としての林学を身につけた本多は、こうして修業の成果を「山林国家」の基盤となる社会基盤整備や山林開発に発揮してゆくのである。そして、その傍らで得られた広大な面積におよぶ山林は運用されたのち、「余徳」を社会に還元するべく育英事業資金として埼玉県へ寄附された。昭和五年（一九三〇）一一月八日付東京朝日新聞は、これを「本多博士の美挙 五千余町歩の山林寄付」[87]と報じている。

『新・旧山林大地主の実態』（一九五五年）を著した福本和夫は本多の山林経営について、山を買い込んで戦後の好景気に売って儲けただけの極めて幼稚なものとみなし、「山林の地主的所有者たるにとどまって、近代的・資本家的な山林経営者ではけしてなかった」と断じる一方、「熱心に買い集めた秩父の山林を、そうとうもうけたあとでのことではあるが、おしげもなく埼玉県に寄付してしまった。普通の山林大地主にはとうていおもいもおよばぬことであろう。その点さすがにかれはちがっていた[88]」と褒めているが、福本は本多の不二道の思想を考慮しなかったのであろう。

以上みてきたように幼少時代から東京山林学校時代、ドイツ留学時代にいたるまで、常に本多の思想の根源にあるのが不二道の信心であり感謝の念であることが確認されよう。ただしそれは、調和を重んじ社会の希望に反しないことを幸福の一条件に位置づける本多の理念から、無理なくほどよい加減で信心された。それが実践的な「行」として、彼自身の置かれた環境や状況に沿って顕現し、「余徳」が生み出され、社会へ還元されたのである。近代造林学を構築した本多静六には西洋の近代的知識と方法論だけでなく、不二道の精神と実践道徳とが根付いているのである。

（1）「東京山林学校」『東京帝國大學五十年史 下』東京帝国大学、一九三二年、一三二九頁。

（2）本多静六『本多静六体験八十五年』大日本雄辯会講談社、一九五二年、四一頁。

（3）福島康記「わが国林学草創期における林政学について」『草創期における林学の成立と展開』農林水産業書六四、農林水産奨励会、二〇一〇年、七三頁。

（4）当初、東京山林学校の教員は邦人のみで東京農林学校となってミュンヘン大学出身のハインリヒ・マイル（H. Mayr）とオイスタッハ・グラスマン（E. Grasmann）のドイツ人教員が雇われた。のち、ドイツ林学を修めた中村彌六や志賀が教授陣に加わり、次第に充実していった。小林富士雄「明治初期の林学の萌芽と発展―農学との比較において―」『草創期における林学の成立と展開』二〇一〇年、農林水産奨励会、一四六頁。『東京帝國大學五十年史 下』（前掲注1）、一三二九～一三三三頁。

（5）パーレーの「万国史」やスイントンの「英国史」を学んだという。『本多静六体験八十五年』（前掲注2）、三一～三三頁。

（6）「我が家の庭」『庭園と風景』一六巻二号、一九三四年、三一頁、四六頁。「本多博士ご自慢の家 工夫を凝した風呂場とお庭」読売新聞、一九三〇年五月二〇日付。「蕪や大根が青々、見事な本多博士邸の菜園」朝日新聞、一九四〇年一一月一九日付。

(7)『本多静六体験八十五年』(前掲注2)、三九～四〇頁。

(8)折原静六「東京山林学校景況記」(明治十八年三月五日折原金吾宛)」(折原家文書目録三・久喜市本多静六記念館所蔵)、『本多静六通信』四号、一九九四年三月一日、四～五頁。

(9)『本多静六体験八十五年』(前掲注2)、六九頁。

(10)なお、『本多静六通信』四号、五頁(前掲注8)には「同網目学」とあるが「同綱目学」の誤植。筆者が久喜市役所文化財保護課に原本確認(折原静六「東京山林学校景況記」(折原家文書目録三・前掲注8)を依頼し判明した(二〇一六年二月一六日)。

(11)『本多静六体験八十五年』(前掲注2)、四二頁。

(12)志賀泰山(一八五四～一九三四)林学博士。伊予宇和島出身、志賀天民の次男。明治四年大学南校で物理・化学・数学を専攻、大阪師範学校、大津師範学校、東京師範学校の理化学教師を経て、明治一六年東京山林学校の物理学教授に就任。明治一八年森林学研究でドイツ留学。帰国後、明治二三年農科大学教授、東京大林区署長、農商務省山林局技師を務める。木材防腐剤の研究がある。佐藤鋹五郎「志賀泰山先生を偲ふ」『山林』六一六号、大日本山林会、一九三四年三月、七〇～七六頁。『本多静六体験八十五年』(前掲注2)、七〇頁。

(13)福本和夫『新・旧山林大地主の実態』東洋経済新報社、一九五五年、六六頁。

(14)もともとは明治三年八月、兵部省から普仏戦争の実態を見聞するために派遣されたという。綱沢満昭『日本の農本主義』復刻版、紀伊國屋書店、一九九四年、五六頁。

(15)明治一五年一月二一日大日本山林会創立。農商務省少輔品川弥二郎を幹事長に、山林局長武井守正を幹事とした。「大日本山林会略史」『大日本農會・大日本山林會・大日本水産會創立七拾五年記念』大日本農會・大日本山林會・大日本水産會・石垣産業奨励会、一九五五年、一～二頁、二五頁。

(16)筒井迪夫『日本林政史研究序説』東京大学出版会、一九七八年、二二四～二二五頁。

(17)「分益制」…藩直営もあれば、藩の土地に農民が植林や育林を行い、伐採時に藩と民間が二対一、六対四等の割合で分ける方法もあった。「過怠植」…科代植とも呼ばれ、盗伐、無許可伐採、放火、失火、盗伐者の告発義務、火災発生の通報遅滞等の犯罪に対する罰則として罪科に応じた本数の苗木を植えさせた。罪人不明の場合は監督上の責任から村役人、藩役人に植えさせた例もある。「番山制」…番繰山制ともいわれ、伐採する樹齢に合わせて計画的に伐採し、一巡後に再びもとの所から伐採できる仕組みの森林で永続的な伐採を続けるための方法。筒井迪夫『山と木と日本人 林業事始』朝日新聞社、一九八六年、一三〜一八頁。
(18) 筒井迪夫『日本林政史研究序説』(前掲注16)、二五頁。
(19) 明治三一年八月、金原明善は遠江国磐田郡山香村瀬尻御料林七五九町歩に杉・檜二九二万本を植栽(明治一八年着手)し、これを御料局に献納した。『国土緑化運動五十年史』国土緑化推進機構、二〇〇〇年、三二九頁。
(20) 佐藤鋠五郎「志賀泰山先生を偲ふ」(前掲注12)、七〇〜七一頁。福本和夫『新・旧山林大地主の実態』(前掲注13)、六六〜六七頁。
(21) 筒井迪夫『日本林政史研究序説』(前掲注16)、二一一〜二二二頁、二二四頁。
(22) 小林富士雄「明治初期の林学の萌芽と発展—農学との比較において—」(前掲注4)、一四五頁。「山林会創立の功労者松野礀氏」大日本山林会『大日本山林會史』一九三一年、頁無記載(二九頁)。
(23) 『字國山林大學校規則 全』東京大学農学部図書館蔵。
(24) 松本収は東京山林学校の化学担当教師、のち東京大林区署長、御料林職員を務める。阪上信次「ターラント高等山林学校と本多静六」本多静六博士顕彰事業実行委員会『本多静六の軌跡』二〇〇二年、一五頁。
(25) 物理学者は山川健次郎、古市公威など多くいるが林学者は中村彌六と松野礀以外に不在で、国家のために必要だからと品川弥二郎に勧められたという。佐藤鋠五郎「志賀泰山先生を偲ふ」(前掲注12)、七〇頁。
(26) 遠山益『本多静六 日本の森林を育てた人』実業之日本社、二〇〇六年、六二頁。
(27) 「明治一八年一〇月二六日折原金吾宛書簡」『本多静六通信』四号、一九九四年三月一日、六頁。
(28) 遠山益「本多静六と清澄演習林 演習林創設の頃」『本多静六通信』一一号、一九九九年五月、三頁。佐藤鋠五郎「志賀泰山先生を偲ふ」(前掲注12)、七〇〜七一頁。
(29) 「林学者の雇用は前記の如く其れ多数なるにも拘らす其在学者僅に此の如し豈に将来の大需要に応するを得んや当局者宜く深く察すへきなり」志賀泰山『本邦ノ森林及ビ林学』東京仁科盛行、一八九四年五月、二二〜二三頁。
(30) 本多晋(敏三郎)(一八四五〜一九二一)、多賀家に生まれ、のちに一橋家家臣本多家を継ぐ。慶応二年、一橋慶喜に仕え、陸軍付調役並となる。彰義隊頭取を務め、敗戦後は渋沢栄一の推挙で民部省入省を経て、大蔵省に入る。明治五年二月に大蔵少輔吉田清成に随行して米欧に渡る。退官後は正金銀行役員となった。「可斎」と号し、禅と歌道を究めた。「本多静六を支えた妻銓子と養父晋」企画展配布資料、久喜市教育委員会文化財保護課発行、二〇一五年一一月。

(31)「本多詮子」日本女医史編纂委員会『日本女医史』日本女医会本部、一九六二年、九一～九三頁、同「日本女医史主要年表」、三〇一頁。「本多静六を支えた妻銓子と養父晋」（前掲注30）。

(32)「（許可書）林学部本科学生本多静六 当学期実地演習のため独乙国へ自費留学を命ず 明治二十三年三月五日 東京農林学校」『本多静六体験八十五年』（前掲注2）、九三～九七頁。

(33) 本多静六（明治二三年六月一五日付）「久し振りで日本の新聞を読んだ。中でも感動の深かったのは、わが最愛なる妻の名があったことで、五月一日及び三日の両紙に診療時間改正の広告があったことである」『明治二十三年洋行日誌 附・学位試験及び学位授与式の景況（明治二十五年）』本多静六博士を記念する会、一九九八年、三二頁。『日本女医史』（前掲注31）、一三四～一三五頁。

(34)「花聟花嫁（十八）本多静六氏・本多せん子」読売新聞、一九〇四年一月一九日付。

(35) ザクセン王国立ターラント高等森林学校、旧森林アカデミー、のちに高等森林学校、林科大学を経てドレスデン工科大学林学科となる。阪上信次「ターラントに於ける本多静六―コロキウム「日独科学交流の伝統」から―」『明治二十三年洋行日誌』（前掲注33）、一頁。阪上信次「ターラント高等山林学校と本多静六」（前掲注24）、一二頁。筒井迪夫『森林文化への道』朝日新聞社、一九九五年、二九～三一頁。

(36) 筒井迪夫『日本林政史研究序説』（前掲注16）、二四頁。

(37) 筒井迪夫『森林文化への道』（前掲注35）、四四～四六頁。

(38) 阪上信次「ターラント高等山林学校と本多静六」（前掲注24）、一二頁。

(39)『明治二十三年洋行日誌』（前掲注33）、二四～二五頁。

(40) 阪上信次氏によれば一九九五年九月一七日、ターラントで開催された「ザクセンに於ける日独科学交流の伝統」と題するコロキウムにおいて、ドレスデン工科大学学長メールホルン博士はユーダイヒのもとで展開した日本との交流にちなみ、ターラント高等山林学校附属の森林植物園には同時代の森林植物や種子交換の覚書が今も残っていると述べたという。同コロキウムに登壇した阪上氏はその中には本多の添書きも含まれているのではないかと記している。阪上信次「ターラント高等山林学校と本多静六」（前掲注24）、一四頁。

(41)『明治二十三年洋行日誌』（前掲注33）、二五頁。

(42)『明治二十三年洋行日誌』（前掲注33）には「綿画」とあるが「錦画」（浮世絵）の誤植。筆者が久喜市役所文化財保護課に原本確認を依頼し判明した（二〇一四年一〇月二六日）。

(43)『本多静六体験八十五年』（前掲注2）、九〇～九一頁。
(44)『明治二十三年洋行日誌』（前掲注33）、三七頁。
(45)阪上信次「ターラント高等山林学校と本多静六」（前掲注24）、一三頁。
(46)『本多静六体験八十五年』（前掲注2）、一〇八頁。
(47)本多静六「官林中における狩猟及漁猟」『國家と森林の関係 林政學後編』本多氏蔵版、一八九五年、二五六頁。
(48)明治一〇年代のグラント将軍世界周遊記においても、息子のグラント大佐がイギリス統治下のインドにて虎狩やレイヨウ狩、猪狩に興じる場面が数十頁にわたって綴られている。Young, John Russell, *Around The World with General Grant*, Vol. 2, The American News Company, New York, 1879, pp. 122-134.
(49)川崎寿彦『森のイングランド』平凡社、一九九七年、二五七頁。
(50)同前、二二五～二二九頁。
(51)日誌には八月一一日から一七日までの様子が記されている。『明治二十三年洋行日誌』（前掲注33）、四七～五一頁。
(52)同前、四九頁。
(53)同前、四八頁。
(54)パリの動物園内で馬車鉄道を見聞（五月一日付）、ドレスデンの動物園では動物学の実地研修を行った（七月一二日付）。同前、二〇頁、四〇頁。
(55)同前、三九～四〇頁。
(56)「日比谷公園に羊が来た 七日に九頭の羊が来て子供達に喜ばれてゐます」読売新聞、一九二二年七月一一日付。「のどかな日曜日（飼育されている熊と猿の写真――筆者注）」読売新聞、一九二三年三月五日付。「殺猿犯熊公小猿を喰ふ刹那 昨日日比谷公園所見」読売新聞、一九二三年六月二四日付。「南の珍客 阿呆鳥 今日日比谷公園で雌雄御目見得」読売新聞、一九二六年六月二二日付。
(57)『本多静六体験八十五年』（前掲注2）、一四～一五頁。
(58)同前、一〇八～一〇九頁。
(59)箕輪光博「森林経理学の変容」『草創期における林学の成立と展開』農林水産奨励会、二〇一〇年、一〇～一一頁。
(60)中村彌六（一八五五～一九二九）信濃高遠藩儒官中村元起の四男として生まれる。東京開成学校で鉱山学と独語を学ぶ。東京外国語学校で独語を教え、のちに内務省地理局に勤務。明治一二年にドイツに留学し国家経済学としての森林学を修める。農商務省を経て東京山林学校、東京農林学校教授となる。明治二三年衆議院議員初当選。号は背水。中村彌六口述・吉田義季筆『林業回顧録』（復刻版）、大日本山林会、二〇一四年。
(61)小林富士雄「中村弥六の生涯」中村彌六口述・吉田義

季筆『林業回顧録』（前掲注60）五頁。
(62) 小林富士雄「本多博士との縁をたぐって」『本多静六の軌跡』（前掲注24）、三八～三九頁。『明治二十三年洋行日誌』（前掲注33）五一頁。
(63) 筒井迪夫『日本林政史研究序説』（前掲注16）、二二四頁。
(64) 『体系経済学辞典』東洋経済新報社、一九九〇年、二〇一頁、二四四～二四五頁、一〇〇〇頁。
(65) 大塚久雄「資本主義精神起源論に関する二つの立場　ヴェーバーとブレンターノ」『大塚久雄著作集八　近代化の人間的基礎』岩波書店、一九六九年、一一七～一一八頁。
(66) 同前、一〇九～一一〇頁。
(67) 同前、一一五～一二〇頁。
(68) 大塚久雄「マックス・ヴェーバーにおける資本主義の「精神」」『大塚久雄著作集八』（前掲注65）、一八～二一頁。
(69) 同前、二四頁。
(70) 同前、二四頁。
(71) 同前、二六～二八頁。
(72) 福田徳三（一八七四～一九三〇）東京高等商業学校卒業後、明治三一年より海外留学し主にミュンヘン大学でブレンターノに学ぶ。東京商科大学（現・一橋大学）、慶應義塾大学教授。経済原論、経済学史、経済史を講じ社会政策学会の活動に参加。吉野作造と黎明会を組織し啓蒙運動を行う。社会政策の分野では原理の確立（生存権の主張）のみならず、調査や政策立案に尽力。マルクス主義の紹介者であるとともに批判者でもあり、河上肇との間に激しい論争を続けた。晩年は軍国主義化の傾向に対しても論陣を張った。『体系経済学辞典』（前掲注64）、九九五頁。
(73) 坂西由蔵の和訳で『日本経済史論』として明治四〇年に宝文館より出版。『体系経済学辞典』（前掲注64）、九九五頁。福本和夫『新・旧山林大地主の実態』（前掲注13）、七七～七八頁。
(74) ルヨ・ブレンタノ、福田徳三『労働経済論』同文館、一九〇〇年。
(75) 「クモを見て切腹中止」東京朝日新聞、一九二七年三月七日付。
(76) 嶺一三「大正昭和林業逸史　本多静六、右田半四郎両先生の憶い出」『林業経済』林業経済研究所、二四八号、一九六九年六月号、四一頁。
(77) 「或問。山川は国の本なり。近年山荒川浅くなれり。是国の大荒なり。昔よりかくのごとくなれば、乱世となり、百年も弐百年も戦国にて人多く死し、其上軍兵の扶持米難義すれば、奢るべき力もなく、材木・薪をとる事格別すくなく、堂寺を作る事もならざる間に、山々本のごとくしげり、川々深くなるといへり。乱世をまたず、政にて山茂り川深くなる事あらん歟」熊沢蕃山「大学或問」後藤陽一・友枝龍太郎校註『熊沢蕃山 日本思想大系三〇』岩波書店、一九七一年、四三二頁。

(78) 福本和夫『新・旧山林大地主の実態』（前掲注13）、七八頁。

(79) 本多静六『私の財産告白』実業之日本社、二〇〇五年、二七～二八頁。

(80) 『本多静六体験八十五年』（前掲注2）、一一三～一一五頁。

(81) 本多静六『私の財産告白』（前掲注79）、二九～三〇頁。

(82) 二宮尊徳の報徳仕法で自己の程度に適当な度合いで節約し備えること。山田猪太郎講述『報徳結社の栞 全』大日本報徳学友会、一九〇八年七月、一〇一～一〇四頁。

(83) 本多静六『私の財産告白』（前掲注79）、三二～三四頁。

(84) 遠山益「東京大学演習林創設の頃②」『グリーン・パワー』森林文化協会、二〇〇三年二月号、三二頁。遠山益『本多静六 日本の森林を育てた人』（前掲注26）、七七～八一頁。

(85) 昭和一五年に皇紀二六〇〇年記念事業として本多の揮毫で「防雪原林」と記された記念碑が建立され、昭和三五年一〇月に鉄道記念物第一四号に指定、平成五年一〇月一三日には鉄道防雪林百周年記念式典が営まれた。遠山益『本多静六 日本の森林を育てた人』（前掲注26）、三三～四〇頁、四八～四九頁。小坂郁夫「鉄道防雪林をつうじての友好都市交流」『本多静六の軌跡』（前掲注24）、三二～三三頁。「近代化遺産ろまん紀行 野辺地防雪原林」『読売新聞』二〇〇〇年二月二〇日付。

(86) 筒井迪夫『森林文化への道』（前掲注35）、一〇四～一〇五頁。

(87) 「本多博士の美挙 五千余町歩の山林寄付」東京朝日新聞、一九三〇年一一月八日付。

(88) 福本和夫『新・旧山林大地主の実態』（前掲注13）、八〇～八一頁。

(89) 『本多静六体験八十五年』（前掲注2）、二九五頁。

第三章　本多造林学における記念植樹の理念と方法

前二章では本多静六の思想形成とその人物像を分析するために、生家折原家と不二道の歴史を紐解くとともに幼年期から学生時代に培った教育や知識、見聞について確認した。本章ではこれらを踏まえたうえで、本多が何故に記念植樹を推奨するのかというその根本理念を探るべく、彼が説いた記念植樹の功徳について検討し、その理念と方法論が当時どのように認知されていたかという社会的な影響について考察する。

花樹を植栽する行為にまつわる植林や造園といったテーマは古来、人びとの関心を呼ぶものであり、たとえば庭づくりの指南書が記された歴史は古い。しかし植樹や植林に「記念」という文字を載せた「記念植樹」という行為そのものを解説、推奨する書物については、これを執筆した本多静六がその牽引役を果たしており、門人も限られている。

第Ⅰ部第一章では本多の高弟である上原敬二が分類した記念植樹の方法論を例示したが、ここでは師匠である本多が説いた記念植樹の著作をとりあげ、彼の成長過程で培われた新旧東西の知識が、記念植樹の理念と方法論にいかに展開しているかについて議論する。

第一節　諸外国における樹木に関する本多の見聞

記念植樹に関する本多の著作には、植樹方法や栽培法といった実学的要素に限らず、人間の精神修養に良効果をもたらすという森林の作用などが説かれている。このような見解は何を根拠に得られ、それを本多はどのように理解しているのであろうか。そこでまず本多が見聞きした古今東西の森や樹木にまつわる言い伝えや風習について検討する。

（1）西洋における森林にまつわる故事

本多は著書『増訂林政學』（一九〇三年）において、人間の精神上に影響を与える森林の効用について論じている(1)。同書は前章で触れた『國家と森林の関係 林政學 前・後編』（一八九四、一八九五年）の新装増訂版であり、本文の「其四 森林の衛生及ひ人の精神上に及ほす効用」は大幅に加筆された。同書では西洋哲学における「健康なる身体は健康なる精心を宿す」という格言が紹介され、彼の地に伝わる各種樹木の逸話やそれをめぐる自然観が示されている。ここではそのいくつかを紹介する(2)。

まず本多は古代ベルギーについて、「古来森林を以て神霊と崇め、常に之を祭祀し、自ら其国民をして森林の気風を受けしめし実例甚だ多く」と述べたうえで、各樹木にそれぞれ異なる神の尊号を附しこれを祭る風習を列挙する。

たとえば菩提樹（しなのき）を愛するベルギー人は常にこの樹木の下で慶事を祝し舞踏等を催すことから、この地方をはじめドイツやオーストリアの集落には菩提樹の大木が必ずといってよいほど育っているという。時に村人は隣村の菩提樹と比べ、我が村の方が大樹であることを誇るが、それは日本でいうところの「ご神木」のような存在である。槲（かしわ）の木は戦いの勇神Wodan（ウォーダン）の居場所として祭られ、繁茂するこの木陰を「法庭」に充て各種の裁判を行う。また槲は永く記念すべき出来事の生じた際に植栽される樹木でもあり、一〇年、二〇年といった節目の記念植樹に選ばれる樹種である。

冬至の祭りに捧げられる唐檜（とうひ）、樅（もみ）の木は日本の門松に相当し、緑門（アーチ）等の装飾をもって祝事をなすことは松竹梅をもって祝賀の席を飾る風習と同じである。山羊欅（ぶな）の木については、この樹木の下でマリアが最後の乳をイエスに与えたという故事から落雷除けの神木に見立てられる。薔薇の木は古今問わず愛の神に喩えられ、この花を贈ることはその人を愛することを意味する。榛（はしばみ）の木は福の神や金銀発見の神に擬せられ、時に盗賊や罪人を発見する木と称される。またこの樹下で眠るときには霊夢を見ると伝えられ、榛が多くの実を結ぶときは男児を得る兆しであるという。接骨木（にわとこ）の木は人びとの移住を司る神として崇められ、この樹木が植生する地方に移住してこれを植栽すれば火災や家畜の伝染病予防の魔除けの木となる。

不祝儀の例もある。柳の木はしばしば悪魔や不幸の神に擬せられ、この木の下には幽霊や怪物が出現し、身投げなどもこの樹下で行われるとのいわれがあることから、日本の柳の印象と符節を合すると説明する。

いずれの例も樹木を神々に擬え、そこに霊性を認める民間信仰的な伝聞に基づくものである。これらの逸話の多くは主にドイツ留学時代に得られたものと推測されるが、重要なのは最新の近代科学や知識を身に付けるために渡欧した先で、学術上の諸説やキリスト教に限らず、古来の伝承や民間信仰にも等しく耳を傾けている本多の姿である。同書の初版が執筆されたのは本多がドイツから帰国して二年後、農科大学助教授に就任して間もない明治二七年（一八九四）のことであるが、明治三六年（一九〇三）の新装増訂版においてさらに樹木や森林にまつわる風習や伝承が拡充されたことは、森づくりにおける感性的側面を重視する姿勢の現れといえる。特に日本の霊木信仰の風習や言い伝えと比較して西洋の樹木を見ているところに、本多の説く造林学が単に近代合理的な方法論の輸入によって出来上がったものではなく、日本の土壌に根付かせるために構築された、いわば日本的変容をともなう「土着化」された近代科学であることが理解されるのである。

(2)　東洋における森林にまつわる故事

次に東洋における森林をめぐる思想とその形態に関する本多の知識について、彼の「社寺風致林論」[3]に記載された樹木にまつわる伝聞を二、三紹介する。本多は新鋭の林学者として政府に委嘱され、南洋の植民地をはじめとして、東アジア諸国の森林調査や市街地における樹木調査を行った[4]（八二頁表1参照）。同書の記述は、こうした機会に見聞きしたものと思われる。

まず中国の例をみてみよう。彼の国では寺院は往古より風致林を所有するものとして、本多は『軍政集』に見られる、周の武王の問いに対する太公望の返答の「莫㆘斬㆓家樹㆒払㆓社叢㆒而乱㆖国[5]」という文言を引用しながら当地における植生状況を説明する。たとえば北京においては天壇地壇の構内をはじめ、孔子廟、ラマ教寺院などの周囲には必ずネズミサシ、コノテカシワといった大樹老木が群生しているという。

朝鮮については、本多によればかつてこの国には美良な山林や大森林が存在していたという。そしてそのほとんどが寺院や墓地のための森林であったとして、新羅末から高麗初期の僧とされる道詵（トソン）（先覚国師）[6]の故事を引いて次のように解説する。

陰陽五行の術を研き、風水相地の法を説いた経世家道詵が高麗の治国策を計画した際にまず念頭に置いたのが、「古来、朝鮮の治まらざるは山川の病に因る」という説であった。この説に従って山谷の間に叢林禅院が設置され、朝鮮全土に三五〇〇余の寺院網を張り巡らせ血脈の連絡が図られることになる。それは、「大白（平安）、金剛（江原）を以て船体の首となし、月出瀛州（共に全南）を以て尾となし、雲柱（全南）を以て腹となし、智異

（全羅慶尚の境）を以て楫となし、辺山（全北）を以て拕となし」[7]とするもので、この見取り図によって重心が全羅の地に置かれ、道詵みずからは船尾の全南に住して舵を掌握し、朝鮮の全船を操縦することになった。このように高麗の山林は禅僧によって治められていたのだが、高麗が滅び仏教が閉息したことにより朝鮮の山林は荒れ果ててしまったという。

また熱帯地方のインドでは、沙羅双樹の芳香漂い、貝多羅葉（ばいたらよう）や菩提樹が繁るその真下に釈迦牟尼仏の遺骨が納められたという言い伝えがあることから、彼の地における森林には寺院が連想されると記している。仏教上では沙羅双樹は神聖なものとされ、色鮮かに咲き誇っていたこの花も釈迦の入滅を悲しむあまりにすっかり色が変わって白色になってしまったのだという[8]。

以上のように、東洋の例においても西洋に等しく、宗教や信仰など儀礼性や精神性と絡めて樹木や森林のあり様が説かれているところが、本多造林学における特徴と見られる。この点は記念植樹の儀式的な側面にも通じていようが、このように本多が構築する造林学の基層にある自然観には、山や樹木に対する畏敬の念が備わっているものと理解できよう。

第二節　記念植樹の空間と思想

これまでのところ、本多の生い立ちから教育過程に焦点を当てその思想形成の分析を行うとともに、古今東西における樹木に備わる伝承や逸話を本多がどのように捉え、それをいかに理解しているかという点について議論を進めてきた。本節では以上を考慮し、本多が構想した「記念植樹」の具体的な内容について、第Ⅰ部で分類した「記念樹の植栽」「記念並木」「記念林の造成」という三形態に照らし合わせながら、その理念と方法論を見ていくことにする。

（1）記念植樹に関する著作物

記念植樹や記念樹に関する著作物について、主に本多が担当したテクストを年代順に見ると表2のようになる。まず文部次官牧野伸顕の訓示によって奨励された学校植林活動に係る明治三一年（一八九八）「小学校樹栽日実施の方案」（『太陽』四巻一四号、東京博文館）[9]や、牧野の依頼による明治三一年『學校樹栽造林法全』[10]、大正二年（一九一三）四月初版の本多造林学の教本うちの一篇『明治天皇記念 行道樹篇 附録緑陰樹（本多造林学 後論ノ三）』[11]、同年に発行された渋沢栄一主催龍門社の「明治天皇記念行道樹の植栽を勧む」[12]、明治天皇の御聖徳と大正天皇即位の御大礼を記念するために書かれた『記念植樹の手引 一名大木移植法』（一九一五年）[13]が続く。その続編として『記念樹ノ保護手入法』（一九一六年）[14]、都市美運動の際には「植樹デー（樹栽日）と植樹の秘訣」（一九二九年）[15]、『植樹デーと植樹の功徳』（一九三一年）[16]、日本庭園協会の機関誌『庭園と風景』に寄稿した「記念樹の植栽と其の手入法」（一九三三年）[17]、本多が会長を務めた帝国森林会から出版した『皇紀二千六百年記念事業として 植樹の効用と植ゑ方』（一九四〇年）[18]などがある。

このほか公的機関や各種団体の名で発行された書籍についても、農商務省山林局の『記念植樹ニ関スル注意』（一九一四年）や『記念植樹』（一九一五年）、『御大禮記念林業』（一九一六年）[19]、先の帝国森林会『平和記念植樹』（一九二〇年）[20]、『平和記念林業』（一九二一年）、大日本山林会・帝国森林会の『御卽位記念植樹の勸め』（一九二八年）[21]などは、内容的に見ていずれも同時代の林学の指導的位置にあった本多が関与したものと推察できる。

（2）記念樹植栽の理念と方法

場所の選定　本多の著作の主な構成は、冒頭において本多が思うところの記念植樹に対する意見が述べられる。記念事業としてなぜ記念植樹が最適か、といった内容であり、次いで記念植樹の目的とその効用、適当

表2　記念植樹に関する主な著作

本多静六「小学校樹栽日実施の法案」(『太陽』1898年7月)
本多静六『學校樹栽造林法全』(東京金港堂書籍、1899年)
本多静六『學校樹栽法講話』(1905年)
本多静六『明治天皇記念 行道樹の植栽を勧む』(『龍門雑誌』298号、1913年3月)
本多静六『明治天皇記念 行道樹篇附緑蔭樹(本多造林学後論ノ三)』(1913年)
本多静六『記念植樹の手引 一名大木移植法』(1915年)
本多静六『記念樹ノ保護手入法』(1916年)
本多静六「植樹デー(樹栽日)と植樹の秘訣」(『山林』大日本山林会、1929年)
本多静六『植樹デーと植樹の功徳』(JOAK ラジオ講演、帝国森林会、1931年)
本多静六『皇紀二千六百年記念事業として　植樹の效用と植ゑ方』(帝国森林会、1940年)
農商務省山林局『記念植樹ニ関スル注意』(1914年)
農商務省山林局『記念植樹』(1915年)
農商務省山林局『御大禮記念林業』(1916年)
帝国森林会『平和記念植樹』(1920年)
帝国森林会『平和記念林業』(1921年)
帝国森林会・大日本山林会『御即位記念植樹の勧め』(1928年)
北海道庁拓殖部『東宮殿下御慶事記念植樹』(1924年)

な日にちや場所の選定、好ましい樹種といった項目が続く。ここでは記念樹を植栽すべき空間やその樹種、および効用を中心に分析する。

『記念植樹の手引』(一九一五年)から、記念植樹を行うべき「場所の選定」についてみてみたい。

記念樹を植栽すべき場所は、神聖にして常に公衆の目に触れ易く、且つ保護手入の容易に行はれ得べき処を可とす。即ち神社仏閣の境内、公園、学校、官公署の構内、道路其他、之に類似せる箇所を適当とす。[22](傍線筆者)

神聖にして公衆の目に触れやすい場所として、神社仏閣を第一に例示するところに記念植樹における儀式性が読み取れる。同時に公衆の目が届きやすい公共空間というのは近代的都市景観を構成する記念碑や記念像の設置場所に通じるものであり、こうした植栽空間からも記念樹に近代的モニュメントとしての役割が期待されていることがわかる。

また、保護手入れのしやすい場所という植栽環境の注意があるのは、「生きたる記念碑」である記念樹は生命を有しない記念像と異なり立派に育成させてこそ、その記念碑性が発揮されるからである。たとえば即位の御大礼記念植樹の手引書とする目的で著された『記念樹ノ保護手入法』には次のようにある。

工場其他より来る石炭の煤煙は亜硫酸瓦斯を含めるを以て、樹木に有害なり。故に斯かるもの、付近に記念樹の植栽せられたるときは、須らく此等の方面には防煙林又は其れに代るものを設くるを宜ろしとす。[23]

近代化にともなって出現した鉄道、工場から排出される煤煙を何より懸念材料と見た本多は、環境によっては記念樹の周囲に煙害を防護する樹林設置の必要を説いた。これは後述する明治神宮外苑の葬場殿址での植樹においても配慮された論点である。こうした憂いを生じさせないためにも植樹場所の環境を優先し、保護手入れの容易な場所が提案されるのである。

保護手入れに関連して、昭和九年（一九三四）に京都を含め関西地区が室戸台風に見舞われた際、社寺境内の打ち倒れた老樹名木の痛々しい姿を目にして、保護と撫育という樹木に対する「いたわりの心」を力説したのも本多であった。特に暴風被害の大きかった場所については、いずれの樹木も適当な時期の間伐を欠き、ヒョロヒョロと細長く生長したことに原因があった。こうした被害を防ぐために周囲に雑木を仕立て、適当な林套をつくるべく原始林に似た数段林の林相に導くことが重要であると指南した。長年踏みつけられた練兵場と田畑の跡地に明治神宮の森を創ったことを思えば、科学と人力との和合によって社寺林の復旧は不可能ではないと説く本多であった。[24]

なぜ記念植樹か

次になぜ記念事業として記念樹の植栽が相応しいかについては、大正天皇即位の御大典記念の際に公刊された農商務省山林局『記念植樹』の緒言に次のようにある。

今上陛下御一代の御盛儀なるを以て此時に方りて、永久に伝ふへき記念事業を起し、以て奉祝の誠意を表し、尚ほ子々孫々をして聖代の徳沢に浴せしめむことを計るは臣民たるもの、本文なりと謂ふへし。而して植樹及植林の如きは、記念として真に好個の事業なり。

記念樹を植えることによって、永久に伝えるべき、顕彰すべき人物の想い出や功績とともに一緒に生長していくことへの理想が説かれている。

右の「子々孫々」という言葉に託された記念植樹への願いについて補うと、昭和三年（一九二八）二月発行の『御即位記念植樹の勧め』を参照しても、「この盛事の歳に方（あた）り、大に記念事業を起し、後世子孫をして永く其恵沢に浴せしめんこと」[25]とあるように、生殖や繁殖といった生物特有の生理現象に注視することは、植物を主な相手としていた本多にとっては欠くべからざる事柄だが、生物におけるこうした「生命」の引き継ぎの営みにまつわる思想を、本多は人間の生き方にも応用していた。「人間の幸福観」を中心テーマに、昭和三年（一九二八）二月一〇日に開催された帝国森林会講演会において、当時流行していたメンデル遺伝学に絡めて論じた本多の『幸福とは何ぞや「附」子孫の幸福と努力主義』から彼の人生観を記しておく。

……自分の生命の分身（わかれ）たる子孫が代つて、自分の生命を延長し拡大して行く様に出来て居るのであります、而して自分等が今生に於て自分の生命を持続し、之を延長拡大して行く事は、是れ実に人生当然の行為であつて、私は之を自然の道であり天の道であり又人の道であると謂ふのであります。[26]

だがメンデルの説に関しては、本多は講演上、新しい科学を紹介する目的でとりあげており、動植物の生殖面においてそれを適用することには肯定的だが、精神の後天的な成長面については軽視しているとして、人間にメンデル学を当てはめて考えることには否定的な態度を取っている。[27]

子孫繁栄という、みずからの「生命」の延長・拡大を、天の道であり人の道であり自然の道であると説く本多は、それを可能にする心身の健康を第一義として主張しているのだが、このことは第Ⅱ部第一章で述べた富士山信仰「不二道」の教義に係る自然観にも通じていよう。加えて数ある生命体にみられる生命（いのち）の継承という現象については、不二道ではことに人間の存在を尊重するように、本多もまた人間においてのみ行われる精神活動の繁栄をより尊いものと位置づけていた[28]。生物一般における「生命」を引き継ぐ営みと同じように、人間においては彼の精神が多数の子孫に言語や記録によって受け継がれ繁栄していくとして、その優位性を説いたのである[29]。

記念に植栽された樹木は人間の精神活動を象徴する拠り所となり、その保護手入れや管理の如何によって、後世に伝えるべき思い出とともに「歳月を経るに従ひ益々成長繁茂[30]」していくのである。

（3）記念並木設置の理念と方法

次に記念並木（行道樹）である。本多の義解を確認すると、「行道樹（英語 Avenue of trees. 独逸語 Alleebaum）は、一名行路樹と称し、俗に並木と云ひ、道路に沿うて、普通二列、稀に一列又は数列に、一定の距離を隔てゝ規則正しく植ゑられたる樹木を謂ふ[31]」とある。

なぜ記念並木か

記念並木については『龍門雑誌』や造林学の教本において、推奨すべきメリットが次のように説かれている。まずは明治天皇御聖徳記念を目的に書かれた一文を紹介する。

謹んで惟ふに明治天皇の記念事業たるや永遠に且、安全に記念し得る性質のものたると同時に成る可く我国都鄙上下を通じて何人も協賛し得らるゝ事業たるを要す、而して吾人が提唱せんとする全国街道の両側に遍く樹木を植栽するの方法こそ、老若男女貴賤貧富の別なく、何人も安全に之に協賛し得られ、車馬絡繹たる都会より、犬鶏寂寥たる寒村に至るまで、斉しく容易に之を実行し得らる[32]。

明治天皇の偉徳を永久に残したいという願いは国民の多くが抱いている思いであろうが、記念事業を起こそうと思えば実際のところ多額の費用がかかり、「地方的に失して全国的ならざるもの」が少なくなく、遂行に幾多の困難がともなう。そこで国民の願いを叶えるために本多が提案したのが、国民一人ひとりの記念樹の植栽によって全国に御聖徳の記念並木をつくるという、誰もが手軽に参加出来る方法であった。「国家経済学」を身に付けた経済学者本多ならではのアイデアである。しかも記念並木の設置には次のような利点もある。

延て国民の愛樹心を喚起し、公徳心を涵養し、国民風教上に資する所あるのみならず、都鄙各風趣を添へ、寒暑の劇度を調節し、塵埃の飛散を防遏する事等、風致衛生万般の上に其効果少なからざるを以て、明治天皇の記念事業として真に適切恰好なるものと謂ふべし。(33)

国民の愛樹心や公徳心を涵養するという教育的な側面は、本多が設計した近代的都市空間を構成する「公園」のあり方にも当てはまるが、それに加え都市美や環境衛生面など身体への影響が強調されたのである。街に緑の美を添え、人びとの健康的な都市生活を支える装置としての並木設置は、農商務省山林局の『記念植樹』にも記述がある。

翠緑滴るか如き枝葉に依り日光の直射を遮りて、庇蔭を作り風力を緩和し塵埃の発生を防ぎ、葉面より多量の水分を蒸発して清涼の快感を与へ、能く風致の美を増す。(34)（傍線筆者）

エベネザー・ハワードによる『明日の田園都市』（一八九八年）の影響とも取れようが、これは記念並木の植栽によって都市に緑をもたらし「風致の美」を増加させるという新しい価値観の提唱でもあり、権力の象徴を視覚化する目的で植栽されたバロック都市構成法におけるブールバール（並木の備わった大通り）のあり方に、都市に住まう市民の健康への気遣いが加わったものといえる。本多の「公園哲学」(35)においては、公園とは都市労働者や自然環境に恵まれない者の健康を維持するために開かれた自然空間であり、人道主義的な配慮から構成された空間を意味するものであったが、ここにおいても同様の思想が見て取れよう。

なお、全体の美観を保つことが必須とされる記念並木においては、数本が枯損した場合は植え替える必要があるとの長岡安平の言(36)を第Ⅰ部第一章で引用したが、本多はこれも記念並木のメリットの一つとして積極的に捉え、全事業をやり直すことなく、ただ補植を繰り返すのみでその記念事業を永遠に伝えていくことが出来るとした。(37)

植栽された記念並木について、本多は以下のような理想を掲げる。

歳と共に栄て、花咲き、実を結ばなん。而して此記念行道樹によりて飾られたる大道を、我等は我等の子孫と共に踏み迷ふ事なく、長へに歩まん事を期す。(38)

記念並木には、子々孫々とその記念碑性が後代まで受け継がれ、繁栄していく願いが込められているのである。

並木の効用

近代的な都市空間づくりに貢献する並木の効果について、本多は当時著しく振興された博覧会にも注目し、開催場所やその周辺の街づくりには並木設置が急務中の急務であると主張している。明治三六年（一九〇三）の第五回内国勧業博覧会以降、大規模な博覧会が開催されていなかった状況から世界的な博覧会開設が期待されるなか、第一次西園寺公望内閣において「日本大博覧会」が計画された。明治四〇年（一九〇七）、本多は「大博覧会設計私論」と題する論説で次のように述べている。

欧州各国の都市を見るに、新式市街は勿論、旧式の市街と雖も其の市区改正を行へる所、又は新に拡張せる部分には何れも二列若くは四列以上の並木を有し、一には其庇蔭により夏期に路面の乾燥と塵埃の飛散を防ぎ、一には日光の直射を避けて炎暑を免れ、更に地方に於ては頗る市街の美観を添へて居る。(39)

先の『龍門雑誌』の行道樹論に等しい意見だが、博覧会を通して国際交流が盛んとなる中、西洋の訪問客に対して「由来天然の楽園と信ぜられて居る日本の都市が砂漠の様な有様では……」と、国家の体面を保つためにも並木を不可欠のものとみなし、「並木なるものは其用を為すに至る迄には数年の歳月を要するので、明春これを植付けなければ博覧会開催迄には充分繁茂しない」として、その急務性を説いたのである。

実際に明治四〇年代には各地の並木も整備されつつあったが、しかしながら中には本多が理想とする都市景観に不具合な並木もあったようである。それが同じ論説に見られる。

さういふ都市を巡遊して東京に帰て来ると、実に情ない気がする。自分から日本の悪口を言ひ度くはないが、炎天又は風のある時は宛然砂漠に異ならない。銀座の如きは両側に柳が植ゑてあるが、幽霊も出かねまじき、実に不景気な樹で、更に振るはない[40]。

「幽霊も出かねまじき」という本多の表現は、前述の西洋における見聞にも共通しようが、銀座の景観には柳は似つかわしくないという意見であった。街路樹としての柳の植栽については、都市の美観をめぐってのちの都市美運動においても話題となるが、日本趣味の柳は洋風の建築物が並ぶ銀座には相応しくなく、お濠端の向かいの土手の松と相俟ってこそ、その美しさが十二分に発揮されると都市美協会の黒田鵬心は説いている[41]。都市美協会は本多が副会頭を務めた組織であり、黒田の意見は本多の趣旨を継承したものといえる。

また明治三六年（一九〇三）六月に開園した日本初の都市型洋式公園である日比谷公園では、パークウェイに沿って銀杏並木（明治三五年植栽）が造成されたのだが、右の博覧会に係る論説では並木設置を急務としているため、樹種としては本多はアオギリを適当と推奨している。成長の早いこと、枝葉が大きく深緑色で樹形の美しいこと、直ちに多数の苗木を集めることが可能なこと、そして、世界に誇れる東洋の景観美を彩るために欧米に類のないものであることなどが[42]基準に置かれたようである。

（4）記念林造成の理念と方法

「記念林」を造成する意義については次のようにある。

記念林造成事業の如きは其性質上、市町村、小学校、青年団体等の企画すへきものにして、之等のものは直接間接に関係公有林野の荒廃を恢復し、其利用を増進すへき責務を有す故に、公有林野に於ける記念林の造成は斯の責務を全ふし、以て国土の保安、国富の増進を図ると共に自治体の基礎を鞏固にし、且地方産業の振興に資する所以にして蓋し絶好の記念事業と謂はさるを得ず[43]。

各自治体や学校で行われる記念林の造成が推進された背景には、広大な面積におよぶ不活用の荒れた山林に対する懸念があった。同時代においてその面積は、「吾国林野中、現時最も荒廃し、且利用の閑却せらるゝは公有林野にして其面積実に五百万町歩に垂んとす」[44]と見積もられた。そこで基本財産構築とともに公有林野の再生を図り、「山林国家」としての国益を生み出すことが求められたのである。

記念林の植栽に適切な場所は、

記念林を造成すへき場所は、公有林野中、比較的地味佳良適潤にして、火災、風害、雪害、煙害、其他の危険少く、且便利の位置を占め、関係村落より能く之を展望し得るか若くは其住民の常に通行し、又は容易に行通し得る箇所[45]。

であった。上記に準ずるものとして、帝国森林会発行の『平和記念植樹』所収の「記念林ノ造成」では、「之れを企画する主体と成る可く密接なる関係を有する箇所」[46]もよいとされ、その目的も右の公有林野の活用に限らず、「記念碑性」とその維持・管理を考慮した顕彰的記念林の造成が推奨されている（具体例は第Ⅲ部第三章で詳述する）。記念林の造成は、そこに「御大典」や「御聖徳」といった一大記念事業が結び付くことによって、その活動に拍車が掛かるのである。地域産業の振興や財政再建に係る植林の取り組みは近世の上杉鷹山らによる林業政策の流れを汲むものでもあろうが、近代日本の林政においては「記念」がキーワードであったといえよう。

加えてこの実践的な記念林造成事業は、儀式的な苗木植栽式との組み合わせによる方法に発展するのだが、この「儀式」と「実践」を複合させた方法から読み取れるのは、樹木を単なる材木として扱うのではなく、第Ⅰ部第二章でみた杣人の山神崇拝に由来する「木産み」信仰のごとく、自然物の「いのち」を尊重する思想である。単に用材が必要であれば近代合理的な自然観と方法論で十分であり、祈りや儀礼的要素などは余計なことであろう。

このことが意味するのは、本多造林学には前近代的ともいえる樹木を尊崇する心が根底に備わっているということである。つまり本多の説く記念の植林事業は、山の信仰という伝統的な自然観が礎になっていると考えられるのである。

第三節　樹種選択と日本の風土――老樹名木を理想に――

本多は記念植樹に用いられるべき樹種について六項目を立てて説明する。

記念樹は先づ第一に其地の気候土性に適当し、完全良好なる生長をなす樹種なる事。第二に成る可く日本固有の樹木なること。第三に成る可く樹齢の長命なること。第四に成る可く喬大に生長し、樹容の崇高雄美なること、第五には成る可く其材の価値あること。第六に諸害に対する抵抗力の強きものなるを要す。(47)

まず本多は、なるべく外来種ではなく「日本固有」の樹種が記念樹の基本であるとして、九州から北海道まで各地方の風土や気候、環境に適した樹木を例示する。(48)この樹種選択は、明治前期に営まれたグラント将軍訪日記念植樹式や街路樹の樹種として農学者津田仙(49)が推薦したヒマラヤシーダーやジャイアント・セコイア、月桂樹といった欧化主義にちなんだ外来種とは異なる見解である。というのも、記念に樹木を植える以上、永く生長、繁栄させることが求められる故に、「生きたる記念碑」の本来的目的を全うさせるべく、植栽される環境に樹木を根付かせることが第一の課題となるからである。実際、明治一二年（一八七九）に津田仙がグラント将軍のために準備した米国の巨木として知られるジャイアント・セコイアの苗木（実はローソンヒノキの間違いであったが）は、(50)池田次郎吉『上野公園グラント記念樹』（日本種苗合資会社、一九三九年）によれば、のちの研究で日本の風土には適さないと判断されたという。(51)第一項ならびに第五項はこの点に関わる問題であり、有用な林木に育てるためにも自然環境と樹木との相性を優先することが不可欠となるのである。

さらに植栽される場所の性格や用途に応じた樹種を選ぶ必要もある。

> 社寺境内等、幽邃壮厳を保つ必要ある場所には、成るべく常緑樹を植栽するを可とするも、公園、官公署、学校、行路其他冬期日光を受くる必要がある場所の如きは、主として落葉樹を植栽すべし[52]。

荘厳な雰囲気を醸し出すために宗教施設には常緑樹を良しとする。

図1　蒲生の大樟

本多は『大日本老樹名木誌[53]』において「蒲生の大樟[54]」（図1）を第一にとりあげているが、これこそ彼がイメージする神木、神体林なのであろう。山林局の『記念植樹』（一九一五年）においても同様に、福岡県上城井村大楠神社に伝わる樹齢約一八〇〇年の「クス」や徳島県乳保神社の樹齢約八〇〇年の「イチョウ」、滋賀県玉桂寺の「コウヤマキ」、和歌山県熊野速玉大社の「ナギ」といった老樹巨木が、理想とすべき記念樹の例として示されている[55]。

いずれも各地域に伝わる自慢の老樹名木や巨樹巨木であり、人びとに仰がれながら生き永らえてきたその歴史を重く見る本多の姿勢が、これらの例示から読み取れよう。彼自身にとっては、幼少の頃より親しんだ「幸福寺のサイカチ[56]」の木が思い出の記念樹であった。第Ⅰ部第二章でも触れたように、本多はその地方において守り継がれている愛着のある樹木を次のようにいう。

> 老樹名木は、多くは其地の由緒深きを意味し、特種の風光を現はし、啻（ただ）に其地方の誇りとなすに足るのみならず、延いて愛郷心、愛国心の源をなすものなり[57]。

各地域で古くより保護・継承されている老樹名木こそ「生きたる記念碑」であり、これを記念樹のあるべき姿として仰ぎみるのである。

一方、本多は公園や学校、官公署といった公共空間の記念樹には主として落葉樹を推奨する。これは冬期における日光の照射量と人間の健康を考慮した選択だが、ここに「健康第一主義」を提唱した本多の公園哲学が現れていよう。ここでいう「健康第一主義」とは、近代人にとって大切なのは「独立自強」であり、新鮮な空気、十分な日光、美味しい食事によって壮健な心身を維持するという考えを指す。(58)

このように本多の著作から察すると、彼の推奨する記念樹の植栽とは、一方で精神性を重んじ古来の老樹巨木に尊厳をおくものであると同時に、他方で健康的な近代的生活を重視するものであることがわかる。心身および新旧の両側面に配慮する姿勢は、先述の「森林の衛生及び人の精神上に及ぼす効用」についても当てはまることである。

しかしながらここで注意すべきは、本多は記念樹の樹種選択に古来の伝統的な自然思想を反映させるとしても、樹種や植栽法にまつわる迷信などには言及していないことである。たとえば日本最古の造園書といわれる『作庭記』に書かれているような、八卦に基づく植樹の指南や禁忌に関する記述は見られないのである。その指南とは、「一、樹事　人の居所の四方に木をうゑて、四神具足の地となすべき事」にはじまり、「家より東に流水あるを青竜とす。もしその流水なけれバ、柳九本をうゑて青竜の代とす。西に大道あるを白虎とす。若其大道なけれバ、楸七本をうゑて白虎の代とす。……四神相応の地となしてゐれバ、官位福禄そなはりて、無病長寿なりといへり」(59)という類のものである。

『作庭記』に関しては、本多の高弟である本郷高徳が日本庭園協会の『庭園と風景』において当時の本多研究室の様子を次のように綴っている。

思ひ出は今から三十余年前、東京に日比谷公園の出来かゝつた明治三十四、五年の頃に遡る。当時、駒場の学窓を出て、恩師本多静六先生の許に、造林学教室の助手であつた私は、風致的造林への関心から、知らずく庭園に興味を持つやうになつた。先づ手に取つた「作庭記」「築山庭造伝」の類など、当時の若い書生には読みづらくもあり、内容の馬鹿らしきところもあり、さりとて、坊間の活字本などからは何等教へる、ところはなかつた。[60]

ここから本多研究室にも『作庭記』が常置されていたことがわかる。[61]また同じく弟子の田村剛や上原敬二が『作庭記』に関する研究書を著していることから、[62]本多も『作庭記』には精通していたものと思われる。しかしながら国家的事業を含め、公・私的の記念植樹を奨励する著作の執筆に際しては、古来の山の信仰や樹木信仰は認めるとしても、人びとを惑わすような迷信的な植樹方法を公的に教示することには憚りがあったと思われる。場合によっては迷信に従った故に樹木が環境に適さず枯死することもあろう。要するに本多造林学というのは、古来の自然観を根底に最新の科学技術をもって取り組まれる実学であり、『作庭記』等に伝わる植物や樹種に関する迷信や禁忌については、先に見た古今東西の故事に対する態度と同様、あくまで参考として脇に置き、実施のための方法論には取り入れなかったものと考えられる。

換言すれば何より樹木を丈夫に育てることが植樹の第一目的であり、この目的を達成するために自然環境と樹種との相性など、近代的な科学的根拠と古来の自然観を尊重して構築されたのが、本多造林学における記念植樹の方法論と理解できるのである。

第四節　『植樹デーと植樹の功徳』にみる本多の人生哲学

本節では、本多が説く「樹木を植える」ことによってもたらされる人生の功徳とその根底にある自然思想について考えてみる。

「植樹デー」というのは、関東大震災後の帝都復興期に開始された都市美運動の「植樹祭」を意味する（詳細は第Ⅲ部第四章に譲る)。都市美協会副会頭を務めた本多によれば、それは「毎年一定の日を選び、公園、路傍、学校の庭、又は広場、空地等に苗木を植付くるお祭りの様な年中行事[63]」を指す。この「植樹デー」に放送された本多のラジオ講演では、これまで構築された記念植樹に係る理念と方法論が「植樹の功徳」として総合的に論じられている。さながらそれは植樹を通じて考え出された本多の人生哲学を思わせる内容である。

(1)　個人的な功徳

「植樹の功徳」では、樹木を植える者に付与される個人的な功徳と社会人類に対して与えられる全体的な功徳が説かれている。まず「樹を植る人、即ち本人に対する植樹の功徳」を掲げる。

其一、樹を植る事は努力を植うるものである。
其二、植樹は忍耐を植うるもの。
其三、樹を植うる事は希望を植うるものである。
其四、植樹は喜びを植うるものである。
其五、樹を植うる事は平和を植うるものである。
其六、樹を植うる事は若き心を植うるものである。
其七、樹を植うる事は愛を植うるものである[64]。

大要は次のようになる。其一の「努力」については、みずから苗木を運んで植え付け、手入れを施した記念樹が枝葉を広げ大きく生長した姿を見ることは、すなわち自分の努力が立派に実を結んだことを体験することになる。困難に打ち勝って努力することは取りも直さず成功の基となる。其二「忍耐」については、記念に植えた苗木が芽を吹き、花を咲かせ実を結ぶまでには一定の時間がかかるものであり、そこから忍耐の貴重さを知ることになる。続いて其三、樹木の木の根が暗闇の中を手探りで八方に進み出で、やがてたくさんの枝葉を生じさせ、自由の大空に広がっていく。その姿は人生における「希望」のごときである。其四、日々健やかに美しく生長し、繁茂する樹木の木陰に多くの人びとが集い、梢では鳥が喜びの歌をさえずる。樹木を植えることは永久に尽きることのない「喜び」を与えることである。其五、緑陰に鳥が憩い、爽やかに吹く風が木の葉を通り抜ける。柔らかい日蔭が疲れた目を慰め、眠りをさそう。樹を植えることは「平和」な心を養うことである。其六、樹を植えることは「若き心」を植えることである。風雨霜雪を凌ぎ、年とともに生長する樹木も毎年、古い枝に新しい芽が吹き命を紡ぐ。生き永らえる樹木の強健な姿は、何時までも若き勇気を物語るものである。そして最後に其七、樹を植えることは「愛」を植えることである。みずから植えた樹には一層親しみがわき、その樹木を愛するようになる、ひいてはすべての花々や草木を慈しむようになる。いかなる人びとにも美しい天幕を広げてくれる緑葉の樹木は、人生の永遠の愛護者である。樹木のように永久に生長する力ほど善なるものはない。

以上のように、「努力」「忍耐」「希望」「喜び」「平和」「若き心」そして「愛」、これが樹木を植える人びとが得られる功徳である。

（2）社会人類に対する功徳

さらに本多は視野を広げ、「社会人類に対する植樹の功徳」も説く。ひとり一本の植樹でも大勢で行えば数百、数千万の樹木が繁茂するという、社会全体にもたらされる広大な恩恵である。

其一、樹木は気候を調和し、衛生上に裨益する。

其二、樹木は国土の保安上に有効である。

其三、水源を涵養して、水道、灌漑、水力電気等の用になる。

其四、国土を美化する。
其五、富源の増加。
其六、精神上に良作用を与ふ。
其七、人類の文化に貢献する。(65)

其一、気候や衛生など自然環境面に寄与する植樹の功徳は、たとえば夏場には繁茂する枝葉が日陰をつくり温度を下げて涼しくする。冬場には寒風を遮り、風除けの作用をなし、かつ地熱の発散を防いで気候をあたたかにする。其二、国土保安上に寄与する功徳とは、たとえば山野傾斜地に植栽された樹木の根や幹が土砂崩れ防止に役立ち、大雨の際には樹根や落ち葉等によって雨水の流れ出すのを防ぎ洪水の予防となる。海岸樹林は飛砂や潮風を防ぎ、防波堤としての働きをなす。鉄道防雪林は雪崩を防ぎ、寒冷地や豪雪地において運送や交通の利便性に効果を発揮する。其三、水源の涵養や灌漑のための植林、あるいは水力発電に必要な植林は、人びとが近代的で健康的な生活を送るうえで欠かせない恩恵をもたらすものである。其四、山や森への植林は風致や自然保護に寄与するところとなり、ひいてはそれが国土の美化に結びつく。其五、森の林産物がもたらす富源は、植林によってさらに増加する。樹のある国は栄え、樹のない国は亡ぶものである。其六、木を植えることは精神に良い効果をもたらす。我らの先人が植えた記念すべき老樹名木は愛郷心、愛国心を涵養する源となる。時に天を仰ぐ森厳なその樹下で静かに瞑想すれば、雄大崇高な自然に感化され、人物修養に有益な作用をなす。これらを総合して、其七、人生においてはこの世に誕生した時の産湯盥から最期の棺まで、生涯を通して人びとが樹木の世話にならないことはない。したがって樹木こそ人間文化に欠かせないものである。

そして本多は講演の最後を次のように締めくくる。

されば諸君、樹をお植ゑなさい。今日の植樹デーを記念に樹をお植ゑなさい。神も、仏も、樹を植うる者を助け、樹を植うる者に、天は総ゆる幸福を持ち来すのであります。[66]

「樹をお植ゑなさい」と勧める本多の自然思想は、樹木の一生を人間の一生に当てはめて考えられたものであり、その根幹には、あらゆる宗教や思想を超えたところに構築された、人類の平和と文化のために貢献する樹木に対する「愛樹心」[67]が備わっていることがわかる。

このように本多の推奨する記念植樹というのは、精神的には記念すべき事柄を子々孫々と後世に伝えることを目的とする「生きたる記念碑」を植えることであり、実用的には、都市においては景観美を増長させ生活環境の風致・衛生に貢献すると同時に、山野においては自然を保護し、さらに国益を増加させるものであると理解できよう。

特筆すべきはその理念と方法論において、日本古来の樹木観と西洋流の近代的な自然観、そして科学技術の融和が諸所に現れていることである。実際に本多の森づくりや公園づくりは、その地方の地勢や気候、風土はいうに及ばず、歴史や伝承、さらには「住民の人情、風俗、習慣、経済状態[68]」など人びとの暮らし全般に配慮がなされたうえで実施に移された。時に失策に対しては真摯にこれを反省して原因を究明し、時代の潮流に逆らうことなくその都度、植樹に係る方法論をより進化させる姿勢を呈した。つまりそれぞれの時代に適合するように、その手法や思想が漸次研究されてきたのである。これらの取り組みを考慮すると、本多の理想というのは常に時代に適したより良い自然環境や社会づくりにあったことがわかる。

「愛樹心」という言葉が象徴するように、洋の東西、新旧の思想を超えて自然の「いのち」に親しむ心を養うこと、それが本多が推奨した「記念植樹」の根本理念だったといえるのではないだろうか。

第五節　記念植樹の広がり――宗教的教育と実践――

では記念植樹の方法論や「植樹の功徳」の思想は、同時代の社会でどのように理解されていたのであろうか。これまでのところで記念植樹の精神的・儀式的側面や記念樹の理想的樹種などから、その行為が神社仏閣や山岳信仰等、宗教性にも関連付けられることがわかった。そこで本節では、前節で検討した植樹に備わる教育的効果に注目し、宗教者における記念植樹の理念と方法論の展開について考えてみたい。

当山派修験道の本山醍醐寺、神変社発行の『神變』（一九一三年一月）に「記念植林 公徳心培養の一策」と題する一文が掲載されている。まずはその内容を検証する。

> 仮令ば、今茲に古き独逸の風俗の如き、結婚の記念に植林をさす、結婚に次で出産の記念に植林する、喪事の記念に植林するとして見れば、其植林を自ら為た主は、其男と女と択ばず、自己が手を下した苗樹が年々歳々に発育する様を見て、何んな心地がするだろか、一度自己の手を離れた苗樹は枯れても折れても不関焉で、澄し込んで居れるものだろか、況んや、之が最愛の妻を聘ふた時の記念木である、彼が可愛子女の生れた時の記念木である、是れが自己の呱声を挙げた時の記念樹であると思ふて見たら、其樹木の発育が如何に嬉しき興味を以て視られ得るであらうか、左様な概念を斯う云ふ方法に愬へて培養したならば、地方の公徳心は必ず同比例に発展する事と考へる[69]、

ここでは人生の諸段階において心に留めておきたい事柄が生じた際に、記念樹を植栽すれば、誰もが樹木に関心を持つようになるだろうと説かれている。そして記念樹を大事に育てることによって自己自身の心が養われ、ひいては公徳心の向上に結びつくという、本多と同様の論であることがわかる。人生のメモリアルとしての植樹について、本多は明治四四年（一九一一）、『大日本山林會報』に「欧羅巴各国では冠婚葬祭即ち結婚出産死亡等

凡て人間の記念すべき時には必ず木を植ゑる良習慣がある[70]」と記し、特にドイツでは果樹などの結婚記念植樹等を奨励した結果、市街の中の緑ではなく、緑の中の市街という風景が出来上がったと論じていた。

（1）　愛樹の思想

これまで述べてきたように、記念植樹を勧める著作が多数発行された背景には、禿山空原が目立つ山野や用材として伐採される樹木の量に対して植林が追いつかないという状況があった。一方、『神變』で禿山の要因としてあげられたのは、野火はもとより、「無責任なる伐採」や「後は野となれ山となれの盗伐や濫伐[71]」という不公徳であった。刈るばかりで植付けをしない、他人のものを勝手に取るという公徳心の未発達が、絶えず山を荒らしてきたと寄稿者は記すのである。つまり荒廃する自然の現状に人間の罪科を重く見た見解である。そこで記念樹という特別な樹木を植え育てることを通して、「愛樹の思想」を育成させることが肝要であると寄稿者は主張するのである。寄稿者は続ける。

西洋文明国では共有の果樹園が有つて、夫れが年々歳々莫大の地方経済を助けて居る。果樹の如き手近い物でも、濫採（らんさい）の惨禍を受けぬ位であるから、其他の共同植林の如きは、年を遂ふて樹木の長大を自由ならしめて居る。尤も斯（こ）は古き処で国家干渉の下に励行した遺風でも有り遺徳でも有らうが、兎も角、其半面に於て公徳心の発達を証明して居る。夫れと同時に此の樹木や植物園の発達が、公徳心の発展を促進する事実も之に伴ふて居る事と考へる[72]。

すなわち、自然は一人のものではないという共有意識を植え付けると同時に、植物に対する関心を高め、教養を深めることが必要であると説くのである。

公徳心の培養については、日比谷公園を設計した本多に例を借りれば、公園の門に扉を付けないで夜間に花が盗まれないかとの批判に対し、彼は公園の花卉が盗まれないほどに公徳心が養われなければ日本は亡国だ、公園は一面その公徳心を養う教育機関になる、そこで国民が花に飽きて盗む気が起こらないほどたくさんの花卉を植栽するのだ、と答えた[73]。あるいは本多がドイツの林檎並木で落ちていた林檎の実をそっと懐に忍ばせた時、向こうからやってきた二人の児童も拾って持ち帰るかと思って見ていたら、彼らは手にした林檎を人に踏まれる心配のない路肩に置いて行った。その様子に感心し、みずからを恥じたことがあった。人のいない場所でも必ず神は見ているという「宗教的精神教育」が行き届き、公徳心が涵養されている結果であると本多は述べている[74]。

また寄稿文には植物園に関する言及もあるが、公園内の植物に名前を記したプレートを設置するなど、学習の場としての機能を持たせたことも本多の公園設計に係る特徴であり、ここにも本多の影響を認めることができる。

（2）植樹場所としての寺院

次に記念植樹を行う場所については、本多が奨励したのは社寺や学校、官公庁、公園など人びとの広く集う「神聖」な公共空間であったが、寄稿者はなかんずく宗教施設こそ実施されるべき場所であると説く。

宗教教育の方面から悪風の排除と共に、良風の培養に努力を継続してかゝれば、或期間内には必ず此目的を達する事と予定せられる。夫れを実行するには、学校も可なり役場も可なれども、尤も適当なるは寺院である。……夫れ〳〵の壇信徒を策励して之を実行さす時は、必ず年を経ずして不毛の赭山も翠緑滴る山林となり、雑草生ひ茂る空原も涼陰影清き森林と化する事は請合ひである[75]。（傍線筆者）

つまり人びとの良識を涵養し公衆道徳を向上させるには、宗教教育の場たる寺院こそ相応しい空間であるという。檀家と一緒に記念植樹を行えば、寺の森林を緑豊かに育てる機会になり得ると同時に、衆生済度という点から、宗教者が社会に与え得る徳として宗教者自身の徳にもなる。お互い様という不二の思想がここにある。

特に「百年の計」である森づくりは決して一人で出来るものではなく、子々孫々と協働してなされる持続的作業であることから「助け合い」の精神が要となる。一本の緑樹が数百、数千となり山に緑が甦るのである。

此方法にして子々孫々継続するとすれば、地方共同の財源は年を追ふて倍増し得らる、勘定ゆへ、学校や役場や神社や寺院の如き公共機関の改築や修繕等には尽未来際（じんみらいさい）多大の便益を与へるは無論である。(76)

それはまた心の涵養のみならず、寺院運営という実際的な側面を考慮しても、学校や役所と同様に建築資材を生育するという意味において重要な作業に位置づけられる。将来の用材に備え、永年にわたって継続して行う実践的な森づくりである。しかし、ただ植えさえすれば良いというのではなく、「公徳心の培養には偉大の影響を与へる事を信じて疑はざらんと」して、公徳心滋養を目的に、あるいは愛樹の思想を育むために、心をこめて協力して木を植えることが推奨されるのである。

寺院といえば第Ⅰ部第二章で触れたように、本多は大正一〇年（一九二一）一〇月一一日、大日本山林会の視察団とともに吉野山の荒れた状態を調査し、「吉野山の桜制復古」と題して、蔵王権現や貝原益軒の『和州巡覧記』にまつわる聖地における森づくりを主張した経緯がある。杉や雑木の林と化していた吉野山の価値を高めるために、本多は桜の寄進植を呼びかけた。人びとの協力によって、「吉野山霞の奥は知らねども　見ゆる限りは桜なりけり」という古歌にみる風景を復活させようという取り組みであった。(77)

このように結婚から出産、出世、帰省、追悼の記念まで、人生の節目において人びとが宗教や信仰に関わる機会は少なくない。そこで寄稿者は、

人事記念の植林を奨励せよと云ふと共に、其中心には寺院是に任じ、其提唱の労は、宗教家自から之を執れと言ふに在り。都会人士の為には更らに同心異形の方法ある可し。(78)

として、人びとの協力とともに、寺院が率先してこれを提唱し、宗教者がまず手本を見せることが重要であると

説く。宗教者はおのずと鍬をとって苗木を植え、水をやり、「いのち」を大切に植え育むことを衆生に教えるのである。

実施の方法は、山への植林は学校植林や先の「桜制復古」のように地方において行われるが、都会の人びとは寺院境内において行えばよいとする。これは大日本山林会の「愛林日記念植樹」や都市美運動における「植樹デー」にも通じていようが、このように林学者や農商務省といった山林政策に係る諸機関の指導者はもとより、宗教教育としても「記念植樹」は森づくりや都市緑化に最適な方法とみなされていたのである。

以上のように同時代において推進された「記念植樹」が、教導という宗教的側面ならびに寺社林運営という実践的側面において、意義深い行為として宗教者に受容されていたことが明らかとなった。本多の説く記念植樹の理念と方法論は、宗教者の説くそれとまったく違わないものである。本多と同様の趣旨の言説が、山岳信仰の道場である当山派修験道の本山醍醐寺の機関誌『神變』に掲載されたことは、本多の思想の根底に不二道の教えがあることを思えば意味深いことである。宗教者によるこうした植樹活動は、今日の例でいえば高野山金剛峯寺や醍醐寺における記念植樹の取り組みや斧入れの御法会に受け継がれている[79]。

本多が普及に努めた記念植樹はこのように宗教者からも受け入れられていたのである。

小括　本多静六の記念植樹の特徴——生きたる記念碑——

第Ⅱ部では、記念植樹を推奨する本多静六の思想の源流を解明すべくその「人となり」を分析し、さらに本多の説く「植樹の功徳」を検討した。そこから本多が唱える記念植樹の理念と方法論を導き出すと、主に「不二道」をはじめとする古来の伝統的な自然思想をベースに、西欧の見聞が融和された形となって現れていることが判明した。

まずドイツにおける修学記念としての山林研修は、本多にとって信仰の場としての厳しい山岳に、スポーツや風景美を楽しむレクレーションという近代的知見を新たに加える機会となった。ここに信仰登山という東洋の思想とアルピニズムという西洋の思想の出会いが見て取れる。

そしてドイツ留学を記念する種子交換は、不二道に対する感謝の念が込められた行為といえるものであった。一方、記念に贈呈した種子の箱にみずから名を残し、それを広く後世に伝えようとした本多の姿勢は、「由行三、」を名乗った祖父折原友右衛門の「忠孝」思想には見られず、ドイツにおける種々の記念の体験が影響していると思われる。だが生き物の首や角を記念物として尊重する彼の地の風習には馴染めず、「生きたる記念碑」の植栽、すなわち記念植樹を奨励したところに本多造林学の理念が芽生えていた。つまり名前や功績の繁栄を記念するのではなく、子々孫々と継承される「いのち」の繁栄を記念する行為である。ここに小谷三志の「死んで生まれてまた死んで、生まれる人があればこそ、かかるめでたい御誕生」という生に対する肯定的な生死観を見ることができる。

このような教育環境で育った本多が説く記念樹の理想とは、神木のような老樹巨木を手本とした、のちの世に受け継がれてゆく生命のある「生きたる記念碑」であり、年月を重ねるごとに植栽した者とともに成長して種を残し、生命を繋いでいくものである。

その形式には、儀礼的に行われる記念樹の植栽をはじめ、実践的になされる記念並木（行道樹）、記念林の植林という三つのスタイルがあった。第一の記念樹の植栽に見られる儀式的な側面は、神の憑代としての山や樹木を敬う思想や「木産み」といった山の信仰の流れを汲むものと考えられる。「木産み」や「鳥総立」という「いのち」を尊重する儀式的行為は、筆者が定義した「念じて植える」という記念植樹の原型ともいえようが、同時にそれは山林資源を循環させ山を育てるという実践的事業を支えるものであり、ここに儀式としての記念樹植栽と実践としての植林という組み合わせによる森づくりが見出されるのである。

以上のような本多造林学における植樹の方法論というのは、コッタの説く「森づくりは半ば科学であり芸術である」という理念や、ユーダイヒの「安全も美も収益である」という見解に、日本古来の樹木に対する尊崇の念が備わったものと解せられる。このことは本多が近代的な科学をもって構築された造林学においてさえ、「念じて植える」という儀式的行為を尊重したところに現れている。すなわち本多造林学は、東洋と西洋の科学と自然思想が出会ったところに育まれたものと考えられるのである。

続く第Ⅲ部ではこれまでの考察を踏まえ、明治中期から昭和戦中期にかけて主に本多が関わった記念植樹事業の具体的な展開を辿り、時代ごとの社会的な背景と照合しながらその理念と方法論の発展過程を検証してゆく。近代日本において営まれた記念植樹という行為は国家的行事に発展するのだが、国づくりや森づくり、あるいは街づくりに記念植樹は一体どのように関わっていくのであろうか。

（1）本多静六『増訂林政學』博文館、一九〇三年、緒言。
（2）本多静六「第七 人間の精神上に及ぼす森林の効用」同前、一四四～一四七頁。
（3）本多静六「社寺風致林論」『大日本山林會報』三五六号、一九一二年七月。本文の記述から執筆は一九〇九年九月とみられる。
（4）「モリソン山探検瑣談」読売新聞、一八九七年二月二六～二七日付。「御用有之露国西伯利亜及清韓両国へ被差遣 東京帝国大学農科大学教授林学博士本多静六」『官報』五六九一号、一九〇二年六月二五日、四五二頁。その他マレー半島、ジャワ、ボルネオ、スマトラへ出張。読売新聞、一九一三年六月二四日付など。
（5）本多静六「社寺風致林論」（前掲注3）、四頁。
（6）道詵（謚先覚国師）。新羅国霊岩の人という。出家して山野で修錬し天仙あって下降する。天文地理陰陽の秘を授かり風水相地の法を説く。「道詵」『朝鮮人名辞書』朝鮮総督府中枢院、一九三七年、一九六四～一九六五頁。
（7）本多静六「社寺風致林論」（前掲注3）、四頁。

（8）本多静六『南洋の植物』教養社、一九四二年、一二三頁。諸言によれば、同書はかつて本多が南洋の各地を二十数回にわたって調査した五〇年間の研究の一端を子供たちに紹介するものであるという。
（9）本多静六「小学校樹栽日実施の方案」『太陽』四巻一四号、東京博文館、一八九八年七月、一七三～一七七頁。
（10）本多静六『學校樹栽造林法全』東京金港堂書籍、一八九九年。
（11）本多静六『明治天皇記念 行道樹篇附緑蔭樹（本多造林学後論ノ三）』三浦書店、一九二一年。
（12）本多静六「明治天皇記念 行道樹の植栽を勧む」『龍門雑誌』二九八号、龍門社、一九一三年三月二五日、三二～三九頁。
（13）本多静六『記念植樹の手引 一名大木移植法』三浦書店、一九一五年。以下、「一名大木移植法」を略す。
（14）緒言に三浦書店から『記念植樹の手引』を発行したが、その保護手入れについても重要であるため本論を草したとある。本多静六『記念樹ノ保護手入法』発行元不明、一九一六年一月七日。
（15）本多静六「植樹デー（樹栽日）と植樹の秘訣」『山林』五五八号、大日本山林会、一九二九年五月。
（16）本多静六『植樹デーと植樹の功徳』（一九三一年四月三日 JOAK放送）帝国森林会、一九三一年。
（17）本多静六「記念樹の植栽と其の手入法」『庭園と風景』一五巻一二号、日本庭園協会、一九三三年、三五四～三五五頁。
（18）本多静六『皇紀二千六百年記念事業として 植樹の效用と植ゑ方』帝国森林会、一九四〇年四月。
（19）農商務省山林局『御大禮記念林業 上』一九一六年、中下巻あり。
（20）帝国森林会『平和記念植樹』一九二〇年一月。
（21）大日本山林会・帝国森林会『御即位記念植樹の勧め』一九二八年。
（22）本多静六『記念植樹の手引』（前掲注13）、二頁。
（23）本多静六『記念樹ノ保護手入法』（前掲注14）、八頁。
（24）本多静六「台風に滅ぼされた名樹に濺ぐ涙（一・二・三・終）」東京朝日新聞、一九三四年一〇月一六、一七、一八日、一九日付。本多静六「老樹名木と風致林の風害前後策」『庭園と風景』一六巻一一号、一九三四年、二七〇～二七一頁。
（25）大日本山林会・帝国森林会『御即位記念植樹の勧め』（前掲注21）、一頁。
（26）本多静六『幸福とは何ぞや「附」子孫の幸福と努力主義』（帝国森林会第四回講演会、一九二八年二月一〇日）帝国森林会、一九二八年、三四～三五頁。同書は初版から昭和一一年までに一二版を重ねたという。浅田頼

重編纂『帝国森林会史』帝国森林会会長徳川宗敬、一九八三年、一九〇頁。
(27) 本多静六『幸福とは何ぞや「附」子孫の幸福と努力主義』(前掲注26)、四一頁。
(28) 「強て余が健康を保ち来りし所以と思はる、所を謂へば、主として精神上の健康にある、即ち断えず心を快活に持し、専心其業に励み、疲るれば直ぐ其所に眠り、覚むれば直ぐ顔を洗つて仕事に取掛り、寸時も不足不安妄念妄想の起る余裕無からしめ、食物の如きは与へられたるものを好きなだけ食ふ許り」本多静六「私の健康法精神の上が主」読売新聞、一九一六年五月一五日付。
(29) 本多静六『幸福とは何ぞや「附」子孫の幸福と努力主義』(前掲注26)、三五～三六頁。
(30) 農商務省山林局『記念植樹』一九一五年、一頁。
(31) 本多静六『明治天皇記念 行道樹篇附緑蔭樹（本多造林学後論ノ三）』(前掲注11)、一頁。
(32) 本多静六「明治天皇記念 行道樹の植栽を勧む」(前掲注12)、三二一～三二三頁。
(33) 同前、三二三頁。
(34) 農商務省山林局『記念植樹』(前掲注30)、一～二頁。
(35) 遠山益「六甲山緑化の恩人 曾祖父本多静六を語る」講演会、二〇一〇年六月五日、神戸市立森林植物園。遠山益「本多静六の公園設計の思想」『本多静六 日本の森林を育てた人』実業之日本社、二〇〇六年、二五八～二六五頁。
(36) 長岡安平「都市の行路樹（明治卅六年稿）」井下清『祖庭長岡安平翁遺稿』文化生活研究会、一九二一年、五五頁。
(37) 本多静六「明治天皇記念 行道樹の植栽を勧む」(前掲注12)、三三三頁。
(38) 同前、三九頁。
(39) 本多静六「大博覧会設計私論」読売新聞、一九〇七年一二月一〇日付。
(40) 同前。
(41) 黒田鵬心「都市の自然美」『庭園と風景』一六巻六号、一九三四年、一五一頁。
(42) 本多静六「大博覧会設計私論」読売新聞（前掲注39)、一九〇七年一二月一〇日付。
(43) 農商務省山林局『記念植樹』(前掲注30)、二二頁。
(44) 同前。
(45) 同前、二三頁。
(46) 帝国森林会『平和記念植樹』(前掲注20)、五頁。
(47) 本多静六『記念植樹の手引』(前掲注13)、二～三頁。
(48) たとえば四国九州地方で濶葉樹ならクスノキ、イチヒガシ、針葉樹ならアカマツ、クロマツ、本州では濶葉樹にケヤキ、クリ、ヤマザクラ、針葉樹でアカマツ、クロマツ、東北地方なら闊葉樹でケヤキ、クリ、針葉樹でスギ、ヒノキといった具合で、これらは農商務省が提示した樹種でもあるが、本多もそれに大体賛成するとしている。同前、二〜四頁。

(49)　津田仙（一八三七〜一九〇八）佐倉藩家臣の子、幕臣津田氏の婿養子。明治初期の農学者で日本最初期のメソジスト受洗者。明治六年、ウィーン万博に出張した折にオランダ人ホーイ・ブレンクより西洋の農事を学ぶ。『農業三事』を記し、学農社を開設して『農業雑誌』を創刊する。『青山学院九十年の歩み』青山学院、一九六四年、一九頁。津田仙「神樹の説」『農業雑誌』二五号、学農社、一八七七年一月、一〜二頁。

(50)　津田仙「格蘭徳扁柏　ぐらんとひのき」『農業雑誌』八九号、学農社、一八七九年九月、三八六〜三九〇頁。Okamoto Kikuko "A Cultural History of Planting Memorial Trees in Modern Japan : With a Focus on General Grant in 1879"『総研大文化科学研究』九号、二〇一三年三月。

(51)　池田はローソンヒノキだったからこそ上野の環境で生育できたとみており、公園や庭園の装飾用に適しているという本多の説から、記念樹としても極めて適当と述べている。池田次郎吉『上野公園グラント記念樹』日本種苗合資会社、一九三九年、三八〜四二頁。

(52)　本多静六『記念植樹の手引』（前掲注13）、二〜三頁。

(53)　本多が二〇年かけて日本全国を調査した老樹巨木のうち一五〇〇本を選出した『大日本老樹名木誌』（一九一三年）に続き、同年、風致風教に影響をおよぼす老樹名木の擁護を鼓吹するために相撲番付表のごとく老樹巨木に順位をつけた『大日本老樹番附』を作成した。本多静六『大日本老樹名木誌』大日本山林会、一九一三年、緒言。「鹿児島県・蒲生の大クスと本多博士」『本多静六通信』九号、一九九七年一二月、八頁。

(54)　本多静六『大日本老樹名木誌』（前掲注53）、一頁、巻頭写真。

(55)　農商務省山林局『記念植樹』（前掲注30）、一五〜一六頁。

(56)　本多静六『天然紀念物と老樹名木』（南葵文庫に於ける史蹟名勝天然紀念物保存協会講話）、一九一六年一〇月二八日、三頁。九州大学附属図書館所蔵。

(57)　本多静六「天然記念物特に名木の保護」『大日本山林會報』三四四号、一九一一年七月、二〜三頁。同様の文言は『大日本老樹名木誌』（前掲注53）の序にもみえる。

(58)　本多静六「健康第一主義と風景の利用」『庭園』六巻一〇・一一合併号、一九二四年、一四頁。遠山益『本多静六　日本の森林を育てた人』（前掲注35）、二六二〜二六四頁。

(59) 林屋辰三郎校注「作庭記」『古代中世芸術論』日本思想大系二三、岩波書店、一九七三年、二四三頁。
(60) 本郷高徳「造園学に志せし頃」『庭園と風景』一七巻二号、一九三五年、四六頁。
(61) 東京帝国大学造林学研究室直系にあたる森林風致計画学研究室の小野良平先生（当時）からご教示いただいた。しかし現在の研究室には当時のものと思われる「作庭記」は残念ながら見当たらないとのこと。
(62) 田村剛『作庭記』相模書房、一九六四年。上原敬二『解説山水並に野形図・作庭記』加島書店、一九八二年。
(63) 本多静六『植樹デーと植樹の功徳』（前掲注16）、一頁。
(64) 本多静六「甲、樹を植る人即ち本人に対する植樹の功徳」『植樹デーと植樹の功徳』（前掲注16）、二～四頁。
(65) 本多静六「乙、社会人類に対する植樹の功徳」『植樹デーと植樹の功徳』（前掲注16）、四～六頁。
(66) 同前、七頁。
(67) 本多静六「明治天皇記念 行道樹の植栽を勧む」（前掲注12）、三三頁。
(68) 遠山益『本多静六 日本の森林を育てた人』（前掲注35）、二六四～二六五頁。
(69) 寄稿者は「愚賢」とある。「記念植林 地方改良＝公徳心培養の一策」『神變』四五号、一九一三年一月一日、三一頁。
(70) 本多静六「東京の市街に並樹を植えよ」『大日本山林會報』三四五号、一九一一年、四八～四九頁。
(71) 「記念植林 地方改良＝公徳心培養の一策」（前掲注69）、三〇頁。
(72) 同前、三〇～三一頁。
(73) 本多静六『本多静六体験八十五年』大日本雄辯会講談社、一九五二年、一六三頁。
(74) 本多静六「東京の市街に並樹を植えよ」（前掲注70）、四九～五〇頁。
(75) 「記念植林 地方改良＝公徳心培養の一策」（前掲69）、三一頁。
(76) 同前、三二頁。
(77) 本多静六「吉野山の桜制復古」『庭園』三巻一二号、一九二一年、四六六～四六七頁。
(78) 「記念植林 地方改良＝公徳心培養の一策」（前掲注69）、三二頁。
(79) 『総本山金剛峯寺山林部五〇年の歩み』総本山金剛峯寺山林部、二〇〇一年、三三～三五頁。詳細は次を参照。岡本貴久子「空海と山水―「いのち」を治む」末木文美士編『比較思想から見た日本仏教』山喜房佛書林、二〇一五年。

第Ⅲ部

「記念植樹」の近代日本――明治～大正～昭和の系譜――

愛林日のポスターとパンフレット

図１　梨本宮総裁による愛林日記念植栽（昭和12年４月２日、於茨城県和尚塚国有林、樹種コウヤマキ）

図２　植樹デーの記事（読売新聞1927年４月４日付）

第Ⅲ部では近代日本において営まれた「記念」に木を植えるという行為、すなわち「記念植樹」に関する文化史を具体的な事例に即してとりあげる。林学者本多静六が活躍した明治中頃から昭和戦中にいたる期間に実施された主な記念事業を対象に、記念植樹という行為がどのような理由で社会に普及し、いかなる理念と方法論をもって奨励されたかについて、その発展過程を検証する。

課題とするのは、第一に教育の場で実施された「学校教育と記念植樹」、第二に明治から大正への転換期における「御聖徳と記念植樹」、第三に第一次大戦後の平和を祝して実施された「平和と記念植樹」、そして第四に大正から昭和への移行期に関東大震災を機として都市再生が図られた「帝都復興と記念植樹」、最後に「大記念植樹の時代」と題して昭和戦中期から終戦にいたる期間の記念植樹である。

これまで述べてきたように、当時の造林学を率先する立場から本多が執筆した「記念植樹」に関する著作の発行と、その計画および実施を伝えるニュースによる相乗効果によって記念植樹が社会で広く隆盛する。もちろん明治中盤に本多が登場する以前、つまり明治初期にも公式の記念植樹は行われている。本書では、本多が主にその牽引役となった側面を検証していく。

本多の前史としての記念植樹を一言で説明するならば、それは「欧化」を念頭に置いたものであった。たとえば本多の「学びの時代」にあたる明治一二年（一八七九）に開催されたグラント将軍訪日記念植樹式[1]では、先鋭の農学者津田仙と実業家渋沢栄一が立役者となった。先に触れたように記念樹の樹種には西洋種が尊ばれ、式典会場には太政官布告第一六号で近代的な公共空間に生まれ変わった「公園」としての社寺境内が選ばれた。風景から欧化をという措置といえる。

だが近代化の扉を開けて間もない頃のこと、「旧習を打破し知識を世界に求める」という欧化主義のもとで営まれた記念植樹式では、植栽環境よりもその記念碑性が重視され、かつ科学的知識が及ばず不適切な樹種が選ばれ、しかも苗木を間違えるなどの失敗が見られた。しかしながらこうした失策は次世代の本多への教訓となり、本多が提唱する「記念植樹」の方法と理念を発展させる契機になり得たと考えられる。

さて明治半ばの日本である。古来の山岳信仰を身に付け、かつ最新のドイツ林学を学んだ新鋭林学者本多静六は、果たして「記念植樹」という行為をいかに捉え、それをどのように社会の中に位置づけ発展させてゆくのであろうか。それはいかなる自然観に基づき、どのような形態をもって為されるのであろうか。

（1）詳細は、Okamoto Kikuko "A Cultural History of Planting Memorial Trees in Modern Japan:With a Focus on General Grant in 1879"『総研大文化科学研究』九号、二〇一三年三月、八一～九七頁を参照。

第一章　学校教育と記念植樹

第一章のテーマは、明治期の学校教育に関わる記念植樹である。

竹本太郎氏[1]の研究にみられるように、明治二八年（一八九五）、文部次官牧野伸顕は米国におけるArbor Dayと称する植樹日（期日を定めて植樹を行う日）に影響され、小学生による「学校樹栽」を導入する。今日、学校植林と呼ばれる「学校樹栽」は、文字通り、学校で「児童・生徒に植林させる」活動[2]を意味する。明治日本においては、日露戦捷の動向やメディアの宣揚効果とともに各地で隆盛する活動だが、実施にあたって活用されたのが、ドイツ留学から帰国後すぐに帝国大学農科大学助教授となった本多静六が著した『學校樹栽造林法全』（以下、全を略す）という著作である。

本多による学校樹栽造林法はどのような理念のもとに考案されたのか。この問題を解明するために本章ではまず、前史として学校樹栽導入時における日本の社会的背景と米国の学校植林思想の影響関係を検証し、米国の教育家ノースロップと文部次官牧野伸顕の交友から日本における学校樹栽の普及過程について論及する。次に当時の森林をめぐる法制度を確認したうえで、本多の言説や彼の大学演習林における具体的な事業をとりあげ、演習林活動から学校植林へと展開する方法論について分析する。以上の手続きから、近代化の進む明治日本において取り組まれた、学校樹栽活動の原動力になったと推測される自然観の解明を試みたい。

第一節　米国における学校樹栽活動の展開

明治の日本社会において推進された学校植林という活動は、そもそも「学校において祝祭日を記念して、児童・生徒に木を植えさせること」[3]にあった。今日こうした活動に記念碑的意味合いは薄いと見られるが、明治期においては「記念」に樹木を植えることがキーワードであった。それは導入者である牧野伸顕が「一種の木祭り」[4]と表現したように、「植樹祭」としての性格が強い。明治二八年（一八九五）、米国より来日した教育家ノースロップ（Birdsey Grant Northrop, 1817–98）の植樹思想に影響された牧野が提唱した学校植林は、Arbor Day と呼ばれる植樹日に由来するものであった。

（1）米国の学校植林思想との影響関係――モルトンの Arbor Day――

Arbor Day（樹栽日）とは、米国ネブラスカ州州知事、農務省長官を歴任したスターリング・モルトン（J. Sterling Morton）[5]という農政家が、一八七二年（明治五）に企画した「木を植える日」である。農業委員会の席上において、同州における植樹を推奨するというモルトンの発案を受けて決定された活動で、彼は手始めに所有する農場を〝Arbor Lodge〟と名付けて植栽事業を展開した。[6]これをうけて、同時代には学校生徒の手によって全州に一〇〇万本が植栽されたと伝えられる。米国の中央に位置するネブラスカ州というのは当時「樹のない州」[7]と呼ばれた乾燥地帯で、「地質は瘠せて居り殆ど人の住居するに適せぬ所」[8]であった。そこで土地改良を施し、緑豊かな美観を形成することによって土地の価値を高め、財政安定を図ることを目的に定められたのが Arbor Day である。

周知のごとく、開拓と産業革命による自然破壊が進んだ一九世紀後半というのは、人間の手で自然を管理する近代的な自然観がある一方、純粋な原生自然の保全を主張するエマソン（R. W. Emerson）やソロー（H. D. Thoreau）といった文学者の作品が世の注目を集めていた時代である。自然に対する両者の認識というのは互いに相容れないものではあったが、同年、グラント政権下において設定されたイエローストーン国立公園を例として、人びとが自然環境に関心を向け始めた時代といえる。

こうした状況にあって、モルトンの合理的な植樹計画には多くの賛同者が集まった。一八八五年（明治一八）にはそれまで四月一〇日に行われていた植樹日が主唱者モルトンの誕生日にあわせて四月二二日に変更され、さらにそれは同州の祭日に指定されることになる[9]。植樹計画の増進に従い同州の地価上昇も見られたが、その増額に対する賦課税は免除することが州議会で決定、ついで一八九五年（明治二八）には州立法をして「植樹者州（The Tree Planter's State）[10]」と銘打たれるほど緑地化が進んだという。第二四代クリーヴランド大統領の第二次内閣[11]においてモルトンは農務省長官に就任する。この年は、後述する第二次伊藤内閣の下、コネチカット州の教育家のノースロップが来日し、全国にわたって学校植林奨励の演説行脚を行う年でもある。

モルトンの植栽事業に関しては、日本においては明治二八年六月五日付の読売新聞に「樹栽日[12]」と題してその由来とともにモルトンの経歴と実績が紹介されている。また明治四一年（一九〇八）に信濃で発行された林業家井出喜重[13]の『殖林漫語』にも同様の言及が見られることから、「樹栽日」を定めて樹木を植えるという行為とその思想が広く行き渡っていたことがわかる。『殖林漫語』の記述は次のとおりである。

今を距る二十四、五年前、ネブラスカ州に於て、スターリング、モルトン氏の主唱に依り、一の林友会を組立て、毎年期日を定め、植樹祭を行ひ、樹植の事を行ふにいたれり、此会には、老幼男女を論ぜず、随意に加入するを得るものにして、会員は年々一弗宛を出して当日の費用に宛て、且つ此の祭日には、必ず会員は一本以上の樹木を栽植し、永く之を保護する義務あるものとせり。現今此会は、全合衆国に普及し、最近の報知に依れは、ネブラスカ州のみにても、栽培の樹数既に三億五千五百万本に達し、樹木草果樹鬱蒼として繁茂するに至れり。(「米国の植樹祭」)[14]

(2) 教育家ノースロップと明治政府の関係

学校植林思想を日本に普及したノースロップ[15]は、コネチカット州のプロテスタント宣教師であると同時に教育局長も務めるなど、長く教育事業に携わった人物である。ノースロップについては先学者である久我俊一氏の研究[16]に見るごとく、明治二八年(一八九五)に来日した際には大日本山林会のバックアップによって約二か月の間に三八回演壇に立ち、米国の Arbor Day について講演した。そこでノースロップの植樹思想を分析する前に、その人物像を探るべく、まずは彼と明治政府との結びつきについて検討する。

ノースロップは、農政家ケプロン(Horace Capron, 1804-85)の黒田清隆への進言によって創設された開拓使仮学校の後身にあたる札幌農学校の学事に関与している。札幌が北海道開拓の拠点として本庁所在地に採択された明治二年(一八六九)一〇月、当時の札幌は幕府が開拓した原野が広がるにすぎず、治安も悪く町割りも未整備だった。そのため明治五年(一八七二)四月、開拓使仮学校は一旦、東京芝増上寺境内に設置されるのだが、ようやく現地の人口も増え準備も整ったことから、明治八年(一八七五)九月七日に「札幌学校」として開校する。生徒は体格強壮の三四名が選ばれ、校長は開拓使官吏の調所広丈が兼任した[17]。

開業に際しては、明治七年(一八七四)一一月二〇日付で調所より黒田に対して、農学だけで三名の教師が必要と願い出されていた。外国人教師雇用の件は、黒田と三条実美の承諾を経て外務省を通じて明治八年四月、帝国特命全権公使吉田清成に託される[18]。この教師選定に奔走する吉田に協力を惜しまなかったのがノースロップであり、彼の斡旋によってマサチューセッツ農科大学から学長クラーク博士（William Smith Clark）[19]の招聘が決まるのである。

当時交わされた「クラーク雇入に異議なき旨外務省へ回答の件通知」という公文書には次のような添書きがある。

御使農学教師御雇入之義に付、客歳在米吉田全権公使へ御依頼相成候に付、同公使彼地の教師両三人問合候処、何分適当之人物無之仍而同国学士ノルスロップ氏へ右人物選択の義依頼致置候処、客歳十一月中同氏よりマサチュセッツ州農学校長クラーク氏なる者傭招に応し度由、（中略）

九年一月十日 外務大丞田辺太一（往第六号写）[20]

クラーク雇用に係る吉田の交信には、「クラーク氏去十二月中、ノルスルップ氏の宅に於て面会致候処、至極適当之人物に存候」[21]との記述があり、ノースロップの協力的な姿勢が具体的に示されている。

開拓使側の希望は二年間契約であったが、学長の座にあったクラークは一年間の賜暇を得て、ウィリアム・ホイラー（William Wheeler）、ダヴィッド・ペンハロー（David P. Penhallow）の二人を連れて同年六月二九日に横浜に上陸した[22]。クラークの日本滞在はわずか一年弱であったにせよ、札幌農学校はピューリタニズムとフロンティア精神が反映された専門教育機関として発展する。内村鑑三をはじめ新渡戸稲造や宮部金吾を輩出した札幌学校のレベルアップは、一方で地元開拓民とのつながりを希薄にする一因にもなったと伝えられるが、ケプロンが提案した開拓使仮学校がのちに帝国大学の一つに数えられる高等教育機関となり得たのは、仲介役を果たしたノースロップによるところも大きかったといえよう。

明治三一年（一八九八）六月二〇日付東京朝日新聞に掲載されたノースロップの訃報を伝える記事には、次のようにある。

> 馬関償金返還の尽力者として、将た日清戦争の際に於ける清国降将の庇護者として、乃至は学校樹栽の勧告者として、吾国人の記憶に留まれる米国ノスロップ博士は四月廿七日を以て米国マサチュセッツ州クリントンの自宅に永眠せり。吾人は今此「村落改良協会の父」及び「学校に於ける樹栽日（アルバデー）」の発起者として、米国各州の尊崇せる八十の老翁の訃音を読者に報ずると共に聊か氏が一生の歴史の梗概を回顧せんとす。……千八百七十三年に於て日本政府は学制改革に就き氏の力を仮らんと欲して招聘したりしも氏は之を肯（うけ）がはざりき、是れ米国に在るは更に日本に尽すに便宜なるを知りたればなり、果然下の関償金の返還に際する氏の尽力の成功は、氏の先見を証して余りあり。氏は米国の学校に於て教育を受けんと欲して渡航したる日本の女学生を管理せし最先の人にして、氏の日本に対する同情は実に深甚のものなりき。千八百九十五年即ち日清戦争の際に於て、氏は再び日本に遊べり、日本政府は氏が日本に尽せる厚誼に感じ国賓として之を歓迎し、且つ美麗なる一対の陶器を贈れり……[23]

教育から政治にいたるまで、ノースロップが幅広い分野で明治政府の功労者とみなされていたことが確認できる。[24]

ことに教育に関しては森有礼が普通教育案や高等学校教師の選択についてノースロップに意見を求めたといわれ、津田梅子を例とする米国に留学する学生たちの世話をするなど、[25]ノースロップの説く学校植林思想がいとも容易く日本各地に行き渡ったのは、単に時流に適合しただけではなく、近代化を目指す明治政府への貢献を惜しまなかった、彼のこうした人柄もまた大きく作用したものと思われる。

（3）ノースロップにみる学校樹栽の理念と方法

政治家モルトンの土地改良や財政基盤整備に主眼を置いた植樹活動を、キリスト者あるいは教育者の立場から

「学校植林」として提唱し、これを日本に普及させたのがノースロップである。森林学や植樹に関する知識は、一八七七年（明治一〇）に訪問した欧州で身に付け、同時に欧州の学校制度についても学んだといわれる。[26]

ノースロップの主な著作については、コネチカット州の農業委員会報告文として、"*ARBOR DAY From Report of Secretary Connecticut Board of Agriculture*"（1887）[27]や"*FORESTS AND FLOODS*"（1885）[28]、教育に関する論述として、"*EDUCATION ABROAD*"（1873）、"*STUDY AND HEALTH*"（1873）[29]等がある。

本章のテーマである学校植林については、明治二八年（一八九五）六月一五日付『大日本山林會報』第一五〇号に、大日本山林会名誉会員金子堅太郎の「研究すべき価値あり」[30]との推奨により、ノースロップが北米合衆国山林協会会員としてマサチューセッツ園芸協会席上で行った「小学校樹栽日　Arbor Day in Schools」（一八九二年二月）と題する講演録二〇頁分が訳載された。この原文については、当時のものは大日本山林会においても現時点では所蔵が不明だが、本国で復刻版[31]が出版されたことから、本章では明治の訳文と原文を参照しながら、ノースロップの提唱した小学校樹栽日の発展過程とその思想について検討を加えることにする。これを見ると、ノースロップの学校植林の方法論は種々の意見を取り入れながら、より適した方法へと段階を経て進化していることがわかる。

教育のための植樹活動

ノースロップはまず、米国での経済的効果を期待した樹栽日における植樹活動の嚆矢を先のモルトンに求め、演説や紙面を通した彼の精力的な啓蒙活動が、荒野でしかなかったネブラスカ州を生活居住に不都合なき立派な森林のある土地に成長させたという成功例を掲げたうえで、それとは趣旨を異にする、「教育目的の樹栽日」の起源はノースロップ本人の創意にあると明言する。[32]誰の創意によるかということを曖昧にして捨て置かないのが特徴的である。

一八七六年（明治九）、ノースロップは米国の独立百年を機として"Centennial tree-planting"[33]（百周年記念植樹）を少年少女に勧奨するために、センチュリー誌やその他の紙面を通してコネチカット州で五株の植樹を行った子供、あるいは植樹の手伝いを行った子供に一ドルの褒美を与えるという計画を発表したところ、意外の同意が得られた。しかしながらこの時点では、植樹の期日等の方法論は確立していなかった。

一八八三年（明治一六）八月、セントポール市で開催された北米山林協会大会で、ノースロップが提出した「北米各州及「カナダ」聯邦の小学校に樹栽日の制を遵奉せしめんとするの議案」が採用となり、その方法論を討議する委員会議長に選ばれたことを契機に、直接または書状を通して各州知事や事務委員宛に「樹栽日遵奉の諸願」を発行した[34]。果たして彼らの反応はといえば、一八八四年二月にワシントン市で開かれた「国民教育会」において、教科目がすでに飽和状態にあるという反対の声から、「余の此小学校樹栽日なる艸稿の朗読は徒に冷淡なる評語を以て迎へられ」たという[35]。しかし物事の実行の手始めというのは、往々にして「官吏の冷淡なる素より期せさるにあらざる[36]」と失望せず、そうした冷ややかな反応が却って自身の取り組みを熱心にさせたとノースロップは語っている。

やがて賛同者の声も届くようになり、一八八六年（明治一九）、マサチューセッツ州知事が満心の同情をもって彼の活動に賛意を表し、当初冷淡であったイリノイ州知事もまた同州第一回目の樹栽日に、「一個の楡樹を取り自ら穴を穿ち公庁の庭園に植へた[37]」という。その際イリノイ州は南北に広がる地勢で一定の植樹日を定めることが困難であることから、ノースロップは樹栽日を早期と遅期の二様に設定した。こうした地勢的制約は南北に長い日本への学校樹栽日導入にも該当することだが、何より植物を丈夫に育てるための環境が優先されたものと考えられる。

教育上の効果

こうしたプロセスを経て徐々に発展していくノースロップの方法論だが、樹栽日のあり方についてカナダのケベック州副知事より貴重な意見が寄せられた。

樹栽日は邦家の制度の一となり、童男童女は好んで鍬を取り清き快楽を享有し、自然に永久の抹殺すべからざる樹木に就ての嗜好を発生するに至るべきなり。(38)

つまり用材としていずれ伐採される植栽とは別に、末永く大切にするという意味における「記念樹」の植栽が、子供たちの心を捉えるとする説であった。(39) この意見にはノースロップも賛意を禁じえなかったようで、南部諸州においてはワシントンの誕生日を樹栽日に指定したことを例にあげ、「教育上の利益と共に愛国の情を発達せしむるの利益を得たり」(40)と大いにその効果の程を説いた。

「ワシントン」、「リンコルン」、「グランド(ママ)」、「ガルヒヰールド」及其他の愛国者、有名の学者仁人君子の為に紀念木を植ゆるの此習慣は、今や一般各州に伝播し、凡ての小学校上翩翻たる四十四星の国旗は、少年社会の熱心なる喚叫に和して、国民的教育者となり愛民忠国の至情は、樹栽日の祝詞、演説、唱歌の間に勃興せられたり(41)（傍線筆者）

ノースロップの説く米国に功績を残した偉人のために記念樹を植えるという精神は、公益に資すると同時に子供たち自身の愛国心の涵養にも結びつくという。(42) この理念は、記念に植栽された樹木ではないが、ジャイアント・セコイアという米国を代表する巨大な長命樹に「ヘラクレス」(43)といった古代神話の英雄をはじめ、「グラント将軍木」、「リー将軍木」、「シャーマン将軍木」などと命名し、記念樹を保護しながら永くその功績を語り継いでいこうとする精神にも通じている。「紀念木」に関連してノースロップは次のように続ける。

紀念木を植栽し、兼て公共木の植樹に従事するを見るものは誰か一種霊妙なる威を起さゝるものあらんや、余は切に此等の紀念木奉納に付て頌詞を呈するは天職として辞する能はさる所なり。(44)

樹栽日に植栽される記念木とともに、右の「祝詞、演説、唱歌」、たとえば祈りの言葉や教えの言葉、国歌や賛美歌（森林の頌歌 Forest Hyms(ママ)）(45)を捧げることは、宗教者としてあるいは教育者として、ノースロップにとってそれは辞することの出来ない「天職」であるという。要するにこの樹栽日に奉仕することこそ、プロテスタンティズムの精神に則った、つまりみずからに与えられた職分を全うする行為に他ならないということである。ノースロップはまた小学校樹栽日の効果を次のように説く。

樹栽日の盛典の為に艸(そう)したる樹木の美、及樹木の真価なる問題に付ての卓越の文章、詩歌を掲ぐるを常とせり、此結果は文学上の正気ある萌芽を少年子弟の心理に印し、植物の植栽及其保護注目は、此等利用の才を養生するの志想を発達し、且や喬木、灌木、蔓艸、花卉等種々植物上の愛情は以て造花の無窮の形質雄大なる美質の親愛と共に、文学歴史の研究を促し、併せて愛国の感念を湧出せしむ。(46)

樹木の美しさやその真価について詩文などを通して、子供たちの心に文学的素養や歴史研究への志想を芽生えさせる情操教育となる。かつ植栽した草木や花々を注意深く観察し、保護手入れを行うことは、あらゆる植物に対する愛情を生じさせ、ひいてはそれが国を愛する心を起こさせる、という。こうした見解は、のちに本多が説く「植樹の功徳」に見る「植樹による個人の徳は社会全体の徳になる」との功利説にも、少なからず影響を与えたものと解せられる。

ノースロップはこれら教育上の効果を、智識を希求する心の働きに喩え、学究的好奇心は「観察、注意、記憶、想像、及陳述力の母」(47)であると教えるのだが、この基層にあるのが彼が講じる聖書の教えである。ノースロップの著作『教育者としての聖書』には次のようにある。

聖書は人の記憶力を養成するの益あり。抑も記憶力を養成するに三の重(お)もなる条件あり、興味、注意、反復、是なり。古来、何の真理か果して聖書の如くに人の興味を煥起したりや、又何の真理か果して聖書の如くに人の注意を惹きたりや、又何の真理か果して聖書の如くに人の反復審案を受け、愈(いよいよ)研究を重ねて、愈其豊実なるを発見せられたりや。(48)（傍線筆者）

みずからの手で植栽した草木には尽きることのない興味が湧くものであり、苗木を大きく育てるには注意深く保護観察する必要があり、これを毎日反復することによって、日一日と生長してゆく植物からさまざまなことを発見する。健康的な感情の下における勉強は一種の快楽であると説くノースロップにとって、樹木を植えることはすなわちキリストの福音であると理解し得る。(49)

福音といえば、ノースロップが教師選定で助言したクラークのもとに学んだ内村鑑三も「植樹の福音」と題する文章を記している。ノースロップの精神が継承された内容である。

国を救はんと欲する乎（か）、第一にキリストの福音を伝へよ、第二に樹木を植えよ、キリストは**生命（いのち）の樹（き）**である（黙示録（もくしろく）二の七(50)、同廿二の二(51)）、樹木は国の生命である、人のすべて善き事はキリストより来り、国のすべて善き事は樹木より来る、人の心にキリストが宿り給ひ、国の表面（おもて）に樹木が茂りて、天国は地上に臨むのである。(52)

樹栽の方法　樹栽日の具体的な取り組み方については、たとえばオハイオ州シンシナティ市の場合は午前中に小学生に植物の談話をし、午後から植樹の実地作業が行われた。(53)山間部と異なり、植物材料を得るのが困難で、植栽する土地の少ない都会の子供たちに対しては、たとえばボルチモア市の第一回樹栽日は次のように進められた。

樹栽日は、其朝の二時間を樹木の講話、論文の朗読及唱歌の演習に費し、次で教員生徒等相携へて各自の庭園に就き種々の樹木を植へ、知事、市長、図書館長等の人士は、従て其名目を附したり、男女の生徒は此愉快なる庭園を見るの楽を以て、姻戚朋友は生徒の楽を喜ぶの余り其樹植の労の補助をなす。(54)

都市部では公園や自宅の庭園において樹木に限らず生け垣を彩る低木や花々の植栽がなされたのだが、一所懸命に苗木を植える子供の姿に喜ぶ余り、思わず手を差し伸べる保護者もいたとみえる。ノースロップによればボストン公園というのは、当時のボストン周辺の子供たちが喬木、灌木、花卉を植栽したことによって出来た「大なる日課の一の庭園」(55)に他ならないという。

なお、都市に関連して一言付け足せば、一八九〇年代にはコロンビア世界博（シカゴ・一八九三年）を契機として、都市の美観を向上させる都市美運動 City Beautiful Movement が起こり、ボストンやボルチモアにおいても景観規制等が敷かれるのだが(56)、特筆すべきはこの運動の先駆者であり、セントラルパーク設計者として知られる造園家フレデリック・ロー・オルムステッド（Frederick Law Olmsted）が、第一に公園等の自然美を重要とみなし、植樹による都市緑化を奨励したことである(57)。ノースロップとの交渉は詳らかではないが、不衛生な都市環境の改善を目指して推進された都市緑化に際し、こうした事業を活発化するために、ノースロップの教育的な植樹活動が与えたであろう影響は決して少なくないと思われる。

以上のように、小学校樹栽の提唱普及とそれに対する奉仕を「天職」とするノースロップの勧める学校植林というのは、経済上の利益はもとより、樹木を植え育てることは植物を愛する心を養うものとして、教育上有効であるという思想に基づくものであった。それが知的好奇心や愛国心、公共心、労働心の涵養にも結びつくとして奨励されたのである。

同時に、学校植林のように集団で行われる植樹活動というのは皆で協力し合うことが要せられるとして、規律性の養成にも効果が見込まれたものと思われる。注意すべきは、そこに記念碑性を尊ぶ思想が見られたことである。加えて、米国の場合は植樹者に対して奨励金(58)が与えられることが特徴的であり、いわば資本主義の精神に即した植樹活動だったともいえよう。

さて、ノースロップが取り組んだ学校樹栽活動は、果たして明治日本においてはいかなる展開を見せるのであろうか。

第二節　明治期における学校樹栽の普及と展開

（1）文部次官牧野伸顕の訓示

明治二八年（一八九五）、ノースロップは諸国漫遊の途次、京都で開催されていた第四回内国勧業博覧会の視察と、日清の戦勝が学事にもたらす諸影響の調査とを兼ねて訪日した。[59] この時、Arbor Day に関心を抱いたのが時の文部次官牧野伸顕である。

教育に関する米国の雑誌を読んで居ると、Arbor Day といふ言葉が目に付いたので、どういふ意味かと尚読んで行くと、これは米国の Nebraska 州に始まった一種の木祭りのやうな行事で、一定の日に学校の職員、生徒及びその父兄が総出で学校の構内、或は附近の野原に場所を選んで木を植ゑることであることが解り、大変意義があることであり、軽々しく見逃せない記事だと思った。[60]（傍線筆者）

学校樹栽の推進　兵庫県知事に在任中、禿山の多い神戸では雨量が増すと生田川が氾濫して川沿いの住民が被災したことや、福井県に在職中に経験した足羽川の氾濫も水源地の山林の濫伐が災いしたことなどから、水害と禿山は無関係ではないと牧野は植林の必要性を痛感していた。「これは日本でも是非とも遣るべきことだと思った」[61] 牧野は早速、来日中のノースロップと面会した。岩倉使節団の一員として中学時代をボストンで過ごした牧野は、ノースロップとはすでに面識があった。[62] ノースロップは日本政府の積極的な樹栽運動を勧めたという。折しも三年前の明治二五年（一八九二）七月一九日、第一次松方正義内閣の佐野常民農商務大臣より「愛林思想」を強調する談話が発表されていた。

山林は国家の経済上必要大切なることは勿論なり、……大林区署長は率先して人民に愛林の精神を煥発せしむることと勉べし、且つ官林の火災盗伐は甚だしき害と受くるものなれば、官林・民林とも充分注意したき

ものなり云々。(63)

山林経営によって国家財政の安定を図る方策としての植林はもとより、森林を愛し守り育てるという「愛林思想」が推進される気運にあったのである。

明治二八年五月二〇日、牧野は文部省の尋常師範学校長諮問会の席上において米国の Arbor Day（樹栽日）や学校植林の事例を報告し、訓示という形で「学校において祝祭日を記念して、児童・生徒に木を植えさせること」(64)を「命令としてではなく、一つの研究問題」(65)として講じた。この動きに同調して、ノースロップは約二か月の日本滞在中に米国における愛林日思想と学校植林について講演を行うのである。

ノースロップの演説に倣った牧野の訓示は次のとおりである。

目下日本に居る亜米利加の教育家ノースロップ氏は、学校樹栽の事には最も尽力した人である。此はネブラスカ州に於て州民の従事する樹栽の事業の制を行ひたる後である。学校に於ての樹栽日は其日、朝一時間か二時間、教員等樹の事に付て講話して、樹の成長効用其他経済上の利益、国土と森林の関係の事抔を一時間か二時間話をして、夫れから教員生徒相携へて各々十本或ひは二十本を栽る。学校の構内、町村の共有地、若くは近傍の禿山に栽る。尤も其日に各地挙ッて樹を栽るのであるから、生徒は悉く此命を遵奉して樹を栽る。若し此法を日本に行ふときは、児童の数全国数百万であるから非常の数を栽ることが出来る。其れを十年間もやれば非常の数に達する(66)

そして、国土と森林をめぐる講話に始まり、各生徒がそれぞれ苗木を携えてこれを植えるという活動の効果を次のように語る。

児童の教育上の関係は勿論、天然物の性質抔に就て注意する抔と云ふ事は教育上肝要な事で、教育上の利益は言ふまでもなく、国家経済上の点から言へば非常の利益であらふと思ふ。三十年も経ッた後には建築材にもならうし、或ひは其年数に至る間は薪炭にも用ひられ凡て費用を掛けずして、さういふ仕事をするのでありますから、余程の経済上の利益である。其れと同時に教育上に大層な益を与へる。即ち郷土を思はしめ、愛国心を起させることと其他直接間接の利益に至ッては一々申述べる事も出来ぬ。[67]

国家経済上の利益のみならず教育上の利益も極めて大きいという。

植栽する日の設定については、米国の場合は気候差から各州によって異なっていることを例にあげ、大祭日と関連させて植樹日を次のように提案する。

日本でやる時は随分長い国でありますから、気候も差ひ(ちが)一定の期日にやる事は出来ぬか知りませぬが、随分大祭日其他の祭日が多いから、適宜の日にやつて差支へないと思ふ。大祭日などは、随分学校生徒が数里の山路を越えて出で行き、勅語奉読式を終り唱歌でも終れば直ぐ散じて仕舞ひ、又二三里も帰て行きます。勅語奉読式は元より利益のある事でありますけれど、御式が済んでから山に出て樹でも栽るとすれば、大祭日を利用し、帝室に関係ある事であれば、忠君愛国の思想を養ふに適切であらうかと思ふ。[68]（傍線筆者）

これは先のノースロップの記念樹の思想に由来するものであり、のちに牧野の依頼で執筆された本多の『學校樹栽造林法』の方法論にも通じる見解である。

訓示への反　応

この学校樹栽の提案は、治山治水に頭を悩ませていた地方官の問題と、大祭日の有益な過ごし方について思案していた各学校長の問題を一挙に解決するということで、好意的に受け止められたと牧野は記す。[69]

近頃森林濫伐の弊もあり、水源の涸(かれ)ると云ふ事も喧く聞える事である。若し町村抔に水源涵養の事業に向つて町村が学校生徒を利用する事も、或は方法に依て出来るかと思ふ。さうでもなれば一挙両得で、一方は町村の事業を助け、同時に教育の発達を計ること、なる。……此事を日本に行へば経済も助けるが学校生徒の

浮薄な思想を抑へて着実な考へを与ふる宜い方便である。(70)

要するに明治政府が採った方針とは、モルトンの経済的林業の側面と、ノースロップの説く愛樹心や愛国心の涵養に貢献する教育の側面の両方を兼ね備えた植樹活動だったといえる。

牧野の訓示は、読売新聞紙上において同年六月五、六日の両日に「樹栽日」と題して報じられ、同じく八月一四日から一八日にかけての同紙面には、「樹栽日」に関する沿革や目的、その実施方法などが仔細に掲載された。(71)当事者である子供たちが読者の『少年世界』七月一日号においても教育に係る講演として紹介されている。(72)

牧野を中心とする明治政府の取り組みについては、内村鑑三も次のように記している。

> 国を興さんと欲せば樹を植よ。殖林是れ建国である。山林は木材を供し、気候を緩和し、洪水を防止し、田野を肥し、百利ありて一害なし。謂ふ若し日本の山野を掩ふに森林を以てすれば、之より生ずる利益に由りて、民より租税を徴する事なくして其政府を維持するを得べしと。……私は挙国一致の殖林を提言する。文部省は宜しく殖林日（Arbor Day）を定め、一年に一日全国の小学校生徒をして、一人一本づゝの苗木を殖ゑしむべし。此は上杉鷹山公が米沢の瘠地を化して東北第一の沃土と成した方法である。我等は日本全国を緑滴る楽園に化して全世界の排斥に応ずる事が出来る。製造商業励むべしと雖も、忘るべからざるは農の国本たる事である。そして農の本元は森林である。山に樹が茂りて国は栄ゆるのである。（七月十三日、日光に於て）(73)

山林国家としての国の繁栄は植樹によって始まるものであり、禿山や瘠地を放置することは国を滅ぼすことと同義であると内村は主張する。なお、注意すべきは米国のArbor Dayの手法が、近世において上杉鷹山が取り組んだ殖産政策と同じであると見ている点である。この文章が書かれたのは大正一三年（一九二四）だが、その内容から明治政府が導入したArbor Dayが広く人びとの知るところとなっていたことが理解される。

明治政府の方針については先に紹介した井出喜重の『殖林漫語』にも次のようにある。

去る明治三十年頃、我国の学事視察の為め来朝せし、米国博士ノースロップ氏より、此植樹法を聞き伝へたる我文部当局者は、大に感ずる所ありて、学校植栽の事を奨励するにいたれり、然れども兎角公益事業に冷淡なる我国民の常として、斯る美事も間も無く立消への姿となるにいたりたるは、洵（まこと）に嘆ずべきことなり、吾輩は各地の有志家諸君が、斬新にして趣味ある方法により、大に植樹を奨励せられんことを望む(74)（傍線筆者）

公益事業に冷淡な日本国民の態度を嘆き、植林活動を活発にするには「斬新にして趣味ある方法」が必要であるという。牧野もまた、経済および教育に資する学校植樹活動は「方法によって出来る」といっている。そしてその方法論は新鋭林学者本多静六に託されるのである。

（2）学校樹栽に関する法令の整備——法施行と地方自治体の動向——

ここで本多の造林学に係る方法論に移る前に、まず学校樹栽をめぐる法令について、当時の社会的背景に照らして確認しておく。日本に学校植林の思想がもたらされ普及していくプロセスに併行して、植林に関連する法令も随時整えられていった。

明治三〇年（一八九七）四月一二日、内閣総理大臣松方正義と農商務大臣大隈重信によって提出された保安林制度を規定する法律第四六号「森林法」が公布される。近代日本の国土整備における山林政策の根本となった政法である。

ここでいう森林とは、上記条文第一章総則第一条に見るように、「此の法律に於て森林と称するは御料林、国有林、部分林、公有林、社寺林及私有林を謂ふ(75)」と定められている。森林法では、保安林(76)を中心にそれを管理監督する森林会等の規定がなされたが、保安林というのは伐採やその使用が制限された森を指す。すなわち「荒廃を防ぎ、国土の安全を守り、国土の保全を目的にした管理を行うために設けられた森林」を意味する。森林の

「荒廃」とは、筒井迪夫氏によれば「不適当な利用や森林の取り扱い（施業のこと。人の手を加えた森林を施業林という）上の失敗のために森林の再生産が不可能になった状態」を示し、「荒廃」状態に陥った森林に対しては各国ほぼ同様に復旧措置として開墾が禁じられ、強制的に造林を実施し、もとの森の状態に戻すことが求められたという。ドイツ林学を学んだ明治日本はその定義についてもドイツを手本としている。[77]

なお、時を同じくして国民教化や愛郷心の育成を目的とする施策として、のちの文化財保護法につながる「古社寺保存法」（一八九七年）も公布されるのだが、この二つの法令は、一方は山林をめぐる国土整備の観点、他方は文化・教育の観点によるものであり、いずれも近代国民国家建設に向けた山づくり、国づくり、人づくりを目指す富国殖産政策に基づく規則であることから、いわばセットで施行された法令と見てよいと思われる。このことは、「森林法」第八条の保安林を規定する項目にある「九　社寺、名所又は旧跡の風致に必要なる箇所」との文言からもうかがえる。

次いで同三〇年五月二八日、文部省普通・専門両学務局長から地方庁に向けて「小学校等に於ける樹栽の為官有地の貸下払下方」[78]が通達される。不毛の官有地を活性化し経済的に役立てるという意図の下、中央政府の動きをすばやく察知し、いち早く行動に出たのが静岡県知事小松原英太郎であった。小松原は牧野の訓示に従い郡長に対し、明治二八年（一八九五）七月三〇日付で「小学校生徒をして樹栽せしめその実施状況を翌年一月三一日までに報告すべし」[79]という訓令を発し、あわせて「樹栽に関する規程」と「附属小学校樹栽に関する規定」を定めた。八月二七日付『官報』の学事欄には、兵庫県佐用郡において「樹木を愛し山林を保護すべき念慮」を起こさせるために学校樹栽日（四月三日および一一月三日）が設定されたとある。[80]鹿児島県知事加納久宜もまた同年九月六日付で、「学校林となすべき官民有地の調査実地」を訓令、県下では一〇郡合計三四四三町歩であるとの報告を得た後、翌年一月に「学校規定」を制定した。[81]

明治三九年（一九〇六）五月五日には、農商務省訓令として「基本財産林・模範林・学校演習林・学校樹栽林・樹苗圃及林業講習の状況報告様式[82]」が府県・道庁あてに発せられ、毎年の植林の実施状況などの報告が義務づけられることになった。その間には内務省が地方公共団体の基本財産造成策として造林事業を奨励しており[83]、日露戦勝に係る影響から各地で造林が進められる傾向にあったとみえる。国の制度的な後押しとしては、明治四〇年（一九〇七）三月一八日に公布されたその年の予算案に、農商務省山林局の予算として「植樹奨励費」が新設されるのだが、これは国庫による民有林に対する奨励助成事業の嚆矢といえるものであった。

このようなプロセスに沿って、森林の生産性を高めるために生産林業から保全林業、また林業の担い手が組織化され、「官民」あげての植樹活動を推進する土台が着々と築かれてゆき、内外の国土で富国殖産政策の一端を担う樹木が植栽されていくのである。

第三節　本多静六『學校樹栽造林法』にみる理念と方法

さて、牧野伸顕による訓示が発せられ、植林に関する法の施行も進み、体制が整えられていく過程において、学校樹栽の思想も広範囲で認識されるにいたると、今度はそれをどのように行うかという実践方法の周知が必要となる。そこで林学者本多静六の登場である。本節では、本多が執筆した『學校樹栽造林法』や大学演習林などで実際に営まれた植林事業を参照しながら、学校樹栽を行う期日や場所や樹種、その取り組み方に関する具体的な項目をあげ、植樹活動を長く続けるための本多造林学における秘訣を検証する。

（1）学校樹栽の方法論——時と場所と樹種——

明治三二年（一八九九）、東京帝国大学で造林学の講座を担当する傍ら、同年二月に大日本山林会の幹事[84]に選任されていた本多は、学校樹栽の具体的な方法を『學校樹栽造林法』という教本にまとめた。同書を執筆した経緯については、その緒言に次のようにある。

前文部次官牧野伸顕君、先に本邦に於ける小学校樹栽日を創始し、熱心之が誘導に勉められたり。余隅、帝国大学造林学の講座を担任するの故を以て、樹栽日の方法に就きて諮問を受け、且其の際、同君より簡易なる樹栽の方法の著述を嘱せられ、後又、嘉納治五郎君、文部省実業教育局長たりし際、同様の嘱託ありき、本書の成るは、全く是に基因す。明治三十二年九月　本多静六誌す。(85)

ここから、同書は牧野伸顕ならびに文部省実業教育局長嘉納治五郎の依頼によって執筆されたということがわかる。したがって、その内容はノースロップの学校樹栽の思想と牧野の訓示をベースに、実際に取り組みやすい方法に本多が発展させた形となっている。

なお、『學校樹栽造林法』刊行の前段階として、同内容の著作が明治三一年（一八九八）七月五日発行の『太陽』に「小学校樹栽日実施の方案」として掲載されている。本多が執筆を承諾したのは、樹栽日の制定が近来、教育社会における好流行となっている状況から、これを一時の流行にとどめることなく「樹栽は永遠の事業」であることに鑑み、永続的な事業に導きたいという意思に基づいている。(86)本多の「小学校樹栽日実施の方案」は有益であるとされ、『大日本山林會報』七月一五日号にも転載された。(87)

『学校樹栽造林法』の構成は前半後半の二部立てで、第一部では「樹栽日に関する意見」として、「一．目的、二．樹栽日、三．林地の選定、四．樹種、五．苗木、六．植付、七．手入保護及び管理、八．注意」が記され、第二部で「造林法」として、スギやクロマツ、ヒノキ、ケヤキ等、各樹種別の具体的な植樹法が書かれている。ただし、後半部分の造林法については、多忙のため「余が親愛する農科大学助手北村要馬君之が編輯の労を取られたる」(88)との謝辞があり、本多が執筆したのは「樹栽日」に関する前半部分のみであったとみられる。だが内容を見る限りでは、学校樹栽に関する理念と方法は、第一部にほぼ総てが書かれているといっても過言ではない。つまりこの前半部分にこそ、本多が構築する「学校樹栽」の思想が凝縮されているのである。

まず「樹栽日に関する意見」として、その目的を本多は次のようにいう。

従来ある所の運動会に植樹の手段を加へて、以て教習と行楽とを兼ねたる一種の野外的運動会となし、靄然たる行楽の内に至善至美なる天然美術とも称すべき森林に接して、其の霊美と理法とを会得せしめ、是に由つて自然を愛し自然を楽しむの気象を養成して、其の気宇を高遠ならしむるを主とし、兼ねて其の植栽せる樹木を以て自己が修学の紀念標となし、而して其の森林は他日其の学校の基本財産となすを目的とす。(89)（傍線筆者）

本多は学校植栽を勧める理由として、単に子どもの道徳心や規律性の養成、あるいは学校基本財産といった殖産目的を掲げるだけではなく、野外運動会の一手段として山に入り、森林美に親しみながら植樹活動を行い、これを修学の記念標にすることを提案する。

樹栽日については、具体的には「四月三日、神武天皇祭日と定むべし」と記されているが、これは先の「大祭日」を推した牧野伸顕の訓示を支持したものと考えられる。加えて本多もまたノースロップの案にあるように、南北に長い国土の地勢に依拠して、「皇国の最大祝日たる四月三日は、偶然とは云へ、宛（あたか）も日本の各部を通ぜる樹栽日に適当なる季節と云ふべし(90)」と提案した。神道国教化政策の下にあって、この大祭日に記念植樹を一斉に行うことは、施者である人民を動かしやすいだけでなく、皇統を重んじる心を涵養することにも貢献しよう。紀元節や天長節など宮中祭祀にあわせて祝祭日が設定され、国民の年間の暦がこれらを基軸に展開していた時代のことであり(91)、当時としては適当な植樹日の設定であったに相違ない。

ただし本多は祝日に限らず各地方の自然環境に配慮し、土曜日または休日の前日も可であるとして、その日の天候状態を見極めて樹木の生育環境に合った日を選択することも重要であるとした[92]。

なお、同書中、特筆すべきは「樹栽日を一年に二回以上設け、若しくは随意に期日を定むと云ふが如きは、樹栽日の神聖を汚し、将来此の業の衰微する原因となるべし[93]」として、樹栽日を年一度の行事にすることを推奨した点である。ここには樹栽日の有する「記念碑性」の意味を高めようとする意図が読み取れるが、「修学の記念」という目的を鑑みても、学制公布とともに普及したという卒業式のごとく、年に一度の重要なイベントとして根付かせようとする意図があったものと思われる。

つまり本多は植林活動の合理性を推しているのではなく、植樹をめぐる儀式的な性格や苗木一本の「いのち」を重んじ、それが子々孫々と末永く生長することを願う、「祈り」を込めた植樹行為を推奨しているものと考えられる。牧野が「大祭日を利用して」といったのは、行政官として学校教育および地方財政の両方を考慮し、一挙両得を狙った政策上の利点に根ざした発言といえようが、本多の場合は樹栽日に植樹されたその記念樹が永く記憶に残されるように、国民の誰もが知っている「大祭日」が適当と選択したのであろう。のちに増加する記念事業の一環として営まれる記念植樹という行為についても、ただ植えさえすればよいというのではなく、それぞれを疎かにせず、記念樹の丈夫な生長と森の繁栄を祈る姿勢がそこに求められたといえる。

次に樹栽地については、なるべく学校に近く、少なくとも数時間で往復可能な距離にある場所が勧められる。近距離のメリットについては、近年学校植林が低下した一要因として、「学校林まで遠いこと」が障害になっていたことがあげられる[94]。

樹種の選択については、「樹形壮観にして、価値あり、成長速にして、其の地方に於て造林の容易なるものを選ぶべし[95]」と記している。いずれも学校基本財産に適する用材として価値あることが必須だが、重要なのはその土地の自然環境に適し、風致をもたらす樹木を選んでそれらを立派に育てることにあった。なかんずく本多は

「一、杉、二、扁柏、三、赤松、四、欅、五、落葉松」(96)の五種を、北は青森から南は九州までどこにでもよく育つ「日本林樹の王」とみなし、家屋、船艦、橋梁、汽車、その他の器具の用材に最適として、杉は谷に、扁柏(へんぱく)(ヒノキ)は峯に、そして赤松、落葉松、欅は山の中腹や峯通りに植えるのがよいと教示する。また黒松は保安林として、「日本全部の海岸、潮風の強き所に植うべし。殊に海嘯(つなみ)其の他浸潮の慮ある地方には此の樹に限るべし」(97)と防波林としての植栽を推奨している。

実際の植え付けについては、雨天以外の日に、教員が率先して市町村長、村役場員、生徒父兄の積極的な参加を促し、年長の生徒には自宅から鎌や小鍬を持参させ、年少の児童には父兄が同行して代わって用具を携え、植栽にも補助を行うべきとする。苗木は予め草を刈っておいた造林地に用意しておき、生徒一人一〇本程度を植え付ける。それ以上は過労の恐れがあるという。

こうして子供たちに自然に対する愛情と自然科学への関心を植え付け、修学の記念標として植栽された樹木を学校の基本財産にするという趣旨(98)のもとで、明治の学校樹栽活動が展開していくのである。そして、この『學校樹栽造林法』のモデルになったと考えられるのが、次に論じる本多の尽力により創設された大学演習林における実地体験である。

(2)　持続可能な森づくりを目指して——清澄山演習林を模範に——

房総半島に位置する清澄山周辺を、本多が初めて視察に訪れたのは明治二五年（一八九二）、ドイツ留学から帰国して間もなく農科大学助教授に就任した年(99)のことである。

清澄山は古刹清澄寺で知られ、同寺の境内には国の天然記念物に指定された「千年杉」と尊ばれる霊木が佇んでいる（図1）。のちに本多が史蹟名勝天然紀念物保存協会の講話「天然紀念物と老樹名木」において、「目通周囲四十二尺、高さ二十六間余、樹齢千百余年と称せられ頗る壮観[100]」と紹介した名木である。本多は、この山一帯の林相がこの地方特有の原始林の状態を保つ一方、付近にはこれと対峙する数百年生の杉の植林地や各種樹木が植生する環境がみられることから「演習林」としては最適であると発見し、大林区署長を務めていた恩師志賀泰山や濱尾新の協力を得て、明治二七年（一八九四）、大学付属演習林として正式な認可を得る。[101] その間にも、「学術上取調ノ為、千葉県下へ出張ヲ命ス（十一月十九日帝国大学）農科大学助教授本多静六[102]」との辞令が『官報』で確認できることから、本多はたびたび千葉県に足を運んだとみえる。

図１　清澄山の大杉

翌年より本多の指導下で植林が開始されるのだが、牧野伸顕やノースロップの一連の学校樹栽活動と時期が重なることも、この演習林における体験が『學校樹栽造林法』のモデルとなった理由に値しよう。このことは、『大日本山林會報』（一八七号）に先の「小学校樹栽日実施の方案」と本多の巻頭論文「清澄山に於ける林相の変化[103]」が同時に掲載されている点からも考えられることである。

明治二八年（一八九五）四月、山の引き継ぎ手続きから造林保護一切を請け負うことにした本多は植林に着手した。当時の清澄山は天津（あまつ）町から清澄の村落まで萱（かや）が六、七尺の高さに茂るという原野の状態で、学生らとともに茂みに分け入って実地演習を行ったという。

実際の演習林での活動については、本多の曾孫にあたる遠山益氏の『本多静六 日本の森林を育てた人[104]』に詳しい。また当時の学生が『大日本山林會報』に寄せた同年四月二日から一四日までの作業を綴った「農科大学造林演習記事[105]」にもその様子が詳細に記録されている。

図2　千葉県演習林での造園実習（清澄寺横阪路つな引き写真／大正14年頃）

図3　大学講義（大正頃）

記事によれば、清澄山に登る前日の夜は宿で本多が演習の方案を立て、学生らは本多の命に従い植林に使用する「植縄」[106]を作り、午後一〇時半に就寝、翌朝六時に起床して作業に取り掛かったという。

演習当日、瀟々と細雨の降る中、本多の「さあ出発！」という号令とともに、二〇余名の学生たちは各々鍬や鎌を携えて山道を進む。埼玉県久喜市本多静六記念館には、清澄演習林に向かう本多一行を記録した写真（図2）が保管されている。二人の人夫に綱で引っ張られながら山道を登る本多を先頭に、首に白手ぬぐいを巻いた角帽制服姿の学生たちの隊列が続く。その様子はまるで一揆に向かうようであったが、本多をはじめ皆得意げであったと伝えられる。なお、本多の大学での日常の講義の様子については、図3のような写真が残されている。

山道を歩きながら、大造林には苗木の貯蔵場所の確保こそが大事であるとの講釈があり、天津街道上の造林現場では、竿測と植縄を手にした本多が山頂で三角植樹の設計をした。「三角植樹」とは、すき間をうめることによって道路上の土砂崩れ防止に役立つ山岳林に必要な植林法を指す。街道下の原野では、二年前に卒業した本多の教え子が、助手として人夫数十人を指揮してスギの植林にあたっていた。

茫々たる草原は学生たちの鎌と鍬によって新緑滴る苗木の新林地となった。だが、これまでこうした労働を経験したことのない学生たちは、極度の疲労から本多に時間短縮と人夫を増やすように頼んだが、本多は、技術を主とする林学教育では造林がその基本であり、この苦労を忍ぶことができない者は他人をも使役できず、また林学者にも適さない、我々の仲間ではない、と承諾しなかった。本多の厳しい説教は、山林事業発展の折から切に優秀な林学者を育てたいという本心によるものであり、彼の激励に学生らは再び勇気づけられ、一二日間の播種植林作業を終えたという(107)。

のちに本多は次のような思い出を記している。作業期間のある日の黄昏時、一人山上でまだ監督にあたっている助手に本多が、「おーい、もうおそいから仕事をしまつて帰らう」と声を掛けたが返事がない。よく見ると石の虚空蔵菩薩であった。その菩薩像に心惹かれた本多は、

今や演習林の大事業を引き受けて戦つてゐる自分にとつては、この風雨にもめげず毅然と立つてゐる虚空蔵尊こそ、現在の自分の姿であらねばならぬ。この事業の達成には世の毀誉もいかなる困苦も物かは、不撓の信念を以て敢然と進むべきである。

と希望を奮い立たせた(108)。

こうした本多の熱意と信念が教育に注がれ、学生たちは前途有望な林学者として世に送り出されたのである。現に本多のもとで学んだ林学科卒業生たちは、「林学家たちの福々(109)」としてニュースになるほど引く手数多の存在であったという。

こうして学生と人夫らが植栽した造林面積は一三町三反歩に達していた。樹種については、スギが主に施業林として三万七〇〇〇余本、林内防火線用にクヌギが一八〇〇余本、瘠地にはマツが六〇〇〇本、見本林としてシラカバ、イチョウ、ケヤキ、カツラ、アオギリ等、播種造林にはアカマツ、クロマツ、ヒノキ、サワラ、ヒバ等が植えられた(110)。大学演習林の嚆矢である清澄山演習林はこのようにして成ったのである。

最終日は荷造りを終えた後、天津の海岸に下って磯遊びを行い、山のように獲ったアワビやサザエで慰労会が

催された。酒宴の間には詩吟、剣舞、琵琶の余興が披露され、海上の漁火と山端の明月に照らされながら、教師と学生が「師弟団欒和気藹々」と楽しんだという(111)。

その後、翌月にも「学術実地指導ノタメ房州清澄へ出張ヲ命ス　（五月二十一日帝国大学）　農科大学助教授本多静六(112)」との辞令が下っているのだが、このことは植林における保護手入れの重視とともに、演習林活動が大学からも期待を寄せられていたことを意味していよう。

（3）　小学児童による持続可能な樹栽活動――修学の記念標――

さて、小学校の『學校樹栽造林法』に話題を戻そう。小学児童が植え付けを行ったら、次に修学の記念標として、「各級毎に標杭を立て、之に地域の番号、植付級、樹名、年月等を記し、別に之を帳簿に記入し置く(113)」ことが肝要である。この作業をもって記念植樹の体裁が整うのである。

こうして一連の植樹作業が終了したら、演習林の大学生たちと同じように作業を労う慰労会が行われる。つまり「園遊会、若しくは他の親睦的遊技を以て終る(114)」ものとする。労働の後にはご褒美があるという指導は、ノースロップが植樹した子供に賞金を与えたことにも通じていようが、本多の場合はそうした賃金労働的なことではなく、彼の子孫らがたびたび本多の思い出話で述べているように安易に金銭を与えるようなことはしなかった。その姿勢は、楽しみを感じるには「働いて腹をすかすことが第一」という本多の言葉に象徴される(115)。要するに運動会やお祭りとして樹栽日の一日を楽しむということである。

また、植樹の「運動会」は樹木を植えることのみならず、立派に育てることが本来的名目であることから、毎年一回、枝打ちや下刈等の保護手入れの「運動会」も同様に行うことが必要であると指南する。たとえば本多は卒業生の同窓会当日などに、教師が一同を率いて学校林の視察を行うことを勧めている。その後は、自分で手植えした樹木の生育を見る楽しみから、教師の指揮がなくとも生徒は三々五々みずから学校林に集まるようになると説く。これが学校植林の有する国民教育の一大目的なのだという。[116]みずから愛情を注いで樹木を植え、かつ末永く保護手入れを施すことが記念樹を立派に育てるコツといえよう。

さらに本多は学校樹栽を出来るだけ手軽に、しかもあまり費用をかけずに行うことが事業を持続させる秘訣であり、「小学校に一の新規なる運動会を設くる程の至つて簡単なる考へより立案」[117]された小学校樹栽活動を滞りなく進めるには、運動会とほとんど同一の方法と費用で足りる規模で行うことが肝心と主張する。ドイツにおいて国家経済学としての森林経営学を身に付けた経済学博士本多ならでは識見である。

たとえば苗木の準備についても、「府県庁にて民林奨励」される時勢にあっては、商人から購入する以外に大小林区署に依頼して、毎年苗木の供給を受けることが望まれるという。各小学校において播種から苗木を仕立てることも可能だが、煩わしさが却って植樹にかかる活動意欲を減退させる要因となる。したがって、「今や大小林区署の全国に散布するもの三百七十余に達し、概ね苗圃を有するを以て、百本十銭乃至二十銭の実費を以て」、手軽に供給が受けられるとして、無理のない入手法を勧めるのである。[118]第Ⅱ部で述べた不二道の実践道徳である「天分」という教えからみても、苗木の準備も小学校で素人が仕立てるよりは専門家である大小林区署に任せる方が無難であり、失敗も少ないであろう。森づくりは一日にして成るものではなく、「いのち」を育む作業である以上は、途中で投げ出すことのないように負担になることを避け、楽に続けられる方法が尊重されるのである。

関連して本多は植林計画の着手について次のように述べている。

彼の植樹基金を設けて計画を大にし、因つて基本財産を作らんとするが如きは、或る特殊の地方には適すべけれども、斯くの如き𠂉(こと)を一般に奨励するは、全然賛成すること能はず、蓋し最初の二、三年は、或は盛大なるべきも、終には其の煩を厭ひて之を中止するの不幸を見るに至るべし。故に先づ今日の所にては、前記の如き極めて手軽なる方法になし、教官竝に市町村民の之に対して其の効を感ずるに至つて、徐々に其の完全を期すべきなり。[119]

林業の専門家が実施する大規模な造林計画ならともかく、小学校の運動会の一種として行われるべき植樹活動は決して大げさにすることなく、容易に実施できる方法からはじめてこそ、着実にその持続を促すという。立派な森を育てるには、年月をかけて愛情を込めて保護手入れを施してやり、かつ植樹した者も一緒に成長してゆく必要がある。故に大事業を行った後に、煩わしさとともにその熱意が冷めやらぬよう、天分に沿った自然との身近な付き合い方を本多は勧めるのである。

第四節　本多の造林学における学校樹栽の要素

大学演習林事業から小学児童による学校樹栽活動にいたる様子を見てきたが、本多の奨励する『學校樹栽造林法』の方法と理念をまとめると、次の三つの要素が根幹にあると考えられる。

(1)　レクレーションとしての植樹活動――健康第一主義――

第一に「レクレーション」の要素である。厳しい杣作業や山越え、あるいは信仰目的で畏れ多い山に入るのではなく、植樹活動をスポーツやピクニックとみなして山に入り、行楽的に営むという考えである。

近代の運動会といえば、富国強兵という目的から子供たちの身体を鍛える「体育」の目的があったことはよく知られているが、本多の場合は人間の幸福はまず「健康」にあるという思想から、健康づくりのための植樹を主張した。[120] 心身の健康と森林との関係性について、本多はドイツ滞在時の見聞を『龍門雑誌』(四三六号)に寄せた「森林公園の好適地は何処か」(一九二五年)という論考で次のように述べている。

世の中が進むに従つて空気は新鮮でなくなり、日光の透らぬ室内で生活せねばならない、運動も思ふやうに出来ない結果となつて居るのであつて、何の点から見ても現今都会生活には健康を維持すべき要素はない。……健康を第一とすれば先づ野外生活が必要であり、公園運動場が必要となる。独逸あたりでは現に昔の兵営をこわして運動場として居る上に、市の内外に公園が多いことは驚くばかりで、天気のよい日など散歩する人で一つぱいである。……私が独逸に居た時でも屢々宿の主婦から此天気に室内に居るとは何事だ健康第一ではないかと云はれたのであつた。(121)

富国強兵の性格を備えた植樹活動の前に、健康第一主義の本多が説くのは心身を快活にして近代人としての独立自強を目指すことであり、このことは欧米視察から帰国した際に本多が『庭園』に寄稿した「健康第一主義と風景の利用」（一九二四年）にも明白である。

此間の欧米漫遊で感じた事は天下滔々として健康第一主義を認めて居る事である。従つて風景の利用も重大視されて来てるのである。……国家の独立自強は国民自身の独立自強となり、不健康なものは他人以上の苦痛を受けねばならぬ事となつた。……其が為には病気を治すよりも病気に罹らぬ事が大事で、従つて新鮮な空気、十分な日光、甘い食事の三つが人生の重要な位置を占めて来た。之が為には働いて腹をすかす事が第一である。茲に於て公園の価値が高まり、遂には山林公園、国立公園の議も起つて来た。斯くして山林の効用は段々進化し、今では保健の程度迄、民衆化して来てるのである。(122)（傍線筆者）

心身を丈夫に保つには「新鮮な空気、十分な日光、甘(うま)い食事」を摂取することが肝心であり、「この三者は実に我々の先祖が野外生活を行つて居た時代の生活様式そのもの」であり、人びとは「不知不識のうちに野外生活を慕つて」(123)いるのだという。自然と健康に関する見解は、先の米国における都市美運動の先達者ロー・オルムステッドが、市民の健康のための公園設置や植樹を奨励したことにも通じている。このように本多のレクレーションとしての植林活動では、「働いて腹をすかす事が第一」であるとして、心を快活にするために楽しんで行うことが要に置かれたのである。

（2）　山岳風景を賛美する――アルピニズム――

第二の要素は「風景」を楽しむことである。明治の半ば以降、農商務省山林局長を務めた志賀重昂の『日本風景論』（一八九四年）をはじめ、田山花袋や大町桂月、小島烏水ら当代流行作家によって旅の案内記である紀行文が多数著され、交通機関の発達にともない旅の仕方が変化したことから、庶民にも眺望や風景美を楽しむ手段や機会が増えていた。[124]ちなみに美しい風景を人びとに広く開放するために、ケーブルカー等のインフラ整備を勧奨したのも本多といえる。[125]

山の景色といえば、山村の民衆が見る周囲の景色というのは日常的な光景に過ぎず、見慣れた生活風景であったに相違ないが、近代に入り、そこに西洋的な「美」を見出す新たな概念がもたらされた。浅井忠や黒田清輝らによって農村風景や農民の姿が西洋の重厚な油画の技法で描かれ、油絵の日本化が試みられたことなどはその一例であろう。[126]本多の『學校樹栽造林法』冒頭の「樹栽日に関する意見」においても、山の「天然美術」の「霊美」を会得しながら植樹することが説かれていたが、そこには自然美を発見しそれに感嘆しながら登山するという「アルピニズム」の思想が見て取れる。

第Ⅱ部第二章でみたように、本多はドイツ留学時の山林研修である「大修学旅行」中、山の眺望の良いところから親しい知人に絵葉書を出す欧州の習慣を体験していた。こうしたさまざまな経験が、風景の開放という理念に結びついたと考えられる。

（3）植樹における記念碑性――ドイツ留学と異文化交流――

そして最後に「記念」の要素である。ノースロップが、聖人君子のための「紀念木」の樹栽をその理念としたように、本多は修学の記念としてこれを発展させた。いわば「成長の証し」としての記念樹の植栽であり、植樹した本人にとっては思い出の記念樹となる。当然、その樹木に愛着を感じ、立派に育てようという思いが芽生えよう。

修学の記念といえば同じくドイツにて、本多は行く先々で記念に自分の名前を刻む体験をした。先の修学旅行中、本多が山林局長ホルヘルトの家族に「日本帝国本多静六　千八百九十年八月　枢密顧問官ユーダイヒ及び教官、学生等と山林旅行の際この地に至る。……ここにその厚意を記念とする」というメッセージを日本語で書いたところ（宛名がホルヘルトなら「保留辺流士」など）、ドイツ人にとって日本語表記は珍しかったとみえ、彼らは代々家の宝にするといって喜んだ。本多は「これも私の名前が残ることを思い努めて記すように」したと綴っている。(127)

またキリスト教の祭日に日本の植物の種子を学び舎の校長に贈呈した際の箱書きには、林学者として生きる決意とともに、苗圃に種蒔きして広く全欧に移植させ、長く入学の記念を表すと書かれていたが、修学の記念に種子交換や播種を思いついたところに、記念植樹を奨励した本多の方法論が芽生えていたといえる。

これらはいずれも本多の修学を記念するところになされた異文化交流であった。

第五節　明治日本でなぜ学校樹栽が栄えたか

（1）学校樹栽の宣揚と報道機関の役割――記念事業を礎に――

学校樹栽が日本で推進されるべく体制が整えられ、近代造林学の新鋭本多が関連著作を執筆するという学問的な支えもあり、この活動は全国規模で盛んに行われる傾向にあった。その背景として、同活動を社会の潮流にのせるために、これを逐一ニュースとして報道した新聞社が果たした役割は決して小さくない。

日露戦争時には木材の需要が急増し、植樹活動も同調して隆盛する。明治三七年（一九〇四）三月一八日付『官報』の内務省調査「戦時における地方経営事例」によれば、各地方で開戦記念植林が実施されるなか、たとえば鹿児島県下二〇万戸では二万町歩の造林を行い、全体で六〇〇〇万円の収益があったという(128)。

ちょうどその頃、特命全権公使としてウィーンに在勤していた牧野のもとへ、久保田護文部大臣から同年七月二八日付で次の書簡が届けられた。

貴官本省に御在職中、師範学校長会議に於て学校生徒の樹栽に関し、懇切なる御諫諭有之候所、各地方に於ても之が必要を感じ、其実地を努め今や市町村小学校のみにても現在樹数三百万余に達し頗る有益のことと相認候に就ては、今後益々之が奨励を図る意見にて別表調製致候間御一覧に供候(129)

牧野の始めた学校樹栽活動の有益性を認め、久保田もまた同年八月六日付で文部省訓令を発し(130)、各地方長官や教育当局者に向けて学校樹栽活動を奨励した。牧野はこれには相当効果があったであろうと『回顧録』に記している(131)。牧野の取り組みを受けた久保田の訓令は、同年一〇月発行の『大日本山林會報(132)』においても報じられている。

右で久保田がいう学校樹栽の広がりを裏付ける記録は枚挙に遑がない。たとえば、明治三五年九月四日付「北海道公立小学校は春秋二回に落葉松・エゾ松・栗・櫟・胡桃・桜等を植樹(133)」、同三六年一〇月八日付「神戸市の教育事業　小学校で原野に植樹(134)」、同三七年四月五日付「小学校の樹栽規程、福井県の小学校、愛林の念と殖産興業思想養成また実利上から開戦記念樹栽(135)」、明治三七年一一月八日付「旅順陥落と紀念植樹　広島県加茂郡の社寺、学校で(136)」、和歌山県高野町では「湯川尋常小学校で日露戦争記念に学校林へ針葉樹一五〇〇本植樹」（明治三七年一一月一日実施(137)）、明治三九年九月一四日付「文部省調査 全国小学校で植樹盛ん、四五一三校、一万三四八八町二反九畝、総数二六万三五五七本、経費一三万二三二一円[138]と、日露戦勝の気運の高まりとともに樹栽活動にも拍車がかかる様子が明瞭である。

日露戦争戦捷を記念して出版された『日露戦争写真帖』[139]に「戦捷記念植栽」という図版（図４）がある。読売新聞の明治三八年（一九〇五）三月一六日付には「北海道の戦時紀念植樹」と題する記事が掲載されているが、それによると岩内町二千数百戸の住民が腰弁当を携え、紙製の国旗を手に街を行進し、一人一〇本ずつ落葉松の苗木を植林したという。[140]図４はこの岩内町で実施された記念植樹活動のイラストで、記事と同様に日本国旗と日章旗の小旗が山野に翻るなか、大太鼓やラッパの楽隊をバックにお年寄りと子供たちが和やかに松の苗木を植える姿が描かれている。本文には日本語、英語、中国語の三言語の解説が添えられている。日本語版には次のようにある。

図４　北海道の日露戦争戦捷記念植栽

図は、これ、北海道岩内町にて、戦時の紀念として落葉松の苗木を植ゆるところなり。此の日、此の町の人は、一戸より一人づゝ出て、腰に弁当、片手に紙の国旗を打振りつゝ、列を正し、隊伍を組みて、苗木を植ゆべき郊外へと練出したり。而して鋤、鍬を取る人は、地を掘り返し、苗木植ゆる人は、その後に続きて、苗木を挿し之に培ひ之を踏付け行くなり。さて地を掘返すば、老人または大人の役目にて、苗木を植ゆるは、多く学校生徒の任務なりき。面白からずや、此の事業。奏楽につれて植え行く此の苗木は、やがて大なる森林となりて、此の町の基本財産となり、また国家の富に幾分を作りて、光栄ある戦勝の永き永き紀念となる。[141]

老若男女がそれぞれ役割分担しながら、奏楽にあわせて樹栽を行う様子がうかがえる。本多の『學校樹栽造林法』に見るように樹栽日には一定のパターンが決められ、それに沿って活動が進められたようである。一人ひとりによって植栽された苗木は大きな森を作り、各市町村や学校の財産となりそれが国富となる。「永き永き紀念」という文言は、植栽された木々が同時代において後世へ語り継いでゆくに相応しい記念碑として認識されていたことを示していよう。

また図4によれば、労働の辛さを軽減させレクレーションの要素を生み出すものとして奏楽も貴重な役割を果たしているが、本多の『學校樹栽法講話』（明治三八年）にも学校樹栽唱歌（愛媛県喜多郡五十崎尋常高等小学校樹栽唱歌）が掲載されている。

一、高く尊き神南山　清き流を帯にして　招くか我を樹栽地に
　昨日の雨に草茂り　手植の松や　かこつらん
二、苗木は家の棟梁に　我等は国の礎に　負けず劣らず生ひ立む
　三十年（みそとせ）後の世の中を　思へば楽し　あー楽し
三、一歩の土地と侮るな　一本生ひて山茂り　一人勉めて国強し
　麓を廻る肱川も　源は葉末の露とかや
四、五、（省略）
六、面白かりき植林や　覚えず取りし鎌鍬に　太りにけるな此身体
　学びの庭の鶯のみか　父もうれしと見玉はん
七、師はのたまひぬ学林は　国家百年の長計と　さては植なん我が山も
　帰らば父に語らひて　母もろともに妹もつれ

八、我等は老いて□るとも　此肱川に蔭うつす　緑の色は国の色
　山の形のゆるぎなく　千世万世に伝はらむ(142)

この本多の講話は、全国で学校樹栽活動が隆盛する状況下で、林学の知識と植林経験の乏しい指導者の質を向上させるために、文部省が各県より招集した五〇余名の学校教師を対象に、明治三八年四月二九日、農科大学造林実習場にて開催されたものである。実際、学校樹栽の取り組みが各地に普及する一方、不完全な技術指導からほとんど「枯苗」の新植地もみられたという。本多の実地指導については『大日本山林會報』にも宮城県の寄稿者が「大いに喜ぶべきなり」と記している(143)。

木材の需要が飛躍的な伸びを見せる時代背景のもとで、記念事業の一環という形態をとりながら、小学校を発端に農会や青年団等の各種団体によって記念樹栽が全国的一大運動として展開するのである。

文部省が導入したArbor Dayの取り組みに賛同した先の内村鑑三が、果たして戦捷を記念して広がりを見せた学校樹栽活動にいかなる評価を下したかについてはここでは論じないが、いずれにせよ日露戦争とその戦勝に沸く時代の雰囲気を背景にして、林学者の著作とメディアというツールが相乗効果をもたらし、それが学校樹栽活動の興隆に貢献していたのである。

(2)　学校樹栽における思想――東西・新旧思想の融和――

学校樹栽という植樹法が、近代日本において何故いとも容易く普及したのかという点については、今一つの理由が考えられる。それは植樹を実際に行う側にもそれを受け入れる素地が備わっていたのではないかということである。というのも財政再建を図るための実際的な植林活動と、公徳心を育むといった教育的な植樹活動を連動させて実施する方法は、何も米国経由のモルトンやノースロップ、プロテスタンティズムに頼らなくとも、近代

以前の日本の思想である実践道徳等の生活信条に基づく作業にも見られるからである。

そうした思想を説いた指導者を例にあげれば、本多がたびたび言及する「知行合一」を唱えた陽明学者熊沢蕃山[144]は、実践と知識を同一源とみなし「時処位」、すなわち「時と処と位」を知ったうえで具体策を立てるべしと唱えた経世家であった。岡山藩主池田光政の下、治国安民のために「山川は国の本なり[145]」と説き、大規模な治山や治水事業を率先して藩政に貢献した。同時に彼は「閑谷学校」に見られるように庶民教育に力を入れ、農民にも教育を施したという点で評価される指導者であった。本書との関連でいえば、閑谷学校で特筆すべきは学校基本財産林を有する学問所であったという点である。「学問所へ附する所の林は猥に伐り採る可からざる事[146]」との「定書」が伝わる。延宝二年（一六七四）、光政の子・綱政は学問所を維持するために、周辺の山林を学校基本財産にして経費の一部を賄ったという。

米沢藩主上杉鷹山の場合は、農村の荒廃や農村人口の減少といった窮状を復興させるには、旧来の祖法や形式化した慣習によって農民を厳しく統制するだけでは不可能であり、他国からの入植者との縁組も許可するなどして農民の生活範囲の流動性を認め、一定の統制緩和によって農民を保護育成することが結局は国益につながるという見識のもとで、農村の支配体制や秩序の再整備に取り組んだ[147]。勧農の諸方策の一つとして、漆・桑・楮一〇〇万本の植林計画[148]を勧め、地元の特産物生産を促す殖産政策によって藩財政立て直しを図り、のちに名君と呼ばれた。鷹山の施策が成功したのは、農村の復興に係る経済的な側面のみならず、農民の精神的な側面にも配慮したことに基因するといわれる。

同様に報徳思想を説いた二宮尊徳（一七八七〜一八五六）も、各地の農民に分度法による勤倹と農業の新技術を教えることにより、農村復興を成し遂げた指導者である。

たとえば分度を教えるひとつに、「目先のことだけ考える者は貧する。将来のことを考える者は百年後のために松杉の苗を植える」と説き、「目先のことだけ考える者は、春に植えて秋に実るものをもなお遠いといって植えない。ただ目の前の利益に迷って、蒔かないで取り、植えないで刈り取ることばかりに目をつける。それゆえ貧窮する」と続け、「蒔いて取り、植えて刈る者は、年々尽きることがない。ゆえに無尽蔵というのだ。仏教で福聚海というのもまた同じだ」と、長計としての植林を講じた。[149]その心は、「分度を守らねば、先祖から譲られた大木の林を、一時に伐り払っても間に合わないようになって行くのは目に見えている」故に、足りることと備えることとの大事さを教えるものであった。[150]

右のような思想や生活信条は、本多が幼少より培った不二道にも通じる教えである。その本多が同郷の先輩として仰ぎ、記念植樹という行為にも親しんだ渋沢栄一もまた、経済・道徳の水準を向上させることを根本におき「論語」による事業経営を主張し、営利や資本の蓄積だけを追求するのではない、道義に合致した「道徳経済合一説」[151]を生涯の指針とした社会事業家であった。

このように明治期の学校樹栽というのは、前近代の道徳と実践に基づく農林政策に慣れていたであろう日本の民衆にとっては、誰の教えであろうと違和感なく取り入れることが出来たものと推測される。欧化を指針として殖産政策を指導する明治政府がノースロップの学校樹栽運動を推進したのも、それが西洋経由の思想であると同時に古来日本に伝わり普及していた教えを含有するものであり、民衆も理解しやすく受け容れやすいという利点があったからこそといえるのではないだろうか。言い換えれば、明治政府にとってはいわば捨てたはずの「旧い」日本の思想であろうとも、表面的には「新しい」西欧方式の導入という点で、満足のいく政策だったのではないかと思われる。つまるところ両者（西洋／日本、あるいは指導者／民衆）の見解に位相の違いはあったにせよ、思想や手法が混淆していたことが功を奏したのか、結局互いに納得のいく方法となっていたと考えられるのである。

小括　明治期の学校樹栽に見る形と心

本章の課題は、本多静六による学校樹栽造林法はどのような理念のもとに考案されたかという問いを解明することであった。この課題を追究するために、本多の執筆した『學校樹栽造林法』の言説や清澄山演習林における事業の記録をたどり、一方で日本の学校樹栽のモデルとなった米国におけるノースロップの活動の思想と方法論を比較対象として考察した。そして両者の影響関係とその展開について検討するとともに、当時の社会状況を裏付ける新聞記事や『大日本山林會報』等の諸史料の分析を行った。

この手続きから、明治期日本に導入された学校樹栽というのは、欧州の森林学を基礎に米国に端を発し、牧野伸顕を中心とする文部省の訓示によって政治的に推進され森林法等の法令が随時整えられてゆくとともに、学問の側からはその方法論を教示する著作が本多静六によって発行され、加えてこの動きを記念事業の一環として報道機関が逐一とりあげたことにより、全国で隆盛する活動にいたったという経緯が明らかになった。

それは富国殖産の名のもとで不毛な官有地を有効活用し、学校基本財産の増加をはかるという第一目的を達成するために、最も民衆の理解を得やすく、合理的に収益を上げることが可能な「大祭日」を主軸に、全児童に実施させるという作業能率の高い手法によって推進された。

その活動は、本多によって従来の労働作業としての植林に運動会や風景美を楽しむ「レクレーション」の要素が添えられ、かつ森づくりに不可欠な持続性を重視して、「天分」にあわせて無理なく手軽な費用で行える方法が提唱されたのである。それはまた賃金的報酬によって人びとを動かすのではなく、「働いて腹を空かす」ことが快楽を生むという思想を原動力とするものであった。

注目すべきは、これらに加えて植樹に係る儀式性と、植栽された樹木の記念碑性が考慮されたことである。すなわちそれは子々孫々と語り継がれるべく樹木を愛する心を養う植樹であり、「命を遵奉して植樹する」との牧野伸顕の言に見られるように、その根本には教えを守って樹木を大事に植えるという思想があったといえる。

以上から、明治期の日本において展開した学校樹栽というのは、合理的な造林事業であるのみならず、「記念碑性」という心の働きが求められる植樹法であり、子供たちの精神修養や健康づくりに貢献するという理念のもとになされる活動であることがわかった。そしてそれは新旧混淆した方法、換言すれば、日本的な自然信仰と西洋の近代的自然観が融和したところに構築された植樹法だったと理解し得るのである。


学校樹栽活動は大正、昭和の戦前期を通して続けられ、戦後もさらに連綿として、今日にいたっている。戦後復興期にあたる昭和二四年（一九四九）一月二二日、文部省と農林省により第一次学校植林五か年計画が打ち出された。翌二五年（一九五〇）一月三〇日には国土緑化推進委員会が結成され、第一回国土緑化大会とともに全日本学校植林コンクールが開始する[152]（終章も参照）。

全国から五二五二校、一二五万二五八二人の児童生徒が参加して、「荒れた国土に緑の晴れ着」を着せんとばかりに植樹活動に取り組んだという。同年一〇月八日、本多は読売新聞に寄稿した「植林運動の新課題「学校植林コンクール」に寄す」と題するエッセイの中で次のように語っている。

三十余年にわたって植林を続けた清澄演習林の樹々も今や周囲五～六尺、高さ二〇間余りの巨木となり、整備に関わった明治神宮の森も東京水源林も東大正門前の銀杏並木もみな立派な美観を呈するに生長したが、大戦で木々が荒らされてしまったので、「今ではこの八十五歳の老軀で学校植林コンクールに参加したい」という若々しい気分でいる[153]。本多の晩年の言葉である。一二〇歳まで生きるといっていた[154]、本多の衰えることを知らない植樹意欲こそ、今日まで持続される学校樹栽活動を牽引してきたといっても、決して過言ではないだろう。

（1）竹本太郎「大正期・昭和戦前期における学校林の変容」『東京大学農学部演習林報告』一一四号、二〇〇五年。四四頁。竹本太郎「『山林』誌上における学校林、愛林日、緑化運動—薗部一郎の発言を中心に—」『山林』一五〇六号、大日本山林会、二〇〇九年一一月、一八~二七頁。
（2）『国土緑化運動五十年史』国土緑化推進機構、二〇〇〇年、一七四頁。
（3）同前、一七四頁。
（4）牧野伸顕「文部次官時代」『回顧録』文藝春秋新社、一九四八年、二六五頁。
（5）Julius Sterling Morton（1832-1902）ニューヨーク出身、一八三四年に一家でミシガン移住、結婚後、一八五五年にネブラスカに移る。南北戦争の後、ネブラスカ州の発展に貢献し一八七二年にArbor Day創設。第二次クリーヴランド内閣（一八九三~一八九七年）で農務省長官を務める。*American National Biography*. Oxford University Press, New York, 1999, pp. 951-953.
（6）*Ibid*., p. 952.
（7）上原敬二『樹木の美性と愛護』加島書店、一九六八年、二一一頁。
（8）「樹栽日」読売新聞、一八九五年六月五日付。
（9）B・G・ノルトロップ「小学校樹栽日 Arbor Day in Schools」（一八九二年二月マサチューセッツ園芸協会席上）『大日本山林會報』一五〇号、大日本山林会、一八九五年六月一五日、二頁。*American National Biography*, *op. cit*., p. 952.
（10）上原敬二『樹木の美性と愛護』（前掲注7）、二一一頁。
（11）第二四代クリーヴランド大統領第二次政権（一八九三年三月四日~一八九七年三月四日）。五百旗頭真編『日米関係史』有斐閣、二〇〇八年、三五五頁。
（12）「樹栽日」読売新聞（前掲注8）、一八九五年六月五日付。
（13）井出喜重は同書中の小原枯川の解説によると、平田氏の門に国学を修めて尊王攘夷論に奔走し、のちに教育者また林業関係の実業家になった人物とある。井出喜重『殖林漫語』信濃樹徳園、一九〇八年、四三頁。井出の他の著作には田中芳男題字、本多静六序文・校閲、白澤保美・中村彌六校閲の『落葉松栽培法』（明治四三年再版）がある。『上野公園グラント記念樹』を著した池田次郎吉の農友でもある。井出喜重『落葉松栽培法』樹徳園書房、一九一〇年、六頁。
（14）「米国の植樹祭」井出喜重『殖林漫語』（前掲注13）、七~八頁。
（15）Birdsey Grant Northrop（1817-98）コネチカット州ケント出身、イェール神学校で学び、プロテスタントの宣教師を務める。マサチューセッツ州教育局書記、コネチカット州教育局長を歴任。一八六四年にはウエストポイント陸軍士官学校の理事を務める。B・G・ノルスロップ『教育者としての聖書』東京教文館、一八九六年、序、一頁。Kuga Shunichi, *"Dr. Birdsey G. Northrop The Founder of Arbor Day in Japan"*, English translated by Ueki Teruyo, Inter Osaka Corp. 1972, Not for sale, pp. 48-49, pp. 101-102.

（16）社団法人全日本木材市場連盟会長（当時）の久我俊一氏は明治文化研究会の木村毅氏に勧められノースロップに関する研究を始める。久我俊一『緑化の恩人　ノースロップ博士』木材市売時報社、一九七一年（非売品）、五～九頁。

（17）札幌にはこれに先立ち、明治四年（一八七一）「資生館」という和漢学を教える学校が設立され、同五年の教則改定で「札幌学校」と改称されたのだが、開拓使仮学校も「札幌学校」と改称するに及んで同校は「雨竜学校」と変更、同九年（一八七六）に札幌学校所管の小学校となる。『北海道大学百年史』財界評論新社、一九七六年、八二～八三頁。

（18）「農学校」『北海道百年　上』北海道新聞社、一九七二年、一八七頁。

（19）William Smith Clark（1826-86）マサチューセッツ州出身、アマスト大学を卒業後、ドイツ・ゲッティンゲン大学に学び、鉱物学、化学を専攻しPh. D.を取得。母校アマスト大学教授となり化学を一五年間教え、その間義勇兵士官として南北戦争に出陣、大佐となる。一八六三年モリル法により州立農科大学の設立に尽力しマサチューセッツ農科大学の設置に当たりその学長に推された。『北海道大学百年史』（前掲注17）、八四頁。

（20）「一四三　クラーク雇入に異議なき旨外務省へ回答の件通知」北海道大学編『北大百年史　札幌農学校史料　一』ぎょうせい、一九八一年、一九五頁。

（21）「一四六　クラーク雇入に関する吉田全権公使よりの交信抜粋」北海道大学編『北大百年史』（前掲注20）、一九八頁。

（22）日本政府とクラークとの雇用契約は明治九年（一八七六）五月二〇日より一か年。『北海道大学百年史』（前掲注17）、八四～八五頁。北海道大学編『北大百年史　通説』ぎょうせい、一九八二年、三一～三二頁。

（23）「ノースロップ博士逝く」東京朝日新聞、一八九八年六月二〇日付。ノースロップが明治政府の要請を辞退したのは米国でArbor Dayの普及活動に専念するためで、代わりにダヴィッド・モルレー（David Murray, 1830-1905）を紹介したという。久我俊一『緑化の恩人　ノースロップ博士』（前掲注16）、三二～三三頁。

(24) 国土緑化推進委員会は昭和四九年四月一八日、試験研究法人に該当する機関に指定された。同月学校林の功績者におくる「ノースロップ賞」を創設。同年は国土緑化二五周年記念にあたり、一一月一二日には訪日したノースロップの曾孫の歓迎会も開催された。大阪市では、大阪城公園内にノースロップの森を設置した。Helen A. Holbrook, "Memorable Reception, Tuesday, November 12", *MY GREAT ADVENTURE Discovery Of Japan By Great-Granddaughter Of Dr.Northrop, Founder Of Arbor Day*, Kuga Shunichi, 1976, Not for sale, pp. 79-83. 邦訳は『私の大冒険　緑化の恩人ノースロップ博士のひまごの見た日本』久我俊一発行、一九七六年、非売品。久我俊一『緑化の恩人 ノースロップ博士』関西木材市場、一九九八年（要約再版）、二〇頁。『国土緑化運動五十年史』（前掲注2）、三五一頁。

(25) B・G・ノルスロップ『教育者としての聖書』（前掲注15）、二頁。

(26) Kuga Shunichi, *op. cit.*, 1972, p. 49, p. 102.

(27) B. G. Northrop, "*ARBOR DAY From Report of Secretary Connecticut Board of Agriculture*", 1887（B・G・ノースロップ『植樹祭』清水一彦訳、久我俊一発行、一九七四年、非売品）。

(28) B. G. Northrop, "*FORESTS AND FLOODS From Report of Secretary Connecticut Board of Agriculture*" 1885（B・G・ノースロップ『森林と洪水』植木照代訳、久我俊一発行、一九七三年、非売品）。

(29) 両者は以下に収録。Birdsey Grant Northrop, "*EDUCATION ABROAD, AND OTHER PAPERS*", New York and Chicago, A. S. BARNES & CO. 1873.

(30) 「名誉会員金子堅太郎君本件に関し研究すべき価値ありとの注意に依茲に之を訳載せり」との記述がある。B・G・ノルトロップ「小学校樹栽日 ArborDay in Schools」（前掲注9）、一頁。

(31) 復刻版は最初の三頁が落丁している。Birdsey Grant Northrop, *Arbor Day in Schools: An Address Given Before the Massachusetts Horticultural Society, Feb. 1892. [With "Discussion."]*, Nabu Press, 2010, USA.

(32) 「樹栽日の起源を以て余の創設にかゝるものと考ふるものありと雖、以上説明したる如く全く明白なるものなり」B・G・ノルトロップ「小学校樹栽日 Arbor Day in Schools」（前掲注9）、二〜三頁。B. G. Northrop, "*ARBOR DAY From Report of Secretary Connecticut Board of Agriculture*", B・G・ノースロップ『植樹祭』（前掲注27）、六頁。

(33) Birdsey Grant Northrop, *op. cit.*, 2010, p. 4.

(34) B・G・ノルトロップ「小学校樹栽日 Arbor Day in

Schools」（前掲注9）、三頁。*Ibid.*, 2010, p. 4.

（35）"To the teaching of forestry in schools, it is objected that the course of study is already overcrowded - and this is true.", *Ibid.*, 2010, p. 8. B. G. Northrop, "*ARBOR DAY From Report of Secretary Connecticut Board of Agriculture*", B・G・ノースロップ『植樹祭』（前掲注27）、八頁。B・G・ノルトロップ「小学校樹栽日 Arbor Day in Schools」（前掲注9）、四頁。

（36）B・G・ノルトロップ「小学校樹栽日 Arbor Day in Schools」（前掲注9）、四頁。Birdsey Grant Northrop, *op. cit.*, 2010, p. 4.

（37）B・G・ノルトロップ「小学校樹栽日 Arbor Day in Schools」（前掲注9）、五頁。*Ibid.*, 2010, pp. 4-5.

（38）B・G・ノルトロップ「小学校樹栽日 Arbor Day in Schools」（前掲注9）、六頁。

（39）Birdsey Grant Northrop, *op. cit.*, 2010, p. 5.

（40）"Arbor Day has fostered love of country", *Ibid.*, 2010. pp. 5-6.　B・G・ノルトロップ「小学校樹栽日 Arbor Day in schools」（前掲注9）、六頁。

（41）B・G・ノルトロップ「小学校樹栽日 Arbor Day in Schools」（前掲注9）、七頁。*Ibid.*, 2010, p. 6.

（42）B. G. Northrop, "*ARBOR DAY From Report of Secretary Connecticut Board of Agriculture*", B・G・ノースロップ『植樹祭』（前掲注27）、六頁。*Ibid.*, 2010, pp. 6-7.

（43）本多静六『天然紀念物と老樹名木』（南葵文庫に於ける史蹟名勝天然紀念物保存協会講話）、一九一六年一〇月二八日、二七〜二九頁。九州大学附属図書館所蔵。

（44）B・G・ノルトロップ「小学校樹栽日 Arbor Day in schools」（前掲注9）、七頁。

（45）原文は"Forest Hymn". Birdsey Grant Northrop, *op. cit.*, 2010, p. 10. B・G・ノルトロップ「小学校樹栽日 Arbor Day in Schools」（前掲注9）、一二頁。

（46）B・G・ノルトコップ「小学校樹栽日 Arbor Day in Schools」（前掲注9）、七〜八頁。*Ibid.*, 2010. p.7.

（47）B・G・ノルトロップ「小学校樹栽日 Arbor Day in Schools」（前掲注9）、八頁。

（48）B・G・ノルスロップ『教育者としての聖書』（前掲注15）、一八頁。

（49）"Under its healthful inspiration, study is a pleasure; without it task; often the dullest drudgery." Birdsey Grant Northrop, *op. cit.*, 2010, p. 8.

（50）ヨハネ黙示録二―七「勝利を得る者には、神のパラダイスにあるいのちの木の実を食べることをゆるそう」『新約聖書』日本聖書協会、一九八五年、七二五頁。

（51）ヨハネ黙示録二二―二「都の大通りの中央を流れてい

る。川の両側にはいのちの木があって、十二種の実を結び、その実は毎月みのり、その木の葉は諸国民をいやす。」『新約聖書』（前掲注50）、七六七頁。

(52)　内村鑑三「植樹の福音」（「大正四年二月一〇日『聖書之研究』一七五号」『内村鑑三選集五』岩波書店、一九九〇年、二一〇～二一一頁。

(53)　Birdsey Grant Northrop, *op. cit.*, 2010, p. 9.

(54)　B・G・ノルトロップ「小学校樹栽日　Arbor Day in Schools」（前掲注9）、一八～一九頁。*Ibid.*, 2010, p. 13.

(55)　B・G・ノルトロップ「小学校樹栽日　Arbor Day in Schools」（前掲注9）、一八頁。*Ibid.*, 2010, p. 13.

(56)　西村幸夫『都市保全計画　歴史・文化・自然を活かしたまちづくり』東京大学出版会、二〇〇四年、五七九頁。

(57)　秋本福雄「アメリカのシティ・ビューティフル運動　都市の美しさを追求した市民と専門家たち」西村幸夫編『都市美　都市景観施策の源流とその展開』学芸出版社、二〇〇五年、一四九～一五九頁。

(58)　コネチカット州の法令では、公道沿いに植樹しそれを保護する者は、四分の一マイルあたり年額一ドルの奨励金を一〇年間受け取ることが出来ると規定されたという。B. G. Northrop, "*ARBOR DAY From Report of Secretary Connecticut Board of Agriculture*", B・G・ノースロップ『植樹祭』（前掲注27）、一一頁。

(59)　上原敬二『樹木の美性と愛護』（前掲注7）、二〇七頁。

(60)　牧野伸顕「文部次官時代」『回顧録』（前掲注4）、二六五頁。

(61)　同前、二六六頁。

(62)　Kuga Shunichi, *op. cit.*, 1972, pp. 23-24.

(63)　「佐野農商務大臣の談話」読売新聞、一八九二年七月二〇日付。『大日本山林會報』一一五号、一八九二年七月、五〇～五一頁。

(64)　『国土緑化運動五十年史』（前掲注2）、一七四頁。

(65)　牧野伸顕『回顧録』（前掲注4）、二六六頁。

(66)　「樹栽日（昨日の続）」読売新聞、一八九五年六月六日付。

(67)　同前。

(68)　同前。

(69)　牧野伸顕『回顧録』（前掲注4）、二七〇頁。

(70)　「樹栽日（昨日の続）」読売新聞（前掲注66）、一八九五年六月六日付。

(71)　「樹栽日（沿革・目的・実地の方法）」読売新聞、一八九五年八月一四日～一八日付。

(72)　「学校樹栽日（牧野文部次官）」『少年世界』一巻一三号、博文館、一八九五年七月一日、一三〇一～一三〇二頁。

(73)　内村鑑三「樹を植ゑよ」（『国民新聞』大正一三年七月

一七日)、『内村鑑三選集五』(前掲注52)、二六五頁。
(74) 井出喜重『殖林漫語』(前掲注13)、八頁。
(75) 法律第四六号森林法(明治三〇年四月)、内閣官報局『法令全書(明治三〇年)』一九一二年、八九頁。
(76) 「一、土砂壊崩流出防備　二、飛砂防備　三、水風潮害防備　四、頽雪・墜石危険防止　五、水源涵養　六、魚附　七、航行の目標　八、公衆衛生　九、社寺名所旧蹟の風致」同前、九〇頁。
(77) 筒井迪夫『森林文化への道』朝日新聞社、一九九五年、二二三～二二四頁、六六～六七頁。
(78) 『国土緑化運動五十年史』(前掲注2)、三二八頁。
(79) 同前。
(80) 「学校樹栽日設定」『官報』三六四九号、一八九五年八月二七日付、二九五頁。
(81) 『国土緑化運動五十年史』(前掲注2)、三二八頁。
(82) 同前、三二九頁。
(83) 明治三六年九月一日、内務省「部落有財産の統一整理について」通達。明治三七年三月一一日、内務省「植林に依る市町村基本財産造成奨励に関する件」を官報に掲載。同前、三二九頁～三三〇頁。
(84) 明治二六年一月、大日本山林会評議員に選任される。本多静六『本多静六体験八十五年』大日本雄辯会講談社、一九五二年、一三一頁。「大日本山林会評議員及其ノ変遷」『大日本山林會史』大日本山林会、一九三一年、巻末表。
(85) 本多静六『學校樹栽造林法全』金港堂書籍、一八九九年、緒言。
(86) 本多静六「小学校樹栽日実施の方案」『太陽』四巻一四号、博文館、一八九八年七月五日、一七四頁。
(87) 本多静六「小学校樹栽日実施の方案」『大日本山林會報』一八七号、一八九八年七月一五日、三六～四一頁。
(88) 本多静六『學校樹栽造林法全』(前掲注85)、緒言。
(89) 「樹栽日に関する意見」同前、一頁。
(90) 「樹栽日」同前、一頁。
(91) 島薗進『国家神道と日本人』岩波書店、二〇一〇年、二五～二六頁。
(92) 本多静六の講演を助手の本郷高徳が筆記した講話録。本多静六「学校樹栽に関する注意」『學林樹栽法講話』早稲田農園、大日本山林会、一九〇五年、四七～四八頁。
(93) 「樹栽日」本多静六『學校樹栽造林法全』(前掲注85)、三頁。
(94) 「学校林の活用状況」『国土緑化運動五十年史』(前掲注2)、一八七頁。
(95) 「樹種」本多静六『學校樹栽造林法全』(前掲注85)、四頁。
(96) 同前、四頁。

(97)　同前、五頁。
(98)　筒井迪夫「学校林」『山と木と日本人　林業事始』朝日新聞社、一九八六年、二三一～二三二頁。
(99)　明治二五年七月二六日付東京農科大学助教授（高等官七等従七位）。本多静六『本多静六体験八十五年』（前掲注84）、一二八頁。
(100)　本多静六『天然紀念物と老樹名木』（前掲注43）、一七頁。
(101)　本多静六『本多静六体験八十五年』（前掲注84）、一七六～一七八頁。林相の詳細は次の論説に記されている。本多静六「清澄山に於ける林相の変化」『大日本山林會報』一八七号、一八九八年七月、三～八頁。
(102)　『官報』三四二一号、一八九五年一一月二一日付、二二五頁。同、三〇八〇号、一八九四年一〇月三日付、一三頁。
(103)　本多静六「清澄山に於ける林相の変化」（前掲注101）、一～八頁。
(104)　遠山益『本多静六　日本の森林を育てた人』実業之日本社、二〇〇六年、六四～七五頁。
(105)　服部正一「農科大学造林演習記事」『大日本山林會報』一四九号、一八九五年、五〇～五七頁。
(106)　四枚糸の麻糸を各一〇〇メートルに切って一メートルごとに白色金巾の小片、五メートルごとに赤色の小片を結んだもの。服部正一「農科大学造林演習記事」（前掲注105）、五一～五二頁。
(107)　同前、五四～五六頁。
(108)　本多静六『本多静六体験八十五年』（前掲注84）、一七八頁。
(109)　「林学家達の福々　地方庁や民間の申込みは一切謝絶卒業生と物質欲　本多博士語る」読売新聞、一九一八年七月四日付。
(110)　服部正一「農科大学造林演習記事」（前掲注105）、五六～五七頁。
(111)　同前、五七頁。
(112)　『官報』三五六七号、一八九五年五月二三日付、二五一頁。
(113)　本多静六『學校樹栽造林法全』（前掲注85）、九頁。
(114)　同前、九頁。
(115)　「『今日は御馳走してやるぞ』といわれ、（本多）健一君と三人どこと定めずひたすら歩き廻され夕方つかれ果てて家に戻った時、どうだ御馳走だろうといって出された食事は塩鮭けの焼きものと沢庵漬とホルモン漬（祖父の一番得意な白菜や邸に育った野草の一夜漬け）でした。それこそ頬が落ちるような御馳走でした。努力が御馳走を生むのだと身体で教えられたことの一例です。」三浦道義「努力と愛の人　本多静六」『本多静六の軌跡』本多

静六博士顕彰事業実行委員会、二〇〇二年、四二～四三頁。

また海外視察に赴く船上で、本多は水夫に混じって甲板洗いをすることに爽快さを覚えて以来、これを早朝の日課とした。大正一一年の航海においては、本多を筆頭に随員の本郷高徳ら一行が揃って労働者着でデッキを磨いた。食べ過し勝ちな船上の食事も労働を終えた後は皆子供のように朝食を待ったと伝わる。本多静六「本多一行世界漫遊記　第四回」（甲板磨きの写真付き）『庭園』、四巻七月号、一九二二年、二一九～二二〇頁。

(116) 本多静六『學校樹栽造林法全』（前掲注85）、九頁。本多静六『學林樹栽法講話』（前掲注92）、五〇頁。

(117) 本多静六「注意」『學校樹栽造林法全』（前掲注85）、一〇頁。

(118) 「苗木」、同前、七頁。

(119) 「注意」、同前、一〇～一一頁。

(120) 本多の公園設計でも「健康管理」が目的の一つに置かれた。本多静六『天然公園』雄山閣、一九三二年、一一～一四頁。

(121) 本多静六「森林公園の好適地は何処か」『龍門雑誌』四三六号、一九二五年一月二五日、四六～四七頁。

(122) 本多静六「健康第一主義と風景の利用」『庭園』六巻一〇・一一合併号、一九二四年、三〇六頁。

(123) 本多静六「森林公園の好適地は何処か」（前掲注121）、四六～四七頁。

(124) 下村彰男「日本における風景認識の変遷　近代における自然の風景の発見と価値づけ」西村幸夫編『都市美都市景観施策の源流とその展開』（前掲注57）、二二〇～二二二頁。

(125) 熊谷洋一・下村彰男・小野良平「マルチオピニオンリーダー本多静六　日比谷公園の設計から風景の開放へ」『日本造園学会誌』（ランドスケープ研究抜刷）、五八巻四号、一九九五年三月、三五〇頁。

(126) 辻惟雄『日本美術の歴史』東京大学出版会、二〇〇五年、三四六～三四七頁。

(127) 本多静六『明治二十三年洋行日誌　附・学位授与式の景況（明治二十五年）』本多静六博士を記念する会、一九九八年、四九～五〇頁。

(128) 『官報』六二二一号、一九〇四年三月一八日付、三六二頁。『国土緑化運動五十年史』（前掲注2）、三三九頁。

(129) 牧野伸顕『回顧録』（前掲注4）、二七一頁。

(130) 『官報』六三三二号、一九〇四年八月六日付、一四五頁。

(131) 牧野伸顕『回顧録』（前掲注4）、二七一～二七二頁。

(132) 「学校樹栽の奨励」『大日本山林會報』二六三号、一九〇四年一〇月一五日、四五～四七頁。

(133)「北海道公立小学校の植樹事業」読売新聞、一九〇二年九月四日付。
(134)「神戸市の教育事業」読売新聞、一九〇三年一〇月八日付。
(135)「小学校の樹栽規程」読売新聞、一九〇四年四月五日付。
(136)「旅順陥落と紀念植樹」読売新聞、一九〇四年一一月八日付。
(137)『高野町史 近現代年表』高野町、二〇〇九年、二八頁。
(138)「全国学校生徒樹栽」読売新聞、一九〇六年九月一四日付。
(139)佐々醒雪『日露戦争写真帖 第四集 The War Album』金港堂書籍、一九〇五年。国立国会図書館所蔵。
(140)「北海道の戦時紀念植樹」読売新聞、一九〇五年三月一六日付。
(141)佐々醒雪『日露戦争写真帖 第四集 The War Album』(前掲注139)。
(142)「樹栽唱歌　ト調」本多静六『學林樹栽法講話』(前掲注92)、六一~六三頁。
(143)「学校樹栽と小学教育」(宮城　植樹生)『大日本山林會報』二七八号、一九〇六年一月一五日、一六~一七頁。
(144)熊沢蕃山(一六一九~九一)京都稲荷生まれ、父野尻一利、母熊沢亀。寛永三年母に伴われ水戸の熊沢守久に寄食ののち、養子となる。寛永一一年一六歳で池田光政に仕え、一四年参勤で光政と江戸に下る。中江藤樹に師事し、正保二年岡山藩に出仕、承応三年の大洪水・大飢饉の際、復旧・飢人救済に努める。明暦三年三九歳で蕃山村(寺口村)に隠居。後藤陽一・友枝龍太郎校註『熊沢蕃山　日本思想大系三〇』岩波書店、一九七一年、五八一~五八五頁。
(145)熊沢蕃山「大学或問」後藤陽一・友枝龍太郎校註『熊沢蕃山』(前掲注144)四三二頁。
(146)筒井迪夫『山と木と日本人　林業事始』(前掲注98)、四〇~四一頁。
(147)横山昭男『上杉鷹山』日本歴史学会編、吉川弘文館、一九八九年、二二一~二二八頁。
(148)横山昭男『上杉鷹山』(前掲注147)、八五~九〇頁。
(149)「二宮翁夜話」児玉幸多編『二宮尊徳』中央公論社、一九八二年、二三八頁。
(150)「分度の論」児玉幸多編『二宮尊徳』(前掲注149)、三〇八頁。
(151)土屋喬雄『渋沢栄一伝』東洋書館、一九五五年、二七八頁。
(152)『国土緑化運動五十年史』(前掲注2)、三三七~三三八頁。
(153)本多静六「植林運動の新課題「学校植林コンクール」

に寄す」読売新聞、一九五〇年一〇月八日付。

(154)「人間は誰でも、早くから「人生即努力・努力即幸福」の信念に生きて、「働学併進」につとめつゞける。さうして、一生その職業、その仕事を道楽化し、厳に慢心と贅沢と名利を慎んで行きさへすれば、百二十才以上までは必ず生きられ、生涯耄碌するものではないと考へられる。そこで、それに従つた人生計画が立てられなければならぬのである。私の体験八十五年といふも、実に未だその半ばの行程にあるに過ぎぬといへよう」『本多静六体験八十五年』(前掲注84)、二八九頁。

第二章　御聖徳と記念植樹——明治から大正へ——

第二章では明治から大正への移行期に為された明治天皇の御聖徳記念事業と大正天皇の御大典記念事業に焦点を当てる。御聖徳記念としての明治神宮の森づくりは宗教施設に係る事業であり、ここでは本多が培った山岳信仰の思想や近代ドイツ林学の技術と見識がいかなる形で現れているかを中心に検討する。この記念事業においては不二道孝心講が大きく貢献したという史実があり、本多造林学の背後にある思想を探るうえで適材である。加えて同事業においては、続く大正天皇の御大典記念事業と並行して記念樹の植栽、記念行道樹（並木）、記念林の造成という三つの形態が連動した森づくり、街づくりが推進されたと見られることから、これらの展開についても分析する。

第一節　御聖徳記念と明治神宮

（1）明治天皇崩御と神宮創建の「覚書」

明治四五年（一九一二）七月三〇日、明治天皇が崩御し皇太子嘉仁が践祚、大正改元となった。かの天皇の聖徳を敬仰する在京市民の間から俄かに帝都に陵墓造営を求める声が聞こえ出す。それが次第に高まりゆく中、東京商業会議所会頭の中野武営（なかのぶえい）をはじめ東京市長阪谷芳郎、実業家渋沢栄一らが中心となって御陵造営を請願する(1)。しかし陵墓の場所は「朕が百年の後は必ず陵を桃山に営むべし(2)」という明治天皇の遺詔により京都桃山に内定していたために却下となる。「眺望絶佳の地」といわれた桃山の地名は徳川の治世に植栽された桃の樹に由来する。その桃山に歌枕の伏見を冠して「伏見桃山陵」と名づけられ、皇陵決定の告示がなされた(3)。だが、線路で御轜車を引き止めてでも関東に陵墓を(4)、と切願した渋沢らは諦めきれず、改めて各界の実力者に話をつけ、陵墓に代えて明治神宮創建の「覚書」を作成、大喪（九月一三日～一五日）が一段落した九月二七日に総理大臣西園寺公望と宮内大臣渡辺千秋に願い出た(5)。

提出された「覚書」は次のとおりである。

・神宮は内苑外苑の地域を定め、内苑は国費を以て、外苑は献費を以て御造営の事に定められ度候。
・神宮内苑は代々木御料地、外苑は青山旧練兵場を以て最も適当の地と相し候、但し内苑外苑間の道路は外苑の範囲に属するものとす。
・外苑内へは頌徳記念の宮殿及び臣民の功績を表彰すべき陳列館其他林泉等の設備を施し度候。
・以上の方針定つて後、諸般の設計及び経費の予算を調整し爰に奉賛会を組織し献費取纏めの順序を立て度候。
・国費及び献費の区別及び神宮御造営の方針は速に決定せられ、其国費に関する予算は政府より帝国議会へ提出せらるゝ事に致度候。
・青山に於ける御葬場殿は或る期間を定め之を存置し人民の参拝を許され候事に致度候。
・前項の御葬場殿御取除の後も該地所の清浄を保つため、差向東京市に於て相当の設備を為して之を保管し追て神苑御造営の場合には永久清浄の地として人民の参拝に便なる設備を施し度候(6)。（傍線筆者）

すなわち、明治神宮は国費による内苑（代々木）と献費（寄附）による外苑（青山）から成り、外苑には聖徳を記念する施設を設ける。設計や費用の調整は奉賛会が行うものとし、国費については帝国議会に提出するものとする。青山の御葬場殿は「永久清浄の地」として人民の参拝に都合のよい相当の設備を施すという。

これが明治神宮造営のスキームとなる「覚書」の内容だが、ここで二項にわたって重視されているのが御葬場殿の取り扱いである。この葬場殿址への記念樹植栽こそ、本節の主要テーマとなる。その後「先帝奉祀の神宮建設に関する件」は大正二年（一九一三）二月二七日、帝国教育会より貴族院に請願され可決、翌月二六日には衆議院において「明治神宮建設に関する件」および「明治天皇聖徳記念計画案」の両建議が通過した。(7)

(2) 鎮座所の選定

大正二年（一九一三）一二月二〇日、閣議決定に従い勅令第三〇八号をもって「神社奉祀調査会」官制が公布され、委員会が組織される。内務大臣が会長の座に就くことになり、初代会長に原敬、ついで大隈重信、大浦兼武が担当した。委員にはメンバーとして蜂須賀茂韶（枢密顧問官）、徳川家達（貴族院議長）、奥保鞏（陸軍大将）、井上良馨（海軍大将）、戸田氏共（宮内省式部長官）、渋沢栄一（実業家）、山川健次郎（東京帝国大学総長）、水野錬太郎（内務次官）、大岡育造（衆議院議長）、福羽逸人（宮内省内苑頭）、阪谷芳郎（東京市長）、奥繁三郎（衆議院議長）、井上友一（内務省神社局長）、大谷靖（内務省会計課長）、三上参次（東京帝大文科大教授）、萩野由之（東京帝大文科大教授）、伊東忠太（東京帝大工科大教授）、関野貞（東京帝大工科大教授）、荻野仲三郎（東京女子高等師範学校教授）、下岡忠治（内務次官）、堀田貢（内務省参事官）、近藤虎五郎（内務省技師）、市来乙彦（大蔵省主計局長）、川瀬善太郎（東京帝大農科大教授）、本多静六（東京帝大農科大教授）、小橋一太（内務省土木局長）、久保田政周（東京府知事）、山田準次郎（内務省参事官）が選任され、同時代における各分野の代表者らが顔を揃えた。(8)

即座に適当な社地探しを開始したところ、富士山や御嶽山、筑波山、箱根山等の山間部、あるいは都市部では青山練兵場跡、代々木御料地、白金火薬庫跡、陸軍戸山学校、小石川植物園等が候補にあがり[9]、各方面から神宮誘致の陳情が相次いだ。

本多静六はまずここで意見する。渋沢らが推薦する青山は候補地として不適当と否定したのである。その主張は新聞にも報じられた。

青山は現在、人家過密なる市内に存し、到底其神社の地境たるに最も必要なる風致林を完美に仕立つることを得ず。……然も神社の荘厳は偉大なる針葉樹林中に在りて初めて遺憾なく発揮され、濶葉樹林の如き遠く之に及ばず、加之(しかのみならず)青山の地たる元来第四紀層に属し土質粘土を含むこと多量に過ぎ、加ふるに多年練兵場として踏み固められたる平坦地なるを以て濶葉樹林と雖も猶之を老大森厳にして古色蒼然たる森林に仕立つるは不可能なりと断言せざるを得ず[10]。

風致林としての荘厳な神社林の理想は針葉樹林にあるが、しかしながら青山の土質（粘土層を含む土壌）や練兵場として長年踏み固められた地盤を考慮すると、濶葉樹林といえどもそこに老大森厳な樹林を築くのは不可能であるという。加えて青山という市街地的立地についても次のように述べた。

若し強て此地に神宮を建設するに於ては、其神聖荘厳を維持せんが為めに、是非共周囲一二里の区域に亘りて石炭を使用する工場の建設を禁ぜざるべからず。即ち煤煙の樹木に及ぼす悪影響を慮れば、勢ひ青山四谷新宿渋谷附近一帯の工業発達を阻害するに至るべく、延て自然市街の発展を妨げ市民の苦痛を惹起し、却て明治大帝の聖旨に悖るものあるに至らん[11]。

あえてこの地に神宮を建設するならば、神聖荘厳を守るために周辺には森林の樹木に悪影響を及ぼす煤煙を発する工場を建設させないことが肝心である、だがそれでは青山や新宿の市街地の発達が阻害され、逆に市民の不都合になり、却って先帝の偉徳を伝えるための記念の趣旨に背く恐れがある、という意見であった。

この時代、社会問題となりつつあった煙毒の被害については、本多は明治四二年（一九〇九）一月の『龍門雑誌』で防煙林の設置を提案するなど、早くもその害悪に対する予防策を講じている。[12] 史蹟名勝天然紀念物保存協会においても、同会評議員の本多は煙害こそ樹木を枯死衰弱させる第一要因であると訴えた。[13] 青山という立地を考えた場合、煙毒は工場に限らず、葬場殿址の後方を走る汽車が排出する煤煙も懸念材料に数えられた。

ちなみに海軍火薬庫跡地にあたる芝区白金御料地（現・自然教育園）も神社奉仕調査会の実地踏査によって却下された候補地の一つである。参考までにその評価を『明治神宮造営誌』より引用する。

雑木多くして風致を欠き、西北には「エビスビール」会社及び渋谷発電所あり、西には衛生材料廠あり、三光町方面には目黒行の電車あり、附近には民家の櫛比するあり、又海軍火薬製造所の煤煙は樹木を枯死せしめ、内部には火薬庫堤防等雑然として散在し、……陸軍省に於て既に行政整理の財源に予定したる土地なれば、到底神宮の鎮座地たらしむるに由なし。[14]

鉄道や工場の煤煙、密集する民家、土地取得の困難さなど、白金の候補地も本多の反対意見と同様の手厳しい理由により拒否された。

結局のところ、当局は先の「覚書」を参考に、「東京近郊にて最も広潤幽邃の地にして土地に高低変化あり、而かも御苑林泉の美、自ら神域たるに適し」た場所であり、「御料地なるが故に拝借するに於ては新に土地を買収するの必要なし」との理由から、[15] 先帝夫妻に所縁ある代々木御料地を選定する。[16]

神苑の風致や環境面から鎮座地を東京に置くことに反対していた本多も、「人工で天然に負けない大風景を、大森林を」[17] 代々木の地につくり出すという渋沢栄一の熱情に動かされ、やむなく承諾した。他の候補地も同様だが、在来樹木や周辺環境、土地所有関係の調査結果から、神宮鎮座所には由緒や風致はもちろんのこと、土地取得に係る困難のないことなどが考慮されたといえる。

（3）「造園学」の誕生

大正三年（一九一四）四月一一日に昭憲皇太后が崩御すると、翌大正四年五月一日、内務省告示第三〇号をもって先帝とともに祭神として合祀されることになった[18]。これにともない神社奉祀調査会は解散となり、勅令第五七号によって新たに内務省外局として明治神宮の造営と施工を司る「明治神宮造営局」が設置された[19]。

造営局総裁に伏見宮貞愛親王を戴き、副総裁、局長、書記官、主事、参与、参事、技師、技手が定められ、各分野のエキスパートが結集する。明治神宮造営局は土地の開発から設計、施工など一連の建設事業に従事するいわば総合プロデューサー的な役割を担っていた。当時神社設計の第一人者といわれた伊東忠太をはじめ、工学者で建築史家の関野貞、造林学からは参与として本多静六とその同僚でドイツ留学組の川瀬善太郎、本多の弟子にあたる本郷高徳、また農学者原煕（ひろし）や原の一門で庭園主任技師を任命された折下吉延らが参画した。

造園部門には気鋭の研究者が揃っていたが、当時本多の門下生であった上原敬二は、本多から明治神宮造営局の仕事は「千載一遇の絶好機、君や宜しく此機会に於て本務に勗（つと）むる傍ら樹木移植法の実地と学理と共に併せて大に研鑽する所あれ」と励まされ、本多の強い勧めにより造営局に入局、現場で得られたデータと研究室での考察結果を取り交わしながら事業に協力したという。神社奉祀調査会からのメンバーであった本多は内命を受けた時点ですでに代々木御料地の図面を手に入れており、明治神宮の森造成の構想を練っていたと伝えられる[20]。

ここで特記すべきは、明治神宮造営事業が「造園学」という学問上の発展に寄与したことである。大正五年（一九一六）、本多が教鞭を取っていた東京帝国大学造林学教室に「造園の何たるか」を教える「景園学」が開講する。総論を本多が教え、西洋景園史を本郷高徳、東洋景園史を田村剛が担当することになった[21]。田村はのちに日本最古の造園書といわれる『作庭記』の研究に打ち込むが、これも東洋景園史の講義が契機になったものと考えられる。

田村は「景園学」開講を次のように回想する。

造園の学としての研究につき最も強い、そして直接的な素因となつたのは大正初頭に於ける明治神宮の造営工事である。……丁度私は其の当時大学院にあつて造園学の研究に没頭してゐたので、本多博士、本郷ドクトル、私の三人で造園に関する講義を始めることになり、その名称を景園学とした。農学部に於ける景園学に関する講義は実に造林学教室に於けるものを以て、其の嚆矢とするが、景園の文字は熟し難いものであるとの批難があつたので、後に造園と改められた(22)。

この動きに同調して大正七年（一九一八）一二月には本多をはじめ上原敬二、本郷高徳、龍居松之助、田村剛、伊東忠太、井下清らを世話人として、庭園協会（大正一五年に日本庭園協会と改称）が組織される。同会の発足を当時の読売新聞は次のように報じている。

この会の目的は、庭園及公園の発達を実用上からも美術上からも進歩させ、延いて都市の改良を計らうと云ふので今着々と実行中です。我が国では今まで造園界は、学術的の研究なく、庭師とか数寄者とか茶人とかに一任されましたが、明治神宮内苑設計其他各地の公園の設計から見ても、是非今後はもつと学術的に庭園公園都市の改良が必要になつて来ました(23)。

庭園協会とは、すなわち都市空間における庭園や公園を学術的見地から「造園学」として研究する機関であり、その発足の契機となったのが明治神宮造営というわけである。翌大正八年、庭園協会が発行する機関紙『庭園』(24)第一号に記載された設立趣旨においては、この新たな「造園学」の扱う範囲を次のように説明している。

都市の修飾、庭木園芸、風致園芸、風景の修飾、天然記念物、史蹟名勝老樹名木の保存、名園の調査復旧、神社陵墓の境内、運動場、林間療養場の設備、森林美の問題等、……吾々は此等の総てを綜括して造園学と申して居ります、単なる庭園のみの問題ではないのであります(25)

大正八年（一九一九）九月、本多と園芸教室の農学博士原熙との協議の末、同大学農学部で「造園学」を開講することが正式に決まり、本多が「造園学総論・公園論」、原が「庭園論」を講義することになった。

なお、造園学の対象として『庭園』第一号には「史蹟名勝老樹名木の保存」の項目が見られるが、第Ⅰ部第二章で述べたように文化財保護に係る史蹟名勝天然記念物保存法（法律第四四号）が施行されたのも同年のことであり、この潮流にあわせて山林の分野では大日本山林会を補助する帝国森林会が組織され、都市緑化に係る分野では都市美協会が発足するなど、山と都市を緑で結ぶかのように、関連機関が漸次整えられていくのである。こうして本多の「造林学教室」にはじまった「造園学教室」は造園分野の研究者を育成する代表機関として発展していくのだが、明治神宮造営事業には一学問を築く先達者らが揃っていたといえよう。

（4）渋沢栄一と明治神宮奉賛会の活動

神社の奉賛会というのは、神社の氏子や崇敬者によって構成され、神社の維持や造営、教化活動の実践などを行うための組織、または集団である。活動の形態としては、主に教化事業や神賑行事に協力する常設機関と、大規模な造営事業や記念行事に際して特に募財活動に奉仕するために組織され、目的が達成された後に解散する臨時機関の二つがある。[26] 明治神宮奉賛会は臨時に構成された団体ではあったが、国費創建の内苑に対し、外苑の造営はこの奉賛会の尽力なくしてはならなかった。

外苑は、明治天皇の「御葬場殿址を残し、天然の景趣を助成し、大帝の御聖徳を永く後世に伝ふる記念の聖地」[27]に位置づけられた空間である。大正三年（一九一四）一二月、渋沢栄一は神宮奉賛会創立発起人会を結成し、全国規模の奉賛会設立を提言する。彼は東京商業会議所内に創立準備委員会を設けて全国より発起人約七〇〇〇余名、協賛者約八六〇〇余名を集め、大正四年（一九一五）五月に明治神宮奉賛会趣意書と外苑計画考案を公表した。そして同年九月、奉賛会総裁に伏見宮貞愛親王を迎え、副総裁に山県有朋、松方正義、会長に徳川家達を置いて明治神宮奉賛会が成立した(28)。

奉賛会の第一期事業は献金活動であり、第二期事業が外苑工事竣工であった。奉賛会がまず目標とした献金額は最低限度四五〇万円。大口の寄附に限らず、奉賛会は「国民の赤誠から例へ線香一本でも明治神宮へ捧げたいという希望(29)」にも配慮した。

第一期事業である全国奉賛会支部の献金活動が完了したのが大正九年（一九二〇）一二月、結果は見込額を上回る七〇三万三六四〇円(30)が集まった。次いで奉賛会は第二期事業としてその職務を明治神宮造営局に委嘱し、実際の工事に取り掛かることになる。

第二節　明治神宮造営における葬場殿址の記念樹

明治神宮造営局参与という役職が付与された本多はこの時期、林学者の立場から記念植樹を勧める書籍を著している。その契機となったのが明治天皇の崩御と大正天皇の践祚であり、いずれの著作物にも「明治天皇の御聖徳を記念する」あるいは「御即位の大礼記念」というフレーズが付けられている。

明治神宮造営事業は記念樹の植栽、記念並木、記念林の造成という「記念植樹」の三つの形態が連動するケースであったとみられるが、まず記念樹の植栽については明治天皇葬場殿址の楠の植栽が例となろう。記念並木は御聖徳記念行道樹、そして記念林は明治神宮の森づくりや御大礼記念林造成が該当していよう。そこで以下二節にわたり明治神宮造営記念事業にまつわる各々の植樹を順に見ていくことにする。

（1）御聖徳記念と神宮外苑――葬場殿址を記念する――

ここに一枚の古写真がある。草木もないがらんとした空き地に一本の碑柱（図1）。これは大正元年（一九一二）九月一三日、旧青山練兵場で営まれた明治天皇の大葬儀で轜車が安置された位置、すなわち葬場殿址を示す碑柱である。その後、葬場殿址には記念の楠樹が植えられ、この記念樹によって聖地が標示されることになる。[31]

葬場殿址という空間は前に述べたとおり、「明治天皇御大葬の砌に御轜車を奉安したる位置を永遠に記念し奉らん」[32]とする場所である。溝口白羊は『明治神宮案内』で「日本国民が明治天皇の御遺骸に対し奉つて今生での永いお別れをした最後の場所」[33]と記している。ことに青山練兵場という所は、先帝統監の下に天長節や憲法発布を祝す観兵式をはじめ、日清・日露両度の凱旋大観兵式が挙行され、奠都五〇年記念大博覧会の開催地にも選定された場所であり、当時の言葉を借りれば「聖帝空前の御偉績を内外に顕彰すべき此の場所が、国民が泣いて最後の御別れを惜んだ御祭場にならうとは誰れしも予期[34]」しなかった思い出の空間であった。

外苑の造成にあたり理想の姿とされたのは、「永遠の記念たらしむる明治記念園とも称す可きもの」で、森厳鬱蒼たる内苑に対し、芝生のグリーンと銀杏並木が織りなす風致を基盤に所々古来の老樹名木を残し、明快広闊な気分を横溢せしめる清浄な現代式庭園とするところにあった。[35]本多によれば、外苑は公園と呼べる空間であるのに対し、内苑の方は「神宮を中心として、神宮の荘厳神聖を増す」ことが主体の神苑であり、互いに性格が異なるという。[36]

こうした理想を掲げる神宮外苑の構成は、大正六年（一九一七）四月の

図1　葬場殿址碑柱

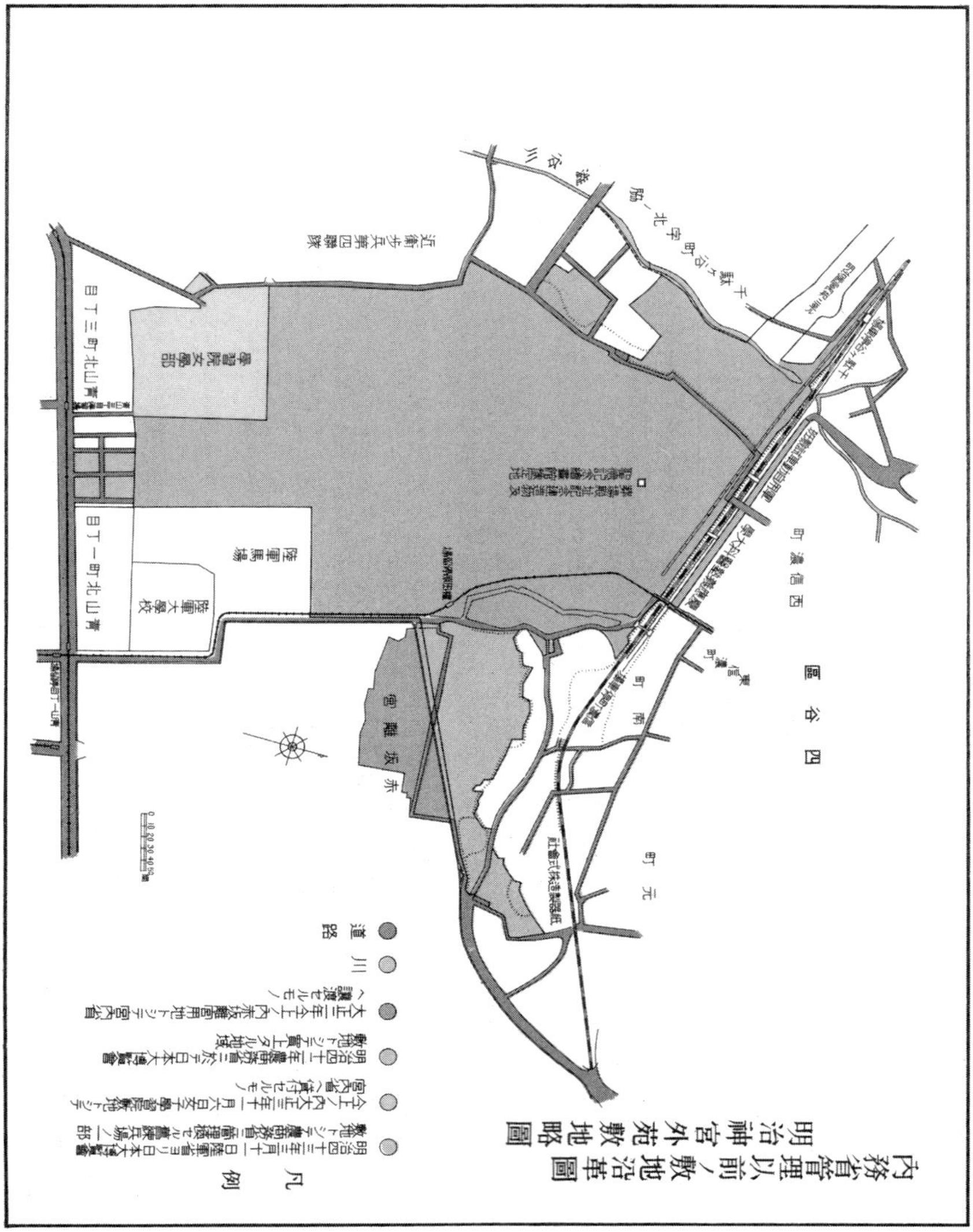

図2 明治神宮外苑敷地略図

『明治神宮奉賛会通信』第一六号に掲載された「明治神宮外苑図説明書」に、「先づ葬場殿址と青山通を連絡せる中央大通路を定め[37]」とあるように、聖なる葬場殿址を起点に設計が立てられることになる。図2・3・4は外苑平面図の大まかな変遷を示したものである。

外苑の様式は田村剛が「近代ドイツ式に近いもの[38]」を手本にしたと記しているように、絵画館前に整然と立ち

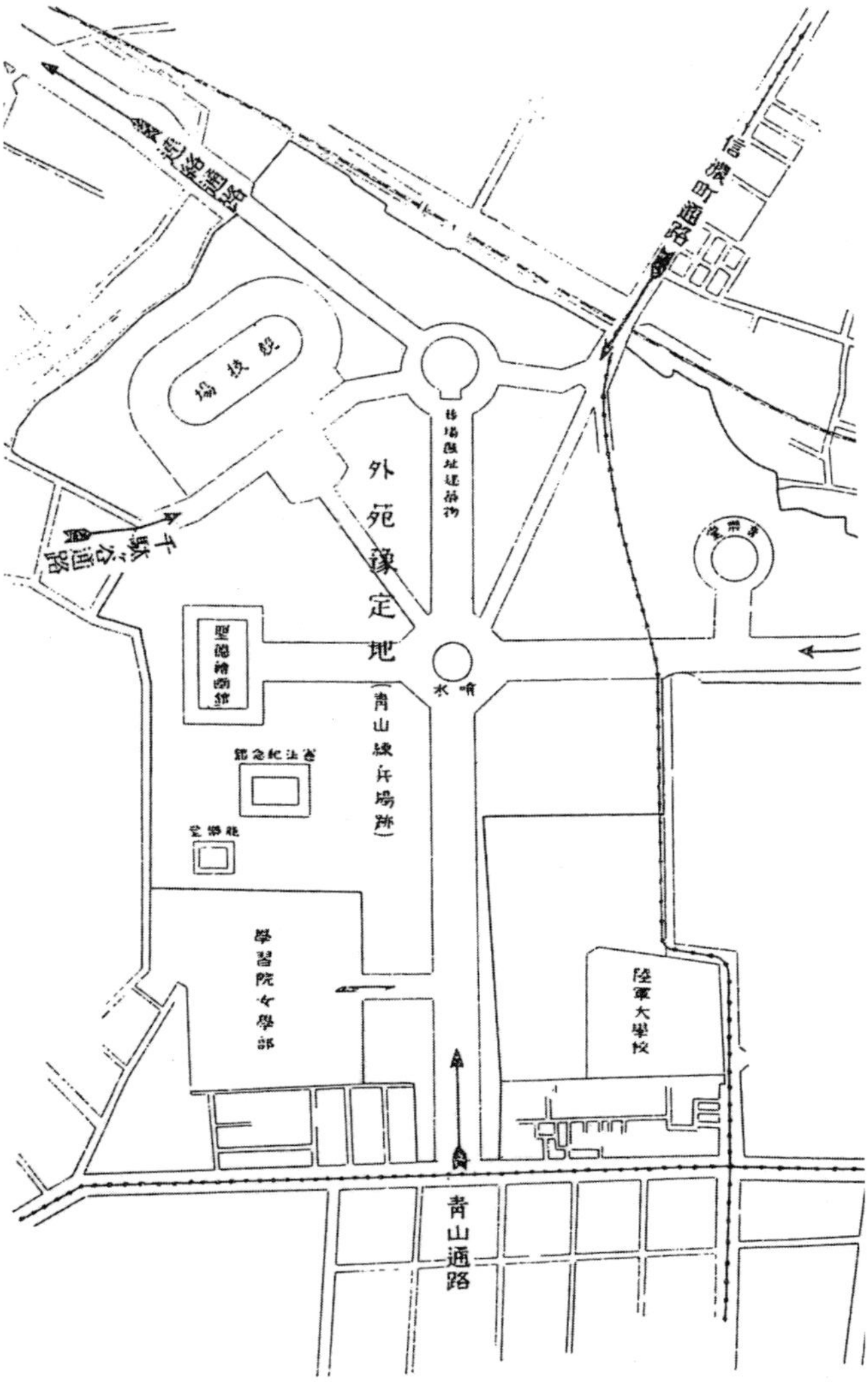

図3　明治神宮外苑図説明書（1917年頃）

並ぶ銀杏並木も、視線の方向を表敬すべき記念碑である葬場殿址一点に集中させるヴィスタ・アイストップ型に列上植栽された（図5）。だが必ずしもドイツ式庭園の規則正しさに偏重することなく、自然美の点では英国式やフランス式庭園の長所が参酌され、伝統的な日本庭園の現代化を目指して、総合折衷様式の庭園設計が方針とされたのである。(39)

図4　明治神宮外苑平面図

図5　聖徳記念絵画館前の並木道

（2）「外苑計画綱領」における葬場殿址の扱い

先のとおり、葬場殿址には楠の記念樹が植えられた。しかしながら葬場殿址の記念物として最初から楠の記念植樹が決まっていたわけではない。「外苑計画綱領」[40]によれば、まず葬場殿址には主要記念建造物として葬場殿址記念建造物を筆頭に、聖徳記念絵画館、憲法記念館、競技場の造設が構想され、特に葬場殿址記念建造物については聖徳記念絵画館とあわせて設計されることが初期条件に置かれていた。ここでいう「外苑計画綱領」とは、外苑の設計および工事を委嘱された工学博士古市公威を中心に、日下部辨二郎、近藤虎五郎（以上土木）、塚本靖、伊東忠太、関野貞、佐野利器（以上建築）の工学博士、川瀬善太郎、本多静六の両林学博士と農学博士原熙からなる設計及工事委員が作成したもので、一七回に及ぶ合同審議の末、大正六年（一九一七）一〇月三〇日に明治神宮造営局に提出されたものである。[41]

「外苑計画綱領」に記載された葬場殿址記念建造物に関する項目は次のとおりである。

葬場殿址記念建造物及聖徳記念絵画館の設計は左記条件に拠るものとす。

い　葬場殿址建造物は殿址を明示するに足るへきものたること。

ろ　絵画館の位置は葬場殿址の前方に定むること。

は　両建造物は連鎖するも分離するも可なること。

に　両建造物の設計は之を懸賞競技に附すること。

ほ　両建造物の工費は相互融通するを得ること。

これによれば葬場殿址記念建造物と聖徳記念絵画館は、その建物の構造や工費がセット扱いされており、葬場殿址記念建造物の予算二〇万円、聖徳記念絵画館の予算一二〇万円もそれぞれ相互融通できる仕組みになっている。

設計に関しては、「耐震耐火的のものとし、其様式は健全なる現代芸術の清華を発揮[42]」し得るものとして、コンペティションで選定するとした。造営局では設計及工事委員の希望条件を基礎に、各建造物、路線、庭園等の研究を進める傍ら、懸賞によって詳細設計を作り、奉賛会の同意を得たうえで順次工事に着手する運びとなった。

(3) 葬場殿址記念建造物と聖徳記念絵画館――設計案と工費予算のバランス――

翌大正七年(一九一八)六月一五日、一七日、一八日付の『官報』(一七六〇・一七六一・一七六二号)に「聖徳記念絵画館及葬場殿址記念建造物設計図案募集」として懸賞競技の規定と応募心得が公示された。審査員は古市公威工学博士、正木直彦東京美術学校長、塚本靖、伊東忠太の明治神宮造営局参与、荻野仲三郎、佐野利器の両参事が担当した。応募者に求められたのは、「公衆の優遊に任せ数種の建築を起し依て以て永く祭神の鴻業聖徳を偲び明治の盛世を記念せんとするものなり」という外苑の趣旨をふまえ、「葬場殿址記念建造物は大正元年九月御大喪儀の砌、葬場殿に充てさせられたる位置に之を建設し、以て其殿址を永久に記念せんとするもの」という意味を理解したうえでデザインすることであった[43]。

結果として一五六通の図案が寄せられ、同年九月二八日に造営局が一等図案に選んだのは東京府千駄ヶ谷町の小林正紹の作品であった[44]。一〇月五日に憲法記念館にて懸賞金授与式が行われ、午後から応募図案が公開されるや六〇〇名が参観、翌日はさらに増えて約一四〇〇名が訪れた。次いで一〇月一一日には紀尾井町の伏見宮邸にて一等図案から四等までの当選図案一〇種が総裁宮の台覧に供せられ、殿下も満足な様子であったという[45]。

概して独創的に新意を発揮するもので成績良好、各批評家の均しく唱道する所と評された。そこでさらなる審議が重ねられ、一二月に造営局は次のとおり具体的な「明治神宮外苑造設大体計画説明書」を公表する。

い　葬場殿址記念建造物

葬場殿址には花崗石を用ひて荘重なる築造を施し以て殿址を永久に記念せんとす。

ろ　聖徳記念絵画館

聖徳記念絵画館は葬場殿址の前方約四十間の位置に南面して之を建設し、単層にして鉄筋混凝土造花崗石表装とす。絵画室は之を主階に設け総て四室中央大広間によりて東西各二室宛に区分せられ事務室其他は之を地階に設く……[46]

同説明書によれば、葬場殿址記念建造物と聖徳記念絵画館はこの時点で設計が分離されたと見える。絵画館を監修した工学博士小林政一によると、葬場殿址記念建造物の一等当選図案は「高さ約一二〇尺の塔状構造物[47]」であったという。

だが葬場殿址記念建造物について参与会にて研究を重ねるうちに多数の異論を呼ぶ事態となり、「此図案及設計は這般霊地に対する我邦伝統的観念と全く懸隔する[48]」として「建造物にては霊域を記念するに不適当[49]」という結論に達し、結局、当選図案は廃案となる。絵画館と葬場殿址記念建造物の周辺設備に関しては、先の「明治神宮外苑造設大体計画説明書」によれば、後方を走る汽車の音響と煤煙を防ぐために背後に樹林を設置し、相当の密度で樹木を植栽することは決まったのだが[50]、葬場殿址を記念する施設については造営局側で改めて立案・設計することになった[51]。

ここで注意すべきは大体計画説明書が発表された同年一二月、欧州戦乱等の影響による夥しい物価騰貴により当初割り当てられた総工費予算四〇〇万円では到底賄い切れなくなり、すでに約二〇〇万円の不足が報じられている点である[52]。大正八年（一九一九）三月には造営局からの交渉で金一〇〇万円が追加され、計五〇〇万円に改められたという[53]。こうした状況を経て、同年八月にいたってようやく「聖徳記念絵画館及葬場殿址記念建造物設計要領[54]」が成立したとみられる。

絵画館の方は懸賞競技の一等当選図案に佐野利器指導の下で多少の変更が加えられ[55]、意匠上ならびに実用上も十分な内容の設計案が出来上がった。所要経費は約一七八万円。経費超過を除いて申し分のない成案が得られ、早期の着工が待たれた。

一方、「葬場殿址記念建造物設計要領」については慎重協議の結果、次の案が提出された。

葬場殿址記念物に対しては懸賞競技設計に於て充分なる案を得さりしが為めに慎重研究の結果、本案を作製せり。

一、殿址は之を清浄に保持するの処理を為す要あるを以て、先づ方八間高約五尺の花崗石壇を設け、之に方二間、壇上の高さ約四間の花崗石築造物を設け、その正面に殿址たることを明示すべき適当なる文字を篏入することとせり。

二、全体の形状外観はなるへく荘重にして剛健ならんことを期し、全部一様の花崗石大塊を以て造り、手法簡単にし仕上を粗大ならしむ。

三、所要経費約十二万円の見込[56]。

葬場殿址記念建造物の方はまず予算が削られた。また阪谷芳郎の『明治神宮奉賛会日記』を参照すると、彼は八月一日の時点で「葬場殿址紀念物は六角形御製六首彫刻の形状に限る[57]」と主張していたようだが、同月二六日付に「絵画館及紀念塔に付造営局へ回答の件、画家意見申出あり、塔の方は回答を延ばすこと[58]」の文言があることから、答えはさらに先延ばしにされたとみえる。

（4）葬場殿址の植栽と外苑設計をめぐる財政的問題

工費の不足　こうした議論の末に、大正八年九月三日付で奉賛会会長徳川家達より造営局副総裁床次竹二郎宛に次のようなコメントが提出された。

八月九日局外発第一三一号御照会聖徳記念絵画館設計工事の件は総て御来示の通、御施行相成異議無之候、又葬場殿址記念建造物に就きては本会に於て尚ほ審議を尽し度廉有之候間、追て可及確答候、尤も右は御大切な場処に付、当分の処、樹木を植ゑ周囲に相当の設備を施し、仮りに御場処の汚れさる様成し置かれ度候、此段及御回答候也。(59)（傍線筆者）

この時に、大事な葬場殿址には樹木を植えておくという措置が採られることになったわけだが、その理由の一つに、満足のいく記念塔を建立するには困難な工費不足があったと推察できる。

経済の激動は甚だしく、大正九年（一九二〇）一、二月頃には物価・賃金の高騰は頂点に達していた。二月末に奉賛会が物価騰貴による外苑工費不足額を調査(60)したところ、絵画館については現在額一七八万円に対し所要額三一八万七一〇〇円と計算され、一四〇万七一〇〇円もの不足が見込まれた。翻って葬場殿址記念物については現在額一二万円のうち所要額四万円と見積もられ、八万円が余っていた。外苑工費全体としては旧予算総額四〇〇万円が現在額五〇〇万円にアップされたにもかかわらず、必要経費は八四七万二五〇〇円とはね上がり、三四七万二五〇〇円の不足が報じられていた。

葬場殿址記念物に限らず、財政上の難題から外苑計画は随時見直され、物価と賃金の高騰につき工事進行上差し支えない部分については中止、もしくは繰延べされることとなり、大正九年六月、当面の施工範囲についてはやむをえず次の事項が優先されることになる。

一、請負契約済の工事及契約済材料の購入。

二、労力、材料の寄附其他特殊の事情に依り破格低廉なる経費を以て推行し得べき工事。
三、樹木の移殖、保護、手入、芝の養成其他事業の性質上繰延を許さゞるもの。(61)

さらに外苑竣工にいたるまでの工期には第一次世界大戦や関東大震災が発生し、それにともなう景気変動の煽りを受けて設計変更を余儀なくされるなど大幅な遅延が見込まれたうえに、予定外の出費が重なっていた。大正一二年（一九二三）の震災時には雨露をしのげる絵画館や競技場等の建造物は一時足場が外され、宿泊所や食料保存庫となり、芝生の中央広場一帯には六四〇〇人を収容する罹災者用バラック四一棟（五八七六坪）や浴場、病院が立ち並んだ(62)。外苑工事は事態の安静を待って漸次再開されることになる。

溝口白羊の『明治神宮案内』（一九二〇年一〇月）には葬場殿址記念物の造成が進まない様子を示す次のようなくだりがある。

御葬場殿址は、これも今日の所ではまだ何の建造物も出来て居ません。……奉賛会では葬場殿址の建造物は、もう少し熟く考へてからの事にしたいから、当分殿址には樹木を植ゑて、其廻りに相当の設備を施し、清浄を保つやうにして置いて戴きたいといふ希望を言込んで来たので、まだ其儘に成つて居ます(63)。

手軽さと経済性

結局、「樹木を植えておく」という応急策はそのまま葬場殿址記念物に定まることになるのだが、記念塔が記念樹に代わった経緯として、造営当局で参与を務め、外苑の設計及工事委員も任されていた本多静六は幾度にもわたる審議上、煙毒防備の樹林設置案を含めて当然この案件についても意見したものと考えられる。第Ⅱ部第三章で検証したように本多は御聖徳ならびに御大典記念事業にあわせて『記念植樹の手引』（一九一五年）を発行し、「神聖にして公衆の目に触れやすい」場所における記念樹の植栽を勧めていた。これは葬場殿址にも該当する空間である。本多はまた記念に植栽することについて、記念並木を例にその取り組みの手軽さと経済性を次のように主張していた。

明治天皇御遺徳の記念事業として、其最も普遍的にして、最も永続的なる、将た最も完全有利に且、最も寡少の費用を以て、実際に行はれ易き方法として、全国々県道其他大道路の両側に遍く行道樹を植栽するの甚だ適切にして……[64]

安価で手軽に、しかも皆で行える民衆的な記念植樹を本多は奨励するのだが、この意見は持続可能な学校樹栽を推進するうえでも説かれたように、本多の経済学者としての一面をうかがわせる主張である。「記念植樹」には永続的に子々孫々と「いのち」を繁栄させるという尊い理念が備わっていると同時に、必要経費の面でも有効であると本多は説くのである。

本多が経済性を重視したことは、たとえば造営局書記官兼経理課長の九鬼三郎が書いた「明治神宮内苑造営の経費」の一文からも読み取れる。

経費の事などは、一般の方々には興味のある問題ではありませんし、又明治神宮は経費など云ふ事の外に超然たるものでありまして、餘り細かい経理の御話などするのは何だか神威を冒瀆する様な感じがして心苦しいのでありますが、本多博士からの御懇望もありましたから大体の所を申し上げた次第であります。[65]

この点は右の文章が収録された『明治神宮』（庭園協会、一九二〇年）の序文において、本多がまず経費について述べていることにもうかがえる。

先にとりあげた「設計要領」には、絵画館と葬場殿址記念物の各々の経費に大幅な増減が見られたが、実際に小林政一の報告書から工事施工費一覧をみると、絵画館工事をはじめ庭園工事、競技場工事その他についてはそのほとんどが予算をオーバーしたのに対し、葬場殿址記念物のみ当初予算案の二〇万円を下回り、総工費三万四八八四円で済んだ。[66]要するに先の調査報告で算出された所要額四万円以下で賄われたのである。

このように葬場殿址が重厚な記念建造物ではなく記念樹の植栽に決まったのは、主に財政的な事情によると解せられるが、ここで鍵となったのは、記念すべき事業は誰もが気兼ねなく参加でき、後世まで受け継がれることを理想とする記念樹の植栽を推進した本多静六がいたことである。加えて奉賛会には、グラント将軍訪日の頃より幾度となく記念植樹に親しんできた実業家渋沢栄一の姿もあった（渋沢は郷里の神社の社殿落成記念植樹も行っている）[67]。世は植栽活動を通して愛樹心を養う運動が盛んに行われていた時代である。同時期には後述する第一次大戦後の帝国森林会主導による平和記念植樹をはじめ、大日本山林会主導の記念の樹栽日設定が全国に奨励されていた。これらはいずれも林学者本多が指導的位置にあった組織である。

以上のように葬場殿址記念塔が記念樹に変更されたのは、予算不足に加え、記念植樹を促しやすい社会的・環境的諸条件が揃っていたことに由来するといえるのではないだろうか。

（5） 葬場殿址記念樹の誕生と外苑の将来

かくして葬場殿址記念物の本工事は大正一四年（一九二五）八月に着工され、翌一五年（一九二六）三月に完了した[68]。絵画館から四〇間後方に、写真のように直径八・五間（一五メートル）高さ三尺（〇・九メートル）の花崗石製円壇が設けられ、壇上中央に楠の記念樹が植栽された（図6）。楠の周囲には砂利が敷かれ、さらにそれを取り囲むように芝生が張られている。

楠樹については、『明治神宮外苑奉献概要報告』（一九二六年）を参照すると、造営局は熟慮の末、大正一四年一〇月に「楠樹を神奈川県程ヶ谷より移植して周囲に石堤を築造せり」[69]とあるが、『明治神宮外苑志』の付録『明治神宮外苑造営奉賛佳話』に興味深い記述がみられる。

図6 葬場殿址記念樹

楠の大樹三本を明治神宮奉賛会に献納した。右は外苑の葬場殿址を荘厳ならしむる為め、奉賛会に於て楠の大樹を物色してゐることを聞知したから、直ちに決行したのである。其の楠は同氏が所有せる保土ヶ谷ゴルフ場の一隅に繁茂してゐた大木であつたとのことである（大正五年）[70]

神奈川県保土ヶ谷の篤志家が楠を献納したというエピソードだが、後述する外苑への献木や移植用の根廻し等の準備期間を考慮すれば、葬場殿址には同地の楠が選ばれたということも考えられるのではないだろうか。

標石については、『明治神宮奉賛会通信』の「会務報告」に、大正一五年（一九二六）八月七日付で依頼されていた回答が九月二七日付の「外苑記念碑其他標石建設の件」に収められている。それによると明治神宮外苑碑、御観兵榎碑、名木ひとつばたご碑、御鷹ノ松碑、葬場殿址標石、憲法記念館碑、妙行寺跡標石の七つの記念碑が建立されることになり、参与会議で決定された個々の設置場所に田阪美徳技師から現場指示が出されたという。[71]

葬場殿址の標石は、高さ五尺三寸、幅二尺、厚さ一尺の切石にして、表面に「葬場殿址」（図7）と刻まれ、裏には「大正十五年二月　明治神宮造営局副総裁従三位勲一等若槻禮次郎書」と記された。標石はのちに壇上に移され今日にいたる。[72]

図7　葬場殿址記念樹と碑石

外苑正門入口に建つ「明治神宮外苑碑」（明治神宮奉賛会総裁閑院宮載仁親王篆額、奉賛会会長徳川家達撰文）に刻印された「明治神宮外苑之記」（大正一五年一〇月）には、「葬場殿の故址は樹を植ゑて之を標す」[73]と明示され、ここにあらためて葬場殿址記念物としての記念樹が誕生したのである。

樹種に楠が選択されたのは、第Ⅱ部第三章で論じたように農商務省山林局の『記念植樹』にある「老樹名木と称せられ、最も巨大な

図8
葬場殿址記念樹全景

図9
今日の葬場殿址記念樹

る生長をなすもの、実例は、クスを第一[74]」とするという例示や、史蹟名勝天然紀念物保存協会の講話（大正五年）において、本多が「蒲生の大樟[75]」をはじめ、景行天皇ゆかりの「上城井の大樟」、応神天皇にまつわる「衣掛の森の楠」を例に[76]、

現代の我日本に於て最も巨大に生長する木は樟樹が第一で、彼の大昔の筑紫の扶桑木抔も、蓋し樟樹かと思はれます[77]。

と述べているように、古来の老樹名木を理想とする解釈が検討されたものと思われる。第Ⅰ部第二章でとりあげたように神話ではクスは素戔嗚尊の眉であり、古代においては船木として利用される有用樹であった。

環境面においても煙害に強い常緑樹のクスは当地に適した樹種であり、葬場殿址記念物に係る一等設計案が廃案となった際の「建造物にては霊域を記念するに不適当なり」という課題を克服し、「霊地に対する我邦伝統的観念」に適合し得るのが楠の記念樹だったと理解できよう。この機会に風土や環境に鑑みて日本古来の樹木が選ばれたことは、明治初頭の欧化の時代、農学者津田仙が選択した外来種の記念樹から認識が進化したものといえる。

なお、今日では当時のような整然とした面影（図8）はなく、絵画館裏手は駐車場になり、立派に育った楠の記念樹も雑然と自動車に取り囲まれている（図9）。結局のところ荘厳な聖徳記念絵画館の裏という奥まった場所にあっては、最も重要視されるはずであった葬場殿址という聖地も、人びとの記憶から忘れ去られようとしている。

外苑奉献式が営まれた大正一五年一〇月二二日、明治神宮奉賛会の会長徳川家達、副会長渋沢栄一、阪谷芳郎、三井八郎右衛門の連名で、明治神宮宮司陸軍大将一戸兵衛宛に「外苑将来ノ希望」と題する一文が呈された。その第三項に注目すべき文言がある。

外苑は常に清浄を保ちて修理を怠らす不潔不浄のこと無之様深く御注意あり度事。[78]

葬場殿址は、「永久清浄を保つ」ことが神宮創建の「覚書」にも明記され、「清浄」を維持するための煙毒除けの樹林が設置されるなど、風致・環境・衛生には殊のほか配慮がなされた空間である。[79]庭園設計者の一人である折下吉延もこう述べている。

外苑の設計は表裏のないと云ふ事、例へば外苑は非常に美麗であるのに、接続している四囲が不潔であるとか、云ふ様な事のない様に、折角の来苑者の心持を尊重して晴々しい気分の場所としたいのである。[80]

外苑の将来を気遣った徳川も、覚書を記した渋沢も、煙害、風致を気にした本多も折下も、まさか葬場殿址が駐車場になろうとは思いも寄らないに相違ない。

第三節　御聖徳記念と即位の御大典記念

明治天皇の崩御は二つの記念事業を実施する機会を与えた。それは御聖徳記念と践祚による大正天皇即位の御大典記念行事である。本多の『記念植樹の手引　一名大木移植法』[81]（以下、一名大木移植法を略す）もこの二つの記念事業を主たる対象として執筆されたものである。本節では、記念植樹の形態のうち記念並木と記念林の造成を対象として、全国に奨励された社会基盤整備としての御聖徳や御大典にまつわる記念植林事業がどのようになされたかについて検討する。

（1）　御聖徳記念と即位の御大典記念をめぐる植栽活動の背景

昭憲皇太后の崩御により一年延期となったうえで挙行された大正四年（一九一五）一一月の即位の御大典は、約二〇日間にわたる挙国一致の盛大な祝典であった。これにともない記念植樹事業も大いに推奨され、大正四年一月一四日付読売新聞には「大典植樹 当局大に奨励す」の見出しが載った。

農商務省にては今年秋冬の間に行はせらるゝ聖上陛下御即位の大典記念として、植樹を行ふ如きは此空前の盛儀を記念する絶好事業なりと認め、各府県に対し之に関する注意書を配布したるが、之と同時に植栽すべき場所は其樹木を永久的に且安全に生立せしめ、常に公衆の目に触れ易く保護撫育の周到に行はれ得べき所を選定すべく、即ち神社仏閣の境内学校、官公署の構内、公園、各勝地、道路、提塘其他之に類似する箇所を適当とし、記念樹には本邦固有の樹種にして、能く其地方に適し樹質、強靭、風雪、虫害、病害、烟害等に対し抵抗力強く、生長旺盛にして喬大なる樹幹を形成し姿勢雄壮風致に富み長寿にして、而も価値あるものを選択するを要す。(82)

右の記念植樹に関する「注意書を配布」というのは、記事の内容から察して第Ⅱ部第三章で検証した本多や農商務省の記念植樹の著作を指すと思われる。即位の御大典を機に高まりゆく植樹活動に即して、周囲の要望から本多が『記念植樹の手引』や『記念樹ノ保護手入法』を記したことはすでに述べた。ことに本多の『記念植樹の手引』が「三浦書店の厚意により已に一万余(83)」も配布されたことは、同時代社会における記念植樹の隆盛を示す証左となろう。

農商務省山林局の『記念植樹』の序には次のように書かれている。

今秋京都に於て挙行あらせらる丶御即位の大典は、今上陛下御一代の御盛儀なるを以て此時に方りて永久に伝ふへき記念事業を起し以て奉祝の誠意を表し、尚ほ子々孫々をして聖代の徳沢に浴せしめむことを計るは臣民たるもの丶本分なりと謂ふへし。而して植樹及植林の如きは記念として真に好個の事業なりと認め、客歳二月之に関し心得へき事項の梗概を記述し、以て此等計画者の参考に資したりしか、今回更に訂正補修して之を世に公にす。大正四年三月(84)（傍線筆者）

農商務省においても記念事業としての植樹および植林を奨励し、これをより適した方法で広く継続させるために漸次研究が重ねられてきたことが、これらの文言から読み取れよう。

(2) 明治天皇記念行道樹と社会基盤整備

葬場殿址の記念樹は、文字どおり明治天皇の聖徳を末永く人びとの心に留めておくための「生きたる記念碑」となった。本多静六の理想とする記念樹とは、永代にわたって保護、育成され、人びとに親しまれ崇められる老樹や巨木にある。こうした記念樹に対してだけでなく、本多は記念行道樹（並木）や記念林の造成にもみずからの理想を有していた。ここでは社会基盤整備の機能をともなう植樹が中心的話題となる。

明治天皇の御聖徳記念事業として並木造成の全国展開を提唱したのは主に本多といえる。記念に並木を造成するという構想は、先のとおり奠都五〇年を記念する「日本大博覧会」開催へ向けた、理想的な都市の街づくりに係るインフラ整備を兼ねた明治四〇年（一九〇七）の計画案(85)に見られた。今度は御聖徳記念の並木造成である。

記念行道樹を推奨する著作には、大正二年の『龍門雑誌』二九八号や『本多造林学　後論ノ三』「明治天皇記念行道樹篇」がある。後者については大正二年四月の初版刊行以来、大正一〇年には第三刷が刊行されるなど、『記念植樹の手引』と同様に、本多の著作に対する社会の要求の高さがうかがえる。

まず「明治天皇記念 行道樹篇」の序文を見てみよう。扉には「恭しく此行道樹篇を捧げ 明治天皇の御聖徳を記念し奉る 大正二年三月十日 本多静六」と記され、明治天皇遺徳の記念事業として記念並木の造成を最適とする理由が次のように説かれている。

明治天皇聖徳敬慕の記念事業として挙国一致、其実行の緒に就くの一日も速ならんことを望むや切なり。謹んで惟ふに抑（そもそも）明治天皇聖徳の敬慕の記念事業たるや永遠に且、完全に記念し奉り得る性質のものたると同時に、成る可く我国都鄙上下を通じて、何人も賛同協力し得らるゝ事業たるを要す。而して吾人が茲に提案せんとする全国街道の両側に遍く樹木を植栽のする方法こそ、実に老若男女貴賤貧富の別なく何人も均等に且、共に之に協賛し得べく、彼の車馬絡繹たる都会より、人烟依稀たる寒村に至るまで、斉しく容易に之を実行し得られ、他日に若し枯損木を生ずる如き場合あるも、単に之を補植するの労に止まり、容易に其事業を永久に伝え得べし。(86)

都市と山間部を結ぶ行道に、一人ひとりが記念樹を植えることで明治天皇の偉徳を敬うという計画であり、誰もが容易に参加できる永続的な記念事業であるというメリットが唱えられた。同時にそれは、

国民の愛樹心を喚起し、公徳心を涵養し、国民風教上に資する所あるのみならず、都鄙各風趣を添へ、寒暑の激変を調節し、塵埃の飛散を防遏する事等、風致、衛生、万般の上に其効果少なからざるを以て、明治天皇御聖徳の記念事業として真に適切格好なるものと謂ふべし。(87)

とあるように、学校樹栽の目的と同じく、身近に樹木に接触する機会を増やすことで国民の愛樹心や公徳心の養成に寄与するとともに、風致や衛生効果が期待される美しい街づくりを目指す植栽計画であった。要するに明治天皇の御聖徳をのちの世まで伝えるために、子々孫々と継承される樹木の「いのち」に祈りを込めて、市街をはじめ国全体を緑化しようというアイデアである。

本文の大まかな構成は、総論で行道樹の義解・目的・効用とその歴史が述べられる。日本については天平時代の東大寺の僧・普照法師による果樹植栽の建白をはじめ日光杉並木がとりあげられ、ほかに朝鮮の例が記されている。次いで甲乙丙として、それぞれ「市街行道樹」「地方行道樹」「日除樹即ち緑蔭樹」の三部に分けられ、植え方や適切な樹種、保護管理の方法が説かれている。「市街行道樹」と「地方行道樹」という項目や、本多が序文で「我国都鄙上下通じて」と書いているところから、都市と山間部を緑でつなぐ記念の並木づくりを志向していることがわかる。

行道樹植栽という記念事業は、同時代に発生した関東大震災後の帝都復興に係る都市緑化事業にも通じるが、都市の風致・衛生を心がける本多の植栽の理念は都市美運動の先駆けといえる。詳細は「都市美」を扱う第Ⅲ部第四章に譲るが、ことに並木や森で農村と都市をつないで国土を美化するという緑化思想は、郷土愛護や田園風景の保護に端を発する西洋の都市美運動が基本とした理念であった。

大正一一年（一九二二）に最初期の「公園道路」として造成された明治神宮表参道の欅並木[88]は、近代的都市美を構成する一要素として注目に値する。同並木については東京市公園課長を長く務めた井下清も次のように述べている。

街路樹に至つては八三、六九九本を全市に配植し、到る処の街路に緑の幕を張り廻して整然たる美観を作ると共に、空気の浄化、暑熱と乾燥の緩和を計つて居るが、大正大震災前に比較すると三倍四分となるのみならず一般街路樹の他に、道路広場、橋台地、交通嶋等、約二百八十ヶ所、五万八十坪の街路庭園を設け、街路芝生帯、明治神宮参道の大並木道等と共に都市美を構成して居る。[89]

各地の街路樹整備は、御聖徳記念の外苑前の銀杏並木や表参道の欅並木をはじめとして、大正天皇の即位の御大典、東宮殿下の御婚儀[90]、昭和天皇即位の御大典等、記念事業が起こるごとに都市と農村の美化を図る植栽計画が推進されるのである。

（3） 御大典記念植樹の全国展開

ここで記念並木の問題からやや視野を広げて、記念事業としての植樹活動が明治末から大正期に全国でいったいどの程度の規模で実施されていたのかを確認したい。そこで関連する著作物および報道という二つのメディアと、各地方で行われた植樹事業の活動報告書から同時代における記念植樹の展開について考察する。

各自治体の取り組み　前述のように、本多『記念植樹の手引』の発行部数一万部という数字はその規模の大きさを物語るが、政府の刊行物や本多が執筆した文章を模範として、各自治体がそれぞれ印刷物を作成しそれを配布することもあった。たとえば大正三年（一九一四）の『御大典記念樹栽之栞』（岩手県内務部山林課）は、各地方に行幸・行啓した天皇家や皇族の由緒をたよりに、郷土色を添えて作られたガイドで、県内で記念植樹事業を志す人びとの手元に配られた。岩手県の同ガイドを見ると冒頭に次のようなメッセージがある。

今上陛下が東宮にあらせられませし去る明治四十一年の秋、我が東北に行啓遊ばされました際も、巌手公園へ御手づから松を御植遊され、行啓の御しるしと成され、年毎に枝葉繁りて今や公園の中に蔚然として御聖徳を謳歌しつゝあるは、其の御仁徳の程、誠に有がたく感ぜらるゝのである。又、当時県は臨時県会に諮り、記念事業とし造林の計画を立て、目下着々実行中であつて、我が巌手県民は長へに隆恩を記念し得らるゝ次第である。(91)

宮内庁書陵部宮内公文書館所蔵の『東宮職　行啓録』や当時の新聞を参照すると、明治四一年（一九〇八）秋の皇太子（大正天皇）の東北行啓においては、文中の巌手公園(92)のみならず、学校や社寺など各県各所でお手植え願いが出されているのが確認できる。(93)ちなみに東北行啓に時を等しくして、埼玉県大宮の氷川神社では「紅葉（もみぢ）の如き可愛き御手」[94]にて皇孫殿下、のちの昭和天皇による稚松の記念植樹も行われている。[95]こうした聖蹟の紹介を含んだ地方における記念植樹のガイドの配布は、同時期に発足した徳川頼倫や三好学らによる、郷土文化の保護を目的とする史蹟名勝天然紀念物保存協会の活動とも連動したものと考えられる。

次に報道機関の動向をみてみると、たとえば読売新聞は本節冒頭の「大典植樹」奨励の記事（一九一五年一月）に続き、「国民挙て千古の大典を記念」[96]する風潮の中、同年四月より「各府県の記念事業」と題するシリーズを組んで全国で繰り広げられた各種の事業計画を報道した。そこから植樹・植林計画に注目すると、栃木県では、県下の神社境内、学校、市役所、町村役場へ記念植樹、長崎県では佐世保軍港への植林や大浦川両岸における桜樹植栽が企画された。宮崎県は記念植樹に苗木一五〇万本を用意し、富山県は三〇〇町歩に記念植林を行うプランを練った。[97]東京府では府立中学や各種学校をはじめ、日枝・大國魂両官幣社および府下八郡に桐、公孫樹、栗等の苗木五〇〇〇本を分配し、これを植栽して永く盛儀を記念するという。[98]あるいは東京市は大正天皇御即位の当日に花電車を走らせ、各学校の校庭に一対の記念樹を植える計画を立てた。[99]これらの記事について枚挙に遑がないことは既述のとおりである。

植林実施の案内書　より緻密な公的記録としては、農商務省山林局が大正五年（一九一六）に発行した『御大禮記念林業』が参考になる。同資料発行の理由については冒頭に次のようにある。

一、今上天皇陛下御即位大礼の記念事業として、各府県に於ける各種団体及公益の為、個人の施設せる林業関係事項並是等の事業に対し、林区署の援助したる事項に就き、客年八月より本年七月に亙る地方長官及大林区所長の報告に依り編纂したるものなり。

二、大正三年二月及同四年三月、本局に於て公刊せる記念植樹に関する心得は是等事業経営上、参考と為るへきか故に之を本書の附録とせり。大正五年七月[100]

これによると先の山林局による『記念植樹』（一九一五年）は、即位の御大典記念植樹を実施するうえで参考にすべき案内書であり、『御大禮記念林業』はそれに基づいて営まれた実施状況を各地方長官や大林区署長がまとめた結果報告書といえる。両者はいわばセットで刊行されたと見られる。

実際に『御大禮記念林業』を参照すると、書名として「林業」と銘打たれてはいるものの、都道府県別に「造林」（件数・面積）と「植樹」（件数・本数）の二つのカテゴリーに区分されていることにまず注意したい。このことは本書で述べてきたように「記念林の造成」と「記念樹の植栽」という異なる形式の植樹法が、「記念植樹」というシステムの中で同様に扱われていたことを裏付けるものである。さらには、種子配布から規約規制の制定、森林組合や山林会の設立、農林学校の設立、公園設置、林道設置もまた同記念事業に含まれる点であるが、のちに刊行された『御即位記念植樹の勧め』（一九二八年）においても「記念植栽の様式は、造林、個樹植栽及び行道樹植栽の三種を主義とするも、其の場所と事情とに依り、森林の保護、更新施設、砂防及び荒廃地復旧工事、森林基本調査、施業案編成、天然林の撫育事業、森林公園の設定等を以てするも可なり(101)」と継承されていることから、農林分野においてはこうした見解が一般的であったとみられる。

『御大禮記念林業』の詳細については府、郡、市、町村、部落、其他団体、学校職員および児童（生徒）、神社、寺院、個人という実施者ごとの区分けに従って報告がなされている。東京府の例では、「造林」を実施した団体として地方自治体、在郷軍人会、青年会、婦人会、漁業組合、社寺として貴船神社や御嶽神社、氷川神社等の名前があがり、それぞれ所有地（共有地や私有地）に杉五万本、扁柏一万本といった大規模な計画に基づく植林実績が記録されている。学校林の例は前章で論じたが、たとえば漁業組合の場合は漁付林（うおつきりん）設置の目的で植林したという報告もある。

記念樹植栽に該当する「植樹」の項目では、各団体や個人が小学校敷地に各自桐を一二〇本、神社境内に各自月桂樹を三本、あるいは団体会員各自に桐二本で計一五〇本植栽したなどと細かな樹栽が逐一報じられている。ただし、南方熊楠が指摘するように、南方の妻の実家である神社（闘鶏社）の樟樹は二本であるのに二五本と報告されているとして、役所の統計データに不審な目を向ける者がいたことも事実である。(102) 南方は後述するように御大典に係る記念植樹を批判した人物だが、大正三年五月になされたこの指摘は同時代社会の植樹活動のあり方に対する一つの意見として興味深い。

植栽する樹種については『記念植樹』のアドバイスに従い、風土にあった樹種選択がなされている。東京府の造林ではたとえば杉、扁柏、公孫樹、松が主に植栽されているがいずれも有用木である。また『記念植樹』では竹林の造成も推奨され、実際に北多摩郡狛江村青年会が借り入れた私有地六畝歩に若竹、孟宗竹、淡竹を植栽したとの報告がある。(103)

これらの記念植林および記念植樹にかかる費用はいずれも、各団体の会費支出もしくは寄附といった形で賄われたようである。

以上は東京府の一例に過ぎないが、これだけ見ても大がかりな計画である。それが記念事業の一環として全国規模で展開したわけである。同書に添付された巻末表の「御大礼記念林業一覧」には沖縄を含め全国（北海道を除く）で植樹本数一四五万二二〇〇本、造林総面積にして約五万三二七〇・二七二八町歩との数値が記載されている。新聞各紙における記念植樹の報道記事からも推察可能なように、各個人や団体が競い合って記念植樹の成績をあげることが、同時代の人びとに課された使命であったと解せられる。

この項の最後に記念植樹の全国展開を願う本多の熱い思いが綴られた一文を紹介しておこう。

> 思出多き小学時代の校舎校庭こそ忘れんとして忘れ得ざる追懐の脳裡に刻せる深き印象なり、而して誰か一人として此愛の源泉を汲まざるものあらん、誰か生涯として此岸に萌え出し嫩芽の生長にあらざらん、嗚呼、

誰か此源泉の湧く処、此嫩芽の萌え出づる処、天然の翠蓋を与へて保護せざるものぞ、予輩は地方行道樹と共に道路其他の広場、殊に学校の広場に此日除樹を植栽せんことを勧むるものなり。(104)

全国の街道沿いから学校、広場における記念植栽を説く本多の訴えには、感情の高ぶりさえ見られなくもないが、神宮外苑の葬場殿址に植栽された一本の楠を起点として、都市と山間部を結ぶがごとく、記念行道樹の植栽によって街道に緑の美が添えられ、新たな時代の国富を生み出すべく御大礼を記念する植林事業が全国各地で展開してゆくのである。

このように明治初期に品川弥二郎や大久保利通らがレールを敷いた富国殖産を目的とする植樹事業は、段階を追ってその諸制度が整えられていった。そして、この動きと並んで、記念すべき事柄が生じるとそれを契機として大々的に植樹運動が展開するという風潮が、ひとつの文化的な「形」となって現われはじめていたのである。

第四節　南方熊楠の批判

御聖徳記念、即位の御大典と歩調をあわせて、本多静六や政府が書籍等を通して記念植樹の普及活動を行い、新聞社が記念植樹をニュースとして広く報じると、記念献木や記念樹の植栽、記念並木や記念林の造成といった事業が各地で隆盛する様子がみられた。しかしながらこの動きを疑問視する者がいた。和歌山県在住の博物学者南方熊楠（一八六七～一九四一）である。以下は南方が地元紙『牟婁新報』に寄せた記念植樹を批判する一文である。

尚ほ又言ふ可きは今年の御大礼に際し諸処、紀念樹を植るは善い事には相違ないが、是も例の名前のみ美にして其実、甚だ面白からぬ現象を生じはせぬか。乃ち紀念植樹の美名の下に、実は在来の大樹巨林を伐り倒し、扨(さ)て其跡はイツ植ゑるやら分からぬやうになつたり、又は植ゑたが壱本も付かぬといふ事になりはせぬか、……されば即位の御式ある毎に紀念何々を設くるてふ美名の下に、其実、旧物を破壊する時は世間安んぜず、頗る不穏の世相を出来せずや。樹を伐つて樹を栽へずとも、教育に感化に其他物を煩はさず土地の旧蹟を破壊せずに、成すべき紀念事業の美なる者は多々ありなん。当局の諸士、能く〳〵思慮すべき事なり。[105]

南方熊楠といえば欧米で博物学の研鑽を積み、帰国後は紀伊半島の全域を対象にした生態系調査に携わる傍ら、神社合祀や森林乱伐に反論して環境保護運動を行った人物として知られる。学閥に属さない孤高の研究者を通したが粘菌に関する緻密な研究が認められ、昭和天皇にご進講するという栄誉を授けられた際には、南方はキャラメルのボール箱に標本類を詰めて献上したと伝えられる。[106] その彼が御大典記念植樹を批判する文章を記した経緯はいかなる所以によるものか。彼の批判は一面では本多の造林学に対するものともいえようが、反対する彼の真意は一体どこに向けられているのであろうか。

（1）　神社林の保護をめぐって

古くより神道や神社等の信仰に関心を寄せていた南方熊楠は、明治三〇年（一八九七）、英国科学奨励会人類学部学会の席上で「日本斎忌考（ゼ＝タブー＝システム＝イン＝ジヤパン）」という研究発表を行い、古来日本の神道の制は不成文ながら斎忌（ものいみ）が厳重であった故に、理屈抜きにおそるべきものをおそれ、つつしむべきものをつつしむという敬神の念が養成され不義無道を行わなかった、と論じていた。[107] 日本人のこうした信仰心を尊重する南方が熱心に取り組んだ神社合祀反対運動は、明治三九年（一九〇六）、第一次西園寺公望内閣が実施した一村一社制に由来する。

神社の統廃合については江戸初期の寛文年間にも施行され、会津藩による「神社改」（寛文五年〈一六六五〉）や岡山藩における小祠を整理する「寄宮（よせみや）」（寛文六年〈一六六六〉）に例がある。幕末から明治初期においても、祭神や由緒の不明瞭な小祠の合併を認めた石見津和野藩（慶応三年〈一八六七〉）や明治五年（一八七二）における「合併は強制ではない」としながらも事実上奨励された教部省の措置などがあげられる。しかしながら当時の施策は一定していなかった。明治後期の一村一社制は、祭祀の行われない荒廃した神社やムラごとに独立した民社を一行政市町村に一社を目指して統廃合させ、これを地域住民の精神的なより所とすることによって国家経営の基盤となる神社機能の強化を図ろうとするものであった。この制度が敷かれた目的は、日露戦争後の激動する日本経済の煽りから衰弱した地方経済を立て直し、神社の維持費に係る基本財産蓄積を促進させることにあった(108)。したがって対象となった神社の歴史や祭事、あるいは人びとの信仰心などは顧みられることなく統廃合され、あわせて神社林の伐採も進められたという(109)。

この事態を座視できなかったのが南方であった。明治四〇年の頃より新聞紙上をはじめ、みずから当事者の元を訪ねるなどして神社合祀反対運動を展開する。村の神社林が伐採されていくのを目の当たりにし、南方自身、付近の植物や粘菌採集が出来なくなることも心配ではあったが、何よりも古来、地元民衆の信仰対象であった憑代としての鎮守の森が消されつつあることが彼にはいたたまれなかったのであろう。神社がなくなること、それはつまり神社をとりまく森の文化もなくなることを意味していた。

南方の意図に反して多くの樹木が伐採されたが、それでも彼の前向きな取り組みの甲斐あってか、和歌山県中辺路町の高原熊野神社に生存する楠の大木や「野中の一方杉」（同町野中）、田中神社の森（同県上富田町）は残された(110)。「野中の一方杉」とは杉の枝がみな那智大社のある南を向いているという珍しい巨木群である。この大木の立つ林の茂みから滾々と湧き出る「野中の清水(111)」は、古くより熊野詣に向かう人びとの喉を潤し、地元民の貴重な生活用水として大切にされてきた。

南方はこのように単に自然保護を訴えているのではなく、樹木や水といった自然物と人間の文化のすべてが関連づけられているという、今日的にいえばエコロジカルな考えから神社合祀に反対し、樹木伐採に異論を唱えたのである。

ところで、日本人の信仰心といえば本多静六も山岳信仰「不二道」を身に付けている。この信仰面を考慮すると、記念植樹や神社林をはじめとする森林保全に関して、本多の造林学が一方的に非難されるべきではないとも思われる。南方の意見ももっともではあるが、しかしながら本多の指導する造林学や造園学においては、これまで論じてきたように常に地域住民の有する文化や信仰に配慮することが第一義とされ、その方針に基づいて実施がなされていたからである。

ここで参照したいのが、神社合祀制度が敷かれて間もない明治四二年（一九〇九）九月に書かれた本多の「社寺風致林論」(112)である。ここにおいて本多は社殿を有する通常の社寺林とは趣旨を異にする、神の憑代としての森林を次のように論じている。

神社を有せず只僅に鳥居又は拝殿のみを有し、主として山林を拝するものなれば、其山林は神社と同一の資格を有し、神社と同様に壮厳神聖ならざるべからず故に、神体林にありては其森林を神聖に保つことを第一儀とせざるべからず、即ち現在せる森林は一切禁伐になし、如何なる古木、枯木、ツタ、カツラの類迄も一切之を保存すべきは勿論、更に適当なる樹種を撰びて其森林の崇高を増すの法を採らざるべからず。(113)

本多は山林そのものを神体とみなす「拝む山」、すなわち神奈備山として奈良県の大神神社（奈良県桜井市）の三輪山や埼玉県の金鑽神社（埼玉県児玉郡）の御室ヶ岳を例にあげ、その神聖さを保つためにはどんな古木や枯木、あるいは絡まるツタ類でさえも一切手を出すべきではないと主張する。神苑の環境に適さないという理由から明治神宮の森を東京に置くことに反対したように、「拝む山」の神聖さを尊ぶ思想がその根本にある。

しかしながら神体林においても、「多少人工又は野火の為めに不自然なる不良の状態を呈するものなれば、大抵之を改良するの必要あり(114)」として、山の尊厳に触れない程度に最小限の手入れを施すことは山を守るために必要な措置であるとした。

西洋では、未踏の大密林は悪魔が潜む恐ろしい場所で入れば危険がある、そのままにしておけ、などという理由から密林が残されてきた背景があるという。しかし日本の神社林の場合は、祭神が降臨し「神人交歓」の場でもあることが保護の理由となった[115]。神々の降りる森林においては聖地の威厳を守るためにも最小限の管理は必要なことであった。このことは次の文言にも読み取れる。

如何なる場合にも一時に森林の大部を伐採し、又は植替ふるが如きは決してなすべきことにあらず、蓋し一時たりとも神体林を失ふに等しく大に崇高の念を減ずるものなり。神体林は成る可く人跡を入れざるを欲するにより、必要の場合には其周囲に土提を築き、又は柵囲をなすべし、但し其柵の代りに刺ある亜鉛引鉄線を立木に三四条打付け置くを以て足ることあるべし。若し又大森林にして其一部には登山道を存するか若くは人の遊覧場に供せらるゝ如き場合には其最も重要なる部分、殊に山頂又は拝殿より礼拝する中心の部分、仮令ば第十七図（図10参照——筆者注）の如く人跡不入の森林を設け之を特別神体林として柵囲をなし、他の部分は普通社寺の風致林の経営法に従ふべし[116]。

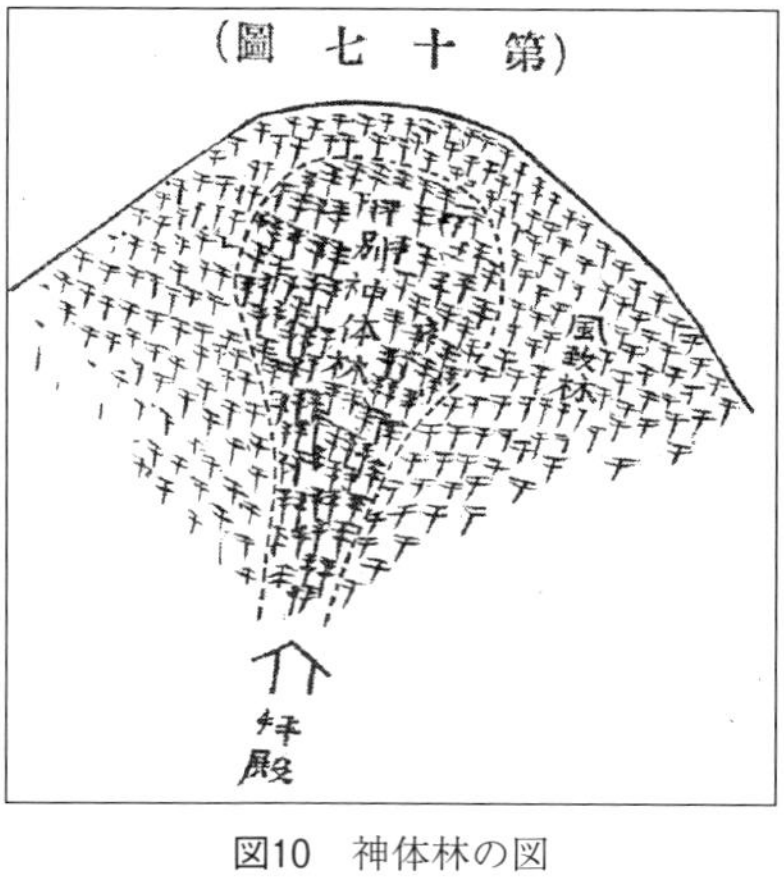

図10　神体林の図

引用中の第十七図（図10）をみると、「特別神体林」の文字を中心に風致林がこれを取り囲んでいる。これが本多の神体林のイメージである。つまりご神体に手を加え過ぎることは神体林を失うことと同義である故に、森厳な遙拝部の近くに山道がある場合などには柵を設けるなどして一般の社寺林と区別し、「人跡不入の区域」を定めることが肝心であるとする。つまり自然物一般をすべて憑代とみなすのではなく、特別に畏敬の対象となるご神体としての自然物を区別したうえで、森羅万象を尊ぶという姿勢である。
このように本多には山や森林を尊崇する山岳信仰が根付いているからこそ、その尊厳を損なうことなく、近代的生活における山との付き合い方やその守り方、あるいは信仰のあり方を教示することが出来るのである。

（2）公園をめぐる意見の相違

このことはのちの国立公園設置運動の際に論じられた山林の開放についても当てはまる。

開放された山林は斯くの如く野外教室ともなり、遊楽地ともなり、静養所ともなり、其利用の途は更に多く見出されるのである。……然しながら茲に注意すべき事は小面積で而も多数民衆が雲集し易い社寺林に於ては、其の開放は不可能な場合が多い。之を開放せんとするには、其の山林は少なくとも数町乃至数十町歩の大面積たるを要する。由来社寺林は其本来の性質上、幽邃壮厳神聖を保つべきものであるから濫りに開放は出来ぬ。面積広大なものであつても、若し之を開放する場合には十分なる考慮を費し、社寺の壮厳神聖を害さぬ範囲に於て開放すべきである。(117)

民衆のレクレーションや教育、健康管理に寄与する山林だが、神々の住まう荘厳な社寺林についてはむやみに開放するべきではなく、その場合には適切な管理と配慮が要せられるという。山岳に備わる宗教性や神秘の力を理解しているからこそ、こうした意見が述べられるのである。
当時勃興した登山ブームも、本多によれば娯楽やスポーツの側面のみならず、森林の有する深秘に触れたいと願う現代人の疲れた心が多くの人びとを山へ向かわせた、と次のように論じている。

今日我々の生活は一面文化の急速な進歩を誇つてゐるが、他面に於ては生活の危惧や健康の不安、科学の過信、現代宗教の不満のために種々の形式と内容を持つた迷信を流行さしてゐる。かく現代人が神秘的な迷信に陥り易い要素のある事は、即ち神秘的のものに接し、之を賛美するのみならず、其神秘のものを常に求めつゝある状態にあると云ふ事が出来る。而して其神秘的のものは人力を離れた所に最も良く見出される。何等の人工要素を加味されない自然の壮厳や、壮大な美観は此の神秘の対象として取入れられ易い。神秘な原始的の森林が如何に此種の要求を満すかに就ては贅言を待たない(118)。

このように山の信仰を身に付けている本多は、南方と同様、地域の人びとの暮らしや信仰心に理解を寄せたうえで、造林学や造園学という最新の科学的研究を行っているのである。

ところが南方は本多の一連の公園開発事業についても疑問を投げかけた。和歌山古来の自然環境と史蹟名勝の破壊であると『牟婁新報』に意見を掲載する。

今回又本多静六博士の設計で、今度は南龍公以来虎伏山竹垣の城とて、維新万事改変の後迄も旧観を改めず、南紀随一の見物たる和歌山城の、そこを崩し、こゝを平らげて和歌山市にはまた不相応な、伊太利式とか仏蘭西式とかの公園を作るとて、近日其工事に取懸る様子、……御大典記念には徳を植ゑ、功を積み、言を述る三者の中に就て、いか様にも相応の事業有あるべし、何ぞ近頃大流行の既に合祀した神社を復た興したり、田も無き所え樹を植たり、況んや三百年間一市に大威望を加へ来りし名城を崩し平らげ変革するを用ひんや(119)。

この主張が提示されたのは、「古蹟名勝天然記念物保存」の建議が貴族院を通過し、南方が紀州の古蹟保存を訴えて一旦全滅したハカマカヅラを再生させ、諸所の神林伐採を中止させるなどして東奔西馳していた時のことである。南方曰く、「然るに去年、又折もこそ有れ旧藩主頼倫侯が紀州巡回に際し、私欲上から和歌山の城隍を埋めて借家を立て、其上り高で市役所を宏壮に立つべしと議起つたのを、予同志と協力して必死に働らき、漸く中止と成て先づ安心と思ふて休む間もあらず(120)」、今回の公園計画を知るところとなった。

和歌山公園とは明治三四年（一九〇一）に公園として開放された紀州徳川家の旧居城一帯を指すが、大正元年

（一九一二）には公園用地として六万二〇〇〇余坪が国から和歌山市へ払い下げられていた。南方の批判の矛先にある大正四年（一九一五）の公園改良設計は、和歌山市が同県出身の川瀬善太郎を通じて本多に依頼したという。[121]川瀬は本多と同じドイツ留学組であり、明治神宮造営当局では造林部門を担当した。ちなみに川瀬と南方は和歌山中学時代の同級であり、明治一九年（一八八六）夏には二人で高野山に登峯している。[122]南方は和歌山に限らず、讃岐の公園の例もあげる。

近日、讃岐の高松城を大典記念の為め公園とせんと市民の申込に対し、大典記念には他の方法多からん、吾が先祖が苦辛留意して作つた城を無闇に群衆の足に委すべきに非ず迚断わられたと伝ふ。大上は徳を植ゑ、功を立て其次は言を述ぶとか聞く。日本の人民南宋の上下が西湖に遊び乍ら亡びた如くに、公園に散歩のみして日を過すべきに非ず。[123]

旧蹟である城をむやみに群衆に開放すべきではないという意見の南方に対し、国立公園設置運動をはじめ名所や名園の風景美を庶民にも開放せよと主張したのが本多であった。

本多の公園改良案というのは、歴史的記念物である城蹟の要素とレクレーション施設の要素を組み合わせることを基本方針とした計画である。具体的には園内に水禽園や動物園を設け、植物には名前を記した名札を付して植物園となし、市内を見渡すパノラマ図を置いた展望台や、人工滝をあしらった池泉やテニスコート等の運動場を併設するといった計画であり、この取り合わせは本多が設計・改良した数多くの公園に見られるスタイルである。

実際に城蹟を公園とした例では、鶴ヶ城公園（福島県会津若松市・会津若松城址）、城山公園（長野県飯山市・飯山城）、懐古園（長野県小諸市・小諸城址）、岡崎公園（愛知県岡崎市・岡崎城）、岐阜公園（岐阜県岐阜市・岐阜城址）、松江城公園（島根県松江市・松江城）、大濠公園（福岡県福岡市・福岡城址）等がある。[124]それは地域の史蹟や環境を保全しながら計画的な開発を行い、観光事業を広く振興するというもので、たとえば古来の景勝地においても風景を広く一般庶民に開放するために水道や道路の整備はもちろんのこと、眺望を楽しむための登山鉄道整備を推奨した。本多は、こうした開発は人びとが文化的生活を送るうえで欠かせないものとして、人間と自然が共生するためには、自然にある程度の人工の手を加えることは致し方ないという見解を示したのである。

一方の南方は、公共の公園という近代的な装置についても、庶民が日中、公園をぶらつくことに苦言を呈しているが、これまで述べてきたように、本多には環境に恵まれない都市労働者の健康維持のために「開かれた自然をつくる」という人道主義的な配慮を含んだ公園哲学があった。地域の人びとの文化や信仰を尊重して、山づくりや公園づくりに取り組んでいたのが本多であり、南方が指摘するように必ずしも城蹟を西洋式の公園に作り変えようとしていたわけではないのである。

このことは本多の代表作である日比谷公園についても当てはまる。神社仏閣の境内を離れて新設されることになったこの都市型洋風公園では、その設計初期段階において、長岡安平の純和風庭園案や辰野金吾の近代広場型公園案が悉く却下され、本多の自然風景式ドイツ林苑風公園案が採用されることになる。進士五十八氏も論じているように、それは「一〇〇パーセント完全洋風でないこと」[125]が特徴的な和の要素が活かされた公園であった。

実際、開園当初に寄せられた公園批評は、西洋どころかまるで片田舎の森のようだという批判であった。やたらに樹木が植え込んであることから、そのうち山奥にでも迷い込んだようになるだろうともいわれた[126]。現代の自然環境から見れば日比谷公園が当初から田舎の森のような樹林であったからこそ、今日まで人びとに親しまれ、植生環境的にも生き永らえることができたといえるのではないだろうか。明治初期の「公園」導入時に、「営繕会議所[127]」が、西洋式は日本の庶民にはまだ馴染まないとして様子をみながら漸次、公園経営を図ったように、本多は「日本人にとって受容し易い〝洋風〟というレベル[128]」を考慮し、西洋型公園の日本化、いわば土着化を試みたといえる。これは新旧東西の方法と理念を融和させて構築された本多の植樹法にも該当していよう。

このように本多が考えるところの公園というのは、「幾分横暴な官公吏の手を免れて現存する」[129]熊野の名勝古蹟の保護を訴える南方の心情と同様に、それらを保存する意図の下に計画された、人びとの教育や健康維持に役立つ自然空間である。近代文明の導入についても、たとえば本多は日本庭園協会理事長として上高地国有林保護林内の発電用貯水池計画に反対する建議書を時の加藤高明首相に提出したり（大正一三年）、黒部川水力発電計画に対しては風致への影響を最小限度に抑えよという要望を出すなど（大正一五年）、あくまで原生自然の風景保護優先の立場を取っている[130]。

南方の本多に対する見解には本多の実績があまりに目立ちすぎ、誤解を生じていると思われる部分が見られなくもないが、この点については本多自身が、「世には往々予の主張を誤解し、予を目するに徒らに自然美を毀損し、天然記念物を破壊する者であると難ずる者がある」[131]と述べているところにも現われている。

以上を見る限りでは、南方にしても本多にしても和歌山城の歴史的記念物を保存しようとする考えは同じである。しかも二人とも山や森林を神聖視する信仰を認め、自然との共生を志向している。特に本多と関わりの深い富士山信仰について、南方は柳田國男主催の郷土研究会において「富士講」の歴史をとりあげている[132]。本多は徳川頼倫を会長に置く史蹟名勝天然紀念物保存協会の評議員として、郷土に伝わる老樹名木や天然記念物の保護を訴えている。

しかしながら南方の方は古来の地域文化を守ることを主眼としているのに対し、一方の本多はそうした閉鎖的な地域文化を開放し、そこに近代的な装置を組み込んでいくことを重視したところにまず違いがあった。両者の研究分野もまた一方は生態系調査であり、その生態系システムが破壊されることが何より研究の侵害となった。他方はというと造林学という自然に手を入れ新たに森林を造っていくという学問であり、どちらも自然に対する敬愛心に基づく配慮があったにせよ、こうした研究上の基本的なスタンスの違いから、両者が互いに折り合いをつけるのは難しかったとみえる。

そこで南方は、「記念という美名のもとで植樹する」というシニカルな表現で、隆盛する記念事業に異議を唱えたと思われるのである。

第五節　明治神宮の森づくり——記念碑性を手がかりに——

外苑の葬場殿址記念樹から聖徳記念絵画館前の銀杏並木を通り、表参道の欅並木を伝い、都市と地方を結ぶ記念行道樹（並木）の植栽が奨励され、山間部の御大典記念林に辿り着いた。次は明治神宮内苑の記念の森づくりに注目する。ここでは二つの観点から記念植樹を考察する。第一に全国から寄せられた記念の献木。御聖徳記念の森造成においては国民の善意なくして森はつくれなかった。第二に明治神宮の森を設計した本多を支えた不二道孝心講の奉仕の記録である。明治神宮の森づくりの理念と方法論とはいかなるものであろうか。

（1）明治神宮の森造営に込められた理想

明治神宮の所在地である代々木御料地一帯は、『明治神宮造営誌』に「赤松林及び雑木林あり、又御料地内周囲には樹木の点々叢生せるのみ」とあるように、造営当時には農作地や草原、竹藪、沼沢が広がるばかりで森らしきものはなく、樹木が植生する林は敷地の五分の一程度に満たなかった[133]。その平地に森厳鬱蒼たる明治神宮の森をつくるにあたり、設計を担当した本多静六や本郷高徳、原熙、川瀬善太郎らが目指したのは、昔この地方に存在したであろう「東京地方固有の原始的森林[135]」の姿を現出させることにあった[134]。渋沢栄一の「天然に負けない大風景を、大森林を」つくり出すとの意気込みに従い、自然の森を造ることが目標とされたのである。

同計画の指導的立場にあった本多は大阪府堺市の仁徳天皇陵を理想の森に位置づけ、原生林が維持された極相状態にある林相を再現することを方針として固めた[136]。ここでいう極相状態の林相とは「植物遷移の最終段階に見られる成熟した森林」を意味する。植物群落においては時間の経過とともに次第にその自然環境に適合した樹種のみが生き残り、適合しない樹種は消滅していくのだが、極相林とはそうした生き残った適格な樹種からなる安定した植生状態にある森を指す[137]。そこで将来的に関東地方に適したカシやシイ、クス類からなる鬱蒼とした森に成長させるため、植林には人工的に五〇年、一〇〇年、一五〇年という林相変化を生じさせる長期の道筋が付けられた。第一段階の主林木は既生の樹木のアカマツやクロマツなどのマツ類、第二段階はヒノキやサワラ、スギなどの針葉樹、そして第三段階はカシやシイ、クスなどの常緑広葉樹で、生存競争の過程でそれぞれの世代で主林木を交代させながら安定した林相をつくり出していくという計画である[138]。

だがこれには反対意見も出た。神苑というのは伊勢神宮や日光東照宮のように凛とした佇まいの杉林にすべしと譲らなかったのが時の総理大臣大隈重信である。上原敬二は「神宮の森は自然の藪のようにしたい」と発言したことが誤解を呼び、一時苦境に立たされたというが、最終的には上原が提案した科学的な「樹幹解析法」を用いて、代々木の環境には杉木は不適合という調査結果を示し、大隈を納得させたといわれる[139]。代々木の地は高燥にして肥沃さに欠けると同時に、本多が「石炭の煤煙は亜硫酸瓦斯を含めるを以て樹木に有害なり」と心配した工場や鉄道から排出される煤煙も、ヒノキやスギを育成するには不適当であったことから、煙害にも比較的抵抗力を有するシイやカシ、クス等の常緑濶葉樹からなる雑木林が選択されたのである[140]。

原始林に近い林相を目指すこの森を「人工天然更新照葉樹林[141]」という。人工天然更新とは、人の手を最小限に抑え、樹木がみずから落とした葉や種子を循環させながらその生長を見守るという「自然本来の力」を発揮させる方法である。

たとえば生存競争を始めた樹木の生長にともない、経済的林業ではいわゆる「間伐」という手入れがなされるが、森林風致が考慮される林苑においては伐採に代えて該当樹木を掘り起こし、他の適当な場所に移植するという方法が採られた(142)。この措置に従い内苑から外苑に分植された樹木も多数あるという。

本多の採った天然更新法は自然に任せた森ほどよく育つという考えに基づくものであり、この方法は陵墓内の落葉掃きを制限する掃除規定(143)さえ設けた宮内省諸陵寮頭山口鋭之助の支持も得られたが、このように明治神宮の森は樹木、草、鳥、獣、さらには土、石、水、大気等、「森林を構成するすべての要素が有機的に結合し、ひとつの自然をつくっている」という循環的自然観を礎として造成されたのである(144)。ここに、本多が留学したターラント山林学校創立者であるハインリヒ・コッタの「森づくりは半ば科学であり芸術である」という教えが生きているのである。

(2) 御聖徳記念の奉献樹――内苑と外苑の献木――

神宮内苑の森造成を支えたのは、全国から献納された夥しい数にのぼる記念の樹木である。係る献木制度は大正四年（一九一五）、神宮造営局創立時に初代局長を務めた法学博士で元東京府知事の井上友一の提案(145)によるという。井上は後述する都市美協会の「植樹デー（植樹祭）」を制定した知事としても知られる。

献木という植樹法は第Ⅰ部で述べたように「寄進植（きしんうえ）」あるいは「信心植（しんじんうえ）」と呼ばれ、古くより行われてきた社寺に苗木を奉納する慣習である。寄進者は個人から団体組織まで、その本数も数本から百本、千本、万本単位などさまざまであり、植栽された奉献木は特別な配慮をもって大事に育成された。

たとえば江戸時代、曹洞宗の古刹大雄山最乗寺（神奈川県南足柄市）ではスギが主に献納されたが、本木を伐採した者は首を、枝を折れば手足を、葉を取れば指を、草を刈れば鬢髪を切断するという厳格な「代木禁制の掟」

が布かれ大切に育てられた。昭和の戦中期は半ば強制的に伐採されたが、今日でも修築用材以外にはほとんど伐採は行われないという[146]。

明治神宮への奉献樹も同様で、先帝の御聖徳を永遠に記念する神苑づくりのための樹木であり、「一たび神苑に入るときは自然に頭の下がる様に[147]」設計された森である故に、その扱いはとりわけ慎重になされた。しかし右のような献木と大きく異なるのは苗木奉納という形式ではなく、いわゆる「大木移植」という方法が主に採用された点である。

内　苑

先にあげた本多の『記念植樹の手引』には「一名大木移植法」の副題が付いている。そこで同書の「第四章　明治神宮の奉献樹」にある「進献取扱方法」から、明治神宮内苑への献木の要領を確認する。なお、同内容の文章は大正四年三月の『大日本山林會報』三八八号にも「明治神宮の奉献樹」という題目で掲載されている[148]。

一、献木に関する事項は総て地方庁を経由し、内務省内明治神宮造営当局（造営局設置までは神社局とす）へ申し出ること。

二、献木せんとする者は樹種、樹齢、樹高、目通周囲、本数及搬入の時期を記載したる調書を作り、内務省内明治神宮造営局の許可を受くへし。

三、献木出願の期限は大正四年四月より同年十二月迄とす。

四、献木に付ては根廻荷造に付、格別鄭重に為すこと。

五、献木者は荷造費は勿論、植栽地に至る迄の一切の運搬費を負担すること。尤も行政庁の証明あるものに付ては汽車汽船運賃は五割引の予定。

六、献木搬入の季節は根廻をなしたる後、一年又は二年後の春三月上旬より五月下旬迄たること。但し小木にして根の良好なるものは根廻を要せす。

七、樹高は二間以上のものたること。但し本州以外の遠隔地に在るものに付ては一間以上たるも妨げなしとす。別記乙類の樹木に在ては、土地の如何を問はず総て三尺以上たること。

八、樹木は天然の風致を添ふへき神域に適当すへきものに限り、人工に過きたる庭園用のものは之を避けたきこと。

九、許可を得たる献木を送り届けんとする時は、前年中に直接造営当局に届出づること。

十、献木の種類は別紙に列記せりと雖も此以外の樹種に在ても出願により許可することあるべし。

十一、庭園用芝類、笹類、龍の髭類も本規定に準し献納を受くるものとす。

十二、造営の都合によりては献木は之を神宮内外神苑に分植することあるへし[149]。

手順としては、出願期間に指定された大正四年四月から一二月までの間に「樹種、樹齢、樹高、目通し周囲、本数と搬入時期」を書いた調書を造営局に提出、その後調査を経て当局から許可が下り、諸手続き完了をもって献納、という流れである。

樹種の条件としては、本多の記念植樹の原則といえる地域環境に適した樹種に限定された。たとえば林苑計画上、主要樹木となるマツ、カシ、シイ、クス、ヒノキ、サワラ、ケヤキ等のほか、林苑の下木や土塁上の植栽用に常緑灌木類のサカキ、イヌツゲ、アオキ、ヒサカキ等も相当に必要であった[150]。一方、日本古来の天然照葉樹林が醸し出す幽邃森厳な神苑を理想としたことから、外国種や華美な花や実を付ける樹木、また手入れ済みの樹木や造形が施された庭木などは除外され、植栽環境への配慮から献納する樹種にあわせて搬入時期や根廻法も詳細に決められた。天然更新を続ける一〇〇年の歳月をかけた森づくりというだけあって、最初の取り組みが肝心だったといえる。しかしながら献納するうえで最も尊重されたのは、いうまでもなく「国民の至誠」であり、その国民が「丹精を籠めて培養せる献納樹木」[151]を無下にしないためにも、厳重なルールが求められたのである。

果たして同年一二月の締め切りを前に一一月二三日に報道された明治神宮内苑への寄進状況によれば、全国三府二四県からの申し込みがあった。東京府の一万三七〇〇本を筆頭に、同市より四〇〇〇本、東京帝国大学農科大学から二三三五本、遠くは沖縄から一六本、台湾で五一〇〇本、朝鮮で五六七本等、この時点ですでに約四万本余りが申請されたのである[152]。

だが申請された樹種を見る限りでは、「天然に近い森づくり」という趣旨が献納者に必ずしも適切に理解されているというわけではなかった。献木する側にしてみれば神社林に植生しているような樹木を手本としたとしても、それをどのように捉えるか、思いつく神社によって選択する樹木もさまざまに変わってくる。神社合祀の行われた時代である。身近な神社を見回しても古くからの森林が伐採され、先のとおり新たな樹木が植栽された鎮守の森も多数あったことであろう。現に造営当局参事で林苑課長を務めた中山斧吉によると、大正四年一二月に受理した出願書には、人工を加えた庭木など不適当な樹木が多く含まれていたという。そこで誤解を防ぐために、『記念植樹の手引』などの献木に関する書籍やパンフレットを配布したり、内務省で地方官会議が開かれた時や農商務省内で府県の林務主任会議があった際には、局員をはじめ井上友一局長みずから出向いて趣旨説明を行うなど、苦心惨憺であったと伝えられる[153]。

こうしたプロセスを経て大正五年（一九一六）に受納開始となる。東京市小学児童献木賛助会からはクロマツ一〇〇〇本、ヒノキ一四〇〇本、シラカシ一〇七五本等、合計五二七〇本が献納され（図11）、団体では岡山県二二か町村長がイヌツゲ一万本、個人では埼玉県でサカキ、ヒサカキ各五〇〇〇本の計一万本を奉納する進献者も現れた。内外から贈られた献木総数は大正九年（一九二〇）一一月一日の明治神宮竣工鎮座祭の時点で、林苑立木数一二万二五七二本のうち、九万五五五九本に上った。その内訳は針葉樹三万一六九八本、常緑広葉樹五万

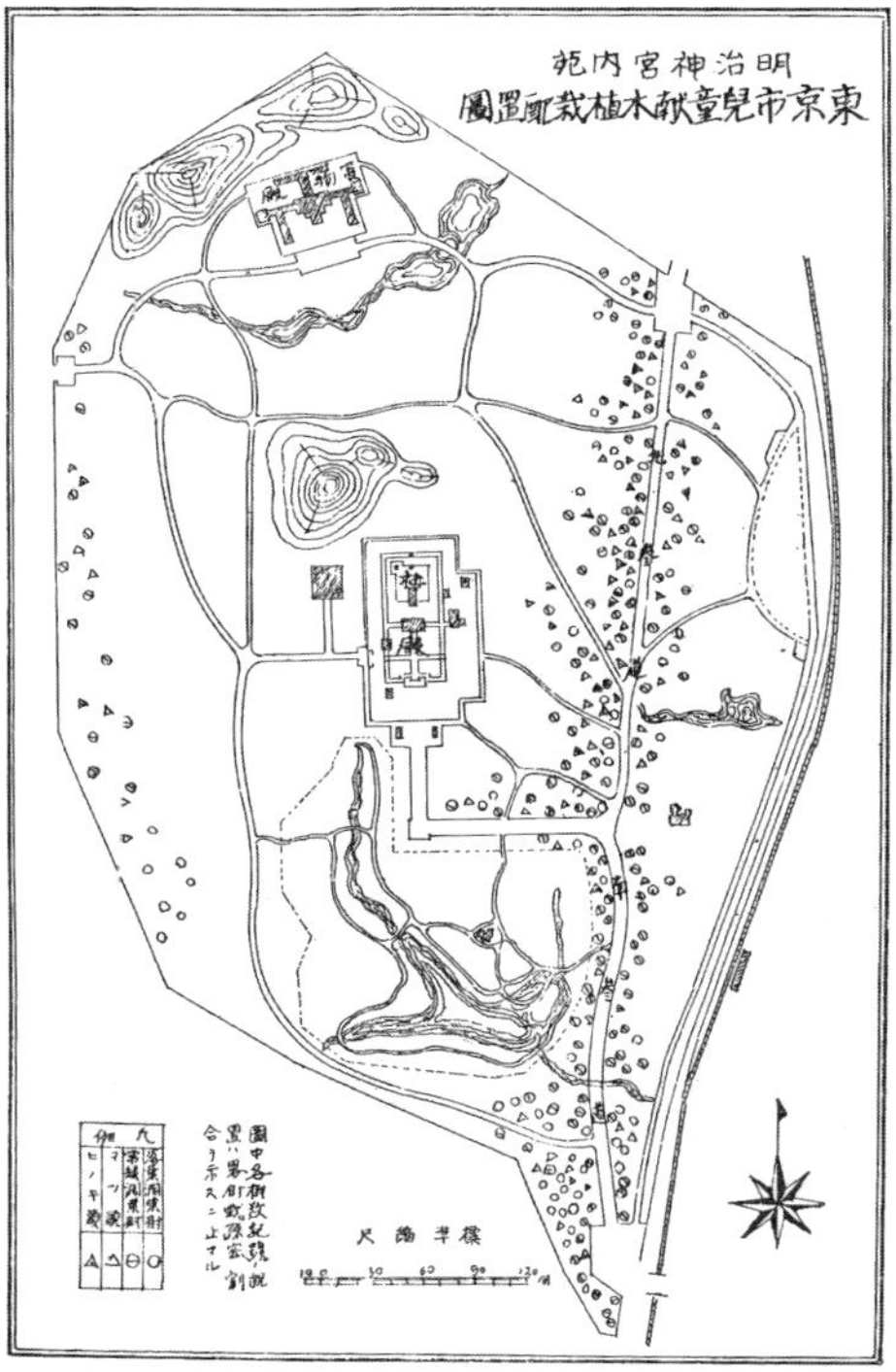

児童献木植栽配置図

大木移植の光景

東京市小学児童献木搬入の光景

図11 明治神宮内苑の東京市小学児童献木

九三八一本、落葉広葉樹四四七四本であったという。[154]

外　苑

内苑における献木の成績を受けて、奉賛会は外苑についても大正八年（一九一九）に献木受付を決定し[155]、翌九年三月『明治神宮奉賛会通信』五一号に「明治神宮外苑献木規定」を発表、同年七月末日までの出願期間を設定した。[156]外苑で受け入れ可能とされた樹種については内苑とは趣を異にし、花をつける樹木からタイサンボクや月桂樹等の外来種も認められた。[157]これは清澄明快にデザインされた現代庭園を特徴づける樹種選択といえる。

また先の「進献取扱方法」を参照すると、第一二項に奉献木は都合により内外苑に分植するとの規定があることから、大半は内苑から運ばれた樹木と見られる。実際、昭和二年末の調査では、外苑内の樹木本数三万四四九七本のうち、献木が三一九〇本、内苑より分植された樹木が一万三〇八本となっている[158]（残りの内訳は在来木一二四二本、購入木一万九七五七本――筆者注）。特に外苑については第二節でみた工費不足額調査のとおり、庭園工事に係る所要額二一四万二二〇〇円のところ、ほぼ半分の一一四万二二〇〇円が不足していたことから[159]、多くの庭園樹が望まれたと推察できる。加えて造営当時の外苑の環境というのは名木「ひとつばたご」のほか、わずかにケヤキやエノキ、イチョウの巨樹老幹が点在するのみであり、練兵場として長年踏み均されたその地盤は赤土が露出する状態にあったことから、まず土壌を肥沃にする開墾整地も不可欠な工事であった。[160]

こうした諸事情を考慮すると、献木という国民の誠意なくしては内苑も外苑も完成しなかったものと思われる。明治神宮の森というのはこのように植民地を含め、全国各地から寄せられた記念の献木によって造成された森であり、いわば国民の祈りが込められた記念植樹の森といえるのではないだろうか。

（3）　奉献樹と労役奉仕

ところで献納される樹木が集まっただけでは森にはならない。それを運搬し、植栽する人力があって初めて森づくりが可能となる。ことに物価や賃金が高騰する経済情勢の中、造営工事への奉仕は明治神宮創建に欠くべからざるものであった。

寄せられる奉献木は若木に限らず主に大木であった故に、その役務は重労働であった。大木移植といえば、本多は日比谷公園造設時、東京市参事会議長星亨（一八五〇〜一九〇一）に対し、林学者の面目をかけて、市区改正計画に基づく道路拡幅工事で伐採されそうになっていた旧鍋島邸内の大公孫樹を二五日間かけて運搬し、見事活着させた経験がある。[161]

その本多が説く大木移植をともなう献木法を『記念植樹の手引』から参照しよう。奉献される樹木はまず植栽に適当な季節に合わせ、現地において移植の一、二年前までに掘り起こし、根廻し（主要根以外を切り、ひげ根を発生させておくこと）を施しておく。準備が整った樹木は重量に合わせて手引荷車や荷馬車に積載する。あるいは重量五〇貫位までの苗木を運ぶ場合、近場であれば人夫数人で運ぶ。

造営地へ向けていよいよ出発の日を迎えた奉献樹は、「神木なるかの如き敬虔なる観念」をもって敬重に扱われ、搬出に先立っては「氏神の神職を招きて修祓をなし、注連縄を張り、明治神宮献木の高札」が立てられ、在郷軍人会や青年団の奉仕のもとで一〇里、二〇里の道をも遠しとせずに運ばれた。[162]

奉献樹の搬入には便宜が図られた。前掲の「進献取扱方法」に運賃五割引の記述があるように、「明治神宮御造営用品 荷受人 東京市四谷区大番町 明治神宮造営局青山工務所」[163]との木札を掲げた樹木に限り、鉄道や汽船の運賃を半額にする協定が結ばれるなど、先の「国民の赤誠から例へ線香一本でも明治神宮へ捧げたいという希望」を叶えるべく、受け入れ態勢が整えられたのである。

図12（図11右下も参照）は、牛馬を先頭に献木の行列が街道を行く様子[164]だが、船着場や駅舎に到着すると船員や駅員らが「明治神宮なる四文字の高札」を目にして、深々と頭を下げる様子が見られたという[165]。市街地を通る運搬には、警察署より終電後の時間帯に限り許可を得ていたことから、深夜にかかる作業は連日に及び[166]、時に荷台に載せた木の枝がおでん屋の屋台をひっくり返して頭を下げたとか、明日行啓という前日に御所前の大通りで荷車の心棒が折れて大木が放り出されたといった滑稽な出来事もあった[167]。献納木に限らず、木曽御料林や巨樹が豊富にあった白金御料地等から続々と到着する樹木もまた、駅舎より敷かれた引込線[168]で境内の植栽地に搬入された。

図12　献木運搬の様子（大正６年頃）

献木はこうして申請・調査・認可、掘り起こし作業、根廻し、お祓い、搬入、移植、保護手入れという流れに沿って行われた。要するにこうした光景が日本各地で見られたということであり、一時的に全国の樹木が東京代々木の一か所に集まったわけである。当然のことながら該当樹を引き抜いた場所は何もない空間となる。したがって献木が盛んに行われた時期には樹木の少ない疎らな林野風景が各所に発生したに違いない。その穴埋めとしても、記念植樹事業はさらに要求されたと思われる。すなわち献木と記念植樹の奨励によって日本の樹木の総入れ替えが行われ、それによって樹木の織りなす自然の風景もまた変えられたということができよう。

　このように樹木の奉献者から人力の奉仕者、それを指揮する監督者らの協力によって営まれた明治神宮の森づくりは、本多が回想するところによれば、一一万本の苗木は年月をかけさえすればいくらでも植えることが出来るが、それを一時期に植え付けたことはこれまでになかったことで、樹木の移植法に係る学問的な技術を格段に向上させる機会になったという[169]。

そもそも都市工業化の進む東京に、森厳鬱蒼たる神苑を造ることなど不可能と反対していた本多である。だが明治神宮を東京に鎮座させたい一心で奉賛会を起こした渋沢栄一から「今度丈は東京に賛成して貰ひたい」と説得され、「それならば未熟なる今日の学術と建築などで非常な立派なる神苑を作り上げて見ようと決心した」と本多は回顧する。渋沢は「天然に負けない大風景を、大森林を」つくり出すと意気込むが、木を植えるという点からいえば本来的には無理なところに森をつくるわけであり、それ故に神苑設計には一層の努力が要せられたのである[170]。いうなれば、本多を指導者とする「造園学」と「造林学」という二つの学問の進展に大きく貢献したのは、他でもない明治神宮創建にかける渋沢の計り知れない熱意と信念だったといえよう。

(4)　不二道孝心講の造営奉仕

明治神宮造営に係る労役奉仕については本多と関わって特筆に値する事柄がある。それは青年団や在郷軍人会等、数ある団体の中でも真っ先に奉仕を申請したのが不二道孝心講であったという史実である。他団体に率先した不二道孝心講の造営奉仕は「労役奉仕の魁[171]」とされ、溝口白羊の『明治神宮案内』や鈴木松太郎の『明治神宮に関する美談集』でもとりあげられており、当時から佳話として捉えられていたようである[172]。

世話人筆頭の一人である大熊徳太郎の記録によれば、大正四年（一九

図13　不二道孝心講の造営奉仕を伝える記事（東京朝日新聞、1917年4月7日付）

一五）に明治神宮造営の告知がなされると、不二道孝心講は同年七月七日に「明治神宮御造営土功御手伝」を出願、当局は同年九月一一日付でこれを許可し、同六年四月六日より一〇日までの五日間、講員は社殿裏盛土工事の一部に従事したという[173]（図13）。当局が不二道孝心講の労役奉仕を受諾したのは、本多が造営局参与に就いていたことも理由の一つにあげられようが、第Ⅱ部第一章で述べたように、明治一七年（一八八四）の皇居造営の際に、高齢の大熊徳太郎を含め、彼らにすでに奉仕経験[174]があったことなどもその篤志が柔軟に受け入れられた理由として考えられよう[175]。

図14　不二道孝心講の造営奉仕記念写真

土持の労役奉仕を任された講員の日程は、「渋谷町名教中学校に宿泊し、精進潔斎して、午前八時より午後五時迄五日間能く節制を重んじ、整然たる規律の下に勤勉努力して盛土、地均、表面積千百五十五坪、土量三百三十三立坪の土工事を完成[176]」させたと伝えられる。「故従五位小谷三志翁の教を守り、主として己の行を修め、皇室の至尊と云ふ事を深く感じて平素勤倹力行即ち実行に重き[177]」を置く信者らは、「塩と米」、つまり塩菜行の食生活をもって奉仕に務めた。川口市所蔵の小谷家文書の中に、奉仕中の大正六年四月九日に撮影された記念写真（図14）が残されているが、これについては副島次郎・五十嵐治夫編『明治神宮御造営と青年団の奉仕』（一九二三年）にも「大正六年四月九日全講員の記念写真を取り各講員に別ちたるに止まるも、元より精神に重きを置く講なる故、之れが為目、見へざる精神上の記念となるべきもの実に多し」との記述がある[178]。

不二道孝心講の奉仕人数は、通常五〇～六〇名からなる他の奉仕団を圧倒する男女一一三二人（男子九二〇人、女子二一二人）[179]、また普通は一八歳から二五歳までの身体強壮な青年男子が奉仕員として選別されることが習いであったとみられるが、不二道孝心講の場合は一五歳から七〇余歳までの老若男女をもって奉仕団が結成された点においても他と違っていた[180]。不二道孝心講のこうした奉仕については、造営局技師の折下吉延もまた「御造営には青年ばかりではなく、老人の力も大にあることを記憶して頂き度い[181]」と語ったと『明治神宮五十年誌』に記されている。

晩年まで土持奉仕に精を尽くした本多の祖父折原友右衛門をはじめ、そこに高齢者が含まれるところは皇居造営奉仕の際に行われた行啓で、「力役者中に高齢者あるを嬲（みそな）はし、皇后宮大夫香川敬三をして其の年齢を問はしめ、賞詞を賜ふ[182]」という栄誉を授かるほど、講にとっては一つの伝統であり、かつそれが信条であったと理解できる。本多が同じく晩年まで植樹活動に心を注いだ姿勢にも相通じるところである。

不二道孝心講の造営奉仕の後は、大正七年（一九一八）八月に地元代々幡町在郷軍人会の奉仕が受け入れられ、大正八年（一九一九）一〇月からは静岡県安倍郡有度村青年団を手始めに全国各地の青年団が次々と奉仕に訪れるようになり、その奉仕は大正一一年（一九二二）末まで続けられた[183]。

無報酬で工事を手伝う奉仕員に対して賃金労働者である普通工夫は、「近日、青年団とやら地方の若者が来て神苑の工事に勤むる趣なるが、如何に農業に達者でも此等の工事に経験なき殊に若者等が徒らに大勢集るも迚も録な事は出来ない、畢竟お祭り騒ぎに終る位のものであらう」と冷やかな目で見ていたが、実際には「真に神様が乗り移ったものか」と思うほど彼らの仕事は規律正しく立派であったと語っている[184]。

大正一一年九月二二日、皇太子（のちの昭和天皇）の明治神宮参拝が行われた際には、団長の指揮のもとに作業服のままの広島県蘆品郡青年団員約六〇名が皇太子を出迎え、肩にかけた襷の団名に目を留めた皇太子は団員の奉仕に満足げな様子であったという。[185]

このように不二道孝心講を嚆矢とする諸団体の労役奉仕は、同時期の経済事情を考慮しても明治神宮造営には欠くべからざる奉仕だったといえよう。

小括　明治神宮の森と不二道孝心講の記憶

以上のように、明治神宮の森づくりには葬場殿址の楠の記念樹から、記念の行道樹（並木）、記念林の造成を通して、いわば国民一人ひとりの御聖徳記念樹によって街と山を結ぶ緑化構想が見られた。

記念の献木といえば明治神宮内苑南参道の第一鳥居[186]というシンボリックな位置に楠の大樹がそびえている（図15）。この大木は本多の依頼によって、青年団の大八車に載せられ、本多の生家のある埼玉県河原井村から明治神宮まで運ばれたものであると伝えられる。[187] 現在の木々の中からこの樹木を特定するのは困難だが、『明治神宮造営誌』には「鳥居前の左右には、鳥居及び制札場の背景として不二道孝心講等の進献にかゝるくすの大木十本を植栽」したという記述がある。[188]

図15　明治神宮南参道第一鳥居の楠（創建時）

遡ること明治一五年（一八八二）、明治政府の神道国教化政策に対し、折原友右衛門は小谷三志の不二道を遵守し「不二道孝心講」を立ち上げた（第Ⅱ部第一章）。不二道孝心講に国からの認可はなく、皇居造営工事から災害後の被災地復旧作業まで土持奉仕を続ける一介の慈善団体になっていた。明治神宮造営奉仕は、折原友右衛門らの皇居造営をはじめとする不二道の土持作業にひとつの由来があるといえる。

本多の生涯を振り返っても、幼少期から苦学したドイツ留学時代まで本多には常に不二道の支えがあった。本多の依頼で献納されたという河原井村ゆかりの楠に、本多は土持奉仕に献身した祖父折原友右衛門らの思いを託したといえるのではないだろうか。[189]

忘れてはならないのは明治神宮造営記念事業の目的である。渋沢栄一らの奉賛会をはじめ献木事業や土木工事にいたるまで、それに従事するものはみな明治天皇への奉仕として行っている。いうまでもないことだが、この明治神宮造営の一連の記念事業において後世まで名前を残すべきは明治天皇であって、他の誰でもないということである。

内苑の森は本多がいうように公園ではなく神苑であり、どの奉献樹もみな昔からその森に植生していたかのような姿で名も記されず、一介の樹木として緑葉を広げている。碑文や名前が表面に刻印される石碑等と異なり、人びとの心の中に記念すべき事柄が刻印され、子々孫々と天然更新を続けながら「いのち」をつないで繁栄していく記念樹である。このように明治神宮の森は国民の献木により成り立ったものであり、いわば国民の祈りの記念植樹でできた森といってよい。名もない一本の樹木が集って明治天皇を記念する森を構成している。だがそれぞれの樹木には献納者の一人ひとりの祈りが込められているのである。

(1)　山口輝臣『明治神宮の出現』吉川弘文館、二〇〇五年、四四～四六頁。

(2)　明治三六年四月、海軍大演習観艦式と第五回内国勧業博覧会開会式臨席のため京都御所に滞在した明治天皇が皇后との夕食の席で語られた言葉で、典侍千種任子が日誌に記していた。宮内庁『明治天皇紀第一〇巻』吉川弘文館、一九七五年、八三〇頁。
（3）伏見桃山陵の名称は、世俗の言より出ている桃山のみでは陵名に古雅を欠くとして歌枕の伏見を冠した。『明治天皇紀第一二巻』（前掲注2）、八三〇～八三一頁。
（4）宇野木忠『伯楽渋沢翁』（一九三二年）。『渋沢栄一伝記資料四一』、一九六二年、五二八～五二九頁。
（5）山口輝臣『明治神宮の出現』（前掲注1）、一三七～一三八頁。
（6）「明治天皇奉祀の議」『明治神宮造営誌』内務省神社局、一九三〇年、二～五頁。
（7）山口輝臣『明治神宮の出現』（前掲注1）、一三九～一四二頁。
（8）『明治神宮造営誌』（前掲注6）、一八～二一頁。山口輝臣『明治神宮の出現』（前掲注1）、一五五頁。
（9）「鎮座地」『明治神宮造営誌』（前掲注6）、三〇～三一頁。
（10）「青山は不適当　明治神宮建設地として」読売新聞、一九一二年一〇月二七日付。
（11）同前。
（12）本多静六「煙毒予防に就て」『龍門雑誌』二四八号、一九〇九年一月二五日、四二～四四頁。
（13）本多静六『天然紀念物と老樹名木』（南葵文庫に於ける史蹟名勝天然紀念物保存協会講話）、一九一六年一〇月二八日、六～七頁。九州大学附属図書館所蔵。
（14）『明治神宮造営誌』（前掲注6）、三二一～三二三頁。
（15）同前、三三五頁。
（16）代々木御料地は明治一九年一月に行幸があり、英照皇太后や昭憲皇太后、嘉仁皇太子も行啓した所縁ある場所という。『明治神宮造営誌』（前掲注6）、一一四～一一五頁。
（17）吉田茂・伊東忠太・本多静六・宮地直一・牧彦七による「明治神宮御造栄の由来を語る」座談会は、一九四〇年一〇月二七日に明治神宮鎮座二〇年祭奉祝として東京中央放送局にてラジオ放送された。「明治神宮御造営の由来を語る」速記録（明治神宮蔵）、明治神宮編『明治神宮叢書第一七巻資料編一』明治神宮社務所、二〇〇六年、九～一〇頁。
（18）明治神宮五十年誌編纂委員会編『明治神宮五十年誌』明治神宮、一九七九年、七三五～七三六頁。
（19）『明治神宮造営誌』（前掲注6）、六二～六三頁。
（20）引用は本多が上原敬二『樹木根廻運搬並移植法』（嵩山房、一九一八年）の序（大正七年八月）に記した言葉。遠山益「明治神宮の森づくり①」『グリーン・パワー』森林文化協会、二〇〇四年一月号、二八頁。「『天然更新』を続ける永遠の森」『本多静六の軌跡』本多静六博士顕彰事業実行委員会、二〇〇二年、二六頁。

(21)　熊谷洋一・下村彰男・小野良平「マルチオピニオンリーダー本多静六 日比谷公園の設計から風景の開放へ」『日本造園学会誌』（ランドスケープ研究抜刷）、五八巻四号、一九九五年三月、三四九頁。
(22)　田村の回想によれば、工科や文科の教室における造園学研究については、建築科の分野では庭園にあまり興味を示されなかったが、個人的趣味として造園ことに庭園に関心を抱いた人びとには武田五一、佐藤功一、大江新太郎等がいた。文科では、造園の研究家としてはわずかに龍居松之助あるのみで、史学研究室に在籍していた龍居は特に住宅と庭園の研究に没頭し、のちには造園分野の実技部門に進出したという。機関誌『庭園』の付録『作庭記』（大正一三年一号より掲載）は龍居が解題を担当した。田村剛「造園学の発祥と造園教育の登達」『庭園と風景』一五巻三号、日本庭園協会、一九三三年、八六～八七頁。龍居松之助「作庭記と其の著者に就て」『庭園』六巻一号、一九二四年、一五頁。
(23)　「改良すべき日本の庭園 庭園協会が組織されました」読売新聞、一九一八年一二月二四日付。
(24)　庭園協会発行の『庭園』は大正一五年九月九日の理事会（日比谷公園内松本楼）で題名変更の審議がなされる。出席者は本多、龍居、田村、井下、黒田の五理事と本郷、中島両評議員と関主事。昭和二年一月より『庭園と風景』に改題。『庭園』八巻九号、一九二六年、二九二頁。「日本庭園協会のあゆみ」『庭園』復刊一〇号、二〇一四年、四〇～四四頁。
(25)　「庭園協会の設立と雑誌発行の趣旨」『庭園』一号、一九一九年、一頁。
(26)　『神道史大辞典』吉川弘文館、二〇〇四年、八八〇頁。
(27)　副島次郎・五十嵐治夫編『明治神宮御造営と青年団の奉仕』奉仕記録編集部、一九二三年（明治神宮編『明治神宮叢書第一六巻奉賛編』明治神宮社務所、二〇〇五年）、五八～五九頁。
(28)　『明治神宮外苑七十年誌』明治神宮外苑七十年誌編纂委員会、一九九八年、九～一一頁。
(29)　「明治神宮外苑設計」（『龍門雑誌』三二九号、一九一五年一〇月）『渋沢栄一伝記資料四一』（前掲注4）、五五四頁。
(30)　『明治神宮外苑七十年誌』（前掲注28）、一二一頁。
(31)　「葬場殿址は絵画館の正北に位し円形石壇を設けて記念木楠樹を植え以て聖地を標示した」。田阪美徳「明治神宮外苑の造園的施設」『庭園』八巻一〇号、一九二六年、三〇〇頁。
(32)　「葬場殿址記念物」明治神宮奉賛会編『明治神宮外苑志』一九三七年（明治神宮編『明治神宮叢書第一四巻造営編三』明治神宮社務所、二〇〇三年）、一五二頁。

(33) 溝口白羊『明治神宮案内』日本評論社出版部、一九二〇年、一一九頁。
(34) 副島次郎・五十嵐治夫編『明治神宮御造営と青年団の奉仕』(前掲注27)、六一～六二頁。
(35) 田阪美徳「明治神宮外苑の造園的施設」(前掲注31)、二九八～三〇三頁。
(36) 「復興帝都鑑賞批判座談会　四、大公園小公園批判」読売新聞、一九三〇年三月一六日付。
(37) 「明治神宮外苑図説明書」『明治神宮奉賛会通信』一六号、一九一七年四月(『明治神宮叢書第一九巻資料編三』明治神宮社務所、二〇〇六年)、二〇〇～二〇一頁。
(38) 田村剛「外苑の様式と細部に就いて」『庭園』八巻一〇号、一九二六年、三一八～三一九頁。
(39) 「庭園」『明治神宮外苑志』(前掲注32)、二〇六頁。
(40) 「外苑計画綱領」『明治神宮奉賛会通信』二三号、一九一七年一一月、二八七～二九〇頁。
(41) 「四、外苑計画綱領」『明治神宮奉賛会通信』二四号、一九一七年一二月、三〇四頁。
(42) 「明治神宮外苑図説明書」(前掲注37)、二〇〇頁。
(43) 応募心得に従い設計図案を作製し同年九月一六日正午までに明治神宮造営局に送付。図面は原紙に墨で表し、敷地配置図、主要部詳細図、透視図を作る。当選者賞金は一等一名五〇〇〇円、二等二名各三〇〇〇円、三等三名各二〇〇〇円、四等四名各一〇〇〇円。審査結果は一〇月上旬の『官報』にて発表する等。「広告　聖徳記念絵画館及葬場殿址記念建造物設計図案募集」『官報』一七六〇、一七六一、一七六二号、一九一八年六月一五、一七、一八日付。
(44) 「会務要項」『明治神宮奉賛会通信』三四号、一九一八年一〇月、三七八～三八〇頁。
(45) 「会務要項」『明治神宮奉賛会通信』三五号、一九一八年一一月、三八四～三八八頁。
(46) 「明治神宮外苑造設大体計画説明書」『明治神宮奉賛会通信』三七号、一九一九年一月、三九五頁。
(47) 小林政一編「第二編　葬場殿址記念物」『明治神宮外苑工事に就て』一九二九年、小林政一発行、都立中央図書館蔵、五四頁。
(48) 明治神宮奉賛会編纂『明治神宮外苑奉献概要報告』一九二六年一〇月、六九頁。
(49) 「葬場殿址記念物」『明治神宮外苑志』(前掲注32)、一五二頁。
(50) 折下吉延「外苑の苑池設計に就いて」庭園協会編『明治神宮』嵩山房、一九二〇年、二五〇頁。
(51) 小林政一「明治神宮外苑の建築物に就て」『庭園』八巻一〇号、一九二六年、三〇八頁。
(52) 「会務要項　大正七年一二月一四日」『明治神宮奉賛会

通信』三七号、三九三〜三九四頁。
(53)「献金及び外苑の予算に就いて」庭園協会編『明治神宮』(前掲注50)、二四二頁。
(54)「会務要項」『明治神宮奉賛会通信』四六号、一九一九年一〇月、四五五〜四五八頁。
(55)小林政一「明治神宮外苑の建築物に就て」(前掲注51)、三〇八頁。
(56)「葬場殿址記念建造物設計要領」『明治神宮奉賛会通信』四六号、四五八頁。
(57)阪谷芳郎『明治神宮奉賛会日記』一九一九年八月一日付(明治神宮編『明治神宮叢書第一七巻資料編一』明治神宮社務所、二〇〇六年)、七三頁。
(58)同前、一九一九年八月二六日付、七三頁。
(59)「会務要項」『明治神宮奉賛会通信』四六号(前掲注54)、四五五頁。
(60)一九二〇年二月末調査、三月公表(「物価騰貴に依る外苑工費不足額調」)。「献金及び外苑の予算に就いて」庭園協会編『明治神宮』(前掲注50)、二四二〜二四三頁。
(61)「明治神宮外苑工事繰延の理由及程度」『明治神宮奉賛会通信』五五号、一九二〇年七月、五二八頁。
(62)『明治神宮五十年誌』(前掲注18)、三五二頁。小林政一『明治神宮外苑工事に就て』(前掲注47)、一頁。
(63)溝口白羊『明治神宮案内』(前掲注33)、一一八〜一二〇頁。溝口白羊の著作『明治神宮紀』、『明治神宮御写眞帳』、『明治天皇御聖鑑』は一九二〇年に明治神宮奉賛会に寄贈された。『明治神宮奉賛会通信』六五号、一九二一年一一月、六三五頁。
(64)『明治天皇記念 行道樹篇』は大正二年(一九一三)四月に初版公刊、同一〇年に三版増刷。本多静六『明治天皇記念 行道樹篇附緑蔭樹(本多造林学後論ノ三)』三浦書店、一九二一年、一〜二頁。
(65)九鬼三郎「明治神宮内苑造営の経費」庭園協会編『明治神宮』(前掲注50)、九五頁。
(66)小林政一『明治神宮外苑工事に就て』(前掲注47)、二頁。
(67)渋沢本人の記念植樹については、銀行業務の傍ら大正四年一〇月一日、松山市の松山商業高校で記念植樹を行い、生徒らに一場の訓諭を授けた。白石喜太郎記(随行員)「青淵先生西南紀行」(『龍門雑誌』三二九号、一九一五年一〇月)『渋沢栄一伝記資料四一』(前掲注4)、五六一頁。郷里の諏訪神社(埼玉県)については大正五年九月二七日「当神社拝殿落成し、是日祭典当日を卜し、献納の奉告祭行はる。栄一参列して演説をなす。又同拝殿内に掲ぐる扁額を献納し、記念樹を境内に手植えす」とある。同前、四六四〜四六五頁。他の宗教施設への記念植樹は昭和三年一〇月八日、血洗島の雷電神社にて揮毫とともに記念植樹を行っている。同前、六七七頁。
(68)『明治神宮外苑志』(前掲注32)、一五二頁。
(69)明治神宮奉賛会編纂『明治神宮外苑奉献概要報告』(前掲註48)、六八～六九頁。
(70)『明治神宮外苑造営奉賛佳話』(『明治神宮叢書第一四巻造営編三』(前掲注32)、五頁。
(71)「会務報告」『明治神宮奉賛会通信』八五号、一九二七年一月、一〇三四～一〇三六頁。
(72)『明治神宮五十年誌』(前掲注18)、三五九頁。
(73)「明治神宮外苑之記」明治神宮奉賛会総裁元師陸軍大将大勲位功二級載仁親王篆額、明治神宮奉賛会会長正二位勲一等公爵徳川家達撰、従六位勲六等林經明書。『明治神宮外苑志』(前掲注32)、二三八～二三九頁。
(74)農商務省山林局『記念植樹』一九一五年、一五頁。
(75)大正二年三月三日に本多が教授をつとめる東京帝国大学造林学教室から発行された『大日本老樹番附』では東の横綱(東が広葉樹・西が針葉樹)とされた。「鹿児島県・蒲生の大樟と本多博士」『本多静六通信』九号、一九九七年一二月二四日、八頁。
(76)景行天皇が土蜘蛛親征時に植樹したと伝わる「上城井ノ大樟　樹齢千八百餘年　福岡県大樟神社」、応神天皇の産着を掛けたという「衣掛ケノ森　樹齢千八百年　福岡県宇美八幡宮」。本多静六『大日本老樹名木誌』一九一三年、大日本山林会、二～三頁。
(77)本多静六『天然紀念物と老樹名木』(前掲注13)、一五～一六頁、二〇～二一頁。
(78)『明治神宮五十年誌』(前掲注18)、七四～七五頁。
(79)本多静六『記念樹ノ保護手入法』一九一六年一月七日、八頁。同書は本多の『記念植樹の手引　一名大木移植法』(三浦書店、一九一五年五月)の続編。
(80)折下吉延「外苑の苑池設計に就いて」(前掲注50)、二五二頁。
(81)本多静六『記念植樹の手引　一名大木移植法』(前掲注79)、緒言、一頁。
(82)「今秋ご即位の大典植樹　当局大に奨励す」読売新聞、一九一五年一月一四日付。
(83)本多静六『記念樹ノ保護手入法』(前掲注79)、緒言。
(84)農商務省山林局『記念植樹』一九一五年三月、序。
(85)本多静六「大博覧会設計私論」読売新聞、一九〇七年一二月一〇日付。
(86)大正二年初版。本多静六『明治天皇記念　行道樹篇附緑蔭樹(本多造林学後論ノ三)』三浦書店、一九二一年、二～三頁。
(87)同前、二～三頁。
(88)明治神宮表参道のケヤキの並木植栽は、東京府の奉献懇望により府費をもって大正一〇年秋季に二〇一本が植えられ、翌一一年春季に今度は東京市が植付けと付帯工事を請負ったとの記録がある。東京市役所『東京市道路誌』一九三九年、四六三～四六四頁。

(89) 井下清「東京市の緑政四十年」『庭園』二〇巻一二号、一九三八年、三九九頁。

(90) 北海道庁拓殖部編『東宮殿下御慶事記念植樹』北海道庁拓殖部、一九二四年。

(91) 岩手県内務部山林課『御大典記念樹栽之栞』一九一四年、三頁。

(92) 「東北御巡啓 御手植の松」東京朝日新聞、一九〇八年一〇月二日付。

(93) 「御日程」『東宮職 行啓録八 東北地方一 明治四一年』(識別番号三〇三六一)、「東宮殿下行啓紀念木御手植之儀願」『東宮職 行啓録一一 東北地方四 明治四一年』(識別番号三〇三六四)、宮内庁書陵部宮内公文書館所蔵。「東宮東北行啓 御手植」読売新聞、一九〇八年一〇月、七日付。

(94) 「皇孫殿下の御茸狩」読売新聞、一九〇八年一一月三日付。

(95) 明治四一年一一月二日月曜日「官幣大社氷川神社に参拝され稚松をお手植えになる」宮内庁『昭和天皇実録第一』東京書籍、二〇一五年、三〇四頁。「氷川公園の秋色 皇孫殿下御手栽」東京朝日新聞、一九〇八年一一月二日付。

(96) 「国民挙て千古の大典を記念す」読売新聞、一九一五年四月二〇日付。

(97) 「千古の大典を寿ぐ有益な計画」読売新聞、一九一五年四月二九日付、五月一日付。

(98) 「東京府記念植樹」読売新聞、一九一五年一一月一三日付。

(99) 「東京市の奉祝設備 十二日の市参事会で決定」読売新聞、一九一五年七月一三日付。

(100) 農商務省山林局『御大禮記念林業 上』一九一六年、一～二頁。

(101) 『御卽位記念植樹の勧め』大日本山林会・帝国森林会、一九二八年、四頁。

(102) 「たとへば当町（紀州田辺）の闘鶏社に樟樹二本しかなきに、役所の帳面は二十五本。これは全くのうそにも非ざるべく、即ち従来植付けたのが前後二十五本あり。樟樹などは栽えたら一寸失せるものに非ざれば、二十五本ありと書付けたる也。然るに近来神林で物を盗むは当の事にて、何の取締も行届かず、神社で盗伐した木や柴をかつぎ、毎日神社の前を通り過るを咎めぬほどなれば、二十五本あるべきものが全く失せて二本しか無き也。蚕業の報告如きは丸でうそにて、蚕業は年により興廃夥しきものなれど、全く蚕業絶えたりと報告すると、県庁のうけ宜しからぬ故、蚕業無しと報告する村一つも無し。

実際は蚕も見たこともなき村でも、多少の蚕業ある如く書上る也」南方熊楠「「郷土研究」の記者に与ふる書（大正三年、郷土研究、第二巻第五乃至第七号所載）」渋沢敬三編『南方熊楠全集六文集Ⅱ』乾元社、一九五二年、一七七～一七八頁。

(103) 竹林造成の目的は「風致の高雅にして住宅の周囲に或は神社の境内に或は公園に仕立てられ、優美な風景を添加するのみならず、河岸の土砂崩壊を防止するに多大の貢献を為し」、「工芸の発達に伴ひて内外の竹材需用愈々増加し財価は次第に騰貴するに至りし」との理由から「帝国の特産たる竹林の造成に力を尽し以て竹材の供給を充実」させることにあった。農商務省山林局『御大禮記念林業　上』（前掲注100）、六頁。農商務省山林局『記念植樹』（前掲注84）、四六頁。

(104) 本多静六『明治天皇記念　行道樹篇附緑蔭樹（本多造林学後論ノ三）』（前掲注86）、二二六頁。

(105) 南方熊楠「熊野三山と鬪鶏社　附、紀念植樹に就て」渋沢敬三編『南方熊楠全集五文集Ⅰ』乾元社、一九五二年、一四五～一四六頁。

(106) 笠井清『南方熊楠』吉川弘文館、一九八九年、二七八～二七九頁。

(107) 同前、二〇一頁。

(108) 「神社合併」佐々木宏幹・宮田登・山折哲雄監修『日本民俗宗教辞典』東京堂出版、一九九八年、二九〇～二九一頁。

(109) ただし古文献（延喜式や国史）に所載のある格式ある神社や武将・藩主に由来する神社、勅命あるいは皇室に関係する神社は対象外とされた。笠井清『南方熊楠』（前掲注106）、二〇一～二〇五頁。

(110) 「知られざる熊楠」朝日新聞、二〇〇四年一〇月二日付。

(111) 「野中の清水」は環境省名水百選（一九八五年）に選ばれている。

(112) 本文に「今日（明治四十二年九月）我国の社寺林は」との記述がある。本多静六「社寺風致林論」『大日本山林會報』三五六号、一九一二年七月、三頁。

(113) 本多静六「社寺風致林論」（前掲注112）、一九～二〇頁。

(114) 同前、一一〇頁。

(115) 上原敬二『樹木の美性と愛護』加島書店、一九六八年、九一頁。

(116) 本多静六「社寺風致林論」（前掲注112）、一一〇頁。

(117) 本多静六「国立公園と山林の開放（附 安田翁の心事）」『庭園』三巻一二号、一九二一年、四三四頁。

(118) 同前、四三二～四三三頁。

(119) 南方熊楠「古書保存と和歌山城の破壊」渋沢敬三編『南方熊楠全集五文集Ⅰ』（前掲注105）、一五六～一五八頁。

(120)　同前、一五六頁。
(121)　渋谷克美「設計当時の面影を残す和歌山公園」『本多静六通信』一三号、二〇〇二年七月二七日、九～一一頁。
(122)　笠井清『南方熊楠』（前掲注106）、五二～五三頁。田中宏和『南方熊楠高野山登山行奇譚』白地社、一九九四年、二二一～二二三頁。
(123)　南方熊楠「古書保存と和歌山城の破壊」（前掲注119）、一五七頁。
(124)　渋谷克美「設計当時の面影を残す和歌山公園」（前掲注121）、一〇～一一頁。
(125)　進士五十八「日比谷公園の一〇〇年」『都市公園』一六一号、東京都公園協会、二〇〇三年七月、六頁。
(126)　「日比谷公園概評」読売新聞、一九〇三年六月二七日付。
(127)　営繕会議所は松平定信が寛政四年（一七九二）に設けた役所「町会所」に由来し、明治五年（一八七二）に東京府の監督下で、民間の自主機関として有力な府民に引き継がれたという。『東京の公園一一〇年』東京都建設局公園緑地部、一九八五年、二二～二三頁。
(128)　進士五十八「日比谷公園の一〇〇年」（前掲注125）、六頁。
(129)　南方熊楠「古書保存と和歌山城の破壊」（前掲注119）、一五五頁。
(130)　「日本庭園協会のあゆみ」（前掲注24）、四二～四三頁。
(131)　本多静六「風景の利用と天然記念物に対する予の根本的主張」『庭園』三巻七号、一九二一年、二九二頁。
(132)　南方熊楠「富士講の話」『郷土研究』東京郷土研究社、二巻一二号、一九一五年、二三頁。
(133)　『明治神宮造営誌』（前掲注6）、二四五頁。全国植樹祭東京都実行委員会『東京の森』第四七回全国植樹祭東京都実行委員会事務局、一九九六年、一一〇頁。
(134)　明治神宮の森造成にかかる主要メンバーは本多静六（造林学）、川瀬善太郎（林政学）、福羽逸人（園芸学）、原熙（農学）、本郷高徳（造園学）、助手として上原敬二、寺崎良策。遠山益『本多静六　日本の森林を育てた人』実業之日本社、二〇〇六年、一七三～一七四頁。
(135)　「林苑最後の理想は東京地方固有の原始的森林状態の復旧にある」本郷高徳『明治神宮御境内林苑計画』大正一〇年一二月二〇日成、明治神宮所蔵（明治神宮編『明治神宮叢書第一三巻造営編二』明治神宮社務所、二〇〇四年）二〇九頁。
(136)　遠山益『本多静六　日本の森林を育てた人』（前掲注134）、一七五～一七六頁。
(137)　「極相林」、「遷移」『東京の森』（前掲注133）、一三五頁。
(138)　「林苑」『明治神宮造営誌』（前掲注6）、二八六～二八七頁。熊谷洋一「人工の森から学ぶこと」『東京の森』（前掲注133）、一三〇～一三一頁。

(139) 比較する樹幹の断面から樹齢、樹高、直径等の数値を解析し両者の差を測る方法。遠山益『本多静六 日本の森林を育てた人』(前掲注134)、一七九〜一八三頁。

(140) 本多静六『記念樹ノ保護手入法』(前掲注79)、八頁。「林苑」『明治神宮造営誌』(前掲注6)、二八七頁。

(141) 小山千秋「明治神宮と本多博士」本多静六『明治二十三年洋行日誌 附・学位試験及び学位授与式の景況(明治二十五年)』本多静六博士を記念する会、菖蒲町役場企画財務課内、一九九八年、六〇頁。

(142) 本郷高徳『明治神宮御境内林苑計画』(前掲注135)、二一〇〜二一二頁。

(143) 山口鋭之助は、ある陵墓の松樹が段々衰弱し枯死するものがあるのに対し、地続きの民有林の林相は美しく、その差は掃除の仕方にあると気付き、落葉を掃き去らず循環させる規定を設けたという。堀正太郎「名木紀念樹並に庭園植物の保護」『庭園』四巻八号、一九二二年、二三〇〜二三一頁。

(144) コッタのいう芸術とは「自然の摂理に即したとき美が生まれる」という理念に基づくもので、その「森林有機体説」は森の中の倒木が他の稚樹の養分になり、小さな草木もまた競争し、かつ助け合いながら生活環境を形成するという循環思想に依拠している。筒井迪夫『森林文化への道』朝日新聞社、一九九五年、三二一〜三二三頁。

(145) 中山斧吉(造営局参事・林苑課長)「内苑の献木」庭園協会編『明治神宮』(前掲注50)、一〇一頁。副島次郎・五十嵐治夫編『明治神宮御造営と青年団の奉仕』(前掲注27)、九一頁。

(146) 筒井迪夫『森林文化への道』(前掲注144)、九〇〜九一頁。

(147) 中山斧吉「内苑の献木」庭園協会編『明治神宮』(前掲注50)、一〇一頁。

(148) 「明治神宮の奉献樹・明治神宮境内樹木進献取扱方」『大日本山林會報』三八八号、一九一五年三月、八〇〜八二頁。

(149) 本多静六「第四章 明治神宮の奉献樹」『記念植樹の手引』(前掲注79)、四〜六頁。

(150) 本郷高徳『明治神宮御境内林苑計画』(前掲注135)、二〇八頁。

(151) 本多静六「第四章 明治神宮の奉献樹」『記念植樹の手引』(前掲注79)、四頁。

(152) 「献木四万餘 明治神宮を囲みて」読売新聞、一九一五一一月二三日付。

(153) 中山斧吉「内苑の献木」庭園協会編『明治神宮』(前掲注50)、一〇一〜一〇二頁。「献木」副島次郎・五十嵐治夫編『明治神宮御造営と青年団の奉仕』(前掲注27)、九〇〜九三頁。

(154)「樹木及工事材料其他の寄進」『明治神宮造営誌』（前掲注6）、四一〇～四一一頁。『国土緑化運動五十年史』国土緑化推進機構、二〇〇〇年、三三一頁。

(155)「九月二二日明治神宮造営局宛外苑献木ノ件ニ関シ照会ヲ発ス」『明治神宮奉賛会通信』四六号、一九一九年一〇月、四五四頁。『明治神宮外苑七十年誌』（前掲注28）、一二一頁。

(156) 二月一八日に「外苑献木規程」を送付。『明治神宮奉賛会通信』五一号、一九二〇年三月、四八二～四九二頁。大正九年一一月発行の『明治神宮』附録「明治神宮外苑献木規程」では出願期間が同年一二月末まで延長されている。庭園協会編『明治神宮』（前掲注50）、二七三頁。

(157)「献木樹種」『明治神宮奉賛会通信』五一号、一九二〇年三月、四八六～四八七頁。

(158) 一例として『明治神宮記録』大正一一年一二月二日に折下吉延技師により内苑樹木の外苑移植に関する協議がなされ、一二月二四日に二〇株を搬出したという記事がある。大正一一年一二月二日および二四日付。明治神宮社務所編『明治神宮記録三』（明治神宮編『明治神宮叢書第一二巻造営編一』明治神宮社務所、二〇〇〇年）、八二一頁、八三五頁。「庭園」『明治神宮外苑志』（前掲注32）、一三一頁。

(159)「物価騰貴に依る外苑工費不足額調」庭園協会編『明治神宮』（前掲注50）、二四三頁。

(160)「苑地準備」『明治神宮外苑志』（前掲注32）、二〇九～二一〇頁、二一〇頁。

(161) 首かけ銀杏と呼ばれる日比谷公園の銘木。日比谷見付の旧鍋島邸にあった樹高約二二メートル、幹周約六メートル、樹齢約四〇〇年の大銀杏を公園内に敷いたレールを使って二五日間かけて現在の松本楼の位置まで運搬し移植した。「首掛け銀杏由来記 親元は本多博士」東京朝日新聞、一九三七年七月一五日付。東京市役所『東京市内の老樹名木』一九三四年、三頁。「芽ぶいた火あぶり大イチョウ 松本楼焼討ちから4ヶ月 日比谷公園」朝日新聞、一九七二年三月三一日付。『本多静六体験八十五年』大日本雄辯会講談社、一九五二年、一六五頁。

(162)『明治神宮造営誌』（前掲注6）、四一一～四一二頁。

(163)「外苑献木規程」庭園協会編『明治神宮』（前掲注50）、二七四～二七六頁。

(164)「明治神宮境内の移植現場」上原敬二『樹木の移植と根廻』加島書店、一九六六年、一～七頁。著書によれば大正六年頃の様子と思われる。同書は大正七年に『樹木根廻運搬並移植法』として初版刊行され、昭和元年に改訂再版される。初版の序文は本多静六が記す。上原敬二『樹木根廻運搬並移植法』嵩山房、一九一八年、一頁。

(165)『明治神宮造営誌』（前掲注6）、四一二頁。

(166) 大溝勇「内苑に於ける大木の移植」庭園協会編『明治神宮』(前掲注50)、一六七～一六八頁。
(167) 「内苑造営初めの頃には」庭園協会編『明治神宮』(前掲注50)、二二二頁。
(168) 駅舎における樹木や石材等の荷車積換作業にともなう損傷が懸念され、大正四年五月一九日鉄道院に引込線敷設を依頼、翌年一月に中部鉄道管理局により敷設され、二月一五日に当局と契約が結ばれる。同九年一一月に撤廃された。「工務所の設置及境内引込線の敷設」『明治神宮造営誌』(前掲注6)、一三三～一三四頁。
(169) 本多静六ほか「明治神宮御造営の由来を語る」速記録(前掲注17)、三四～三五頁。
(170) 同前、九～一〇頁。
(171) 副島次郎・五十嵐治夫編『明治神宮御造営と青年団の奉仕』(前掲注27)、八六頁。
(172) 溝口白羊『明治神宮案内』(前掲注33)、五五～五七頁。鈴木松太郎『明治神宮に関する美談集』明治神宮社務所、一九二四年、一八～二〇頁。
(173) 「公益事業調書」(大熊武男家寄託文書目録E九九)鳩ヶ谷市文化財保護委員会『不二道農産物品種改良運動資料V　大熊徳太郎履歴書他　鳩ヶ谷市の古文書二七』鳩ヶ谷市教育委員会、二〇〇三年、五九頁、七四頁。「明治神宮へ御奉公　孝心講の労力進献」(写真付)東京朝日新聞、一九一七年四月七日付。副島次郎・五十嵐治夫編『明治神宮御造営と青年団の奉仕』(前掲注27)、七四二～七四三頁、七五四頁。「不二道孝心講及青年団の造営奉仕」『明治神宮造営誌』(前掲注6)、四二五頁。なお、『明治神宮五十年誌』(前掲注18)、には大正五年とある。
(174) 「明治十七年皇居御造営土工御手伝出勤人員表」(黒田家寄贈文書)、「明治拾七年皇居御造営御手伝集会人名簿第十月二十日様」(折原致一家寄贈文書目録四二)、「明治十七年十二月三日様ヨリ八日様に至ル六日間　皇居御造営土工御手伝　諸費収出精算帳　東京本郷区湯島龍岡町麟祥院　不二道孝心講会所会計掛」(同家文書目録四二)、「皇居土工御手伝満願並新嘗祭御恩礼御恵簿」(折原致一家寄贈文書四四)、鳩ヶ谷市文化財保護委員会『至誠報国不二道孝心講土持御恵簿　鳩ヶ谷市の古文書六』鳩ヶ谷市教育委員会、一九八一年、一八八～一九八頁。「明治十七年皇居御造営ノ際人夫献納ニ対シ下賜セラレタル賞状」鳩ヶ谷市文化財保護委員会『不二道農産物品種改良運動資料集Ⅱ　大熊徳太郎の編著と初期運動　鳩ヶ谷市の古文書二四』鳩ヶ谷市教育委員会、二〇〇〇年、一〇四頁。
(175) 「嘗ては宮城築造の際にも土工の御手伝ひをした歴史を有する特殊の団体であるが、当時恰も造営局に於ては、御敷地内御本殿の西北に当る所の無立木低地約八千餘坪の区域に対して、高地を築造する計画の下に、宝物殿の地均し工事に依って生した約四千餘坪の土を運んで、之が工事に着手せんとする際であったので、孝心講の特志を納れ、該工事に従事せしむること、なった」副島次郎・五十嵐治夫編『明治神宮御造営と青年団の奉仕』（前掲注27）、八六〜八七頁。

(176)『明治神宮造営誌』（前掲注6）、四二五頁。

(177) 副島次郎・五十嵐治夫編「団体の労役奉仕」『明治神宮御造営と青年団の奉仕』（前掲注27）、七五四頁。

(178)「明治神宮御造営労力献納之図　大正六年四月九日」小谷長茂家文書・川口市指定九五、川口市所蔵。『明治神宮御造営と青年団の奉仕』（前掲注27）、七五四頁。

(179) 大熊徳太郎の記録では「総人員壱千弐百参拾九人の労力献納す」とある。『鳩ヶ谷市の古文書二七』（前掲注173）、七四頁。「青年団体造営奉仕一覧」『明治神宮造営誌』（前掲注6）、四二五〜四二七頁、四三一〜四四五頁。

(180) 鈴木松太郎『明治神宮に関する美談集』（前掲注172）、一九頁。

(181)『明治神宮五十年誌』（前掲注18）、二四〜二六頁。

(182) 宮内庁『明治天皇紀第六巻』吉川弘文館、一九七一年、三二四〜三二五頁。

(183)『明治神宮五十年誌』（前掲注18）、二五〜二六頁、七三七〜七三八頁。

(184) 副島次郎・五十嵐治夫編「普通工夫の批評」『明治神宮御造営と青年団の奉仕』（前掲注27）、七五八頁。

(185) 大正一一年九月二二日付。明治神宮社務所編『明治神宮記録三』（前掲注158）、七三四〜七三四頁。

(186) 鳥居の高さ三六尺。台湾総督府から奉献された阿里山産の大檜の古木（直径五尺五寸、長さ六〇尺、重量七四〇〇貫）で、運賃が約一八万円要したため海軍省御用船労山丸が横須賀まで無償で輸送、そこから汽車で代々木まで運ばれた。工作日数約一〇〇日、工夫五〇〇人。副島次郎・五十嵐治夫編『明治神宮御造営と青年団の奉仕』（前掲注27）、一八〜二一頁。

(187) 遠山益『本多静六　日本の森林を育てた人』（前掲注134）、一六七〜一六八頁。『本多静六の軌跡』本多静六博士顕彰事業実行委員会（前掲注20）、二六〜二七頁。

(188)『明治神宮造営誌』（前掲注6）、一九五頁。

(189) 不二道孝心講の明治神宮献木に係る古文書に次がある。「至誠報国不二道孝心講　明治神宮献木寄付金出納簿」（大正四年一二月）、川口市指定二五八「明治神宮献木人名簿」（折原致一家文書）、川口市所蔵。

第三章　平和と記念植樹——第一次世界大戦後の平和記念事業を主体に——

前章では御聖徳記念事業と御大典記念事業における記念植樹のあり様を見てきた。一連の事業を全国展開するには、学校記念樹栽同様、大日本山林会を中心とする林業支援団体のバックアップが不可欠であった。大日本山林会は、林業の改良と進歩を目的として明治一五年（一八八二）に創立された。前章第一節で触れたように、大正八年（一九一九）、この組織を財政的に支える団体が設立される。それが財団法人帝国森林会である。同会で初代副会長を務めた本多静六は、昭和二年（一九二七）に二代目会長の座を譲られて以降、晩年まで約四半世紀にわたって組織を導いた。すなわち、帝国森林会の事業も本多なくしては語れない。いうまでもなく同会においても記念植樹活動は重視され、それは第一次大戦後の時代の空気を背景に、「平和」をキーワードに展開した。

そこで本章では帝国森林会と大日本山林会との連関性とその成立に係る歴史的背景を踏まえ、帝国森林会の記念事業について本多の理念と方法を拠り所に検討する。

第一節　帝国森林会の発足——大日本山林会とともに——

（1）発足の経緯

帝国森林会は、当時の経済産業界を牽引する財界実力者や林学者を中心に、大正八年（一九一九）に組織された林業支援団体である。初代会長は大日本山林会会長の武井守正男爵が兼任した。武井が農商務省山林局長を務めた際に、彼を補佐したのが本多の恩師、志賀泰山であった（第Ⅱ部第二章参照）。その後、大正一五年（一九二六）一二月四日に会長が逝去すると、本多がその座に就くことになる。一旦辞退するが、同会最高顧問の益田孝の薦めによって引き受けたという。その経緯を本多は次のように記している。

大正一五年武井会長の薨去せらるるや、当時副会長の任にあった私に会長就任を慫慂せられたのも先生（益田孝——筆者注）であり、私は同会が財団法人にして理事並に会員中には天下の大富豪が多く、小生の微力を以てしては到底会長の重任に堪へずと辞退したが、斯くの如きは理由にならずとせられ、安心してその任に就く様にとの事で、早速副会長に桐島像一、藤原銀次郎の両君を推薦せられ、自ら両氏に交渉せられて本多を助けるやうにと依頼されたのである。自分は斯る先生の知遇に感激し、爾来未熟ながら懸命に会務に尽瘁し来つたのであるが、その間先生には屢々御老体を会に運ばれ、親しく私の会長振りを視察された。(1)

天下の大富豪が揃うと本多がいう帝国森林会設立の理由とは、日本経済の大変動にともない林業振興を根本から見直す必要が生じたことにあった。

大正八年といえば明治神宮造営事業と時期が重なり、同事業もまた財政上から進捗状況に諸影響が出たことは前章で論じたとおりである。果たして当時の林業界の事情は次のごとくであった。

大正三年六月、勃発した第一次世界大戦の波紋は、内外経済界に大きな衝撃を与え、わが国林業もまたその波動を受けて、林産物の需要が急増するにいたった。しかるに植林事業はこれに反して減退する傾向を示し、従来、東洋一の木材輸出国を誇りとしたわが国も、ついに木材輸入国に陥らんとする状態に立ちいたったのであった。このような時局にあたって林業の振興発展を促すには、新たな施設経営が必要である。けれども、明治一五年創立以来三〇有余年にわたって、わが国における林業の発展向上に貢献してきた社団法人・大日本山林会は、資力の面でこれに対応しえない状態であった。(2)

激動する林業経済界において、既存の大日本山林会のみでは山林国家を標榜する森林業の安定とその振興を図ることは困難な状態にあった。業界の多面的な発展によって森林政策や林業に関する事業の枠が広がり、業務が細分化したことが、従来の大日本山林会のみでは対応し切れない状況を生んでいたのである。

『大日本山林會史』に掲載された「大日本山林会回顧座談会」（昭和六年三月二一日・赤坂三会堂）(3)で、本多が帝国森林会創立の経緯を語っている。それによれば、事の起こりは大正五年（一九一六）七月一五日、島根県松江市で開催されていた大日本山林会第二六回大会の酒席であった。山林会の基金募集に関する武井守正会長の発言がきっかけとなり、本多と川瀬善太郎もまた同件を思案していたことから理事会で協議が行われることになった。世界大戦が終りを告げて経済界も上向いてきたが、山林会は旧態依然で振るわない、何とかして基金を集めて会の基礎を堅固にして拡張しようではないか、と川瀬と本多は話し合っていた。(4)

本多と川瀬には学生時代から続く縁があり、川瀬は大正九年（一九二〇）、武井守正から大日本山林会会長の座を引き継ぎ、本多は昭和二年（一九二七）に武井の跡を継いで帝国森林会会長におさまった。(5)明治神宮造営事業でも力を合わせた二人の連携は、両会の事業展開においても遺憾なく発揮された。

大正七年（一九一八）一〇月、大日本山林会に会務拡張委員会が設置され、翌八年（一九一九）三月、武井会長と益田孝の両男爵によって華族会館に東京・横浜の実業家数十名が招かれ、基金募集に関する懇談がなされた。

そこで提出されたのは、数千の会員を相手に僅少の金額を集めることは労多く功少なしとして寄附金一口一〇〇〇円程度にするという意見や、山林会を支える別個の組織を仕立てる方が基金管理上都合がよいという川瀬の提案であった(6)。

(2) 理念と事業概要

こうした議論を経て大正八年(一九一九)七月二日、帝国森林会は赤坂区溜池一番地の三会堂ビル内、大日本山林会の一室に発足した。発起趣意書には「帝国森林会なるものを発起し大に林業の振興を図り治山治水の実を挙け以て国運の永遠なる繁昌に貢献する(7)」とあり、国づくりは山づくりからという山林国家の理念を受け継ぎ、林業の振興を図り経済情勢を安定させ、世の太平を実現することが緊要の課題とされた。

メンバーには財界、政界、学界の実力者一四五人が名を連ね(8)、具体的な活動として募金は武井会長、本多副会長、川瀬理事が中心に動いた。半年ほどして景気変動から大不況に陥ったが、それでも益田孝や植村澄三郎、王子製紙の藤原銀次郎、三菱の桐島像一などの熱心な支援に助けられた。翌九年四月二一日に寄附行為に基づく財団法人として所轄の農商務省山林局に申請書が提出され、同一〇年二月八日、財団法人帝国森林会の設立が正式に認可される(9)。

帝国森林会が掲げた上記の理念を達成するために行う事業概要は次のとおりである。林業振興上必要な基本事項の調査研究、海外の森林に関する企業の促進、模範的林業の経営や林業試験、林野に係る調査設計や実地指導、林野の整理やその所有権移転等に関する件、林業に有益な著作や発明・起業の奨励、また林業思想の普及として講演会や講習会、展覧会の開催、さらに出版事業等さまざまな事業が計画された(10)。

大日本山林会と帝国森林会は別組織とはいえ、大日本山林会内に事務所が置かれたことから同会の職員に業務が委嘱されるケースも見られたようである。[11]これは発足当初の両会長職が兼任であったことにも由来していよう。こうして帝国森林会は独自に事業を進める一方で、大日本山林会と提携しながら近代日本の森づくり事業を牽引してゆくのである。

第二節　帝国森林会の歴史と本多静六の位置

帝国森林会は大日本山林会を資金面で支える組織として生まれた。日本庭園協会や都市美協会と設立時期をほぼ同じくする同会の活動は、大正八年（一九一九）から昭和五八年（一九八三）まで続けられ、財団法人としては長い歴史を有する組織に数えられる。本節では帝国森林会における本多の位置づけに着目し、同会の歴史的変遷を概観しておく。

（1）帝国森林会の諸活動――三会堂を舞台に――

森林事業の発展を促すことを目的とする帝国森林会の始まりは、第一次大戦後の林業界における景気停滞の克服を目指す所にあった。活動の中心舞台となったのが赤坂溜池の三会堂ビルである。

三会堂

三会堂とは、品川弥二郎の発案による大日本山林会、[12]大日本農会、[13]大日本水産会[14]の「三会」が一堂に会した所に由来する名称で、いずれも明治一四年から一五年にかけて、「国家の繁栄と人民の福祉を増進するには、先づもって原始産業の発達を図るにある」[15]との品川の主唱により学者、有志、実業家等が相呼応して設立された日本最初期の全国的協会組織である。

三会の創立に際しては、宮内省から下賜金があり、農商務省は明治一六年（一八八三）六月二九日、京橋区木挽町の厚生館（旧称明治会堂）を事務所として貸与するなど各種の便宜を図った。三会は厚生館において、各業界に関する生産から製造品にいたる標本陳列所を付設して訪問者の参観に寄与していた。しかし明治二二年（一八八九）、国会開設に先がけて行われた官有財産の整理により三会に厚生館の返納が命じられる。三会は数か所に移転したのち、大日本農会特選幹事の池田謙蔵を代表として御料局長官に転じていた品川に窮状を述べたところ、明治二三年（一八九〇）九月一六日、赤坂区溜池町所在の田町第一御料地内五〇〇〇余坪が五〇年間無料で特別貸下されることになった。[16]

三会はそれぞれ資金を集めて地均し工事を行い、丸の内にあった博覧会事務局の建物の払下げを受けてこれを改築、集会や標本陳列に使用する共同会堂と各会の事務所を建設し、翌二四年（一八九一）一月に三会揃って移転した。これが「三会堂」の始まりである。[17]

だが会員増加につれ同建物では手狭となり、時の経過に従い老朽化も見られたことから、明治三六年（一九〇三）二月に新築計画が立てられ、翌年一一月に木造二階建ての新屋が完成する。階上は集会場、階下は総裁宮御休憩室、貴賓室、会議室、会堂等が設置された。帝国森林会が大日本山林会の一室を借りて入室したのはこの建物である。国内の生活基盤を支える農、林、水産業界が集う三会堂には、その後、日本庭園協会も入室すること[18]から、ここを舞台として近代日本の国づくり、山づくり、街づくりの事業計画が練られてきたといえる。

関東大震災

しかし大正一二年（一九二三）九月一日の関東大震災で木造の三会堂は無残にも倒壊する。火災によって事務所内の書類や林業要覧の原稿等がほぼ焼失するという被害にも遭った。帝国森林会は、『帝国森林會々報』第一五号の巻末に、「謹告」として各方面から寄贈された数々の書誌資料の残本があれば寄贈願いたいとの一文を掲載している。[19]このように自身も大きな被害を受けたとはいえ、大日本山林会や帝国森林会は建築資材等の安定供給に係る林業支援組織である故に、一刻も早く執務を再開させ、震災後の復旧事業にかかわる業者の動向に目を向け、彼らに指針を与えることが要された。そこで帝国森林会は直ちに下渋谷常盤松御料地内にある東京農業大学校舎の一部に事務所を開設し、九月七日より事務処理に着手した。事務所開設は同大学の好意によるものであった。同年一〇月七日には三会堂跡地にバラックが仮設されたため翌八日に移転、従来と同じく大日本山林会内に部屋が設けられ業務を遂行した[20]。

復興院参与として都市再生事業に従事する本多については後述するが、帝国森林会としても副会長の本多は林業家への注意を怠ることなく、「大震災に対する林業家の活動」と題する共著論文を発表し、

木材の供給は極めて必要なりと雖、林相を破壊する如き伐採は努めて之を避けざるべからず、林業は百年の長計なれば、一時の利に惑みて過伐又は乱伐に陥る時は、結局大なる損失となること尠からず、十分の注意を払ふを要す[21]。（傍線筆者）

と論じた。林相を破壊することのないように伐採すべき木とそうでない木を見極め、一時的な喫緊の用材については林相を整理すべく虫害に遭った被害木等を伐採し、優良材はむしろ後日の本建築用に残すべきという意見であった。「百年の長計」を掲げて、慌てることは森づくりの本質を為さないと戒めた。同時にこれは稀少な優良材の値打ちが後日高騰するであろうことを示唆するとともに、バランスの取れた木材の安定供給を目指す経済学者の進言とも解せられる。

帝国森林会では独自に震災の被害状況を調査し、不足が見込まれる林産物とその必要量に関する報告を行った。調査によれば用材として必要とされたのは建築資材、家庭用器具類（箪笥、長火鉢、杓子等）、電柱（逓信省・東京電燈株式会社）、樽桶類（水槽・セメント・漬物・醤油・ビール・砂糖等）、船舶、車輛、下駄、燐寸、包装箱（ビール箱・マッチ箱・ミカン箱等）、さらに橋梁用材や公園樹・並木などに及び、その量にして「製品材積二六五〇万石」、「立木利用材積に換算して五三〇〇万石」と計算された[22]。

同時に少ない建築資材の供給率から、比較的低廉に建設できるバラック設計を紹介し、所要資材と平面図を機

図1　昭和2年新築の三会堂と旧三会堂・石垣隈太郎氏

関誌に掲載するなど[23]、木材市場の混乱や変動を最小に抑えるべく配慮した。山林国家と称されたように、同時代においては木材市場の動向が日本経済を左右していたといえよう。

こうして仮設の事務所で日本再建を目指して業務は遂行された。林業を振興し、日本経済の安定を図ることを使命とする同会創立の理念がそこに現出していた。

三会堂ビルの新築

大正一四年（一九二五）一月、北洋漁業の先覚者といわれる篤志家石垣隈太郎は、金一〇〇万円に相当する財産を公益事業に使用することを条件に大日本水産会に寄附、三会による協議の末、「財団法人石垣産業振興会」が設立され三会堂ビル再建が決まった。設計者には顧問として佐野利器、設計主任に佐藤功一の両工学博士が選任され、同年九月に地鎮祭を執行、合資会社銭高組により晴れて着工の日を迎えた[24]。

三会堂ビルの新築工事で、帝国森林会は一時日比谷公園前の日本産業協会会館に移転したが、ようやく昭和二年（一九二七）三月、鉄筋コンクリート製六階建ての威風堂々たる新ビルが落成（図1）、心機一転して同会の発展を期することになった[25]。

各フロアの主な構成は、一階は玄関、ホール、倶楽部室、会館、二階はホール、事務会、三階は貴賓室、会議室、三会の各事務室、四階は大講堂（収容人員約八〇〇人）と中講堂（同三五〇人）、休憩室、五階は講堂桟敷、そして地階には食堂、理髪室、機関室、電気室が設けられ、エレベーターや暖房装置、電話、瓦斯、水洗式手洗い等、最新の設備で整えられた[26]。

(2) 会長本多静六の運営方針

新ビルの竣工と時を同じくして、本多は同年三月に三五年間奉職した東京帝国大学教授を停年休職[27]し、長い年月をかけて育てた広大な美林を子弟教育のために公共財産として寄附、いよいよ社会事業へ力を注ぐことになる。帝国森林会の会長に就くのも同年のことである。

本多は駒場を去る停年を前に、東京朝日新聞のインタビューに次のように答えている。

もう学校へ来て三十五年だし、丁度今年で満六十歳ですからいさぎよう勇退します。私は四十二に一度チフスをやつたきりでほとんど病気には縁がありません。……それに数十年前から、行をやるつもりでどんな事があつても一日三枚のしかも書物になり得る原稿を書いてゐます。教壇を退いても研究はやめません。そして凡そ社会に有益な仕事の手助けなら何なりとやるつもりです[28]。

先述のように最高顧問の益田孝の支えもあり、本多の会長就任と同時に同会の活動はますます活発化する傾向にあった。日本庭園協会の『庭園と風景』に記載された「多忙を極むる本多博士」という次の記事が、本多の意気込みを物語る。

曩(さき)に東京帝国大学教授を辞職せられた林学博士本多静六氏（本会理事長）は、去る四月より赤坂区溜池三会堂内帝国森林会に出勤、会長として毎日会務を見る傍ら、造林学と造園学に関する著述の完成に努力して居られるが、また各地からの懇請で公園設計や講演に出張せらるゝこと多く、多忙を極めて居る。

一、朝鮮馬山公園実地調査及設計（以上四月）、二、埼玉県不動岡講演、三、同県栗橋関宿間権現堂堤実地踏査、四、同県秩父飯能間調査、五、静岡県伊東温泉ゴルフ場実地踏査及設計（以上五月）[29]（傍線筆者）

なお、右の『庭園と風景』に「造林学と造園学に関する著述の完成に努力」とあるが、先に触れたように昭和三年（一九二八）一月、日本庭園協会会長に就任した本多にあわせて同会の事務局も三会堂に移転することから[30]、大日本山林会と帝国森林会の事業展開に、造園学の権威が揃う日本庭園協会の力が加わることによって、同時代の山づくり、街づくりは一層強化されたと考えられる。

実際に、帝国森林会の業務は大日本山林会の事業をバックアップすることが本来の目的であったことから、両会長の連名によって営まれた共催事業や建議、請願の数は少なくない。例をあげれば「日本大博覧会開設建議」（大正九年一〇月）、「林産品関税改正建議」（大正一一年六月）、「山林所得税法改正建議（大正一五年改正）」（同一二月）、「全国山林会連合会設置」（大正一三年一一月）、「薪炭規格統一建議」（大正一四年七月）、本多が会長に就任してからは、「林業調査会設置建議」（昭和二年六月）、「御即位記念植樹の勧め」（昭和三年二月）、「林業用語辞典編纂」（昭和四年）、「朝鮮総督府山林部維持陳情」（昭和六年九月）、「林学教育卒業者任命陳情」（昭和七年六月）、「治水事業計画樹立建議」（昭和八年六月）、「林業教育督励施設建議」（昭和九年一月）、「北海道森林行政請願」（昭和一一年五月）、「森林法改正建議」（昭和一三年一二月）等がある[31]。

また、日本庭園協会が加わった三者の連携については、たとえば本多が帝国森林会会長に就任した昭和二年八月、「林業及公園講習会[32]」と称するイベントが開催されている。この傾向は、埼玉県山林会幹事の緑川禄が同年九月号の『庭園と風景』に寄せた論考「府県山林会の新使命（造園に関して本県山林会の定款変更）[33]」において、山野における国立公園設置を引き合いに、林業の開発とともに自然風景の利用を促進するには全国府県山林会と日本庭園協会の連携が最も当を得た方法であると述べている点にも明確である。特に造林や造園に係る植栽事業については、その効率面を考慮しても、都市美協会を含め緑化や植樹に関連する諸団体が一致協同して取り組むことこそ必要であったと思われる。

そしてその中心には常に指導者本多の姿があった。前述のように、帝国森林会は景気変動の煽りを受けた林業の振興を図ることを目的に発足した。同会はこれより本多の晩年にいたるまで、本多の経営理念を軸として動いていくのである。最高顧問益田孝の推挙により、帝国森林会副会長として本多を支えた王子製紙の藤原銀次郎は次のように述べている。

先生は決して通り一ぺんな学者ではなかった。学理と実際をつねに一致させて、これをただちに実行に移される大学者であった。……本会は本多静六先生の精神と実践とによって生れ、又生長してきたものでありますから、今後の行き方も一切本多式のそれにのっとり、徐々に堅実に然もどこまでも大きく事業と内容を伸ばして行って頂きたいことであります。それには一方に徹底的活動――その二つのものを一つにして有効適切たらしめるのは甚だ難事のようでありますが、しかしこれは本多先生の行き方をそのままの行き方とすれば何でもないことに考えられます。(34)

これは本多亡き後、同会の三代目会長職を継いだ彼の女婿三浦伊八郎のもとに開催された、戦後初の総会で語られた言葉である。「二つのものを一つに」という藤原の言は「学理と実際」、「精神と実践」の一致を意味するのであろうが、帝国森林会では本多式にあらゆる事業計画が進められ、それが功を奏してきたという。いわば本多が四半世紀もの間、会長の重責を果たすことが出来たのも、本多静六という一人物の思想と行動が同会において誠意を持って受け入れられていたからに他ならない。

このように本多の理想と信念が反映された諸団体が集う三会堂を舞台として、帝国森林会、大日本山林会、日本庭園協会がそれぞれ造林学と造園学を有機的に連動させることによって、本多式の国づくり、山づくり、街づくりが推進されたといえよう。

(3) 第二次世界大戦と「本多式」事業運営

「本多式」と呼ばれた極めて集約的で倹素な生活態度は、これまで論じてきた本多の姿を振り返れば明解だが、学者として大学に奉職して以来、貯蓄勤倹に励んだ「四分の一貯金」——平たくいえば不労所得を増やすという目的を達成するための心得——、によって得られた「余徳」は、種々の公共事業のために活かされた。

戦時下の運営指針

帝国森林会の運営も極力経費が抑えられ余力を他にまわすことが優先されたのだが、特に本多は非常時の資産管理にことのほか注意を払った。時代は下るが、戦時中には会の運営指針を「四分の一貯金」に託して次のように書き記している。昭和一八年（一九四三）一二月二〇日の深夜、同会の二人の常務に宛てた書簡に綴った戦時下における運営改革案である。

一、決戦中帝国森林会は一切の事業を中止し、只会の存続に必要なる事務に止め、事務所の如きも常務理事の私宅等に移し、書記一人を残す位に縮少して会の維持費を極度に削減する事。

二、総収入中より前後の経費を差引き、残額の四分ノ一は本会創立以来の慣例により会の基金に組入れ、残りの四分ノ三は年々軍費に献納すること。

三、他日戦争に勝ち抜き平和回復の場合には本会は猛然として事業を復活し、積極的に南洋林業試験其他本会固有の目的達成に邁進する事。(35)

第二次世界大戦の最中、本多が出した指示は無駄を省き経費を切詰め、業務を休眠状態にして財産を減少させないことであった。ここで注目すべきは手紙の冒頭に綴られた本多の当時の戦争観である。

拝啓、両君益々御清勝奉賀候。同封の帝国森林会の大改革案は小生先頃来考究中のものなるも、今夕サラワート、マチン西島四五〇〇人玉砕の発表を聞きて、かねて小生が「独逸も日本も勝った勝ったという発表だけだが、実は負けているのではないか」と地図の上で戦線の退縮を見て杞憂し居りたる所なるも、それが最早杞憂でないことを知って、帝国の前途容易でないことを感じ中である。元より帝国最後の勝利を信ずるものなるも、それまでには尚一層も二層も軍需品や軍費の増大を要することと存候。然れば山林関係の公益法人の中には、その運営を国費の援助に依存しているものが多いが、幸に帝国森林会は何等援助金の関係なき会故、決戦中軍費献納用に役立たしむるにおいては、万一他の会と合併するが如きの姑息の案をとられるにおいては、巻添えを喰って共倒れになる恐れ有之事と存候。[36]

勝った、勝ったと伝えられるが、最早帝国の前途多難なことは明らかであり、最後の勝利を信ずるも国費に頼らない帝国森林会は、戦後の存続に希望を託して可能なことをする、という決意である。しかしながら上記の「決戦中は軍費献納に専念する」という改革案が果たして実現できたかどうかは明らかではなく、軍備費献納に関しては経理関係書を調査しても未詳であることから、戦線状況の影響により実行できなかったのであろうとの記述が『帝国森林会史』にみられる。[37]

関連して、戦中期の同会の活動といえば南方林業要員錬成所の設置がある。大東亜省、東京帝国大学農学部等より同会に勧奨された事業だが、これは南方諸地域の森林資源を迅速かつ有効に開発するために必要な林業技術者を養成する機関であった。

当時の朝日新聞（一九四三年五月三〇日付）には、「千葉県天津町の東京帝大清澄演習林内に錬成所を設置することとなり、三十日午後一時半から大東亜省関係者、所長本多静六博士ら臨席の下に開所式が行はれる」[38]という記事がある。第一期生三八名は五か月の訓練期間を経てボルネオやスマトラ、サイゴンに赴任した。だが戦争の激化によって渡航出来なくなり、実施不可能となったことから帝国森林会は第二期生をもって同事業から手を引き、翌昭和一九年（一九四四）三月に閉鎖を決定する。送り出された者のなかには戦病死した者も含まれるが、悪化した情勢下で卒業生は海軍省軍需部に配属され、野菜その他の栽培をはじめとする糧食生産に従事したと伝えられる[39]。危険が増す中で要員を養成するのは、たとえ国からの勧奨とはいえ決して益を成さないと、情勢の非常さを熟慮した結果であったと考えられる。

このように、非常時には業務を中止し必要経費を最小限度に抑えるという本多の方針は、帝国森林会において遵守され、世の中が落ち着くまで同会は休眠状態を続けることになる。戦況が激化する昭和二〇年（一九四五）五月二五日から二六日にかけて赤坂三会堂は空襲により二度目の被災、外廓のみを残し内装備は灰燼に帰した。そして戦争は終わった。

終　戦　戦災に遭った三会堂周辺では、付近一帯が米国大使館の緑地帯にされるとか、幅五〇メートル道路が敷設されるといった噂が乱れ飛び、同年一一月に三会によって建物の修理の義が起こるが着手にいたる前に、翌二一年（一九四六）三月一日、進駐軍により接収された。三会堂は原型を留めないまでに改修工事が施され、各事務室はシャワーや手洗施設を備えたアパート式となり、「三会堂アパートメント」と呼ばれて進駐軍将校家族用の宿舎として使用されたという[40]。

分散を余儀なくされた三会は、大日本農会は世田谷区東京農業大学構内に、大日本水産会は千代田区丸の内丸ビルに、そして大日本山林会は転々としたのち、同年六月二四日に同会常務理事の三浦伊八郎邸にそれぞれ移転した[41]。帝国森林会の事務所は本多の指示にあるように常務邸に移されたが、ここも接収される可能性が生じ、渋谷区の本多邸に移る。その後は昭和二二年（一九四七）に港区の小林林業所へ移転して業務を続けた。

だが三会分散の事態により日本の基盤産業である農、林、水産業の相互連絡が十分に行えないことから、三会は日本の再建には三会堂の接収解除こそまず必要であると米国側に再三申し入れたが、「使用中」との返答があるばかりで昭和三〇年代にいたるまで問題は一向に解決しなかった。昭和二五年（一九五〇）一月には一度米国国務省から三会堂の譲渡交渉があり、価格によっては止むを得ぬとの役員会の判断から評価額約一億五〇〇〇万

円を提出したが、米国側は前案撤回を伝えてきたという。(42)

こうした状態が続いた中、昭和三一年（一九五六）二月一日、三浦伊八郎の第三代会長就任を機に事務所は三浦新会長邸に開設され、ようやく同三三年（一九五八）一〇月になって接収解除が通告されるや、帝国森林会は翌三四年（一九五九）一月一九日、大日本山林会とともに三浦邸から古巣の三会堂に戻った。(43)本多が世を去ったのは昭和二七年（一九五二）一月二九日のことである。

三会堂はその後、昭和四二年（一九六七）二月二四日に新築され、今日にいたる。大日本山林会、大日本農会、大日本水産会の三会も揃って同地で業務を続けている。

こうして本多の指導のもとで休眠状態を続け、大戦の難事を乗り切った帝国森林会は、昭和三一年二月一日、丸の内の日本工業倶楽部で開催された総会において三浦伊八郎新会長を囲んで事業の再出発を果たした。総会における藤原銀次郎の言によれば、戦前から存続している財団法人で帝国森林会ほど充実した団体は他になかったという。戦後は団体のほとんどが形骸のみ残して内容はほとんど空に帰したといわれ、所有株式も紙屑同然になったものが多い中、同会所有の株式は東京瓦斯、東京電力、山陽パルプ、明糖、日本セメント等第一級の七万五四一株で、昭和三一年一月二〇日の調査によれば、時価評価額にして一二四九万三七九八円、全損は終戦により解散した朝鮮林業開発の一〇〇〇株と日本森林索道の一〇〇株のみであったと伝えられる。(44)

こんな財団法人は帝国森林会以外一つとしてありますまい。さすがは経済の神様本多先生の御指導による会だと今更に感嘆してしまった。(45)

藤原は絶賛した。本多の実際家ぶりは同郷の渋沢をして学者にしておくのが惜しいと唸らせ、本気で実業界転身を慫慂したと伝わるが、本多が学者を辞めることはなかった。こうして帝国森林会の運営はすべて本多式によって進められた。それは「出来るだけ冗費をはぶいてその力を本質的な運営に活用、漸を追って小より大に至る自力発展法」[46]によるものであり、それが藤原のいう戦後稀に見る充実した財団法人に育て上げたのである。これこそ「百年の長計」という本多の持続可能な森づくりの理念が生かされた運営方針だったと理解できよう。

（4）「余徳」による奉仕

先に触れた本多の実際家ぶりについては、『渋沢栄一伝記資料第五四巻』に収録された「本多静六談話筆記」が伝えるところによれば、中野武営、服部金太郎、大橋新太郎が渋沢の使いで本多の駒場の官舎を訪れ、「田園都市会社の社長になってくれ」[47]と頼み込んだこともあったという。秩父セメントや関東電力の発起も、自分の「おしゃべり」から発展したと本多は綴っている[48]。

これらのことに、本多は不二道のいわゆる「余徳」で奉仕していたと思われるが、しかし一方で本多は渋沢栄一と諸井恒平には、学生を支援する育英団体「埼玉学生誘掖会」設立で力を借りた忘れ得ぬ恩もあった[49]。明治前期、上京した学生を収容する寄宿舎や学費を援助する奨学金等の制度はなく、また誰もが政治家や学者など名士宅の書生になるわけにもゆかず苦学する者が多かった。そこで本多は彼自身も苦学した経験から、明治三三年（一九〇〇）、育英会創設を志す。本多は埼玉学友会評議員の諸井恒平を通して、渋沢に直談判すべくみずからも年収の三分の一にあたる三〇〇円を設立資金として持参し、学生支援のためと説得にあたった。事を始める際に自分で何も用意せず人に頼むばかりの者が多い中、本多の誠意に動かされた渋沢は協力を約束したという[50]。

こうした本多の姿勢は、信心は自分の余徳でやるべきもの、無理をしてまでやるべきものではない[51]、として、人の世話になる時には必ずそれ相応の礼を尽くすことを当然としていた祖父折原友右衛門の生き方に通じている。すなわち、天分に即してそこに余裕が生じればそれを社会に還元するという姿勢である。

明治三五年（一九〇二）、「埼玉学生誘掖会」創立時には初代会頭に渋沢がおさまり、その没後は本多が二代目会頭を継承、立身出世を目指す学生を支援し続けた。誘掖会の目的はその総則に「本財団は埼玉県人及び埼玉県出身者子弟の在東京学生の為めに寄宿舎事業を経営し、其他一般修学上の便を図り、人才を養成するを以て目的とす」[52]と書かれている。平成一三年（二〇〇一）の寄宿舎閉鎖後も同育英事業は奨学金援助を中心として今日に存続する。[53]

このように後進を育てることこそ本多が選んだ教育の道であり、あとは余徳であった。その膨大な余徳が県下子弟の教育事業のために寄附されたことは既述のとおりである。「余徳を積みて手賄い」という不二道の唄がここに思い出されよう。

余徳を譲り、人びとの幸福を増やすことを快しとする本多の人柄については、今一つ特筆すべき点がある。それは著作権の寄贈である。『森林家必携』という明治三七年（一九〇四）九月初版刊行の息の長いベストセラーがある。飛鳥山の学生時代から書き溜められた林学の「エキス」をまとめた小冊子だが、「必携」と銘打たれているように林学者にとって不可欠な基本文献であり、刊行当初から好調な売行きを見せ、翌月に再版、翌三八年三月に三版、五月に四版、一〇月は五日に五版、二〇日に六版と重版され、昭和五七年（一九八二）までに六八版、毎年平均二〇〇〇部が発売されたという。

昭和八年（一九三三）一二月一二日、本多は当時三六版を数えるこの書籍が林業関係者の必読書となり、業界に貢献し得るものとみずから感ずるところあって、著作権の寄贈申込を帝国森林会に提出する。

一、目下校正中の「森林家必携」大改訂版刷行の上にて其著作権一切を貴会に寄附する事。二、本書の発行は従来通り東京市淀橋区戸塚一丁目、三浦書店をしてこれに当らしむる事。三、発行者より納入する検印料は、拙者生存中は其の三分の一を拙者に交付せられ度き事。四、将来は貴会に於て必要に応じ、少くとも二、三年毎に統計其他に適当なる改訂を行はれ度き事。五、本書には何等かの方法により原著として拙者の名を残され度き事。[54]

三浦書店が昭和二四年（一九四九）に廃業した後は、本多の嗣子が経営する日本農林社の刊行となり一五版が刷られたが、昭和三六年（一九六一）には発行権が林野共済会（林野弘済会）に譲渡され、先の六八版にいたった。[55]現在では平成一五年（二〇〇三）に林野弘済会の後身である日本森林業振興会から第七三刷が刊行されている。

藤原銀次郎は、世の中は「あれも本多さん、これも本多さんというように、本多先生の指導と設計になったもの」が沢山残っているとして、先のとおり本多は学理と実際をつねに一致させてこれを直ちに実行に移す大学者だったと賞賛したあと、次のように語った。

先生にはその他一般大衆に呼びかけられた修養や生活に関する御著書が多い。それがまた先生でなければ説き得ない適切な御教訓ばかりで、今日までも大変な普及をみたのみならず、今になお盛んに世に行われつつあり、その方面の先生のお働きも実に偉大と申さなければなりません。一種の本多式というか、本多宗とでもいうか、その御教祖のような存在にもなっております。この点先生は学者であり、実際家であると共に、まことにえらい通俗教育家だったのでもあります。[56]（傍線筆者）

「一種の本多宗」というのは言い得て妙である。本多が経済の神様と呼ばれるのも、身上相談を依頼されるのも、これまで培ってきた教育や出会った人びと、あるいは自然との付き合いなど生活上の教訓から得られたものだが、その根本には何をおいても不二道があったと考えられる。藤原に御教祖といわしめる素質が本多に備わっていたことは、何よりその血筋が証明していよう。

（5）本多静六以降の帝国森林会

しかしながら帝国森林会もついに終焉の時を迎える。その長い役目を終えようとしていた昭和五六年（一九八二）、次のような意見が聞かれるようになった。

森林会創設の目的の一つに、大日本山林会を資金的に援助することがあったようであるから、自力で運営できないなら、寄附行為の追加規程もあり、記念林等を山林会に寄附して解散したらどうか[57]。

本多会長亡き後、戦後間もない新体制発足時には運営資金も余裕のある状態だったが、社会・経済情勢が一変し、従来のように寄附金に頼ることが困難となり、かつ急速なインフレによる貨幣価値の下落が財団運営を危うくさせていたのである。

そこで緊急の対応策としてまず同会の主要事業である「記念林」が換金された。伐採された跡地には広葉樹から針葉樹林を造林するという方針転換が図られたが、戦後に植栽されたばかりの苗木が生長するには十数年を要した。一方、山林売買はほぼ停止、木材業界は不況の只中にあり、解散はやむをえない措置であった。

そして帝国森林会がその長い務めを終えるに際し、最後の大仕事として取り組んだのが『帝国森林会史』（一九八三年）の編纂である。昭和四一年（一九六六）、当時の三浦伊八郎会長が同会五〇周年（昭和四四年）を記念して「帝国森林会五〇年史」の発行を提言したことに端を発するが[58]、そのときは出版にいたらず、会長も昭和四六年（一九七一）に八六歳で逝去した。会の運営が案じられる中、長い歴史を有する同会の記録を残すことに意義が見出され、昭和五六年六月二日の定時総会で『帝国森林会史』の刊行が決定する。同書にみる次の言葉に一抹の寂寥感が漂う。

以上の如き現状にある本会としては、会の存続が資金的に困難となってきたときは、残余財産を全部大日本山林会またはそれと類似の団体に寄附して解散する方針で進むことに総会できめている[59]。

巻末年表の最後の項目には、昭和五八年「五．帝国森林会の解散」として「帝国森林会は理事会の決議に基づき、監督官庁の許可を得て、五八年度中に、残余財産を大日本山林会に寄附して解散の見込みである[60]」と予告された。親元の大日本山林会は昭和二二年（一九四七）にＧＨＱの後援とともに愛林日記念植樹を復活させて以降、国土再建に向けて天皇皇后両陛下臨席のもとで国土緑化運動を進めてきた。大日本山林会の中から生まれた帝国森林会は種々の余徳を育んだ後、こうして歴史ある支援事業の幕を閉じたのである。

二度の世界大戦と関東大震災に激動する日本経済社会の基盤産業を支える組織として、帝国森林会は本多を指導者として活動を行ってきた。晩年の本多が日本復興を志して学校植林に再チャレンジしたいと若々しく語ったように、それは「百年の長計」という植樹にかける本多の信念によって牽引された活動である。本多亡き後の戦後日本の林業界は、社会や体制の時代的変容に従い、その手法や思想に変化が見られ低迷な時期を送ることもあったが、しかしながら継続する大日本山林会の存在とその事業をみる限りでは、本多をはじめとする戦前の指導者たちの伝統的な方法論と理念が根底に息づいていたからこそ、その持続を今日まで可能にさせてきたと考えられるのではないだろうか。

第三節　平和記念植樹の理念と方法

次に帝国森林会の具体的な活動に焦点を当て、同会の果たした役割について考えてみる。ここからは第一次世界大戦後における帝国森林会の記念事業が対象となる。キーワードは「平和」である。以下、三節にわたり「平和記念植樹」、「記念林」の造成、「平和記念東京博覧会」の三事業に注目し、同会における植樹に係る記念碑性の意味について検討する。

（1）帝国森林会による「平和記念植樹」の奨励

平和記念植樹は帝国森林会設立当初（大正八年）より同会の主要行事に位置づけられた活動である。ここでは

『平和記念植樹』（大正九年一月）の序文に基づき、その理念と方法論について考察する。同書の発行については新聞にも告知されているが(61)、これは明治より続く植樹活動と報道機関との二人三脚の姿勢を示すと同時に、時代が要求した内容であることを示唆するものといえる。そこでまず平和を取り巻く同時代の社会情勢を押えておく。

「平和」の**到　来**　大正八年（一九一九）六月二九日付の新聞報道によると、対独平和条約調印の確定につき、同月二七日に天皇より英、米、白（ベルギー）、仏、伊各国の皇帝または大統領宛に講和条約締結を祝す「平和成立御祝電」が発送されたという。主な内容は次のとおりである。

英皇帝へ

　正義公道終に其勝利を収めたるに際し、朕は茲に満腔の欣快を以て至誠を陛下に致さんと欲す、……今後世界は安寧幸福の裡に其発達を為すべきこと朕の切望して止まざる所なり。

米大統領へ

　最後の勝利を収むるが為に閣下及米国民の多大なる貢献を為せる戦争今や確乎たる其終局を告げたるに際し、閣下並に閣下の主宰せらるる偉大なる友国人民に賀意を致すは朕の最も欣快とする所なり。

白皇帝へ

　正義を擁護するが為に貴我両国の提携努力したる今次の戦争今や光輝ある終結を告げたるに際し朕の熱誠なる祝詞を陛下に致すは朕の欣幸とする所なり。

仏大統領へ

　貴国が極めて光輝ある任務を遂行せる今次の戦争に於て吾人の傾注したる努力は今や正当なる戦勝の講和に依りて其成果を収むるに際し朕の熱誠なる祝詞を呈するは朕の特に欣幸とする所なり。

伊皇帝へ

今や幸に平和を回復し吾人共同の勝利の終に確定を見たる此時に際し、陛下及勇敢なる貴国民に対して朕の熱誠なる祝詞を呈するは朕の特に欣幸とする所なり。(62)

平和の回復を奉祝する言葉が際立つが、同年は東京奠都五〇年を記念する年でもあり、折しも先月は皇太子裕仁親王の御成年式という慶事を迎えたところであった。巷では平和を祝す種々の記念事業が計画された。一月の講和会議に際しては平和を乾杯する広告が掲載され、商店では平和記念セールが行われるなど、終戦と国家安寧に歓喜する雰囲気に包まれていた。(63)

平和記念植樹の提唱　そこで提唱されたのが「平和記念植樹」である。以下は、帝国森林会『平和記念植樹』の序言である。

惨雨腥風五星霜世界を震撼せしめたる大戦乱も、我聯合与国の努力奮闘に依り既に平定を告げ、今や媾和条約成立、平和全く克復するに至れるは世界万民の斉しく欣幸とする所なり、……翻て按ずるに這次戦乱の平定は実に軍国主義に対する正義公道の勝利を意味するものにして万国民人の挙つて当に記念すべき画世的大一事件なりと云はざるべからず、我聯合与国中、英仏米諸国の如きは夙に茲に見るあり曩に戦局の大勢既に定まるや硝煙尚ほ戢まざるの時、早くも記念事業の計画に腐心し、鋭意其方法に就き調査する所ありしは周知の事実にして其機敏寔に驚嘆に値す、我国民も亦宜しく是等与国の所為に傚(ママ)ひ、此際大に記念事業を起し、後世子孫をして永く其恵沢に浴せしめんことを期せざるべからず。(64)（傍線筆者）

大正三年（一九一四）に勃発した第一次世界大戦は同八年（一九一九）に終結、世界平和の到来は軍国主義に対する正義公道の勝利を意味するもので、帝国森林会ではこれを万国民が挙って祝福すべき一大記念とみなす。そこで同会においても、早くも記念事業に着手する諸外国の例に倣い、子々孫々と永くこの恵沢に預かる記念事業を起こしたい、それには次の方法が最適である、と続ける。

記念の方法たる固より種々あるべしと雖も、本会は植樹及植林の最能く、此の目的に適応するものなることを認め、敢て茲に之れが実行を全国に向って勧奨せんと欲す、蓋樹木は一度之を植付けて撫育宜しきを得ば、歳を重ぬるに従ひ生長繁茂し、益々壮麗雄偉の観を加へ、記念の意識を常に新に且強からしむるのみならず、利用厚生上の価値も亦愈々増大すべく、殊に植林の事業に至りては国土の安寧、経済の消長に関する所偉大にして、延て国運の隆替に影響する所尠からず、而も其の事たる素朴質実にして真に克く　聖諭の趣旨に合致する所あればなり、彼聯合与国が記念の方法として選びたる所を見るに、何れも皆植林を以て主とせざるはなきもの決して偶然にあらざるを知るべし。(65)（傍線筆者）

記念事業の方法は数あれども、帝国森林会では植樹または植林を最も適した方法として全国に奨励する。なぜなら記念樹の植栽というのは、その方法が実に素朴かつ質実であり、一度これを植え付けて撫育すれば歳を重ねるごとに壮麗な偉観を呈するまでに生長し、何を記念するのかという人びとの「記念の意識」を強化させるからである、という。

これらの文言が既存の記念植樹関連著作にも類する内容であることはいうまでもないが、今回の「記念」は、「平和」の意識を高めるためのものであった。加えて、記念の植林事業は精神衛生上の効果や利用厚生上の価値も高く、国土の安寧また経済の消長に結びつき国運にも影響するという。

産業の著しき発展に伴ひ、木材の需要激増せる為め、到る処の森林は濫伐の厄に遭遇し、今や国内の森林資源漸く涸渇に瀕し、木材飢饉の襲来目前に迫れるは識者の憂惧措く能はざる時なり、此の時に当り記念事業として植林を実行するは一面時急を救済する所以にして、我国民の当に勉むべき喫緊の要務と謂はざるべからず、是れ本会が自ら揣らず敢て平和記念植樹の実行を勧奨する所以なり。(66)（傍線筆者）

実践事業として植林を推奨する背景には、明治天皇の御聖徳記念事業にも影響が出たように、木材需要の急増による濫伐の懸念があった。そこで森林資源の涸渇を食い止めるためにも、記念事業として植樹や植林を実施することは今や国民の急務中の急務に値するとして、「平和」をきっかけに記念に植樹することが奨励されたのである。

このように帝国森林会が唱える「平和記念植樹」とは、世界が「平和に復したのを記念する」[67]植樹であり、争いのない社会を祈り、世界情勢の安定と自然環境の回復を促すことを目的とするものであった。記念植樹という行為は、それぞれの時代における社会の要請に応え、多様な記念事業とともに展開するのである。

（2）平和記念植樹の実施方法

平和記念植樹の実施方法としては、御大典記念事業（大正四年）のときと同じく全国各地に手引書が配布され、「植樹」と「植林」が行われ、その事業成績を各府県庁や山林会に報告させて優秀なものには賞牌を授与するという形で遂行された[68]。当時一万部発行された『記念植樹の手引』を拠り所に植栽事業が隆盛したことは前章で論じたが、『平和記念植樹』も同様で、今度は三万部が印刷された。活動内容も事後報告として『平和記念林業』（一九二一年一〇月）で公表され、こちらは二万部が各方面に配られたという[69]。『平和記念林業』の緒言には次のようにある。

本会は欧洲戦乱の平和克復を永遠に記念すると同時に、植樹植林の思想を鼓吹せんが為め、過る大正九年二月平和記念植樹を全国に勧奨せし所、幸に山林局、各府県庁及び一般各位の賛助を得、殊に府県林務当局に於ては本事業の勧奨より実行の指導、成績の調査等に至る迄、終始多大の援助を与へられ、予期以上の成果を挙げ得たるは本会の欣幸措く能ざる所なり、茲に本報告書を刊行するに当り、上記各位に対し改めて深厚なる謝意を表す。尚参考に資する為め、曩に配布せし記念植樹の趣旨及び植樹要領は之を本誌の末尾に附録

せしめたり。大正十年八月　帝国森林会[70]（傍線筆者）

平和を記念して植林思想の普及を図るという事業展開は、日露戦争後の明治三八年（一九〇五）に、大日本山林会が戦後の林業振興を目指して基金を設けた先例がある。[71]しかしながら当時の施策は植樹活動そのものではなかったとみられる。帝国森林会の活動は「予期以上の成果」をあげたと右にあるが、この点については、『平和記念林業』が発行された翌月、東京朝日新聞（一九二一年一一月二二日付）も帝国森林会の諸活動を伝える「林業勧奨の数々」として報じている。

帝国森林会では大戦の終了を永遠に記念する為め、前年来全国の公共団体や林業家に向つて平和記念植樹の実行を勧奨してゐた。始めて之を発表したのは昨年二月であつたが、本年八月まで即ち一年半の間に此れに応じて実際施業を試み報告を□せたものが千百三十四件で、内造林を施行したのが六百二十七件、面積二千六百町歩という好成績を示した。全く振り向きもしなかった地方は僅に神奈川、群馬、茨城、鳥取の四県のみなので武井会長以下大満足。[72]（傍線筆者）

文中に「武井会長以下大満足」とあるように、一年半の期間に右四県を除く各道府県において平和記念植樹活動が大々的に展開したのである。

記念植樹の際の樹種選択や場所の選定等の具体的な方法論については既存の関連書に依拠した内容だが、『平和記念植樹』は次の点で異なっている。

従来記念植樹と云へば内国産の樹種のみを挙げたるが、今回は世界平和記念なるにより、特に其範囲を押し拡め、其風土に適する外国産樹種を加ふるを可とす。外国樹種の植栽を企画し其種子又は苗木の購入を要せらるる向に対しては、依頼に応じ、本会に於て便益を計るべし。[73]

基本的にその地方の気候や土性に合った古来の樹種を選定すべきだが、今回は世界平和の回復を記念とするため、風土に適していれば特別に外国産の樹種でも可能とされた。

事業内容については、さらに細分化された部分もある。たとえば比較対象として大正四年当時の『御大禮記念林業』の事業内訳を見ると「造林、植樹、部落有林野統一、入会整理、管理区分、施業案編成、地盤保護植樹、地盤保護工事、苗圃設置、其他（森林組合設置、山林会設立、農林学校設立、規約条例の制定、種子配付、公園設置、林道開設等）[74]」があがっている。植樹と造林が主要事業だが、ここでは条例整備や農林学校設立、組合設置など山づくりの組織固めに関する計画が含まれている。

一方、平和記念植樹にいたっては同じく植樹、造林、並木植栽をメインに、苗圃設置・苗木養成配付、天然造林、間伐および林木手入保護、竹林造成・改良、防火線設置、施業案編成、部落有林野の統一、境界査定、砂防植栽、山葵栽培、記念公園の設置が列挙され、それに並んで団体や町村による「樹栽日の制定」が追加されたところが特徴である[75]。樹栽日の制定については次章に譲るが、その嚆矢に該当するのが明治四四年（一九一一）の朝鮮総督府による「紀念植樹の日」であり、これ以降、大正から昭和にかけて「植樹日」の設定が各自治体で進められることになる。

また右の方法論における段階的発展を考察すると、事業の取り掛かりに不可欠な組織や基盤整備の次には、盗伐・濫伐防止や自然環境の保護といった植樹に係る精神的な側面に重点が置かれたとみえるが、このことは森林政策における愛林・愛樹思想の啓発とその涵養が不可欠になったことを意味していよう。先の東京朝日新聞が「何しろ森林事業の発達勧奨に全力を挙げている同会のこと丶て、其の施設に種々苦心[76]」があったと報じているように、人びとの森や樹木を愛する心を養うことを目的に、さまざまなアイデアを出しあうことによって林業振興策が講じられたのである。

（3）児童唱歌と愛林思想の普及——「森林の歌」——

林業振興策の一つとして帝国森林会が計画したのが児童唱歌の募集である。本事業も森林業の発展を促すために「種々苦心」した結果生まれた企画だが、唱歌「森林の歌」の内容を検討することは、同会が唱えた平和記念植樹の思想や、当時の社会一般が考えるところの森づくりと平和の意味を探るうえで有効な手がかりとなる。

大正一〇年（一九二一）四月から一一年にかけて実施された募集事業の経過については、先に引いた東京朝日新聞「林業勧奨の数々」に次のように書かれている。

林業思想、即ち森林の愛すべく尊ぶべき事柄を全国小学児童の脳裡に銘記せしめんとの計画で懸賞唱歌の募集中であったが、是れも先月末締切つて見ると三百九十六篇に上つた。[77]本多静六博士と文部省の武笠三氏が審査中で、お正月には発表の都合。[78]

将来を担う国民として、児童のうちから山林を重視し、樹木を愛する心を滋養するために企画された「唱歌」による啓蒙活動である。

「唱歌」とは明治初年の学制公布から使用された学校教育用の音楽（歌）を意味し、その指導者としては東京音楽学校校長（現・東京藝術大学）を務めた伊澤修二が知られる。植林思想の啓蒙に唱歌が利用されたのは、学校林活動においても学校樹栽の歌や音楽が奏でられたように、単調な労働作業にレクレーションの要素を加えると同時に、一同の気持ちを一つにする効果が期待されたと考えられる。リズムに乗ることによる作業の能率化は古来、農仕事における田植え歌や山仕事における木遣等の労作歌に見出される。

帝国森林会によって募集された唱歌（尋常小学校五、六年生程度）は、「山林は重要であり愛すべきものである」という愛林思想の周知を趣旨として、調子としてはなるべく短編で要を得たものが求められた。[79]審査には監修として会長武井守正、選歌に副会長の本多と文部省図書監修官の武笠三が担当した。

審査の結果、一等の秀作はなく、二等賞三名と等外佳作四名が選ばれた。受賞者の職業はいずれも小学校教諭や校長、女学校や農業学校の教諭だが、鉄道省官吏が一人含まれるところが興味深い。近代化にともなう鉄道路線の拡張から、旅の友として鉄道唱歌が口ずさまれた時代を反映していよう。最終的には帝国森林会によって応募作の歌詞修訂が行われ、作曲は東京高等師範学校教諭で唱歌研究の第一人者である音楽家田村虎蔵に託された。教育音楽界の権威として知られる田村は、言文一致の歌詞を曲にして初等教育唱歌に応用、「もしもし亀よ」、「桃太郎さん」など広く親しまれる歌を数多く手掛けている(80)。

林業奨励や愛林思想はこうしてメロディとともに鼓吹されたのだが、この方法は都市美協会の「植樹デー」や大日本山林会主催の「愛林日」植樹運動をはじめ、今日の全国植樹祭においても継承されている。ここでは深く論じないが、各時代における植樹思想のテーマ性とその音楽性との関係については今後、検討すべき課題となろう。

さて、大正一一年（一九二二）、帝国森林会によって「森林の歌」の歌詞と楽譜四万部が全国の官公署、学校など各方面に配付された（図2）。ところが翌年になっても申し込みが相次いだことから、さらに五〇〇〇部が発行され、朝鮮を含む内外の小学校に届けられた(81)。好評を博した帝国森林会が推薦する「森林の歌」の歌詞は次のとおりである。

「森林の歌（は調二拍子　快活に）(82)」

一　平和の色をたたへつつ　四時の眺（ながめ）もとりどりに
　　国土をかざる天然の　森のすがたや美しや
二　雪解（ゆきげ）の水も雨露も　落葉（おちば）木の根に潜ませて
　　絶えぬ流（ながれ）の源（もと）をなす　森の力の頼もしや

三　炭に薪に木材に　無限のたから出(いだ)しては
人に与へて世を利する　森の恵(めぐみ)のたふとしや
四　いでや世の為人の為　植ゑて育てん森の木木(きぎ)
己(おの)が身の為国の為　あだには伐らじ森の木木

冒頭に平和の文字を置き、国土を彩る自然の美しさが詠まれている。その美しさの源には天からもたらされる尊い水がある。天と地と水と森が一つにつながり、生きとし生けるものはその恩恵に預かり「いのち」を営むのである。最後の「あだには伐らじ」という歌詞には、繰り返すが、樹木の生命を無駄にすることなく大事に活用するという思いが込められている。つまり、自然の循環を絶やすことのないように木を植え育むことを教える歌であり、換言すれば「森林の歌」が説く平和とは、自然に宿る「いのち」の循環を末永く保つことにあるといえよう。

『帝国森林會々報』第五号には武井守正が詠じた「治水植林の歌」や某氏詠として「愛する森の歌」、「木霊の歌」等が掲載されているが（章末資料）、いずれも森羅万象における循環思想を尊ぶ歌詞である。このように帝国森林会が理想とする生業としての森づくりは、森林資源を有効に生かすという思想が支えとなっているのである。

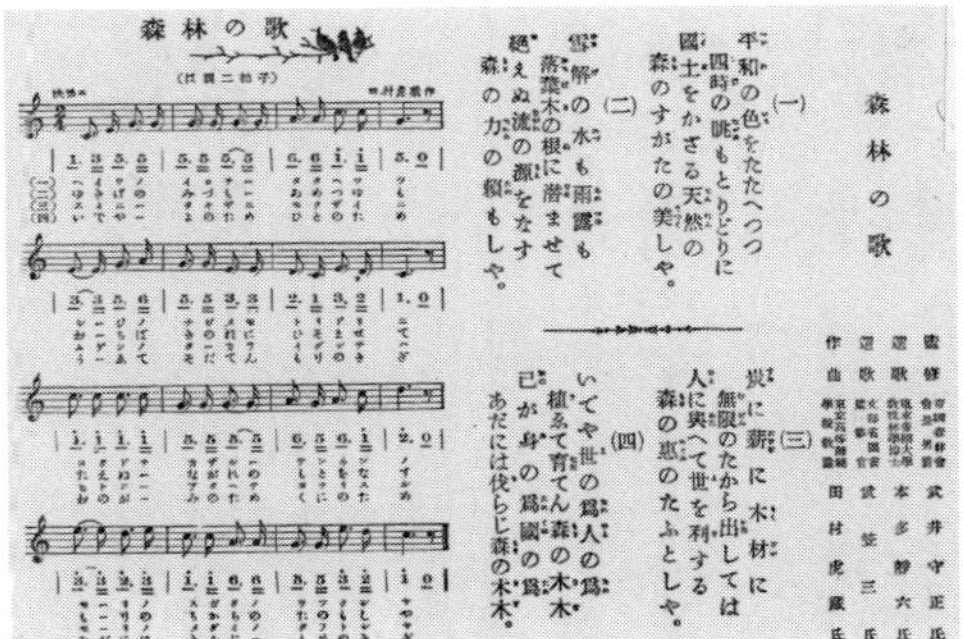

図２　「森林の歌」譜面

第四節　帝国森林会における記念林の運営

第一次世界大戦の終了を慶祝する平和の記念植樹や記念植林を全国に奨励するとともに、帝国森林会自身では顕彰用として記念林の造成を行っている。その目的は森林業に関する調査や試験を行う施設として利用すると同時に、財団の基盤を固める基本財産を確立することにあった。こうした森林の用途は既述の造林政策にも通じるところではあるが、あえて個人の顕彰に特定された「記念林」の設置とその思想について、本多の言説を拠り所に「記念に森をつくる」という行為に託された理念について考えてみる。

『帝国森林会史』によると同会が設定した記念林は次の三種類である。第一に同会に功績を残した人物を顕彰する森林、第二に同会趣旨に賛同して寄附された森林、そして第三に同会が各記念事業にあわせて購入した森林である。

第一のグループとしては、帝国森林会発足当時の援助や昭和六年（一九三一）に所有株式を特別寄附した植村澄三郎氏の篤志と功績を讃える「植村記念林」（昭和七年設置）と帝国森林会名誉顧問益田孝を顕彰する「益田記念林」（昭和一五年設置）がある。

第二のグループには「斉藤記念林」（昭和一〇年設置）や「滝沢記念林」（昭和一六年設置）、そして第三のグループには「皇紀二六〇〇年記念林」（昭和一五年設置）がある。これらの記念林がのちに売却されたり大日本山林会に寄附されたりしたことなどは先述のとおりである。

（1）大日本山林会の記念林――植樹式と植林事業――

記念林の設置はそもそも大日本山林会が進めていた事業であった。大日本山林会が独自に設定した記念林としては、初期のものに明治四三年（一九一〇）七月、東京帝国大学の清澄山演習林に松野礀を顕彰する記念林と碑石が設置された例がある。(83)

東京山林学校長を務めた松野礀は、同四〇年（一九〇七）五月に逝去するまで明治日本の初期林学を導いた。『大日本山林會史』にも「長州系の政治家肌」とその印象が綴られているように、同会発足の当初に尽力した人物である。

たとえば会頭に総裁宮を戴くことを志した同会は、まず松野が随行していた北白川宮能久親王（第Ⅱ部第二章）に依頼する。しかし北白川宮は大日本農会の総裁に迎えられていたため、松野は同宮から託された伏見宮貞愛親王宛の手紙を携えてお伺いをたて、伏見宮の総裁就任（大正六年に梨本宮守正王が継承）が決まったという。[84]

大正一〇年（一九二一）には同じく清澄山演習林において梨本宮姫宮方子女王の御成婚を祝す記念林の設置が決定する。[85]

以後、大日本山林会によって「府中記念林」（昭和一〇年）[86]をはじめ、同会みずから植樹実行の模範を示すために新規事業として開始された「和尚塚記念林」（昭和一一年）[87]、「古賀志山記念林」（昭和一四年）[88]、「毛呂山記念林」（昭和一七年）[89]が相次いで造設される。また帝国森林会と同じく「紀元二千六百年記念林」（昭和一四年）として企画されたものには「奥多摩記念林」（昭和一五年）[90]、「京都記念林」（昭和一五年）[91]等がある。

このように昭和一〇年（一九三五）以降、毎年のように記念林が設定されたのは、大日本山林会が昭和九年（一九三四）に定めた全国統一的な愛林日記念植樹の振興も考慮の一つにあったと思われる。

特に愛林日記念植樹との関連で注目すべきは、昭和一二年四月二日、その前年に設置された「和尚塚記念林」において総裁宮によるお手植え式が行われたことである[92]（二二二頁に写真）。先のとおり和尚塚記念林は植樹実行の範として設置された森である。つまり大規模な植林事業の前に儀式としてなされる御親植であり、――『大日本山林會略史』ではこれを「始植式」と呼ぶこともあったが――、儀礼としての植樹式と実践的な植林事業が複合して行われるスタイルがこの時代において形式化されたことを意味する。植樹事業が推進される同時代にあって、愛林日行事でお手植えされる梨本宮総裁の姿は、いわば植樹の垂範として意味も込められよう。

総裁宮の御親植は今日、毎年春の国民的行事となった「全国植樹祭」でなされる天皇皇后両陛下のお手植え式のいわば「露払い」になったといわれる[93]。

なお、儀式と実践事業の組み合わせというスタイルは、たとえばこれ以前にも本多が名誉副会長を務めた「大多摩川愛桜会」が企画した、多摩川沿公園計画における東郷平八郎による「植初め式」(昭和五年)をともなった桜樹植栽事業にも見られるが、この時は全国的な行事ではなかった(第Ⅲ部第五章)。誰の提案によるかは詳らかではないにせよ、大日本山林会や帝国森林会は、林業振興と愛林思想普及のために唱歌募集や林業に関する発明品[94]を募集するなど「種々苦心(いろいろ)」の事業を行ったが、総裁宮によるお手植えの儀式を模範とする植林活動の定式化こそ、今日に続く近代的森づくりの一大発明といえよう。否、あるいはお手植え伝説は古来伝わるものである故に、その「近代における応用」というのが相応しいかもしれない。

(2) 益田孝記念林から見る本多静六の記念の思想

次に帝国森林会の益田孝記念林を対象に、本多が考える「記念林」について検討する。益田孝記念林の由緒については、本多が記した「益田孝翁記念林設定理由」から紐解くことが出来る。

益田孝と本多静六

益田といえば、渋沢栄一とともにグラント将軍訪日歓迎会(一八七九年)をはじめ各記念事業に援助を惜しまなかった実業家であり、帝国森林会では同会の指導とその発展に寄与した最高顧問であり、本多にとっては帝国森林会会長就任時に心の支えとなった恩人に位置づけられる。

昭和一三年(一九三八)に九三歳で生涯を閉じた益田孝翁に対して、その遺徳を記念するための記念林設置が本多によって提言された。本多はまず自身と益田の関係を綴る。

昭和一三年一二月二八日、我等を熱愛された大先輩益田孝先生は、隅々肺炎に侵され急遽逝去せられた。洵(まこと)に哀情の至りである。先生には多年恩顧を受け、父(義父本多晋か——筆者注)の死後には全く先生を親代りとして敬慕し、重要問題ある毎に親しくその指導を仰いで居たのである。幸に先生は九二歳の御高齢に達せられるも尚矍鑠（かくしゃく）として活動せられ、特に私が本年夏季箱根山中に避暑中の如きは三回まで急坂を攀ぢて愚居、中強羅山荘を訪はれ裸跣の吾が薪割姿に大いに興ぜられ、或時は車に陪して、みどのの養魚場に遊び、又幾度か強羅の御別荘に招かれ先生に御心尽しの料理を頂戴しつつ御高話を拝聴したのである。その温容は靄然（あいぜん）と吾が眼前に髣髴する時、忽然としてその身辺より慈愛溢るる老父を失ひたる如き心切なる悲痛の迫り来るを覚えるのである。(95)

本多と益田孝との間には親子のような関係が築かれ、公の場面では上に立つ者として本多を叱咤激励するなど世話を怠らず、プライベートでは家族ぐるみの親しい付き合いがあったとみられる。

「強情な癖」が強いと自己評価するにもかかわらず、多くの良き理解者、良き指導者に恵まれたことは本多の人徳といえようが、益田孝もまたその一人であった。「他からは多少は立てられながらも、何んとなくけむたがられ、万事に人と協調し難いところがあった(96)」と自己を省みる本多が益田の後押しによって会長就任を決めた際、その性格を見抜いていた益田は、本多の好い所が十分に発揮され得るような人事に配慮した。親代りと本多が慕う益田の支援を次のように語っている。

昭和五年一月には金壱千円を御持ちになって何なりとも使ふように、と私へ賜はったのである。私はかかる恩金は最も有効に使はねばならぬと考へ、一と先（まず）、貯金したが未だに其の適切なる用途を発見せずして現在に至り、今やその額は壱千五百五拾壱円に達したのである。その後も度々金が要るなら支給するとの報はあったが、幸に稀有なる副会長（藤原銀次郎・桐島像一――筆者注）の助力及び会員諸氏のお蔭で、本会の資産は漸く充実し、不肖会長就任以来、既に九万余円の増加を示すに至ったのである。(97)

帝国森林会の務めは大日本山林会の支援を中心に森林業の発展を促すことにあった。昭和五年といえば、震災後の帝都復興事業もほぼ完了し、世の中は昭和天皇即位の御大典に沸いていた時代であり、本多式の林業支援事業もいよいよ軌道に乗せる時期に来ていた頃のことである。

益田孝記念林の設置

大日本山林会と連携して起こした建議・陳情の数は少なくなく、たとえば林政調査や森林火災保険設立、森林行政や税法、森林金融に関する課題が矢継ぎ早に論じられ、係る経費も相当に必要であった。右に見る益田の援助は、会長として森林業の整備発展に尽力する本多に対する親心的な配慮といえる。本多は益田からの恩金をひとまず本多式で貯えた。その資産は益田の選奨した人事策によって安全に保たれ、多くの余徳を生み出していた。

そこで本多は益田の偉徳を最大限に生かすべく記念の方法を思案する。

私は嘗て読みたるバロン詩中、「朽ちざる墓に寝むり、伝はる事に生き、知らるる名に残る」と云ふ句を思ふ。如何なる偉人もその死後は、年と共に漸く世に忘れらるるを常とする。殊に彼の記念碑又は銅像の如きも、時勢の変遷と共に或は燃焼破損せられ、或はこれを邪魔物扱ひにされて辺所に移され、漸次その嘗ての尊敬を減殺され行くを常とするものである。[98]（傍線筆者）

記念碑や記念像を建てたところで時代の変遷により破壊され、燃焼されることがある、あるいは邪魔者扱いされてほかの場所に移される。これでは恩人もその偉徳もあったものではない。

然るに、独り記念林に至っては年と共に生長して、永く世人の記憶を呼び起しつつ、愈々それを増大せしめ、且之を永恒に伝ふるを信ずる。それ故に先生御生前の御寛恵を永遠に残す一法として、玆に「益田孝翁記念林」を創立せんとするものである。但しそれに関し広く他に出資を求むるが如きは、蓋し先生の素志にあらずと信ずるにより、密かにこの計画を実行せんとするものである。[99]（傍線筆者）

記念植樹に関する著作で馴染み深いフレーズが並んでいるが、注目すべきは本多が記念林を記念像と比較して、前者の記念碑としての永続性を評価している点である。もっとも、記念樹であっても長崎公園のグラント将軍訪日記念樹（一八七九年）のように第二次大戦中に伐採されたと伝わる例[100]（のちに継承樹を植栽）もあり、必ずしも優位にあるとはいえないが、一方で記念像などは視覚的に主義思想が顕然とする面において撤去や破壊の対象になりやすいといえるかもしれない。

そこで本多としては「生きたる記念碑」を植栽し、保護手入れによってその記念碑性を尊重すべく立派な森林に育てたいと希望するが、しかし新たに多大な費用をかけて記念事業を行うことは「本多式」に悖るとともに、実業家としての恩人もまた良い気分はしないであろう。

而してその方法は、前記先生より賜りたる貯金の元利金に、私個人が予て帝国森林会の為めにと別に貯金し置きたる金壱千円を加へて、合計貳千五百五拾壱円を益田孝翁記念基金として、之を先生が特に愛護せられたる帝国森林会に寄附し、会は基金を元として適当の山林を買入れ、之に植林手入を施して永久に繁茂生長せしめ、永恒に亘り記念林の増大と基金の増殖を図らんとするものである。然る時は財団法人たる帝国森林会は国家の監督保護あるのみならず、毎年予算決算毎に特別会計として収入が計上せられ、常に先生の遺徳を偲び得べく、且つこの企ての嚮（むか）ふ処、必ずや先生の英霊は永へにそれを護らるることを信じ、敢て本記念林を設立せんとする次第である。　本多静六　（昭和一三年一二月三〇日夜誌[101]）

つまり本多式による記念の方法とは、益田から託された寄附金に本多自身が賜った恩に報いるべく相応分を加えて益田孝翁記念基金と為し、これを元として永久に生育・繁茂させ「余徳」を生み出していく記念の森をつくることにあった。

本多の提言どおり、昭和一四年（一九三九）四月、益田孝翁の遺徳を永久に顕彰するために資金五〇〇〇円で益田記念林造成が決定され、昭和一五年（一九四〇）七月、埼玉県秩父郡の小森川流域にある山林を金一万円で購入することになり、その半分が同記念林に指定された[102]。頂から荒川を隔てて三峰神社を間近に仰ぐ山林であった。

このように本多の推奨する記念の森づくりというのは、その記念碑性を後世まで心に刻印する行為であると同時に、その思いを増大させるようにこれを殖やしていくという実践的な植林を目指すものであり、無駄なことを良しとしない実業家益田を記念するには申し分のない方法だったといえよう。

ここでいう無駄とは「いのち」を無下にしないということで、あらゆるものを「活かす」、あるいは「全うさせる」ことを意味する。また記念植樹に係る本多の一連の著作に共通するように、同じフレーズをシンプルに、繰り返し述べるところに本多の記念植樹にかける信念が読み取れる。ことに製作に特殊の技術や芸術性が問われる記念像と異なり、植樹は誰もが行える「生命を植え育む」というシンプルな行為である。「百年の計」である森づくりは、学校樹栽法でも説かれたように、何より負担のない方法がそれを持続可能にするのである。このシンプルさこそ、記念に樹木を植えるという行為が今日まで連綿と尊ばれている理由のひとつといえるのではないだろうか。

第五節　平和記念東京博覧会と帝国森林会の記念樹

森林業の振興を促す手段として、帝国森林会は当時隆盛していた博覧会事業にも注目した。

博覧会というのは、最新の科学技術を駆使した工業製品から秀逸した美を表現する芸術品、技を見せる工芸品など各地の産物を全国に披露し、その優劣を比較評価することによって産業の振興を図る、いわば見本市に位置づけられる[103]。それは新しい文化と公衆を結びつけるという点において国民を教化する教育的な場としても活用される。

吉見俊哉氏によれば、大正という時代社会は、中産階級の家庭や消費生活を中心とするコマーシャリズムに特徴づけられるという。[104]本節でとりあげる大正一一年（一九二二）の平和記念東京博覧会では来館者の消費を促す「福引景品デー」が設定され、各パビリオンで企画された「外国館デー」、「食料水産館デー」等には、景品当選に胸を躍らせた多くの人びとが押し寄せた。[105]消費といえば銀行の出張所が設置されたことも同博覧会を嚆矢とする。[106]また宣伝用に作られた「博覧会の歌」[107]では平和な家庭の様子が愉快な調子で歌われ、家族生活の新スタイルを提案する「文化村」では郊外暮らしに誘う新住宅が発表された。

こうした時代背景のもと、最先端技術や文化芸術が一堂に会する中で、帝国森林会は後述するように一見古めかしい注連縄が張られた「ご神木」を出展した。「ご神木」とは前近代的な響きを有する一品である。しかし、ご神木を造って作品にするという発想自体はモダンである。

本節では明治から大正にいたる森林業の振興とその展開について、同時代の社会における「博覧会」という装置に付与された役割に注目して考察を進める。帝国森林会はいかなる意図で平和記念東京博覧会にご神木を展示したのであろうか。

（1）平和記念東京博覧会開催の理念とプロセス

大正一一年（一九二二）三月一〇日から七月三一日までの間、上野公園にて東京府主催の「平和記念東京博覧会（以下、平和博）」（The Memorial Peace Exhibition Tokyo, The Tokyo Peace Exhibition）[108]が開催された。「平和記念」とは第一次大戦終了を機に結ばれた平和を意味しており、その主旨は「平和の克服を記念し及び戦時中勃興したる我国産業の状況を展示し併せて之が将来の発展に資せんとする」[109]ことにあった。本項では、平和博開催にいたるプロセスを帝国森林会と大日本山林会の動向も絡めてたどってみる。

情勢安定が見込まれる中、博覧会の開催を求める声が聞こえ出す。明治五〇年を記念して企画された日本大博覧会が、明治天皇の崩御や大戦の影響、財政緊縮等の経済的措置によりやむなく中止にいたったことから、平和を回復した今こそ産業振興を図る絶好の機会として世界博開催が望まれたのである[110]。大正九年（一九二〇）一〇月七日付の東京朝日新聞に「大博覧会を開催の機運熟す」との見出しが躍るように、まずは同時代の一大事業である明治神宮竣工記念としての開催が博覧会協会によって協議され、同協会の平山成信らを中心に、大正一二年頃の開催を見込んで山本達雄農商務大臣に「日本大博覧会の建議書」が提出される[111]。平山らの建議に続いて、右の報道の翌八日には、帝国森林会武井会長と大日本山林会川瀬会長との連名で「日本大博覧会開設方の建議書」が農商務相宛に渡された[112]。

両団体の建議書提出から一週間ほど経過した一〇月一五日、今度は東京府市部会および郡部会議員によって大博覧会開設の議案が決議される。府県制第四四条をもって同会議長から府知事に意見書が渡され、調査の結果、平和記念東京博覧会開設の議決を得た。早速、収支予算案が組まれ、翌一〇年（一九二一）一月二六日の臨時府会における決議は満場一致、予算は前回の大正博覧会（大正三年）を凌駕する六〇〇万円が計上された。敷地には不忍池を含めた上野公園全域（一一万六六五一坪）が充てられた。明治神宮も敷地の候補に上ったというが工事中につき借用不可とのことであった[113]。

博覧会に際し、東京府が掲げた平和博開催の意義が次である。

世界の大戦終熄を告げたる平和克復後の列国は、相競ふて商工業の奨励に全力を傾倒して、互に其の雄を制せんとするに至れり。所謂経済戦の準備に心力を注ぎ、国力の恢復に日も是れ足らざるの観を呈せり、……大戦の平和克復を祝福記念すべき世界大博覧会を開催し、内は以て殖産興業の奨励に資し、外は以て海外貿易の発展を策せんことを企図せしも、時期猶未だ調熟せざるものあるを看取せしを以て、更に其の企図を変更し、平和記念東京博覧会を開催することとせり……[114]

図3　平和記念東京博覧会および上野公園全景
肖像は左から渋沢栄一、宇佐美勝夫、閑院宮載仁親王、後藤新平

第一に戦争終了による平和克復を記念するとともに、商工業の勧奨および対外貿易の発展に寄与すべく世界大博覧会を開催して、国力回復を目指すことが目的であった。戦前においては「我産業貿易は言ふ迄もなく頗る幼稚なる状態」にあったが、大戦を機に「所謂五大国の班に列し、英米の先進国と相馳逐して武力に依る国威発揚は勿論、経済上にも亦顕著なる発達」を呈し、産業以外にも文化の発展や国力の充実も顕著であるとして、さらなる振興に期待がかけられたのである[115]。

平和博の組織としては、総裁に閑院宮載仁親王を迎え、会長に宇佐美勝夫東京府知事、副会長に大海原重義同内務部長、事務総長に遠藤柳作同産業部長を置き、以下理事会が発足する。協賛会については大正一〇年九月八日、宇佐美知事の呼びかけで東京市参事会員、東京商業会議所、東京実業組合連合会等の名士一八八名が帝国ホテルに参集、渋沢栄一の指名で東京市長後藤新平が座長席に着き、座長の宣言の下に協賛会が成立、賛助金五〇円以上の会員をもって組織された。役員には後藤座長の指名で会長に渋沢栄一、副会長に桐島像一市会議長ならびに藤山雷太商業会議所会頭が就任、以降、寄附金募集事業に着手する(116)。

後藤市長は、平和博では都会生活の「理想を見せる」との抱負を語り、「大東京の地域模型」と題する電動式の大ジオラマを披露する計画を打ち出していた。同計画では近代水道の源流である水源林や貯水池の模型を設置し、衛生的住宅と不衛生的住宅のモデルを並べ、健康的な衛生観念を市民に涵養することも念頭にあった(117)。

大正一〇年七月二二日、上野公園内の竹の台地区に設けられた第一会場にて天神地祇に無事開催を祈る地鎮祭が奉じられた。二丈余の青竹を使った大神門が公園入り口に建立され、周囲に張られた注連縄が森厳さを醸し出していたという(118)。次いで同一〇月一八日、日枝神社宮司以下、朝野の名士二〇〇〇名が見守る中で恭しく上棟式(119)が修められた。これに続いて各パビリオンの準備も着々と整えられていく。そして翌一一年三月一〇日、華々しく平和記念東京博覧会は開会した（図3）。

（2）　森林業の振興と博覧会の出品分類法――山林部の独立――

帝国森林会は博覧会参加について積極的な姿勢を示し、平和博では山林部林業館のパビリオンに出品した。博覧会を森林業振興の有効な手段に位置づける方針は明治時代の大日本山林会に遡るが、しかしながら林業家の出品物の審査については、当時、同会でたびたび議題にのぼる懸案事項となっていた。

というのも、内国勧業博覧会では山林に関する出品物は農業出品物と同一類に扱われていたことから、審査のうえで精確性が失われ、出品者の不利益も少なくないと論じられていたのである。博覧会の褒賞制度については、ウイーン万博（一八七三年）を例に明治政府は積極的にこれを取り入れ、競争原理から品質向上を目指すとともに、新政府の権威づけに役立てたといわれる。[120]このままの状態では、場合によっては林業家の参加意欲が損われると案じられ、大日本山林会は明治三三年（一九〇〇）二月、「三十六年度に開設さるべき第五回内国勧業博覧会には特に山林部を独立せしめ、林業発展の資料となすべく[121]」農業出品物と区別して、審査の正確を期する建議書を曾根荒助農商務大臣に提出した。

博覧会の出品部門

ここで内国勧業博覧会の出品部門について振り返っておきたい。

まず明治一〇年（一八七七）の第一回内国勧業博覧会では前年のフィラデルフィア万博に倣ったとされるが、その出品部門の内訳は第一区鉱業・冶金術、第二区製造物、第三区美術、第四区機械、第五区農業、第六区園芸という種別で、フィラデルフィア万博における第三区の教育知学を除きほぼ同一である。内訳が二六区分[122]あったウィーン万博（一八七三年）に比してかなり簡略化された構成だが、これは内務省主導による富国殖産政策に由来する。

大久保利通が指揮した産業勧奨というのは、地盤産業の地力を蓄えることを目的に官営事業優先から政府主導の民間産業の育成に方針転換されたものであり、なかでも銅や生糸、茶類は対外輸出品の即戦力になり得るとして、第一区鉱業、第五区農業、第六区園芸（灌木・栽花）が奨励された。[123]この第五区に林業が含まれているのである。

農業と園芸については、前者は林業も含めていずれも食用や木材生産用に実用的な植物という点で同一類として扱われ、園芸は庭園装飾用の灌木や盆栽など趣味や観賞の対象としての植物という点で区別されたと考えられる。先に触れた明治初期に日本が参加したウィーン万博においても、林業は第二区「農圃の業と林木を養ふ術の事[124]」に属していた。

続く明治一四年（一八八一）の第二回内国博の出品部門に変化は見られず、明治二三年（一八九〇）の第三回内国博にしてようやく第三部門が「農業・山林・園芸」に区分され、「山林」という言葉が登場する。[125]農林行政に係る時代の流れをたどると、既述のとおり明治一二年（一八七九）に内務省に山林局が設置され、明治一四年に農商務省新設、明治一五年（一八八二）には東京山林学校が開校する。先の「三会」が創立されるのも同時期のことである。農業の部門から「山林」が分立されたのは、その生産を行う場所が「平地」か「山地」か、あるいはその収穫期が「一年周期」（短期）か「百年の計」（長期）か、という違いから判断されたと考えられる。収穫における周期の長短は、東京帝国大学農科大学教授志賀泰山もまた農と林を分ける要素であると指摘している。[126]あるいは巨材の出品など、展示物の大小についてもまた差が出よう。

次いで明治二八年（一八九五）の第四回内国博では第三部が「農業・森林・園芸」となり、ここでは「山林」ではなく「森林」という表現に変化する。これは明治三〇年に制定される、主に保安林を規定する「森林法」に関する議論が影響したものと思われる。保安林というのは第Ⅲ部第一章で論じたように、国土の保全や人びとの安全を目的に伐採やその使用が制限された森を意味し、たとえば災害防止や水源涵養、公衆衛生を保つための森林をはじめ社寺や名所旧蹟の風致に必要な森を指す。あわせて Arbor Day が導入された時代でもある。このように同時期にいたっては殖産政策としての植林事業のみならず、愛樹・愛林思想の普及という精神的な啓蒙活動をともなう森づくりも推奨されるようになっていた。生産としての林業に限らず、こうした防災や風致、衛生のための森林愛護が必要とされる点もまた農業部門との分水嶺となろう。

以上のような違いがあるにもかかわらず、博覧会において依然として農業と林業が一緒に扱われた状態では、いずれの産業にも不利益になるということで、大日本山林会は第四回内国博を機に山林部独立の建議を起こしたのである。

林業館の独立

建議書提出の結果は、大日本山林会の期待どおりに明治三五年（一九〇二）一〇月、次の第五回内国勧業博覧会より「林業館」が分離して設置されることが決まった。内訳は、今度は農業と園芸が一緒になり林業が独立した格好となる。同会は早速、出品方法を記した「出品の栞」を作成し、全国の森林業者に博覧会出品を勧奨する。すると出品希望が意外に多く集まった。ところが山林部に充てがわれた敷地面積が全出品作を展示するには手狭だったことから、同会は独自に三三〇坪の付属舎増築を当局に出願、許可されたと伝えられる。

その際の出願要旨が次である。

林業部を独立し、同部出品に充つるため農業館及水産館に接続する三百九十坪餘を以て、林産館を設立相成候処、右の内の大道及官庁出品陳列に要する坪数を控除するときは、各府県の陳列に充つべき面積は、僅に百八十二坪に相成候哉にて、之を要求面積千百七十四坪に比すれば、僅に六分の一に当らざる次第に御座候。……本会は、曩に当博覧会の規則書併に同会出品に関する政府御勧誘の趣旨を体し、大に林業のため尽すところあらんことを欲し、各府県の当業者に対し、夫々出品を勧奨し来り候処、其結果、前記の始末と相成候ては、啻に当業者の迷惑を醸したるの責あるのみならず、延いて本邦林業の発達を阻害するの責なきを得ず、是殊に本会の黙して止む能はざるところに御座候。仍て本会に於て、別紙図面の通りに林業館付属陳列所を建設し、第二部に属する出品の陳列に供し度云々。[127]

国の事業に自前で施設を充実させるという姿勢には、森林業振興にかける大日本山林会の意気込みがうかがえる。こうして明治三六年（一九〇三）三月、大阪で開催された第五回内国勧業博覧会では、山林部として「林業館」のパビリオンが敷設された。『第五回内國勸業博覧會紀念寫眞帖』には「林業館」が次のように解説されている。

林業館　木造平家建坪面積三千九百七十五坪。農業水産両館の間に在り。……本邦陸地の三分の二は森林なれば森林国の称あり。従つて出品物に於ても変化に富む。就中、山林局及び大林区署の出品は林業の性質を知るに最も益あり。館外に林業別館あり主として巨材を陳列す。[128]

右にあるように国土の三分の二を森が占める「森林国」日本を象徴する「林業館」には、同会の呼びかけに賛同した全国の森林業者によって総数一万一四〇〇点以上が展示されたという。[129]

（3）林業館の展示物とその評価

大正一一年（一九二二）三月一〇日、晴れて平和博開幕の日を迎えた。

全体の出品部門については「博覧会規則」を参照すると、第一部教育および学芸、第二部美術、第三部社会事業、第四部保健衛生、第五部食料、第六部農業、第七部林業、第八部水産業、第九部鉱業、第十部機械工業、第十一部電気工業、第十二部化学工業、第十三部染織工業、第十四部製作工業、第十五部建築、第十六部土木および交通、第十七部航空および運輸という構成である。第五回内国勧業博覧会以降の例に倣い、農業、水産と区別して林業館が設けられた（図4）。

第七部の林業の出品分類は、第八〇類林政および森林施設、第八一類造林および森林保護、第八二類森林利用および森林土木、第八三類木竹材および加工したる材料、第八四類木竹材以外の林産物、第八五類狩猟に細分類される。[130]

林業館は第二会場に置かれ、航空、交通館の隣に鉱産館と併設され建坪四九九坪が用意された。位置的には先の図3でいえば、図面左下の角地（ドーム型屋根）にあたる。建物の概要は木骨に漆喰塗り、館の両端には金色の大円柱が並列する構造である。農産館の六一一坪、水産食料館の五九五坪に比して手狭といわざるを得ないが、[131]

図４　平和記念東京博覧会の林業館（上図の右に連なるのが鉱産館）

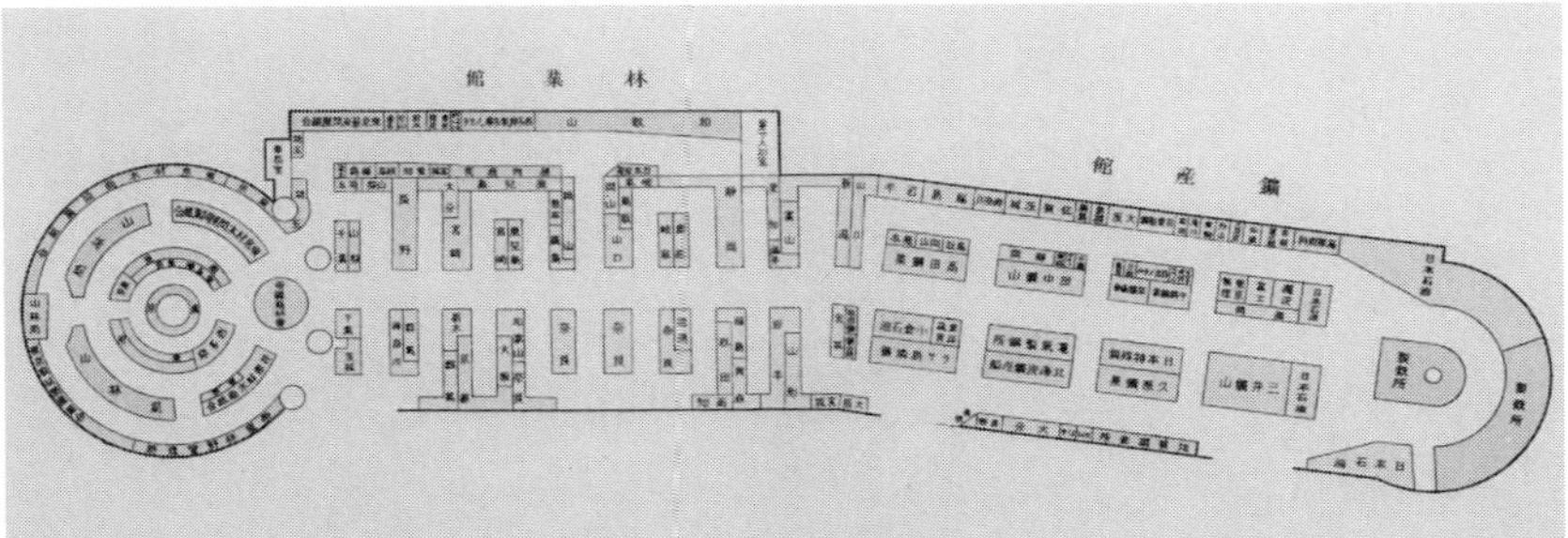

図５　林業館・鉱産館内配置図（図７に林業館拡大図）

そこに三府三五県および北海道、樺太、朝鮮、台湾、満蒙、青島から出品点数四八六六点（人員二八八六人）が集められたのである[132]。

図5として林業館（左側）、鉱産館（右側）の各ブースの配置図を掲げる。主な陳列品は上記分類に従い、各府県の林産物（材木・苗木・床柱・椎茸・山葵等）から、農商務省山林局による日本の森林植栽の趨勢を表す展示物、森林管理の系統図、森林の作業や林政調査に関する図表や写真、額面および実物標本、林業試験場提供の木材染抜法や防腐法等の研究成績、帝室林野管理局の内地材と外国材の比較試験成績、各種の製材標本、また狩猟関係器具等である[133]。いずれも山林国家を標榜する同時代の日本における最先端の研究成果を公にする出品作であった（図6）。

だが平和博第七部林業部門の審査部長白澤保美（農商務技師）が林業館に下した審査結果は厳しかった。その講評は、各府県が出品した大部分が人名、産地、価額の表示にとどまるもので、産額や製造加工の順序の説明も不十分であり、「一般観覧者に出品の性質を十分に知らしめ得ざりしもの多かりしは頗る遺憾[134]」との判断であった。標本の展示についても徒に大材や畸木を陳列するのみで、伐木、造材、運材等の方法を等閑にしていると評

図6　林業館展示物・壁側

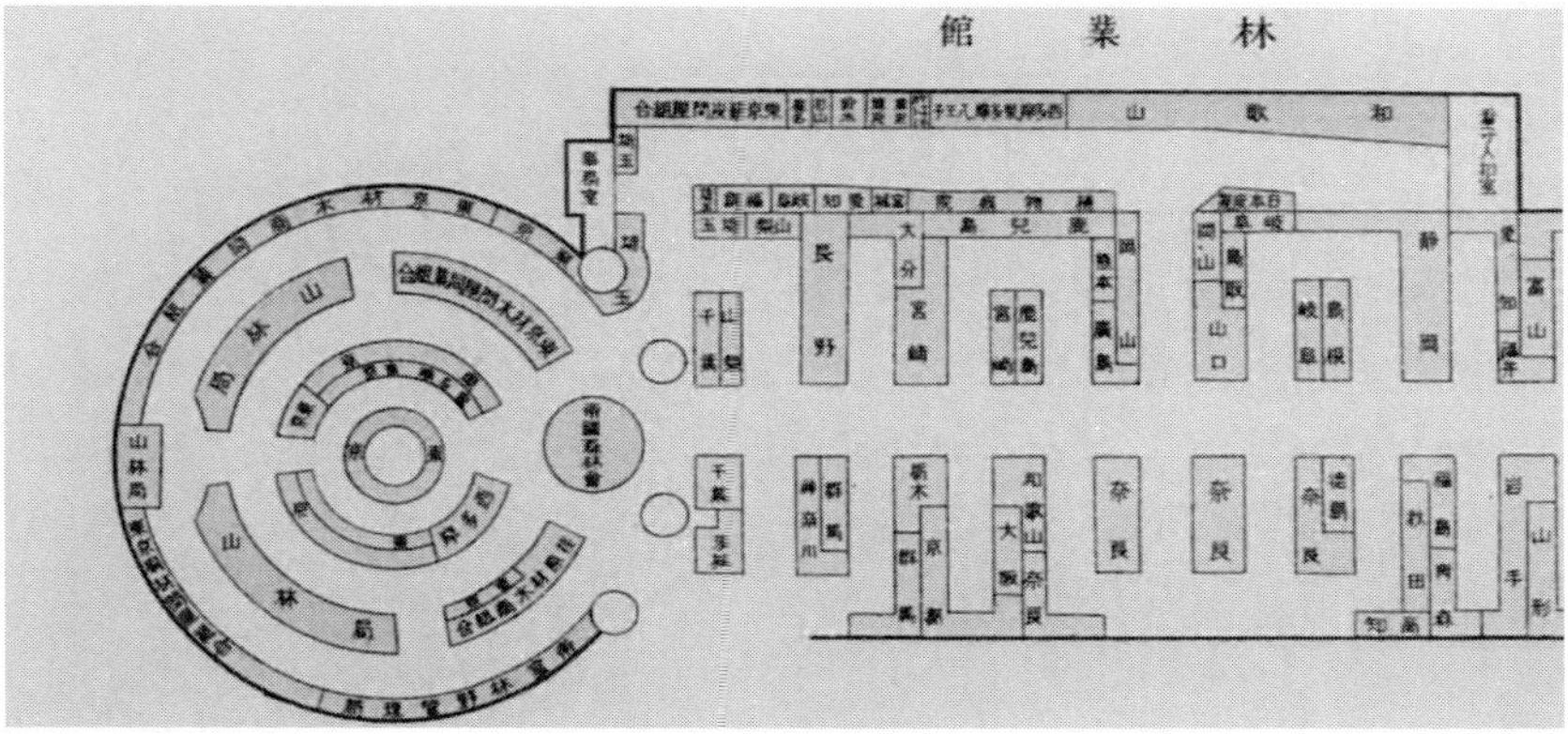

図７　林業館配置図細部

され、その価額も多くは当を得ていないといわれた。展示方法についても産業振興を目的とする博覧会の趣旨にそぐわないとして「当業者の反省を望む[135]」とコメントした出品物さえあった。白澤の言を裏付けるように、当時の読売新聞にも「全体から見て山林国としての代表的のものを示していないのは遺憾である。……相当に苦心の跡は見えるが、今少し何とか方法はありさうに思はれる[136]」と書かれ、概評は今ひとつであった。

もっとも、前回営まれた大正三年（一九一四）の大正博覧会に比べて受賞数も増加し、本邦林業の刷新を証するに足るものではあると講じられたのではあるが、しかしながら同会全体の受賞率を考慮すると、必ずしも優越した成績には値しないというのが白澤の判定であった。

さて、帝国森林会の出品物についてはいかなる評価が与えられるのであろうか。

（4）帝国森林会のご神木出品

帝国森林会は第二会場の林業館に「ご神木」を出品した。女性や子供を主なターゲットに置き、コマーシャル性が加わったのが大正期の博覧会である。そうした性格を有する博覧会において展示されたのが「ご神木」であった。

図８　平和記念東京博覧会出品作「ご神木」と会長武井守正

まず先の林業館のブース拡大図（図７）を見てみよう。円形の展示ホールの入口に「帝国森林会」と記された丸い展示物が確認できる。帝国森林会が出品した「ご神木」（図８）がこれである。「帝国森林会」と白字で大書された杉の大木に注連縄が張られ、表面に無数の千社札が貼られている。よく見ると樹幹に丸い穴が設けられている。

乃ち本写真版は第二会場林業館内に於て、真径一間、高さ四間の杉の神木を模造し、其樹幹の内部には電力に依りて自動的に廻転する各種林業写真を装置し、之を樹幹の周囲十六箇所に取附けたる拡大鏡によりて覗見する設備にして、内部の写真はガラス板に美麗なる彩色を施し電燈光力によりて、之を透視するものなり。（審査辞退）(137)

右のようにこの「ご神木」は覗き覧の仕掛けを装備した映写機であった。正式名称は「林業写真覗覧装置」(138)。高さ四間、直径一間、周囲三間の大杉の樹幹の周囲に一六か所の穴を設けて拡大鏡を設置し、そこから写真を覗き見るといった具合である。内部には電力によって写真が自動的に回転する装置が施してあり、ガラス板に彩色された各種の林業写真（全国の模範的林業）に光を照射し、これを透視する仕組みである(139)。製作費は四五三円九〇銭(140)。

当時「西洋目鏡」と呼ばれた覗き眼鏡（のぞきからくり）は浅草奥山で繁昌した見世物の一つで、軽快な口上に誘われ人びとは覗き穴から世界の風景を楽しんだ（図９）。わずか一銭で「万国一覧」が謳い文句であった。覗き眼鏡自体は古くからあり、日本では正保三年（一六四六）、オランダ商館長によって将軍に献上されたものが記録として最初とされるが、それは小型の一人用で、大型化して口上付きの見世物となるのは一八世紀前半といわ

図9　明治後期ののぞきからくり

れる。(141)平和博の「ご神木」に口上が付いたか否かは残念ながら確認できる記録がない。

「ご神木」のてっぺんでは、林業の格言を書いた巻物を手にした天狗が電気仕掛けで頭や手を動かし、枝には平和を象徴する八羽の鳩がとまっている。(142)一方、その内部では最新の森林業が映し出されている。一般市民には馴染みの薄い世界を映し出す最先端の技術を施した「ご神木」は、方やその存在は古来の伝統的な自然思想に基づくもので、多くの人びとにとって身近なものである。したがってこの展示物は、前近代的な思想と形を象徴する「ご神木」に近代的な思想と仕掛けを設えた作品であり、いわば旧と新、あるいは東洋と西洋の形と思想を複合させた見世物といえる。すなわち観覧者はご神木に直に触れて、千社札を貼り付けながら、内部で上映される最新の森林業を拝むのである。

帝国森林会の平和博出品の趣旨は、会長武井守正、副会長本多静六、常務理事右田半四郎の連名によって次のように提示されている。(143)

帝国森林会は戦後内外経済界の情勢に鑑み、我邦林業振興の一日も忽諸に附すべからざるを認め、全国に於ける有力なる□業家並に林学専門家の協力に依り組織せる財団法人にして、設立後尚ほ日浅きも（大正十年二月八日法人設立許可）一意適切なる施設を考究画策し、以て斯業の発展に努めつゝあり。今春、東京府主催の下に平和記念博覧会の開催せられしを機とし、本会の組織及事業の概要を録し、併せて本邦に於ける模範的林業の写真を出品して、一般入場者の観覧に供し、且林業に関する活動写真を平和館内に於て随時映写し、以て広く林業思想の鼓吹を図れり。(144)

右のように出品の目的は、一般市民に林業という産業に関する知識を涵養するとともに、山や樹木を愛する思想を啓蒙普及することであった。その具体的な方法として映画上映と写真展示が用いられたのである。後者の映画上映については、川瀬善太郎考案による「ポンチ絵式林業映画」が第一会場内の「平和館」において随時映写され、来館者の展覧に供したという(145)。

なお帝国森林会の映像による事業推進は大日本山林会に由来する。たとえば明治三二年（一八九九）、それまで中央行事であった総会がはじめて地方で開会された第一二回会場（奈良県）において、山林幻灯が初上映されることになった。だが危うく時間切れで幻灯中止になりかけたところ、時の田中芳男幹事長は断固として上映を命じたという(146)。高名な植物学者であり、博覧会事業でも尽力した田中はありとあらゆる物を蒐集し、自邸を博物館(147)にしていたというだけあって、珍しいものを披露することへの興味は尽きなかったようである。

このように大日本山林会や帝国森林会の各会員が外国出張等で入手した映像作品や写真による啓蒙は、同時代における重要なメディア活動であった。

「ご神木」の評価とコマーシャリズム

帝国森林会の出品については、今一つ注意すべきことがある。それは博覧会の基本的な制度である作品審査について同会がこれを辞退したことである。審査辞退に関する同会の記述をみておこう。

> 本会より平和博覧会へ出品せる左記
> 帝国森林会の組織及び事業並に林業写真覗覧装置
> は予期以上に一般の人気に投じなるもの丶如く、本会の欣幸とする所なり、而して之に対する審査は曩（さき）に審査辞退願書を提出し置きたる所、去る五月二十六日附を以て同会事務局より之が許可の指令ありたり(148)。

「ご神木」が予想以上に人気を得ている状況を見て、同会は博覧会参加の意義が十分達成できたものとして閉会前に審査の辞退を申し出たようである。つまり大衆の興味を惹き彼らに森林に関する最新の知識を与えられたことは、今後の事業推進にも一層期待が持てるという見解である。ことに林業部門の陳列物については、先に見たように一般にはあまり興味を惹きそうにない山作業の統計表類や製材標本が主体であった。したがって今後の事業展開を念頭に置いても、うまい具合に人を寄せ集める必要があったのである。

果たして白澤保美審査部長が「ご神木」に下した評価は次のようであった。

帝国森林会の出品は、林業館中央に直径約一間、高さ四間に達する杉の模造的樹幹を取付け、其中央部の空洞に、伐木、造材、運材、製材より、造林、苗圃事業に至るまで各種の写真を排列し、其内側より電燈にて光線を採り、更に之を自動的に廻転せしむるの装置を設け、樹幹に取付けたる眼鏡より之を覗くときは、居ながらにして各種の写真を一覧し得ることとなしたるものなり。是を以て大に観覧人の好奇心を惹き、斯業の知識啓発上、極めて有数なりしを認めたり。(149)（傍線筆者）

博覧会の意義と趣旨を余すところなく理解した優秀な作品として認められたといえよう。審査を辞退したにもかかわらず、白澤審査部長は大いに賞賛の意を呈したのであった。

実際に帝国森林会の「大正十一年度業務報告」を参照してみよう。

本出品は林業館の異彩として入場者に対し、多大の注目と好評とを博したるが如く、本出品の周囲には絶えず群衆を以て満さるゝ盛況を呈したるのみならず、入場者が自発的にその樹幹に貼附したる千社札が約千枚近くを算するに至りしは、一驚を呈せし次第なり。尚又、本出品によりて本会の事業及び本会の設立、組織等に対する照会、又は山林の調査、売買等につき依頼を申込まるゝ向、頗る多数に上りたるを観れば、蓋し本出品の趣旨の一部は達成し得られたるものと謂ふべきなり。(150)

平和館での映画上映と同様、出品作「ご神木」の周囲には群集が絶えることなく、入場者みずからが樹幹に貼り付けた千社札は一〇〇〇枚に上り、同会の事業に関する照会や山林の調査、売買等の依頼も多く寄せられたという。こうした結果を得て、博覧会事務局は審査を辞退した同会に対し、「特に謝意を表する意味を以て陳列装飾に対し、銅牌を授与」したのであった[151]。

帝国森林会の出品物はこのように「作品」というより「教育的装置」、あるいは「見世物」としての「ご神木」であり、それは林業の振興と大衆の興味とを結び付けるには実に的を射た手法でつくられたといえる。ここに大正という時代の新たな要素であるコマーシャリズムが活きている。博覧会がそもそも見世物の延長線上にあるという点から考えても、一般市民を魅了したご神木の「西洋目鏡」は宣伝としても大いに当たったのである。発案者については詳らかではないが、大日本山林会や帝国森林会にはすでに当時としては珍しい幻灯上映の経験があり、初期の田中芳男をはじめとして、新し物好きの好事家の存在が同会の風向きに影響したであろうことは想像に難くない。加えてこれまでの本多の記念植樹の理念についても該当することだが、帝国森林会は大衆の心を摑む術を熟知していたといえる。藤原銀次郎をして「通俗教育家」といわしめる、これが本多式であった。

帝国森林会が平和の記念として造った「ご神木」は人びとの心を愉快にし、「いのち」を尊ぶ思想に支えられた平和な記念樹である。たとえ最新の技術をもって合理的に取り組む造林業ではあっても、山というのは神々や天狗が住まう所という信仰を蔑ろにすることはなかった。つまり帝国森林会は樹木や森を神聖なものと仰ぐ心への配慮を怠ることはなく、それが「ご神木」という形で表現されたといえるのではないだろうか。

小括　平和と記念植樹――いのちの寿ぎ――

本章では帝国森林会と大日本山林における第一次世界大戦後の「平和」を記念する植栽活動をみてきた。

帝国森林会は、大日本山林会を支えることを主として結成された財団法人であり、その運営方針は「本多式」

によって進められた。それは、不二道の人助け和讃においても「余徳を積みて手賄い[152]」と歌われたように、無駄を最小限に抑え、あらゆるものを活かしあうことに始まるものであった。このことは「森林の歌」に明らかなように、山林資源の循環を促して自然の生命を繁栄させるという、精神性と実用性の両面の特性を備えた記念の森づくりに象徴される。

「精神性」と「実用性」という特性はまた平和博における出品作に表れていた。見た目は古来のご神木、中身は最新の技術で造られた映写機であり、新旧あるいは洋の東西の思想と形の組み合わせによって出来た、遊び心のあるユニークな記念樹であった。大正という時代は女性や子供を対象とする消費生活に特徴付けられる。一方、山林は古来、男性的な部類に属するものであり、信仰として女人禁制が敷かれた山も少なくなく、そこに森林愛護を目的に女性や子供を取り込んでいくには、こうしたコマーシャリズムを取り入れた工夫もまた必要だったといえよう。人びとの人気を得たということでその宣伝効果が満足され、帝国森林会は博覧会制度上の審査を辞退したが、森づくりや山づくりが「百年の計」と呼ばれるように余裕のある姿勢がここに現われている。

平和を記念に木を植えるという行為、それは本多が「植樹の功徳」で説いたように生命の繁栄を願い、これを植え育み、活かしあう行為である。先の和讃の結びに「気もはればれと、人もはればれ」とあるが、そこには喜びをわかち合う心が備わっている。平和とは「いのち」を生かしあうことなのである。

（1）　本多静六「益田孝翁記念林設定理由」（昭和一三年一二月三〇日夜誌）浅田頼重編纂『帝国森林会史』帝国森林会長徳川宗敬、一九八三年、九八頁。
（2）『帝国森林会史』（前掲注1）、一～二頁。
（3）「大日本山林会回顧座談会」出席者は本多静六（帝国森林会会長）、川瀬善太郎（大日本山林会会長）、和田國次郎（同会副会長）、薗部一郎（同会常務理事）、佐藤鋠五郎（同会常務理事）、右田半四郎（同会理事）、諸戸北郎（林学博士）など。『大日本山林會史』大日本山林会、一九三一年。『山林』五八二号、一九三一年五月、一四二～一六八頁。
（4）『大日本山林會史』（前掲注3）、頁無記載、（三七～三九頁）。以下、頁無記載は、（ ）内に該当頁を示す。
（5）「大日本山林會略史」『大日本農會・大日本山林會・大日本水産會創立七拾五年記念』大日本農会・大日本山林会・大日本水産会・石垣産業奨励会、一九五五年、四二～四三頁。
（6）『大日本山林會史』（前掲注3）、（三七～三九頁）。『帝国森林会史』（前掲注1）、一～二頁。
（7）「帝国森林会発起趣意書」『帝国森林会史』（前掲注1）、三～四頁。
（8）「創立当初の役員・会員と寄附金」『帝国森林会史』（前掲注1）、四～一〇頁。
（9）大正一〇年二月八日農商務省認可・昭和二年六月二四日改正認可『帝国森林会史』（前掲注1）、二一頁。
（10）「目的及事業」『帝国森林会史』（前掲注1）、二二頁。
（11）『帝国森林会史』（前掲注1）、三七～四一頁。
（12）明治一五年一月二一日、芝公園紅葉館で創立総会、事務所を深川区冬木町八番地におく。会頭に伏見宮貞愛親王、幹事長に品川弥二郎、幹事に武井守正、松野磵等が就任。「大日本山林会略史」『大日本農會・大日本山林會・大日本水産會創立七拾五年記念』（前掲注5）、二五頁。
（13）大日本農会は明治一四年四月五日、芝公園紅葉館で創立総会開催。事務所を芝区三田種畜場におく。五月二九日の会合（明治会堂）で会頭北白川宮能久親王を筆頭に、幹事長品川弥二郎、幹事奥青輔、田中芳男等が選任される。「大日本農会略史」『大日本農會・大日本山林會・大日本水産會創立七拾五年記念』（前掲注5）、二九頁。
（14）大日本水産会は明治一四年九月集会、事務所は内山下町農務局地内。会頭に小松宮彰仁親王（仁品東伏見宮嘉彰親王）を戴く。明治一五年二月一二日に木挽町商業会議所で総会を開き幹事長品川弥二郎、幹事池田榮亮、益田孝等を選出。「大日本水産会略史」『大日本農會・大日本山林會・大日本水産會創立七拾五年記念』（前掲注5）、一七頁。
（15）『大日本農會・大日本山林會・大日本水産會創立七拾五年記念』（前掲注5）、一～二頁。
（16）「三会堂略史」『大日本農會・大日本山林會・大日本水産會創立七拾五年記念』（前掲注5）、三～四頁。
（17）同前、三～九頁。
（18）『庭園と風景』記載の協会記事によれば、日本庭園協会の理事会や評議会など各種会合は赤坂三会堂の帝国森林会事務所にて開催されることが常であった。

(19)「謹告」『帝国森林會々報』一五号、帝国森林会、一九二三年一一月三〇日、巻末。

(20)『帝国森林會々報』一五号（前掲注19）、二六頁。

(21) 本多静六・中村賢太郎「大震災に対する林業家の活動」『帝国森林會々報』一五号（前掲注19）、八～九頁。

(22)「林産物関係品被害概況」『帝国森林會々報』一五号（前掲注19）、一一～二二頁。

(23)「帝都復興概況（大正一二年一一月中旬調査）」『帝国森林會々報』一六号、一九二三年一二月、一～五頁。

(24)「三会堂略史」『大日本農會・大日本山林會・大日本水産會創立七拾五年記念』（前掲注5）、二～九頁。

(25)『帝国森林会史』（前掲注1）、三五頁。

(26)『大日本農會・大日本山林會・大日本水産會創立七拾五年記念』（前掲注5）、六～七頁。

(27)「停年教授休職 東大農学部教授林学博士本多静六」読売新聞、一九二七年三月三〇日付。

(28)「教壇を去る本多博士 六十歳の停年を前に」東京朝日新聞、一九二七年三月六日付。

(29)「多忙を極むる本多博士」『庭園と風景』九巻六号、一九二七年、一四四頁。

(30) 日本庭園協会（庭園協会）は大正七年に東京神田の学士会館にて発足、大正九年に三会堂で第一回茶話会開催。昭和一〇年の藤山雷太二代目会長就任を機に白金台の藤山工業図書館内講堂に移転する。「日本庭園協会のあゆみ」『庭園』復刊一〇号、二〇一四年、四〇～四七頁。

(31) ほかには「木材関税改正建議」（昭和四年）、「ガソリン代用木炭建議」（昭和七年）など。「大日本山林会略史」『大日本農會・大日本山林會・大日本水産會創立七拾五年記念』（前掲注5）、各年次を参照。

(32)「大日本山林会略史」『大日本農會・大日本山林會・大日本水産會創立七拾五年記念』（前掲注5）、五〇頁。

(33) 緑川禄「府県山林会の新使命（造園に関して本県山林会の定款変更）」『庭園と風景』九巻九号、一九二七年、一八～一九頁。

(34)「総会における藤原銀次郎副会長の挨拶」（昭和三一年二月一日工業倶楽部）『帝国森林会史』（前掲注1）、五四～六〇頁。

(35) 本多静六「戦時中における本会の運営改革案」（昭和一八年一二月二〇日夜二時）『帝国森林会史』（前掲注1）、五一頁。

(36) 同前、五〇～五一頁。

(37) 同前、五二頁。

(38)「南洋植林に錬成所」朝日新聞、一九四三年五月三〇日付。

(39)「南方林業要員錬成所」『帝国森林会史』（前掲注1）、四四～四五頁、一三九～一四九頁、三四一頁。

(40) 「三会堂略史」『大日本農會・大日本山林會・大日本水產會創立七拾五年記念』(前掲注5)、四〜八頁、三〇頁。
(41) 『大日本農會・大日本山林會・大日本水産會創立七拾五年記念』(前掲注5)、四頁、一一四頁。『帝国森林会史』(前掲注1)、三六頁、三四三〜三四四頁。
(42) 『大日本農會・大日本山林會・大日本水産會』(前掲注5)、八〜九頁。
(43) 『帝国森林会史』(前掲注1)、三六頁、三四三〜三四四頁。
(44) 「帝国森林会所有株式一覧表」(昭和三一年一月二〇日現在)『帝国森林会史』(前掲注1)、六三頁。
(45) 「総会における藤原銀次郎副会長の挨拶」『帝国森林会史』(前掲注1)、五九頁。
(46) 同前、五八頁。
(47) 「日露戦争を過ぎて間もなく、事業界が大変膨張しました時に、渋沢さんが私を実業界に引入れやうとして、中野武営・服部金太郎・大橋新太郎氏等が渋沢さんの使ひで私の駒場の官舎を訪問したことがありました。たしか田園都市株式会社の社長になってくれとのことでした。然し私は、学者は実業をやる丈の才能がない。貴方たちは学者と云ふものを買被りすぎてゐると云って断りました」との記述がある。「本多静六談話筆記」(昭和一三年七月一四日・於帝国森林会事務所・石川正義聴取)『渋沢栄一伝記資料五四』一九六四年、二八〇〜二八一頁。
(48) 本多静六「渋沢栄一と私」『本多静六体験八十五年』大日本雄辯会講談社、一九五二年、二七六頁。
(49) 「秩父セメント創業者諸井翁と本多博士」『本多静六通信』二号、一九九三年一月一五日、一頁。
(50) 『学生寄宿舎の世界と渋沢栄一 埼玉学生誘掖会の誕生』公益財団法人渋沢栄一記念財団 渋沢史料館、二〇一〇年一〇月、一〇〜一四頁、五一頁。
(51) 『本多静六体験八十五年』(前掲注48)、二二一〜二二三頁。
(52) 「財団法人埼玉学生誘掖会寄附行為(明治四四年四月二一日)」『学生寄宿舎の世界と渋沢栄一 埼玉学生誘掖会の誕生』(前掲注50)、六五頁。
(53) 同前、二〜四頁。
(54) 本多静六「寄贈申込書」(昭和八年一二月一二日)『帝国森林会史』(前掲注1)、二〇三〜二〇五頁。
(55) 『帝国森林会史』(前掲注1)、二〇六〜二〇七頁。
(56) 「総会における藤原銀次郎副会長の挨拶」『帝国森林会史』(前掲注1)、五六頁。
(57) 『帝国森林会史』(前掲注1)、六九頁。
(58) 同前、六五〜六六頁、三七七〜三七八頁。
(59) 同前、七一頁。
(60) 同前、三七六頁。
(61) 「平和記念植樹 帝国森林会」東京朝日新聞、一九二〇年三月一〇日付。

(62)「平和成立御祝電 聯合各国元首へ」東京朝日新聞、一九一九年六月二九日付。

(63)「沢之鶴ヲ酌デ先ヅ成功を祝福アレ 石崎合資会社」東京朝日新聞、一九一九年一月一五日付。「平和記念売出し 東京今川橋松屋呉服店」東京朝日新聞、一九一九年一月一三日付。

(64)帝国森林会『平和記念植樹』一九二〇年一月、一～二頁。

(65)同前、二頁。

(66)同前、二～三頁。

(67)『帝国森林会史』(前掲注1)、一五八頁。

(68)「植栽の形式は、造林、個樹植栽、並木の三種とすること。」帝国森林会『平和記念植樹』(前掲注64)、四頁。

(69)『大日本山林會報』一九二〇年一月号の附録として「平和記念植樹」に関する要領を会員五〇〇〇余名に配布。『帝国森林会史』(前掲注1)、一五八頁、三〇三～三〇四頁。

(70)帝国森林会『平和記念林業』一九二一年一〇月、緒言。

(71)「日露戦役も難攻不落と歌はれたる要塞旅順陥落し、平和克服の曙光ほの見えるに至れるを以て戦後の経営を策し大に業務の拡張を図らんがため資金を充実するの必要を生じ本会々費一時金の制を設け之を実施」『大日本山林會史』(前掲注3)、(六頁)。

(72)「林業勧奨の数々 懸賞表彰」東京朝日新聞、一九二一年一一月二二日付。

(73)『平和記念植樹』(前掲注64)、三～四頁。

(74)「御大礼記念林業一覧」農商務省山林局『御大禮記念林業』一九一六年、巻末。

(75)「平和記念林業総括表」『平和記念林業』(前掲注70)、巻末。

(76)「林業勧奨の数々 懸賞表彰」東京朝日新聞(前掲注72)、一九二一年一一月二二日付。

(77)帝国森林会の記録は三六九点。『帝国森林會々報』五号、一九二二年八月二六日、二～三頁。『帝国森林会史』(前掲注1)、一六四頁。

(78)「林業勧奨の数々 懸賞表彰」東京朝日新聞(前掲注72)、一九二一年一一月二二日付。

(79)その他の規定は一等賞金一〇〇円(一人)、二等五〇円(二人)、締切は大正一〇年一〇月末日、宛先は帝国森林会で結果は『大日本山林會報』に掲載。『帝国森林会史』(前掲注1)、一六三頁。

(80)「懸賞唱歌当選者の官職業」、「田村虎蔵氏の海外留学」『帝国森林會々報』五号(前掲注77)、一六～一七頁。

(81)林業思想を普及する歌の懸賞募集は植民地でも実施され、大正一一年に「朝鮮山林会懸賞募集唱歌の選賞」事業として児童用林業唱歌と民謡の募集を開始するや三八〇篇（唱歌一六四篇・民謡二一六篇）の応募があったという。『帝国森林會々報』一三号、一九二三年七月、九頁。『帝国森林会史』（前掲注1）、一六五頁。
(82)　「森林の歌」（監修武井守正・選歌本多静六・武笠三・作曲田村虎蔵）『帝国森林會々報』五号（前掲注77）、八～九頁。
(83)　『大日本山林會史』（前掲注3）、（八頁）。「大日本山林会略史」『大日本農會・大日本山林會・大日本水産會創立七拾五年記念』（前掲注5）、三七頁。
(84)　「大日本山林会回顧座談会」『大日本山林會史』（前掲注3）、（二九～三一頁）。
(85)　「大日本山林会略史」『大日本農會・大日本山林會・大日本水産會創立七拾五年記念』（前掲注5）、一四頁。
(86)　桐苗品評会に出品された苗木二三五本の寄贈を受け、東京競馬場周囲に植樹。同前、一四頁、七三～七四頁。
(87)　東京営林局の好意で国有林の土地を借り受け、茨城県大原村和尚塚第三〇林班内に杉、扁柏、櫟を植樹。同前、一四頁、八〇～八一頁。
(88)　栃木県城山村の国有林内に杉、扁柏を植樹。同前、一四頁、九〇頁。
(89)　埼玉県毛呂山町の国有林内に杉、扁柏、赤松を植栽。同前、一四頁。
(90)　東京府西多摩郡氷川町の民有地に杉、扁柏を植栽。同前、一五頁、九八頁。
(91)　京都府葛野郡小野郷村の民有地に杉、扁柏を植栽。同前、一五頁、九八頁。
(92)　「第四回愛林日」同前、八〇～八一頁。『大日本山林會報』六五四号、一九三七年五月、四五頁。また、昭和一〇年四月二日の第二回愛林日には多摩御陵に近い御料地にて梨本宮総裁による記念植樹が行われた。和田國次郎「愛林日に際して」『山林』六三〇号、一九三五年五月、六四頁。
(93)　国土緑化推進機構『緑化の父　徳川宗敬翁』一九九〇年、三五頁、三二三～三二四頁。
(94)　「林業関係発明奨励」国庫補助の下で実施され、「木炭煖房器」や「竹箸製造機」、「松毛虫蛾誘燈」などが受賞した。「大日本山林会略史」『大日本農會・大日本山林會・大日本水産會創立七拾五年記念』（前掲注5）、七一頁、七五頁、七九頁。「林業勧奨の数々　懸賞表彰」東京朝日新聞（前掲注72）、一九二一年一一月二二日付。
(95)　本多静六「益田孝翁記念林設定理由」『帝国森林会史』（前掲注1）、九六～九八頁。
(96)　「性格矯正の苦心」『本多静六体験八十五年』（前掲注48）、五四～五五頁。
(97)　本多静六「益田孝翁記念林設定理由」『帝国森林会

史』（前掲注1）、九八頁。

(98) 同前、九八～九九頁。

(99) 同前、九九頁。

(100) 敵方の植えた木として伐採されたと伝わるという。長崎市役所より筆者がご教示をいただいた。（二〇一二年五月九日）

(101) 本多静六「益田孝翁記念林設定理由」『帝国森林会史』（前掲注1）九九頁。

(102) 残り半分は皇紀二六〇〇年記念林として設定されたが、記録によれば両記念林はのちに益田記念林として一つにまとめられたという。『帝国森林会史』（前掲注1）、九九～一〇〇頁。

(103) 「発行の趣旨」斎木徳三編『平和記念東京博覧會出品物寫眞帖』赤誠堂出版部、一九二二年九月（頁無記載）。

(104) 吉見俊哉「大正期におけるメディア・イベントの形成と中産階級のユートピアとしての郊外」『東京大学新聞研究所紀要』四一号、東京大学新聞研究所、一九九〇年三月、一四二～一四三頁。

(105) 東京府『平和記念東京博覧会事務報告下巻』一九二四年、五二五頁。

(106) 第三銀行が正門左側に博覧会出張所を開設、一般事務のほか小銭の両替を行ったという。「各種の施設」須賀健吉編「平和記念東京博覧会案内」（公認平和記念東京博覧会案内発行所、一九二二年三月二九日）山本欣司編・和田博文監修『博覧会』ゆまに書房、二〇一二年、一二頁。

(107) 博覧会の歌「西の国からまた東から　みんなみにきた博覧会へ　つづく大路のあの人のなみ　電車は満員上野行　二人つれ立ち博覧会へ　おべべ買はうかリングにせうか　私の理想はあの文化村　簡易生活ヴェリーグード」東京府『平和記念東京博覧会事務報告下巻』（前掲注105）、五一五頁。

(108) 『平和記念東京博覧会』尚美堂、一九二二年四月、表紙。東京府『平和記念東京博覧会事務報告下巻』（前掲注105）、五一七頁。

(109) 東京府『平和記念東京博覧会事務報告上巻』一九二四年、三頁。

(110) 『帝国森林会史』（前掲注1）、一四九頁。

(111) 「大博覧会を開催の機運熟す　明治神宮竣工記念に」東京朝日新聞、一九二〇年一〇月七日付。

(112) 「大日本山林会略史」『大日本農會・大日本山林會・大日本水産會創立七拾五年記念』（前掲注5）、四三頁。

(113) 第一会場（山上四万五四七八坪）第二会場（不忍池畔七万一一七三坪）。東京府『平和記念東京博覧会事務報告上巻』（前掲注109）、三頁、八九～九一頁。「計画進捗せる平和記念博覧会」東京朝日新聞、一九二〇年一一月一八日付。『平和記念東京博覧會畫報』大阪毎日新聞社、一九二二年五月、八頁。
(114) 東京府『平和記念東京博覧会事務報告上巻』(前掲注109)、一頁。
(115) 同前、三頁。
(116) 東京府『平和記念東京博覧会事務報告下巻』(前掲注105)、五五三～五五四頁。「平和博協賛会 会規会長決定」東京朝日新聞、一九二一年九月九日付。平和記念東京博覧会協賛会『平和記念東京博覧會協賛會事務報告書』一九二三年三月、一～九頁。
(117) 「後藤市長の理想を見せる 平和博市民館の計画」東京朝日新聞、一九二一年九月一六日付。
(118) 「平和博の地鎮祭 今朝厳かに挙行」東京朝日新聞、一九二一年七月二三日付。
(119) 「平和博の上棟式 朝野の名士二千名を招待して十八日挙行」東京朝日新聞、一九二〇年一〇月五日付。「平和博上棟式会場」(写真)、東京朝日新聞、一九二〇年一〇月一八日付。
(120) 佐藤道信『明治国家と近代美術―美の政治学』吉川弘文館、二〇〇〇年、九八頁。
(121) 『大日本山林會史』(前掲注3)、(四頁)。
(122) 田中芳男・平山成信編『澳国博覧会参同記要』森山春雍出版、一八九七年八月、一八～二三頁。
(123) 佐藤道信『明治国家と近代美術―美の政治学』(前掲注120)、八七～九二頁、九六～九九頁。
(124) 田中芳男・平山成信編『澳国博覧会参同記要』(前掲注122)、一八頁。
(125) 國雄行『博覧会と明治の日本』吉川弘文館、二〇一〇年、一一五頁、一三〇頁。
(126) 志賀泰山が「森林設制学」(一八九一年)に記した林業の特徴。箕輪光博「森林経理学の変容」『草創期における林学の成立と展開』農林水産奨励会、二〇一〇年、六頁。
(127) 「大日本山林会略史」『大日本農會・大日本山林會・大日本水産會創立七拾五年記念』(前掲注5)、三三一～三三三頁。
(128) 『第五回内國勧業博覧會紀念寫眞帖』玉鳴館、一九〇三年、五～六頁。
(129) 『大日本山林會史』(前掲注3)、(五～六頁)。
(130) 東京府『平和記念東京博覧会事務報告上巻』(前掲注109)、五頁、一九～二〇頁。
(131) 『平和記念東京博覧会事務報告上巻』(前掲注109)、一〇〇頁、一〇六頁。「林業鉱山館」須賀健吉編「平和記念東京博覧会案内」山本欣司編・和田博文監修『博覧会』(前掲注106)、一七四頁。
(132) 兵庫、長崎、滋賀、石川、愛媛、三重、佐賀、沖縄は出品せず。「平和記念東京博覧会第七部審査報告」東京府『平和記念東京博覧会審査報告上巻』一九二三年八月、四五三頁。

(133) 東京府『平和記念東京博覧会事務報告上巻』（前掲注109）、一二三四〜一二三五頁。

(134) 審査部長白澤保美「平和記念東京博覧会第七部審査報告」東京府『平和記念東京博覧会審査報告上巻』（前掲注132）、四五五頁。

(135) 「湿気を必要とする山葵と特別の乾燥を要する椎蕈とを同一戸棚内に陳列し、為に黴を生じ調味嗜好品の生命たる香味色沢を喪失せる如きものを静岡県の出品に見たり」審査部長白澤保美「平和記念東京博覧会第七部審査報告」東京府『平和記念東京博覧会審査報告上巻』（前掲注132）、四五五頁。

(136) 「平和博と産業　林業館」読売新聞、一九二二年四月五日付。

(137) 「林業及機械館出品」『平和記念東京博覧會出品物寫眞帖』（前掲注103）、頁無記載。

(138) 『帝国森林會々報』五号（前掲注77）、一二三頁。

(139) 『帝国森林会史』（前掲注1）、一一二三頁。東京府『平和記念東京博覧会事務報告上巻』（前掲注109）一二三四頁。

(140) 博覧会出品費八五円三銭・活動写真製作費四五三円九〇銭・雑費四七円一七銭、総高五八六円一〇銭。製作費は両作品（ご神本・映画）の総合か。「大正十一年度収支決算書」『帝国森林會々報』一三号（前掲注81）、一二二頁、一二八頁。

(141) 「西洋目鏡」木下直之『美術という見世物 油絵茶屋の時代』平凡社、一九九三年、一〇六〜一一〇頁。

(142) 須賀健吉編「平和記念東京博覧会案内」山本欣司編・和田博文監修『博覧会』（前掲注106）、一七五頁。

(143) 本多は会期中、世界旅行（国立公園や都市計画視察など・日程一九二二年二月〜一一月）のため不在。「外遊せらるる本多博士の旅程」『庭園』四巻一号、日本庭園協会、一九二二年、三二頁。「本多博士の帰朝」『庭園』四巻一一号、一九二二年、三二頁。

(144) 「林業及機械館出品」『平和記念東京博覧會出品物寫眞帖』（前掲注103）、頁無記載。

(145) 『帝国森林会史』（前掲注1）、一一二四頁。

(146) 『大日本山林會史』（前掲注3）、（三三〜三五頁）。

(147) 大正二年五月四日〜一三日に同博士のコレクション展「田中芳男君七六展覧会」が三会堂で開催された。七六は七六歳の意。大日本山林会編纂『田中芳男君七六展覧會記念誌』、一九一三年一二月、一〜二頁。

(148) 「平和博への本会出品物は審査辞退せり」『帝国森林會々報』五号（前掲注77）、一二三頁。

(149) 「附録 官庁以外の出品調査評」審査部長白澤保美「平

和記念東京博覧会第七部審査報告」東京府『平和記念東京博覧会審査報告上巻』（前掲注132）、四七二頁。

(150)「六、平和記念東京博覧会出品物」『帝国森林會々報』一三号（前掲注81）、五～六頁。

(151) 同前。

(152)「高田村孝心和讃（明治八年）」鳩ヶ谷市文化財保護委員会『至誠報国不二道孝心講土持御恵薄 鳩ヶ谷市の古文書六』鳩ヶ谷市教育委員会、一九八一年、一〇九～一一〇頁。

〔資料〕

出典：「帝国森林会による森林の歌」（『帝國森林會々報』五号、一九二二年）

「治水植林の歌」武井守正男爵詠

一 田毎に堰き入る河川の流れ　水は養ふ千町のたり穂
米を主食の同胞は　水にや心をそゝがなむ
水を治むるすべからく　山に樹を植ゑ育つべし

二 樹木鬱蒼山林茂り　流水滾々川涸れず
石炭採掘多くの費用　工業動力水に頼れ
水を治むるすべからく　山に樹を植ゑ育つべし

三 材木伐採植ゑ継ぎせねば　山腹土石は崩壊す
河水汎濫堤防破れ　田畑部落水ひたり
水を治むるすべからく　山に樹を植ゑ育つべし

四 連峯蒼々緑にうもる　水源涵養よき模範
大河滔々流水漲り　川底渫へていと深し
水を治むるすべからく　山に樹を植ゑ育つべし

「木霊の歌」某氏詠

一 春の木霊（こだま）は三角帽子　光る櫻の梢に歌ひ
玉の宮居に伏屋に踊る　歌も華やぐ森のたのしみ
咲けよ匂へよかゞやけよ

二 夏の木霊は緑の上衣（うはぎ）　旅の王子にきぬがさ捧げ
燃ゆる砂漠に泉を湛ふ　歌も涼しい森の微風（そよかぜ）
のびよ茂れよ雨を呼べ

三 秋の木霊は黄金の楯　街の洪水を双手にさゝへ
清き空気ですべてを生（い）かす　歌も雄々しい森の勲功（いさおし）
榮へよ實れよ地のかぎり

四 冬の木霊はしろがねの髯　寒い北風背中でかばひ
はねる炭火と玩具（おもちゃ）をくれる　歌もやさしい森のお頼み
植ゑよ育てよ樹を愛（め）でよ

第四章　帝都復興と都市美運動——都市緑化の理念と方法——

本章では、大正末から昭和戦前期にかけて実施された「都市美運動」の主力行事となった「植樹デー（植樹祭）」と呼ばれる記念植樹を課題とする。本多静六は造林学という専門から主に山と関わってきたが、都市を舞台とする「造園学」においても専門性を発揮した。山間部における植樹活動としては大日本山林会のバックアップのもとで展開した国土緑化を企図する全国行事「愛林日記念植樹」が知られるが、市街地においては都市美協会が主導する「植樹デー（植樹祭）」が推進された。本多静六は山づくりに関わる大日本山林会、帝国森林会、そして街づくりに関わる日本庭園協会だけでなく、都市美協会においても指導的立場にあった。

日本の都市美運動は、そもそも大正一二年（一九二三）の関東大震災後の帝都復興を機に、都市の美観を向上させることを目的に結成された都市美協会が牽引した活動を示す。(1)この運動に関する先行研究については西村幸夫氏の研究や日本の都市美運動を論じた中島直人氏の成果があるが、いずれも都市工学的見地に基づく実学的考察が特徴である。

これまで述べてきたとおり、近代日本で主に公的な場で営まれた記念植樹という活動は、儀式性を有する植栽式と実用的事業としての記念並木や記念林の造成が、単独でまたは複合して実施されてきた一面がある。そこで本章では帝都復興期における実践的な緑化事業の取り組みとともに、都市美運動に係る研究においてこれまで注視されてこなかった「植樹デー」に焦点を当て、「記念に樹木を植える」という感性的な活動の儀礼的意味とその方法論について検討を加える。

本章の構成としては、まず数万人が尊い生命を失った関東大震災発生後、帝都復興院参与を務めた本多を主軸に防災・保安を目的とする公園緑化事業をとりあげ、復興計画とその理念について確認する。次に日本の都市美運動の手本となった欧米の都市美運動の特徴を述べ、都市美協会設立の経緯と動機について比較検討する。この手続きを踏まえたうえで、都市美協会の具体的な活動をとりあげ、緑化に係る「実践性」と「儀礼性」を論点にそれぞれの事業展開を検証する。「実践性」については、震災後の市街地再生と関連する「大東京」成立の歴史的、社会的背景と照合しながら考察を進める。「儀礼性」については、都市美運動の支柱となる「植樹デー」ならびに大日本山林会の「愛林日記念植樹」の由来を紐解き、両者の連動性を確認しつつ、「明治神宮献木奉告祭」を主な対象として、その理念と方法論について考える。

第一節　関東大震災と帝都復興

欧米の都市美運動は主に工業化や都市化にともなう農村と都市の人口の流動に基因するものであるが、一方日本の場合はそれに加え、関東大震災の被災による都市部の人口の農村部への流入というスプロール現象（無秩序な拡大現象）がある。昭和七年（一九三二）、東京市では市域拡大により新たに二〇区が加わることによって、いわゆる「大東京」(2)が成立するのだが、こうした動きに従い、農村部と都市部の市民が互いのためとなるような交流を実現させるべく、両者にとって理想的な都市のあり方について考える必要性が生じたと見られる。

そこでまず都市美運動の起源をたどり、その背景にある震災後の帝都復興計画の経緯と方針について確認しておく。

（1）帝都復興事業と本多静六の位置

市街地をよみがえらせる帝都復興は、国家の一大事として九月一日の震災翌日から計画が講じられた。急遽成立した山本権兵衛政権において九月一九日、勅令第四一八号をもって復興計画の根幹をなす「帝都復興審議会官制」が布告され、次いで二七日付勅令第四二五号によって内閣所管の「帝都復興院官制」が定められた(3)。後藤新平内相を総裁に置き、復興院計画局長に佐野利器、本多もまた帝都復興院参与として一〇月一八日付で辞令を受けた(4)。総裁の後藤は震災復興事業に際し、その方針を表す「帝都復興ノ議」において欧米を手本に最新の都市計画を採用する旨を公にしていた(5)。

『本多静六体験八十五年』で本多が語るところによれば、山本権兵衛内閣が発足した当初、夜半過ぎに突如後藤内相から電話があり、何事かと思えば帝都復興計画の原案を練って欲しいとの申し入れであった。専門外のことであるし、そもそも政治屋になるつもりはないと辞退したが、これで引き下がるような後藤ではないことをミュンヘン大学留学時代から本多は百も承知していた。以前、バルセロナの都市計画を土産話にしたことを後藤は忘れていなかった。それは大正一〇年の暮、北里柴三郎を交えた晩餐会で若干誇張して提供した話題で、本多によればこれが「後藤の大風呂敷」案の下地になったという(6)。

本多はこれまでにも国や地方自治体が行うインフラ整備事業の指導者として、ことある度に招聘されていたが、折しも大正一一年（一九二二）二月から一一月まで海外を漫遊し、各国の国立公園や都市計画に関する最新の情報を摑んできたところであった(7)。

翌日の朝には早速後藤の秘書官が迎えにやってきたという。本多はこうして帝都復興事業に関わるようになったのである。

(2)　帝都復興期の緑化事業――緑で結ぶ公園と道路――

帝都復興事業では、理想的な美しい国土や市街地を具現化することが意図された。焼け野原となった都市の状態は、結果として、「幸か不幸か」[8]根本的改正を断行する契機になったといわれる。そこで提示された復興計画案の大綱は次のとおりである。

健全にして秩序ある都府の建設を促進するを主眼とし、民度と財力の許す範囲に於て事の緩急を稽へ、序を逐ひて案を進め、交通・衛生・保安・経済・教育等に関する重要施設の整備を図り、永久に帝都の安寧を維持し、福利を増進するの基礎を固む。[9]

右の目的のため、焼失地域の整備から取り組まれることになる。具体的には都市構築の規準である「街路の規格及び路線の系統」を第一事項に置き、第二事項として「公園の配置」が定められた。公園は官有地等の整理に併行して漸次、東京と横浜に七公園[10]の造設が決まった。東京は隅田公園、江東公園、日本橋公園の三か所である。以下、市場の配置や市街宅地割の整理、防火措置、京浜間の港湾運河等の施設回復が事業計画に盛り込まれた。

本多は防火防災対策として、道路の拡幅工事、街路樹や並木の設置、また避難場所として樹木の繁る公園の整備を重視した。本多はこれらを「一番近道の安全策」[11]と唱えたが、実際に本多が希望した議案は同年一一月二日、四日、六日に開会された参与第一部委員会において審議される。本多が提出した条項は次のものである。

イ．既設の公園を整理拡張すると同時に、新に適当の位置に各種公園を設置し、就中大・中の公園は之を公園連絡広路、又は幹線広路により互に系統的に聯絡せしめ、以て全市の公園を有機的に活用せしむること。

ロ．河海濠池の沿岸は成るへく之を公園又は公園連絡広路になし、船著場・荷揚場・倉庫其の他公共用の外、成るへく普通住宅を許さゝること。

ハ．公園及公園連絡広路並公園広路兼用幹線道路の合計面積は全地積の一割以上となすこと。

ニ．以上の諸設備は平時には市の装飾と保健の用に資し、非常の際には何れの住民も数町の距離にして公園又は広路に出て安全に避難し得せしむるを目的として設計すること。[12]（傍線筆者）

つまり、防災には何より樹木の繁った広い場所とそれにつながる広い道、すなわち「公園道路」の設置が必要であると説き、普段は街に緑を添える美化装置として、非常時には保安用の避難地として、これらを有機的、系統的に結ぶことが適当であるという都市計画論である。

ここに提示された十分な公園整備と公園連絡道路設置の必要性について、本多は、参与第一部委員会における議論のみならず、日本庭園協会理事長としても復興院総裁宛に建議書を提出する（同月六日）[13]という念の入れようであった。『太陽』に掲載された「理想的都市計画」（一九二四年）においても、本多は従来の公園論に見る「保健、衛生、休養、娯楽、装飾、教育」という効用に「保安」の要素を加えている。[14]既述のとおり本多は明治神宮造営や御大典記念事業において、記念植樹による風致に配慮した街づくりを奨励していたが、震災を機に、風致あるいは都市美に寄与するだけでなく、防災にも役立つ施設整備を力説したのである。

（3）防災対策としての緑化の思想とその背景

次に、本多が論じる公園や道路緑化の整備に係る具体的な内容とその思想について検討する。

明治期には街路樹を意味する言葉として擁道樹や行道樹という用語が聞かれたが、「街路樹」というタームが普及するのは、都市計画の中に「緑化」という概念が位置づけられて以降といわれる。植樹の効用については、これまでにも農学者や林学者によって並木の衛生効果や風致美観、防災効果が説かれており、たとえば津田仙の「擁道樹」論[15]や本多の「行道樹」や「学校樹栽」に関する著作がそれに該当する。

日本において街路樹が制度の一環として本格的に導入されるのは、大正八年（一九一九）四月に道路法と都市計画法が制定された一九一〇年代末から一九二〇年代の間であり、この両法令に即して街路樹植栽が実践された最初の例が帝都復興事業であるという[16]。

本多は震災直後の大正一二年（一九二三）一〇月、「大地震大火事に対する安全策」と題して林学者あるいは造園学者の観点から街路樹や公園樹等の整備を論じている。ことに樹木を欠いた場所の罹災については次のような記述がある。

今回の死傷者の如きは、全く非常の際に避難すべき公園又は広場を欠いたのに起因する。特に本所被服廠跡に避難した人の大部分、即ち三万二千余人が、互に重り合って焼死したことは、全く樹木の無い僅か六千坪許りの空地であった為、四方火焔に包まれて非常の高温となり、折角持出した荷物は忽ち乾燥して上から雨の如く落下する火の粉の為めに燃上り……[17]

現在の慰霊堂（墨田区横網）が建立されている被服廠跡における被害の惨憺たる様子は、堂内に掲げられた壁画に痛ましい。一方、浅草公園や芝公園、日比谷公園でも火の粉は上がったが、しかし樹木が繁っていたためか避難民への被害は甚大にはならなかったという。本多は特に浅草観音堂その他が助かったのは、まったくイチョウのお蔭であると「イテフの木の御利益」をもっと宣伝したいと語っている。

周囲一丈餘の大イテフが十一本と、私等が公園を設計した時植えた若木中、木の周囲二乃至数尺のイテフが数十本ある。観音堂裏手東隅の大イテフが半分焦げながらもよく火を防いだこと、弁天堂と鐘撞堂——鐘は上野か浅草かの唄で有名な鐘撞堂——が、周囲に五本の大イテフと高さ四間乃至六間の小イテフ十本が繁茂して居た為めに、近く二三間先の町は何れも焼失して三方から猛火が迫つて居ながらよく火に堪へた事は、古来イテフが火除樹と称せられて名古屋本願寺の火事の時、水を吹いて寺を助けたといふ有名な話のある如くに、イテフの功として十分に認めて貰ひたい[18]。

これに対し、従来多くの公園樹の主木を成していたマツ類は樹脂が多量に含まれるせいか、防火の効果は少なく、たとえば深川公園の植込地八六〇〇坪などはほとんどがクロマツであったため、一本も残らず焼け焦げたという[19]。クロマツについては第Ⅲ部第一章で述べたように、本多は『學校樹栽造林法』で沿岸等における防波林としての植栽を勧めていた。

一方、イチョウの防火効果については南方熊楠が大阪毎日新聞で次のように反論している。

十月廿五日の大阪毎日を読むと、市理事者や市会議員、其から専門の技手迄も、浅草観音堂が銀杏の樹で囲まれて火難を免がれたから、大阪の公園にも道路にも必ず此樹を植ねば成ぬと主張し、技師は京の本願寺の水吹き銀杏が火災を救ふた昔し話迄間に合せ居る由。……と云ふは、本願寺の水吹き銀杏の伝説はあてに成らぬから、姑らく措いて、技師の言はれた通り其葉が厚くて密生し、火に焼ないのは確とするも、誰も知る如く、此木は秋末葉が黄ばみ落て丸裸になり、次の春又芽を出す。扨、地震や火事は冬間無い物に定まっても居らぬから、葉の無い銀杏が冬の火難に用立つまい[20]。

丸裸のイチョウでは冬季の火事には役立たないという、もっともな意見を述べている。そして、以前、旧知の川瀬善太郎と高野山に登山した際に老僧から耳にした、火の移りやすい檜皮葺屋根の建築を守るにはコウヤマキの生垣がよい、という話をもとに「防火に大功有るは高野槙で有う」と述べ、その効果の程を説いている。別名金松と称されるコウヤマキは高野六木に数えられる高野山を代表する名木である。

本多と南方のいずれの防火樹論も大正時代の見識ではあるものの、街路樹の防災効果については、平成七年

（一九九五）の阪神淡路大震災において大規模火災は街路樹をはじめとする身近な樹木の少ない場所で発生していたという研究報告[21]もあることから、専門的なことはここでは論じないが、防災に何らかの効果を期待したことは妥当といえよう。

以上のように多くの被害者を出した関東大震災後の帝都復興計画では、防災・保安施設としての公園や街路樹整備が求められたのである。そしてこれらの活動の担い手として期待されたのが、記念植樹事業と同様、協力する市民の人心であった。本多は先の「理想的都市計画」（『太陽』三〇巻一号、一九二四年）において「都市に対する市民の自覚」の必要性を次のように講じている。

要するに理想的都市計画の本領は、之を一言にしていへば、その都市を構成する所の市民各人が最も生き甲斐ある人生を送るために、それに最も適した都市を築き上げるといふことであるに外ならぬ。而して其が実現を期せんとするには、先づ市民各自が都市計画の如何なるものであるかを明確に理解し、都市は己が住家であり、己が仕事場であり、而して共に語り、共に遊び、共に学ぶの場所であることを自覚し、市民全体が共同一致の精神を以て、お互の幸福と利益とを増進すべく努めなければならぬのである。[22]（傍線筆者）

いわば都市を市民共有の住み家とみなし、「大東京」を構成する市民各人に都市に対する自覚を向上させることが理想的な都市計画における第一の課題であった。本多の説く人びとの協力に根ざしたところに生まれる理想的な都市美とは、果たしていかにしてなるのであろうか。

第二節　都市美運動の成立とその背景

（1）欧米の都市美運動――緑化を基盤に――

日本が手本としたとされる欧米の都市美運動は、西村幸夫氏の研究によると一八九〇年代のコロンビア世界博覧会（シカゴ・一八九三年）を契機に景観規制が敷かれ、都市の美観を向上させる都市美運動 City Beautiful Movement が生じたところに由来する。[23] 周知のごとく一八世紀から一九世紀半ばというのは工業化にともなう農村人口の減少により、郷土風景の保護が問われはじめた時代である。

概略を述べると、まず米国のケースでは、造園家フレデリック・ロー・オルムステッド（Frederick L. Olmsted, 1822-1903）に啓発された、緑化に基づく自然風景の保護運動に求められる。これは人口過密による不衛生な都市環境に対し、「樹木を育てること」によって公園や庭園等の自然美を増進させ、風致を図るところに始まったといわれる。当時は、都市の住民は自然とふれあうことによってみずからの肉体と精神を蘇生させ、疾病の流行を抑えることができると考えられていたのである。米国の場合はこのように「美と健康」の重視から都市美が推進されたというが、[24] このことは第Ⅲ部第一章で触れたように、本多もまた欧米視察の見聞から、彼らの生活の基本が「健康」にあることを指摘し、みずからも健康第一主義を説いて、これを開かれた自然空間としての公園づくりに活かしていた。[25]

英国ではカントリーの田園風景を尊重するジェントリ層とともに、劣悪な衛生環境下で働く労働者の存在が都市美運動の原動力となる。『明日の田園都市』（一八九八年）でエベネザー・ハワード（Ebenezer Howard）は、「あらゆる水準の真の労働者すべての健康と愉楽の基準」[26] を向上させるために、緑の田園都市を中継地として、都市と農村を健康的かつ経済的に結合させることを説いた。英国の都市美運動をさらに発展させたのが、「アメニティ」の観点から都市を論じたレイモンド・アンウィン（Raymond Unwin, 1863-1940）である。彼はハワードの構想を具現化する際に、ハワード・プランを踏襲する傍らその機能的な直線道路を曲線道路に置き換え、地形に合わせて緩やかなカーブを描く有機的計画を取り入れた。ローマ時代の古道や大樹を可能な限り残すことも彼の計画の内にあった。アンウィンのプランは、彼の父と交流のあったウィリアム・モリスが理想とする、ロマン主義的で伝統的なオールド・イングランドの美しさを再現することにあった[27]。

ドイツにおける都市美運動の先駆は郷土愛護活動に始まる風景の保存に見られる。エルンスト・ルドルフ（Ernst Rudorff, 1840-1916）は、民族文化を保護する「郷土保護」[28]の観点からまず土地を買い求め、地域に伝わる老樹の保護を行ったという。都市化にともない農業の新たな担い手となる外国人が増加し、郷土文化の消滅が懸念されたのである。自然美や田園を賛美するロマン主義的思想を有するルドルフを中心として、一九〇四年に結成された郷土保護連盟には天然記念物保護を主張するコンヴェンツや森林美学を説いたザリッシュらも加わっていた。第Ⅱ部第二章で述べたハインリヒ・コッタの弟子に当たるザリッシュ（H.v. Salisch, 1846-1923）は、自然の摂理に鑑みれば、都市近郊の美しい森林の存在こそ、人間に住みよい環境をもたらすという理念のもとで森づくりを行った林学者である[29]。ターラントで学んだ本多の造林学にも、コッタの説く、自然の摂理に適ったところに美が生じるという森林美学が受け継がれているが、緑を基調に美が生まれるという思想こそ、近代ドイツ林学の基礎理念であった。

このように欧米の都市美運動というのは、都市工業化に従い失われつつある郷土風景の保存を図るとともに、自然の緑の美を生かした衛生的で健康的な都市づくりを目指すところに始まった活動であり、その方法の一つとして、老樹名木の保護や植栽行為が重視されたと考えられよう。都市美運動との交渉の有無は明らかではないが、その背景において第Ⅲ部第一章で論じた農政家S・モルトン（J. Sterling Morton）が推進した経済性を目的とする植樹運動や、「日本の緑化の父」とも呼ばれるプロテスタント宣教師B・G・ノースロップ（Birdsey. G. Northrop）が提唱した“Arbor Day”という学校樹栽活動が行われたことなどにも留意せねばならないであろう[30]。

（2）日本の都市美運動の成立とその背景

欧米の都市美運動は、このように都市化や工業化にともなう郷土風景の保存や衛生面から都市の緑を保全することを理念として開始されたものであった。これに対し、日本の都市美運動は関東大震災後の市街地再生を機とするものである。同時代においては建築家や芸術家、文学者をはじめ、あらゆる分野の専門家がこれからの都市像を思い描き、最適な都市計画を打ち出すべく思考をめぐらせていた。

中島直人氏の『都市美運動　シヴィック・アートの都市計画史』を参照すると、まず大正一四年（一九二五）一〇月二三日、都市美協会の前身である「都市美研究会」が発足する。同研究会には、建築家中村鎮、経済学者渡辺銕蔵やジャーナリストの橡内吉胤、市役所技師で建築家の石原憲治のほか、文学界から野口米次郎や内田魯庵、美術界から石井柏亭等、多様な職業のメンバーが集っていた。こうした多様な人びとを結びつけ、多方面から都市づくりを構築するのが都市美研究会の運動理念であった。設立趣意書にみる「市民をして「己が住家としての都会」に目醒めしめたいとの念」が研究会発足にいたらせたのである。[31] 本多の論と同じく「市民の自覚」が求められたのである。

具体的な事業としては、建築物や看板、電柱、銅像といった構造物の高さや色彩に係る美観の議論をはじめ、都市設計に係る建議・陳情のほか、啓蒙活動として講演会や植樹祭が開催された。

その後、結成から一周年にあたる大正一五年（一九二六）一〇月三〇日、都市美研究会は「都市美協会」として拡張される。初代会頭に阪谷芳郎、副会頭に本多静六（東京帝国大学教授・林学）、塚本靖（東京帝国大学教授・建築学）、牧彦七（東京市土木局長）が就任した。機関紙『都市美』創刊号に記された阪谷の緒言によれば、都市美運動の使命とは、「単に都市の細部の美醜如何を云写するに止まらず、実にその都市の進路を効率的な活動場となすと同時に、美しく愉快な健康地となすやうに仕向けてゆく」ことにあり、都市に住まう市民の「シヴィックスピリット」を涵養し、ひいては国を愛する「パトリヲチズム」を助長することにあった。[32]

阪谷の文言に見られる「健康」志向は、「健康第一主義」を説く本多の理念に通じるが、ことに市民人心の疲弊は大正一二年（一九二三）九月一日に発生した震災後に顕著であり、巷では治安が悪化し、殺傷をともなう醜い争いが横行する事態に陥っていた。したがって同会の活動は都市化の進む近代日本の裏面に漂う、いわば精神的、あるいは物質的な「醜」の部分の改善を目指すことにあったといえる。

阪谷の「市民の自覚」を問う姿勢は、『太陽』誌上（一九二四年）で次のように語られる。

大いに頼みとすべきは、今回の大災害により、一般人心の上に加へられたる覚醒一新の力である。震災前の人気は甚だ頼もしからず面白からぬものであつた。所謂ゆる上下共に意満ち、気驕り、軽佻浮薄であつた。所謂ゆる成金気分やら怠業気分やらが横行して居つた。それが、九月一日、正午僅かに数分間の内に、天地も覆へる大変が起り、東京横浜の繁昌は、一夜を過ごさぬ内に焦土と化し、非常の刺激を人心の上に與へたのである。若し幸ひに此の人心一転機がどこにでも善き方に進むものとせば、日本帝国の国運は数年の後に、更に一大進歩を見るであろう。否な吾人は其大進歩を見ざれば止まぬ決心である。[33]（傍線筆者）

要するに、震災に遭遇した日本の都市美、あるいは国運は市民の人心の方向性次第ということであった。

なお、ここで注目すべきは研究会の段階ではメンバーに属していなかった本多が、林学関係者として副会頭に迎えられたという事実である。人選の意図については明らかではないが、そもそも欧米に由来する都市美運動は「緑化」を基礎にするものであり、ここにまず植栽活動を主軸とする日本の都市美運動の特徴が現れているといえよう。同時期に本多は大日本山林会や帝国森林会、日本庭園協会の指導的地位にあった。都市美協会はこののち昭和八年（一九三三）から昭和一七年（一九四二）までの「植樹デー」開催に際して、帝国森林会の財政的な支援を受けている。[34]前章でとりあげたように大正期には帝都復興に先立ち、第一次大戦終了を機に帝国森林会が平和記念植樹を推進していた実績もあることから、植栽事業の充実を図るために本多が選ばれたものと推測される。

第三節　日本の都市美協会の活動とその展開

（1）都市美協会における事業

都市美協会が取り組んだ主な事業は、行政の都市政策に関与する実際的な業務と、機関誌『都市美』の発行や各種イベントを通して市民に都市美の理念を鼓吹する啓蒙活動の二つに分けられる。前者は都市設計に係る陳情や意見の提出、後者は「植樹デー（植樹祭）」をはじめ講演会や映画会、展覧会の実施などがあげられる。「植樹デー」については後述するとして、本項では都市問題に係る事業と当時の社会的背景とを照合しながらその取り組みについて検討する。

行政への提言　まず、工学的な見地から道路や建築構造物に関する都市政策に対して当局に建議書や陳情書を提出し、都市改善を図ることが事業として推進された。前章で論じた森林業の改善をめぐる帝国森林会の建議（三五二頁）に対し、こちらは都市の改善を目的とする建議である。

具体的には、大正一五年五月一日付「宣伝印刷物貼付取締に関する建議書」（警視総監宛）、昭和三年一二月八日付「広告看板取締に関する建議書」（警視総監・東京府知事・東京市長宛）、同年一二月二二日「外濠風致保存に関する建議書」（内務大臣・鉄道大臣・東京市長宛）、同四年一月二五日付「市会議員選挙ポスター掲示場設置に関する建議書」（警視総監・東京市長宛）等がある。宮城を俯瞰するという理由で物議を醸した桜田門外の新警視庁舎の高さ見直しについての建議書は、同年一一月二八日に警視総監・大蔵省営繕管財局長官宛に提出された(35)。

本多の専門に係る建議では、昭和九年三月一六日の「蓬莱園保存に関する建議書」（文部大臣・東京府知事・松浦伯宛）がある。同建議は都市美協会が日本庭園協会と連動して保護指定を陳情した事例である。昭和九年（一九三四）といえば本邦初の国立公園が設定された記念すべき年に値するが、この動きに併行して本多は大正九年頃より名勝を有する由緒ある庭園・名園の保護、研究に乗り出し、日本庭園協会理事として松浦伯爵邸等の名園保存を当局や人民に呼びかけるなど保存運動を起こしていた(36)。たとえば大正一五年には同じく日本庭園協会理事として、小石川後楽園の復旧保存に関する建議書を陸軍大臣宛に提出し、強く善処を求めたこともある(37)。

その他、街の騒音防止や丸の内・銀座の電柱電線撤廃に関する建議書等が並ぶが、いずれの陳情も今日、街の美化が論じられる際にもたびたび問題視される事柄である。上原敬二の回想によれば帝都の美観問題には都市美協会はかなり貢献したという(38)。

都市美反対の声　しかしながら都市美の動きに対して、市民の側から「都市美反対」の声があがった例もある。都市美運動は市街地を中心に展開し、外地都市の台湾や満洲を含めて全国規模で「都市美」が問われた(39)が、特に都市部の場合は商業との絡みにおいて議論が生じた。以下は大阪朝日新聞に掲載された昭和七年（一九三二）九月二二日付の記事である。

> 煙都の寵児　街路樹邪魔にされる
>
> 商工都市大阪では二、三年前から市当局が率先して衛生的、人道的立場から都市緑化運動を起し街路樹植込み、公園浄化に大童となつてゐるがこゝに皮肉にも、この運動に対し、商業中心街堺筋方面の各商店から「街路樹植込」に非難の声が起つて来てゐる。それは春から秋にかけて街路樹が繁茂してゐる時には、そのために各商店の表看板がてんで車道から見通しが付かず、折角の宣伝広告は、その効果の大半を失つてゐるのと、それに人道は僅か一間に足らぬので店先に来るまでは看板が読めず店を訪問する取引者にとつて非常に不便だといふにあるので、近く広告取締規則改正を完了する大阪府保安課では市当局とも協議し商店街広告規則を従来の杓子定規的なものから緩和し、現在よりも看板の位置をずつと高くさせるやうにするか、そ

れとも街路樹を車道の中央部に移植させるか、その他種々腹案を練ることになつてをり、完成の暁は不況を喞(かこ)つてゐる商店街へ一大福音であらう(40)。

衛生的、人道的見地から大阪市当局が取り組んでいた街路樹整備だが、大阪の商店主たちの商売敵になるとして街路樹が槍玉にあげられた。

商店主たちによれば繁茂する緑葉によって折角の宣伝看板が目立たず、しかも歩道は一間に満たないことから客は店の看板に気付かずやり過ごしてしまうという。問題となっているのは広告看板と街路樹であり、いずれも都市美協会が積極的に取り締まりを奨励していた看板規制と緑化推進に対する苦情である。結果、看板の高さ制限は協議の末に見直されることになり、十分なスペースがない不適当な場所に植栽された街路樹も移植するか否かの点で議論されることになったようである。

街路樹については従来不要論はおろか批判論すら極めて乏しく、長所のみが論じられてきたといわれる(41)。また中央で事が始まると各地方一斉にそれに従うという社会構造は都市美についても同様だが、右の大阪の事例も中央が指導する並木設置に対して、地方で批判的検討がなされることなく進められた結果といえる。言い換えれば、都市緑化を推進する自治体側にその趣旨が十分に理解されないままに実施されたケースである。

これまで述べてきたように、本多の記念行道樹論とは公園計画論と同じく、環境に応じて必要な場所に必要な樹木を植えよと奨励するものであった。この考え方は、本多がたびたび言及する熊沢蕃山の思想、「時処位」にもみられる。つまり、必要とされる時に、必要とされる場所で、必要とされる樹木を植えさえすれば問題は起きないわけである。換言すれば、樹木を植え込むこと自体が悪いのではなく、その方法論や選択が間違ったところに問題が生じるのであり、そこに批判が向けられるのである。

長年、都市美を講じてきた日本庭園協会の黒田鵬心は昭和八年（一九三三）に発表した「都市美の今昔」において、明治四三年（一九一〇）当時と比較して公園や橋梁の建設によって近代的な街の美しさが促進され、著しい進歩を遂げたと語っている。だが美化が進む反面、醜い部分もずいぶん増えたことからその「醜」を防止することも必要であり、それが「消極的美化」につながるという[42]。不適切で不要な場所に植栽された街路樹などは、その美しさや緑陰の有する本来の効果が発揮されない悪例といえる。

都市美協会はこのように「当局に物申す」という意気込みで開始されたのだが、時に市民の声によって、その活動が見直されることもあったのである。

（2）「大東京」の誕生──愛市の思想と都市美の実現──

前節でみたように、日本の都市美運動は帝都復興を機に開始され、その背景には欧米の都市美運動を模範とする方針が掲げられていた。昭和一一年（一九三六）、設立以来一二年にわたり多方面から研究を重ねてきた都市美協会は、改めて都市美の理念を提言した。

都市は絶えず膨張発展して、其の面貌は古きもの、の破壊と新しきもの、建設とに依つて、常に動いて止む処を知らず、其の間にあつて稍もすれば自然と人工の不調和を来し、或は統制を欠き、延いては明朗なるべき都市の風景を不快にし、都市美を損ふことが尠くないのであります。惟ふに都市の環境を住み心地よきものとし、風致美観の維持を図ることは都市生活者共同の責任であるのみならず、進んでは我国都市の繁栄と興隆に至大なる関係を有するものと謂ふべきでありませう。是れ本会の都市美を強調する所以であります。……本会の目的を貫徹せんが為に、都市美に関し実際に適応する調査研究を遂げ、或は都市将来の発展に稽へ、案を具して之を当局に勧め、或は世論に訴へ、印刷物を頒布する等以て都市愛護思想の普及を図り、大いに輿論の煥起と実現に尽さむものとするのであります[43]。

この趣意書が提示された昭和一一年というのは、昭和八年（一九三三）一月の協会規則改正にともない事務局が東京市土木局内へ移された三年後のことであり[44]、東京市の協力によって同会の活動がいよいよ充実する気運に満ちていた頃のことである。

ではなぜこの時期に市民の都市愛護思想を啓蒙する趣意書が出されたのであろうか。その理由としては、昭和七年（一九三二）一〇月一日をもって、いわゆる「大東京」が誕生した記念と考えるのが最も妥当と思われる。東京市域の拡張により新たに二〇区[45]が追加されたことによって世界的な大都市が生まれたのである。

明治初年の東京開府以来、市政は東京府に委ねられてきた。それが明治三一年（一八九八）一〇月一日、松田秀雄第一次市長のもとで東京市役所が開設されるや同市はこの日を「自治記念日」と定め、独立独歩の市政を司ることになる。現在東京都で高等学校までの教育機関が休業となる「都民の日」はこの自治記念日に由来する。

大震災に遭遇した東京市では復興事業を機に急激な外延的膨張が起こり、市に隣接する町村も都市化が進んだことから、郊外でも市内と変わらぬ社会・経済生活を営むことが可能となっていた。スプロール現象によって市内人口の約一〇万人の減少と引き換えに郊外住民は一七二万人に達していたのである。だが八〇有余の自治体が雑然と分立する状態にあっては「道路一本」つけるにも、二重行政の不経済性、不合理性から「大東京の悲劇[46]」という醜い混乱が起きるのが常であった。

こうした状況を改善すべく昭和四年（一九二九）五月、東京市会において市域拡張に係る特別市制に関する調査委員会が設置され、一二月に市制と都政に関する各実行委員会が設けられる。翌五年一二月、都政に関する実行委員会は八王子や三多摩郡地方で実地調査を行い、翌六年四月には京阪、名古屋地方で市域拡張の実績を調査するなど研究を重ねた。その結果、六月三〇日の市会で「隣接町村合併に関する建議」および「隣接町村合併促進に関する建議」が満場一致の議決を得るにいたった。次いで理事側に特設された臨時市域拡張部と協同して調査を進行、一二月二三日付にて内務大臣および東京府知事宛に「市域拡張に関する意見書」を提出、大東京実現へ向けていよいよ本格的に動き出すことになった(47)。

明くる昭和七年（一九三二）一月一四日、日比谷公会堂で五郡八二か町村を糾合する東京市郡合併期成同盟会が発足した。だが万事賛成というわけではなく、八王子市と三多摩郡は五郡併合に猛反対、逆に同地方を包含する都政の実現を陳情する事態となる。だが時の藤沼府知事は急速実施を決し、五月五日に「東京市隣接八十二箇町村廃止及び東京市境界変更の件」を上申する。内務省もまた異例の速さで審議を行い、五月一〇日に「境界線変更」に係る大臣承認の通牒を発した。続く二三日に知事は「八十二箇町村の廃止」の正式許可を稟請、二四日に大臣より「郊外八十二箇町村の合併並新区二十区設置の件」を許可する指令が発せられ、翌二五日、東京府は公報をもってこれを告示した。そして同年一〇月一日、ここにようやく世界都市「大東京」の実現をみたのである。諸外国の大都市と比較してもその面積にして世界第五位、人口にして世界第二位を誇る躍進ぶりで(48)、東京市は多年の懸案であった巨大都市の仲間入りを果たしたのであった。

大都市誕生の記念として第三四回自治記念日に発行された『大東京』（東京市役所）に、永田秀次郎市長の告諭が次のように記されている。

東京市は本日の自治記念日を期し、多年の懸案たる市域の拡張を実現し、其の人口五百万、面積旧に七倍するに至れり、寔(まこと)に市民諸君と共に慶賀に堪へす、惟ふに帝都の完成には尚一層内容を充実し、制度の完備を計らさるへからす、市民諸君冀は一致協力以て其の達成に努力せられむことを
昭和七年十月一日　東京市長　永田秀次郎(49)

市民一人一人の自覚により、一致協力して世界に名だたる都市づくりを目指そうというメッセージである。永田市長は次のようにも述べている。

市域拡張の意義は重大である。真実の仕事はこれからにあるから、今後共市民の自覚ある援助に俟たなければならない。更に又都制を離れて考へても拡張後の施設に就ては非常な努力と見識を必要とする。……新旧五百万市民諸君は深く理解されて、融合一致、兄弟牆に鬩ぐ様なことのないやう念願して止まない。[50]（傍線筆者）

このように市民の自覚が問われた背景には、大東京の誕生とともに、農村部の編入によって加わる大量の新東京市民の存在があった。つまり大東京を構成する一員として、新旧市民が互いに「都市美」をいかにすべきかを考えることが必要だったのである。

（3）大東京の道づくり

政治・経済・学術の中心都市である東京市政の内容は、教育、衛生、土木、交通、社会事業等、多岐にわたるものであり、その改善が急がれた。昭和八年頃より「大東京への様式化[51]」が議題に上り、新規事業に要する具体的費用として総額八億五九四二万八〇〇〇円が見積もられ、旧市部に四億七五〇二万四〇〇〇円、新市部に三億八四四〇万四〇〇〇円を配分、以下の事業が一五年から二〇年の長期計画で進められることになる。

教育施設…四二二〇万八〇〇〇円　社会事業…二四五万一〇〇〇円　衛生施設…一三四九万八〇〇〇円
屎尿施設…四五七万二〇〇〇円　塵芥処理…四三七万四〇〇〇円　公園施設…二四五七万三〇〇〇円
市場建設…三五〇万円　上水道事業…九六四〇万円　下水道事業…一億九〇二九万八〇〇〇円
道路及橋梁…三億三〇〇〇万円　河川及運河…七四〇三万三〇〇〇円　電気軌道…五一六五万五〇〇〇円
乗合自動車…四九九万五〇〇〇円　電気供給…六八七万一〇〇〇円　市庁舎建設…一〇〇〇万円[52]

ここに打ち出された計画を額面から判断すると、人材を養成する教育施設の補充はもちろんのこと、震災被害の教訓から堅固な都市づくりを目指すインフラ整備に重点が置かれているところが顕著である。中でも目を引くのが、公園や道路橋梁整備、下水道設備など都市の衛生や風致に関わる事業が優先されている点である。公園や公園道路の設置については、先の本多の意見のとおり、風致、衛生また教育の場としてのみならず、有事の避難場所としての機能が検討されたものといえよう。

特に「大東京」建設のためにエネルギーが注がれたのが、市民が行き交う「道」の整備であった。

道路は都市の血管である。都市に於ける交通の中枢をなすは勿論、都市美の上から、又市民の保健の上から、将又産業振興の上から特に密接な関係を持つものとして重要視されてゐる。(53)

東京の道の問題

いうまでもなく道路の拡幅整備は防災上不可欠な措置だが、ことに前近代に敷かれた江戸城を中心とする旧道は一朝事ある時に備えて屈曲した構造で、近代化にともなう交通量の増加には対応不可能であった。また、江戸時代の街道しかなかった新市域においては舗装道路と凸凹道が睨み合う状態であった。計画ではそうした道路事情も「大東京」の整備により一掃され、復興後に完成する道路や橋梁は「文化と美観と安全」の三者を満たし得るものになるという。

道路整備に力点が置かれたのは、摂政宮時代の昭和天皇やロンドン駐在松平恆雄大使の永田市長に対する次の言葉も作用したとみられる。永田市長によれば大正一一年（一九二二）一一月三〇日、郷里淡路島に行啓が行われた時のこと。

東京の道路より淡路の道路の方が好(よ)いぢやないか。

田舎の道の方が東京の道より好いとの東宮殿下の言葉に永田は恐縮する一方であった。殿下は笑って、

実際悪いのだもの仕方がない。(54)

と仰せになった。ロンドンを訪問した際には、永田は松平大使から次のように批判された。

東京の道はよく掘り返すじやないか、君が以前に市長の時に僕が此の事を質問したが満足な答弁がなかつた。見給へ、倫敦の道路などは何処だつて掘り返して居やしない。(55)

実際に当時の道路事情の悪さ加減といえば言語に絶したといわれ、通称「玄海灘」と呼ばれた桜田門付近などは、シルクハットを被って自動車に乗ろうものなら帽子が天井に突き当たって台無しになり、西洋人の子供は東京駅前の凸凹道に砂利が溜まっているのを見て、近くに海があるのかといったという。雨あがりとなれば「豊葦原瑞穂の国」といわんばかりに一面が稲田のようになった。逓信省やガス会社等の埋管工事のたびに道路は掘り返され、雨の日は泥田になり、晴れの日は埃にまみれた。(56)これが東京の道であった。松平大使の指摘に永田は、「江戸の仇を倫敦で討つ」とはこういう事だと内心忸怩たる思いにかられながらも、東京の道路事情については、どこへ行ってもまったく頭が上がらない状態が続いたという。

舗装道路か自然道か

だが近代都市には必ずしも舗装道路が適当というわけではなく、自然道の役割も同様に重視された。帝都復興を記念に昭和五年三月に開催された「復興帝都鑑賞批判座談会」においては、それぞれの分野の専門家が都市美を講じたのだが、そこでは東京の道についても議論された。

参加メンバーとテーマは次のとおりである。(57)

大岡大三（復興局土木部長）「復興当局者として（タウンプランニングその他）」、中村琢次郎（市復興局工事課長）「市当局者として（道路、橋その他）」、本多静六（林学博士）「公園」、佐藤功一（工学博士）「ビルディング」、櫻井忠温（陸軍新聞班長・陸軍大佐）「軍備上から」、僊石政太郎（建築士）「劇場、映画館」、橡内吉胤（都市美協会理事）「都市美の問題」、丸木砂土「文学者として」、斎藤素巌「美術家として」。

座談会では東京の道路整備をはじめ、復興公園として新名所となった墨田公園の桜樹植栽を中心とする大公園小公園の話題から、公園内の銅像不要論、市街地の映画館や劇場等の娯楽施設までが論題にのぼり、果たして

「東京は個性を持つか」という切り口で各人が語り合った(58)。

道路事情に関する意見としては、アスファルト舗装に対して批判の声があがった。車両の運搬等には便利だが人の健康には芳しくないという意見である。特に公園の歩道については弾力性のある自然道が相応しく、櫻井忠温陸軍大佐は都会の飼い犬には偏平足が多いと指摘し、土の地面をなくすことなく犬のためにも砂利道に、と説いている(59)。本多もまた隅田公園などはコンクリート舗装が多すぎたとして、遊歩道には砂利道がよいと同意した。公園の道については、かつて田村剛は「歩道は凡て砂利道にしたかつた。あのツキン〳〵と頭にこたへるやうな歩道（神宮外苑の舗装道路――筆者注）は、公園のものではない(60)」と評したことがある。

空間の用途に合わせて道路の舗装に細かい注文が付けられたのは、なにより大東京市民が健康的な生活を送るためである。「大東京」の道づくりをめぐっては、そこに住まう人間や動物をはじめ、植物の植生環境にいたるまで、互いに健康に生きることを目指して議論されたのである。

（4）大東京市民をつなぐ「山林都市」――都市と農村を緑で結ぶ――

「大東京」の誕生により、都市部と農村部を包括的にとらえた都市づくりが求められることになった。本多は「山林、農村の美化と森林公園」（一九二七年）という論考で、天然の山林美を利用した山村や農村の美化運動を論じている。欧米の都市美運動で行われた「緑の美」を取り入れた街づくりについては、日本では渋沢栄一を中心とする田園調布の街づくりにその例がみられる。また緑で都市と農村を結ぶという緑化構想は、第Ⅲ部第二章でみた御聖徳記念の植栽事業に現れていた。日本の都市美の特徴をあげるとすれば、田園都市とともに、山岳や山村を活かした「山林都市」を思い描いたことにあろう。

昭和六年（一九三一）五月二五日、都市美協会が主催した自然公園の保存地または候補地の視察で南多摩の丘陵地帯を訪れた本多や塚本靖ら一行二〇名は、黒谷了太郎の著作『山林都市』を引き合いに、山林都市計画について構想している[61]。黒谷のいう「山林都市」とはいわゆる「林間都市」を指す。たとえば英国では郊外に出れば大抵、平地に牧場が広がる田園風景が見られるが、平地の少ない日本の場合は、急斜面の山岳の間に田畑が所々に現れる農村風景が中心である。そこで、国土のほぼ七割を占める山林やその高低差によってもたらされる自然風景を都会生活の中に活かそうとするのが日本の山林都市（フォレストシティ）である[62]。山々が織りなす風景に特徴づけられる日本の地形にちなんだ呼称といえよう。

本多が構想する山村および農村美化の一案は次のとおりである[63]。まずインフラ整備については、都市と農村を結ぶ交通機関、すなわち鉄道や自動車道を改修するとともに遊歩道の新設を推奨する。県道等の大きな通りには果樹などの並木を設置し、周辺部落内にはなるべく幅の広い道を整えそこに面する住宅には前庭を設けて草花や花木を添えるものとする。

農村部において最も重要な衛生環境面については、塵埃は肥料にするか焼却するものとして河川に流さない、手洗所は生垣等で目隠しする、河川や用水路の水を美しく保つためにも不潔物の投入を防ぎ、時に清流を利用して遊漁場にするのがよいと指南する。このような農村部の下水整備や住宅内外の衛生については、本多は万事都会風に改造せよというのではなく、農村美を活かすように素朴かつ簡素にして常に清潔感を保つことが大事であると説いているのである。実際に本多は先の視察で訪れた南多摩地区の地元民に対し、こうした風致保存に関する二、三の注意を授けたという。

また都市部の市民と農村部の市民が互いに利するような交流を達成するにはインフラ等の整備のみならず、精神面への配慮も怠ってはならないとする。農山村民の伝統的な風習を蔑ろにせず、彼らの「信仰の中心たる社寺の境内は勉めて之を清浄に保ち」、「幽邃な常緑樹林」や風致林を整えることを重んじる[64]。これは本多の山の信仰への理解に基づく意見といえようが、古来の自然風景を尊重し、これを近代的な方法によって活用するという姿勢によって、はじめて都市と農山村をつなぐ森林公園や自然公園が築かれるのである。このように被災後のスプロール現象がもたらした都市構造の変化に従い、農村部では衛生面や清潔感に気を配ると同時に、都市部では山村地域の信仰や伝統文化に対する理解を深めるなど、互いの心配りが求められたのである。

こうして大震災を機に世界に肩を並べる「大東京」は誕生した。以下は『大東京』の結びだが、ここに帝都東京のあるべき姿とそれを担う理想的市民の姿が描かれている。

東京市は明治維新以来、僅に六十四年、独立の自治市となつて将に三十四週年、よく今日の記念日を迎へ得たことは、一に市民諸君の愛市心の結晶と謂はねばならぬ。この愛市心あつてこそ、よく近代都市勃興の潮流に棹さしてもおくれず、建都の難事業に当つても撓まず、茲に帝都の隆昌、市政の飛躍を見ることが出来たのである。東京市を救ふものは東京市民である。東京市政の利害得失を真ともに受けるものも亦五百万市民である。されば我等市民は、この光輝ある帝都の記念日に際し、「我等が市政」に醒め、一層愛市精神を作興すると共に、畏くも皇城を推戴する帝都をして「よりよき」都たらしむる覚悟と理想とを有せねばならぬと信ずるのである。(65)

都市美協会が趣意書に掲げた市民の都市を愛する心、この「愛市心」こそ、皇城を推戴する美しい帝都の実現に不可欠であるという。阪谷や本多が論じた都市の構成員としての「人心の力」や「市民の自覚」がここに思い出されよう。

第四節　東京の都市美運動における「植樹デー」

これまで、帝都復興期における都市美運動の展開について検討を重ねてきた。次に対象とするのは、本章の第二の論点である儀礼的、感性的側面を有する植栽活動である。道路や建築物、広告看板といった無機質な構造物を取り締まる事業に対し、都市美運動の植樹祭は、いわば緑の「いのち」を念じて植え、これを育む事業である。本節では都市美運動における主要な事業として推進された植樹活動について、まず「植樹デー」制定に係る経緯をたどり、その発展過程について検証する。

都市美協会による植樹活動は、明治期より大日本山林会が推進した山間部の植林事業に対する都市部のそれに該当する。その前提として、明治二八年（一八九五）、牧野伸顕文部次官の委嘱を受けて以来、本多が理念と方法論を構築した学校樹栽事業(66)――「修学の記念標」として植栽を行い、これを学校基本財産とする――があり、制度としては、明治三〇年（一八九七）の森林法公布や農商務省山林局予算での植樹奨励費新設（一九〇七年）、公有林野造林奨励規則の公布（一九一〇年）、樹苗養成奨励規則公布（一九一九年）、農林省の水源涵養造林補助規則公布（一九二七年）といった山林政策の展開がある。(67)この動きに従って、各自治体で植樹日の設定が促進されるのである。

（1）自治体による樹栽日制定の系譜

都市美協会の主要な行事である植樹デーが設定される以前にも、各地方自治体や学校、青年団等の団体によって記念植樹事業が実施されていた。前章で論じたように帝国森林会に係る大正期の「平和記念植樹」においては、各自治体や山林会に「樹栽日の制定」を促すことが森林業振興の一事業に位置づけられていた。そこで都市美協会「植樹デー」の前提として、まずは自治体による「樹栽日の制定」の動向を確認しておく。(68)

自治体における植樹活動の嚆矢にあげられるのが朝鮮の事例である。明治四四年（一九一一）一月二七日、朝鮮総督府農商工部長から各道府県知事に「紀念植樹奨励ノ件」が通達される。これは日韓併合を機に、神武天皇祭日を期して諸官庁職員、学校職員生徒による記念植樹を毎年の恒例行事とするよう奨励するものであった。同年四月三日には朝鮮総督府によって初の「紀念植樹の日」が実施され、総督官邸後庭を中心に三二九本のモミやサクラ、カエデが記念植樹され、官民あげて各地で四六五万二四四七本が植えられたという。この記念植樹日は以降戦争が激化するまで毎年の定例行事となる。

ついで四五年（一九一二）、福島県山林会が四月三日と一一月三日の明治節を「植栽日」として制定するのだが、これが県レベルの統一的愛林運動の最初である。大正二年（一九一三）に一〇月三一日を「天長節記念植樹日」に指定したのは新潟県山林会である。東京府の東京市主催による「水神祭」は大正七年（一九一八）五月二一日（東京府「植樹デー」大正一一年四月三日）(69)、大正一一年（一九二二）には岐阜県山林会が「植栽日」を開始（ただし気候風土の関係から一定の期日を定めるにはいたらず）、大正一三年（一九二四）には山梨県山林会が四月三日を「樹栽日」とした。大正一五年（一九二六）三月二〇日は広島県山林会の「植樹デー」の開始日である。青森県山林会は同年四月二九日の天長節を「愛林植栽日」に設定した。都市美との関連では、大阪府が大阪都市協会主催で昭和五年（一九三〇）四月三日に「植木祭」を定めた。島根県においては昭和八年（一九三三）一〇月九日を「木魂祭」とした(70)。

以上のように、昭和九年（一九三四）に大日本山林会を中心に全国行事として「愛林日」が統一されるまで地方ごとに活動が行われた(71)。

（2）大日本山林会の「愛林日記念植樹」

しかしながら各団体が個別の名称と期日をもって取り組む方法では「愛林思想」の徹底普及を図るためには不十分であるとして、大日本山林会等で樹栽日の全国統一を求める声が聞かれるようになる。本多によれば緑化や美化が促進される一方、各地方によっては植樹事業が中止になる場合や美化運動が浸透しない農村や漁村もあったという。[72]こうした状況を打開するためにも全国的な運動が望まれたのであろう。

そこで昭和八年（一九三三）一〇月、大日本山林会会長和田國次郎を中心に同会に「愛林日設定委員会」が設置され、国民運動的な森林愛護や植林増進が議論されることになった。協議の末、四月二～四日の三日間を「愛林日」として統一し、全国規模の運動を展開する決議がなされた。[73]

これには農林省山林局長の村上龍太郎も大いに賛意を表し、同省の積極的な協力を得るにいたった。村上もまた緑化に基づく国民的な行事は国家再建や民族繁栄に結びつくと構想していた。村上は、第一に洪水を防ぎ、灌漑資源を守る緑地化計画は食糧政策において不可欠であり、第二に石炭に代わるエネルギーとしての水力発電には水源涵養林が必要であり、そして第三には歴史が証明するように、荒廃した山林や赤茶けた市街地を露呈する国家に繁栄なしとされるとして、植樹を通した緑化運動こそ、国づくりにも人づくりにも寄与する最適な方法と考えていたのである。[74]

かくして昭和九年（一九三四）四月二日、大日本山林会・府県山林会主催（協賛　農林省、帝国森林会等）の第一回愛林日運動が開始された。これが今日につづく春の風物詩「全国植樹祭」の前身となる全国一斉の緑化運動である。愛林日の記念植栽場所には茨城県筑波山麓（真壁郡紫尾村）の鬼ケ作国有林（東京営林局笠間営林署部内）が選ばれ、村上山林局長をはじめ石黒忠篤農林次官、織田信恒農林政務次官らが、笠間営林署長指導のもとで、石黒がいう「覚束ない手つき腰つきで」スギ、ヒノキの苗木を植えた。あわせて愛林日記念植樹の周知徹底をはかるためにラジオ放送や講演会、ポスターなどのメディアも活用された（第Ⅲ部扉の図版参照）。石黒は全国中継で農業生産の安定のうえでも森林愛護の必要性をよびかけたという。のちには愛林日に歌う民謡「愛林囃子」（佐藤惣之助詞・弘田龍太郎曲）や童謡「木のおかげ」（葛原幽詞・弘田龍太郎曲）等を収録した愛林歌謡レコードも発売されるようになる[75]。

(3)　東京の都市美運動における「植樹デー」の展開

次に、都市美協会による「植樹デー」の具体的な取り組みについて検討する。同会による記念事業としての植樹活動は、日比谷公園をメイン会場とする植樹祭（図1）と神社等で行われる献木奉告祭とともに、参加する関係諸団体が植樹作業を行う形式で進められた[76]。日比谷公園音楽堂における植樹祭には、回を増すごとに各種講話や奏楽、余興が加えられていき、市民にとっての春のお祭りとしての体裁が整えられていく[77]。

図1　都市美協会の植樹祭と記念植樹
〈上〉都市美植樹祭メイン会場（日比谷公園新音楽堂）
〈中〉ステージ上の様子
〈下〉都市美植樹祭における記念植樹

「植樹デー」の活動内容

研究会から協会に昇格した都市美協会は、昭和二年（一九二七）四月三日に植樹デーを開催する（二二二頁の図2参照）。この年は大正天皇の崩御により皇太子が践祚、昭和に改元した記念すべき年であった。前日の新聞には「あすは植樹デー　帝都を緑化しませう、口々に植樹の歌を吟みながら」[78]と告知された。

このとき用意された苗木は一般市民はじめ東京市少年団や八王子少年団に渡され、団員の少年たちは御陵地である浅川村の多摩御陵の参道にサクラを植栽したという。[79]当日の四月三日は大正天皇百日祭の儀に相当していたこともあり、[80]帝都復興のみならず御聖徳記念としての桜植栽には深い意味が込められたに違いない。この年には、その他にも復興局（五〇万円）と東京市（一〇万円）が計六〇万円の予算で、イチョウやスズカケ、ポプラ、サクラ、ヤナギ等約一万七〇〇〇本を、桜田門から虎ノ門の両側新道路、芝公園山内の道路、上根岸の都市計画路線に植栽するという計画を立てた。復興局と市がそれぞれ所有する近郊の苗圃（各四万本）では、常に植栽可能な苗木二〇〇〇〜三〇〇〇本が育成されていたという。

多様な宣伝活動

植樹デーに先立っては宣伝活動が行われ、日の出女学校生徒をはじめ、東京連合少年団、日比谷小学校児童の協力で「樹を植ゑませう」、「街路樹は街頭のオアシスです」、「植樹デーは殖寿デー」、「新緑は健康と平和の使節」などと書かれた宣伝カードが市内の目抜き通りで配られた。[81]

次いで昭和三年（一九二八）には即位の御大典記念としての植樹祭が挙行され、東京市は各区における奉祝事業を奨励する。[82]本多は帝国森林会会長として「御即位大典と記念植樹」（『山林』五五二号、一九二八年一一月）と題し、次のように主張している。

最も普遍的、永続的にして最も安全有利に、且つ僅少の費用を以て容易に遂行し得べき方法として植樹植林に優るものなきを確信し、之を今次の記念事業として全国に奨励せり。抑も植樹は一木と雖、其絶へざる生長繁茂は子孫と共に皇室の御繁栄を忍び奉り、記念の意義を常に新になす。殊に植林は将来巨額の財産たるのみあらず、産業の発達を助長し、延ては水源の涵養、国土の保安をなし、尚且其の森林を仰望する者をして赫々たる御聖徳を忍び奉り、記念の意義を永へに強調すべし。(83)

このメッセージとともに、帝国森林会は大日本山林会と協力して『御即位記念植樹の勧め』を約一〇万部刊行したという記述が本文にみられる。

本多の植樹奨励の趣旨はこれまで見てきたとおり、明治天皇の御聖徳記念の際に説かれた内容と変わらないが、シンプルに繰り返される本多のフレーズにならって植樹日を制定した自治体は少なくなく、このことは次の新聞記事にも明らかである。

更に大日本山林会でもこの御大典を機会に、記念事業として各府県の山林会と協力して大いに植林を奨励することになり、（帝国森林会――筆者注）会長本多静六博士(84)が先に立つてまづそれに関するパンフレットを作り、近日中に各府県に配布し、なほその上必要に応じては本多博士自身各地へ乗りだして行つて実際の指導に当ることになつた。(85)

右のパンフレットとは、前述の『御即位記念植樹の勧め』で各方面に配布された。(86)記念植樹を直接指導することになった本多はさらに次のように呼びかける。

いろ〳〵記念事業はありませうが、その内でも樹木を植ゑるといふことはだん〳〵生長してゆくといふ点から見ても、御大典記念としてはもつとも適当なものと思ひます。……地方によつて山のある所なら山林、都市ならば街路樹、また学校、神社、仏閣等ならば大木となる記念樹、更に各個人の家ならば松でも桐でも何んでもい丶、家の周囲なり庭なりに植ゑるといふやうに、土地と場所柄に応じて適当な方法で適当な樹木を植ゑるやうにしたらばと思つて居ます。……実際の方法について分らないやうな場合があれば、私なり会の者なりがどこへでも出張してゆく積りでをります。(87)（傍線筆者）

立派に育てることが記念樹の本来の名目ゆえ、わからないことがあれば行って指導するという。このように本多を中心とする植樹奨励は、個人による記念樹の植栽、記念並木や記念林の造成というさまざまな形式によって各地に広がり、その方法論も漸次整備されていくのである。

植樹デーの実施

さて、四月三日午後一時、都市美協会は日比谷公園新音楽堂で「御大典記念植樹祭」(88)（東京朝日新聞社後援）の名の下にセレモニーを開始した。式次第の概要は次のとおりである。

まず渡辺銕蔵都市美協会理事の司会により開会の辞が述べられ、奏楽、国歌斉唱が行われる。阪谷芳郎同会会長の挨拶、祝辞が続き、「植樹の歌」の合唱を終えた後、苗木授与式と記念植樹式が執行された。特筆すべきは御大典記念樹を植栽したのが渋沢栄一であり、その記念樹に灌水したのが尾崎行雄元東京市長と米国大使という人選である。

本書で述べてきたように、渋沢といえば記念植樹に親しんだ社会事業家といえようが、彼がグラント将軍訪日記念樹(89)（一八七九年）に思いを馳せ、その記念碑建立に奔走するのもちょうどこの時期のことである(90)。尾崎については東京市長の名でワシントン市に寄贈された桜が知られている。いずれも植栽事業に関わりの深い人物といえようが、御大典記念植樹祭の式典にこの著名な二者が選ばれたところに、当時の日本社会で記念植樹という行為がいかに特別視されていたかが読み取れよう。

昭和四年（一九二九）の植樹祭では、「まづ健康！緑を愛せ」を合言葉に、市民の健康滋養をテーマとする「みどりの植樹祭(91)」が開催された。これにあわせて本多はラジオで「植樹デーと植樹の秘訣」と題する講演を行った。人間の健康は名医よりも植物によって救われることが多いと説き、それにはまず植物を健康に育てることが第一であるとして、樹木の生活・生長の原理を人間のそれに重ねあわせて緑の大切さを説明した(92)。植樹デーにおける本多の講話はのちに、樹木を植えることを人生の功徳になぞらえた「植樹デーと植樹の功徳(93)」（一九三一年）に発展する。

ここまで植樹祭の活動事例をいくつかあげてみたが、都市美協会主催の「植樹デー」はこれ以降、右に述べた記念樹植栽式と後述する明治神宮、靖国神社、忠霊塔などへの献木式とあわせて戦中まで続いていくのである。

（4）都市美協会の課題――「都市醜」の改善――

このように都市美協会が「植樹デー」を主軸に市民に向けて熱心な啓蒙活動を展開したのは、「市民の自覚」の如何が都市美を左右するという認識があったからであろう。都市の緑化に関して、本多は都市美の窮状と対策法を「都市美を語る座談会」で次のように訴えた。

東京市の公園の並木も、既に五万四千七百本も植ゑられて居る様な状態であります。而、自動車、電車等交通機関の騒音が非常に自然を破壊致しまして、洛に不愉快な不安な状態になつて参りました。之に対してどうしても都市の美化といふ事が必要になつて来ました。都市の緑化運動と云ふ様な事も呼ばれるに至りました。所が今日状態では、単に役所だけで、市役所の手だけではどうしても行き届かない。市民各自の協力に俟たなければならんのであります(94)（傍線筆者）

帝都復興事業の理念では協力する市民の人心や自覚が叫ばれていたが、近代化にともなう自然破壊のスピードは速く、加えて「都市醜」の改善に関しては行政の対処のみでは手に負えない状態にあった。当時、靖国神社や日比谷公園、金沢八景などどこへ行っても、ゆで卵の殻や蜜柑の皮、煙草の吸殻、弁当を包んだ竹の皮等、ゴミだらけであった。また公園や生け垣の花を折る、枝を折るといった不道徳は絶えなかった。陛下の御出ましがある時は清浄だが、御通りが済むとたちまち「ごちゃごちゃ」になったという。公衆マナーが行き届いていない結果であった(95)。そこで市民の協力と自覚が問われたのである。

こうした「都市醜」対策の一つとして行われた「植樹デー」では、一般市民に苗木を配布する際には数万本単位が備えられ、身近な花々を増やす目的から協賛者が提供した草花の種子は五〇〇〇から一万袋が用意された。同じ座談会の席で塚本靖は街路樹に添える草花の植栽について、「市の方でやつても宜いのですが、個人が名々に自分の家の前にしたら宜いかと思ひます」と述べている。市民の協力による緑や花が溢れる街づくりは、都市の表面的な美を増加させるに止まらず、震災後の都市社会に暮らす人びとの精神に安らぎを与えることにも効果があろう。

都市美協会副会頭の本多は「植樹デー」に際し、その功徳を次のように提唱する。

植樹祭の目的は、動(やや)もすれば人工的機械的不自然に走り易い近代の生活、特に都市生活に草木の緑を増し、都市の美観と、浄化と、住民の保健に資せんが為であつて、近時喧しい都市緑化運動の一つとも見らるゝのである。……人間が草木の緑を欲求するは全く本能的で、恰も田畑に肥料が必要なる如く人間の健康にも草木の緑が必要である。……殊に近年健康第一主義の世となりし、結果、一層樹栽の必要を認めらるゝに至つたのである。植樹祭に植える樹は一人で一本か数本だが、多人数では数万、数十万となり、毎年之を繰返せば、遂には無数になり大森林ともなつて、都市に美観と安息を与へ、社会人類に与ふる功徳も宏大なるものである(96)。

「植樹デー」の目的は、都会生活に自然の清新な風景を与えるためにあり、「無味乾燥に流れ、不健康に陥りやすい(97)」近代社会の退廃した雰囲気を払拭するという役割も備えている。都市生活における「美と健康」は、市民一人ひとりの心がけによって育まれるものであり、そこから美しい村や都市、国が生まれるというのである。そして本多は「植樹の功徳」をこう結ぶ。

されば諸君、どうか樹をお植ゑなさい。今日の植樹日を記念に樹をお植ゑなさい。……まつ、ひのき、くす、さくら、さゞんくわ、うめ、ぽぷら、まさき、いてふ、さんせう、その他一万八千餘本の苗木や各種の種子物一万袋を諸君に差上げますから、どうぞ木をお植ゑなさい。洵（まこと）に神も仏も樹を植ゑるものを助け、樹を植うる人は健康で長寿で、幸福になり、又、樹を植ゑる国は平和で富み、且つ栄ふるのであります。(98)

樹木を植え育む者には神も仏も慈悲を与え、樹木を植える国は富み栄える、という本多のフレーズが記念事業のあるたびに繰り返されることにより、人びとは実践的に、あるいは儀礼としての植樹に慣れ親しんでいくのである。

（5）明治神宮献木奉告祭

以上みてきたように都市美協会による東京の「植樹デー」は、震災復興事業における防災や、風致、衛生を目的とするインフラ整備としての実用的な緑化事業と、啓蒙活動として「植樹祭」を儀式的に執り行うという二つの方法によって進められた。そしてもう一つ、さらに儀礼性、精神性を際立たせた行事がある。それが明治神宮で修められた献木奉告祭である。筆者は本書の冒頭で「記念植樹」を「念じて」木を植える行為と定義した。すなわち、祈りを込めた植樹である。忘れてはならないのは、帝都復興の裏側には震災による夥しい数にのぼる死傷者が存在するということである。そこで本項では明治神宮の献木奉告祭を手がかりに、都市美協会の植樹活動に込められた意図について考察する。

主な史料としては、明治神宮林苑課技師田阪美徳が昭和六年（一九三一）、日本庭園協会『庭園と風景』に記した「献木の祭式」と題する文章を参照する。さらに明治神宮国際神道文化研究所の今泉宜子氏のご厚意により、明治神宮所蔵の『社務日誌』から貴重な記録を得ることが出来た。(99) 献木式については、『社務日誌』には昭和四年（一九二九）から昭和一〇年（一九三五）までの記事が収録され、日時や奉仕祭員、参列者、植栽された樹種や本数、場所等が綴られている。

まず、なぜ献木式について記録を残そうと思いいたったか、田阪は次のように述べている。

普通献木の場合は、樹木を送附して進献者の正式参拝を為す位を以つて、最も丁寧なるものと為すものであり、献木式なる特別の祭儀を取り催すが如きことは実に特例に属し、他社に於てもその例は多くはないこと、思ふ。樹植ゑ祭を後援し、樹木に縁故の深い本会（日本庭園協会――筆者注）の会員諸氏に、此の献木式の式次第、その模様を紹介することも無意義ではあるまいと思ふ。(100)

右の文章が書かれた昭和六年当時、明治神宮では一般に献木の受付は止めていたようだが、(101)都市美協会の「樹植ゑ祭」には賛意を表し、特段の計らいで献木式次第が定められ、恒例行事になったという。都市美協会の献木が受諾されたのは、本多をはじめ神宮造営に尽力した者が関わる団体による奉献樹であり、かつ彼ら自身が設計した林苑である故に、その植栽計画にも差支えなかったことなどが理由として考えられる。奉納された真榊（まさかき）については、第Ⅰ部第二章で触れたように「サカキ」は神木的性格を有するとともに、消耗的性格をもつ常緑灌木類であることから、神苑を構成する下木として欠かせない種類に位置づけられていた。

神苑に相応しい老樹名木が奉納される場合には主に本多が移植を指揮したようである。本多の高弟にあたる徳川宗敬(102)は、昭和六年に大躑躅（つつじ）が献木された時、「本多静六博士指導の下にこの由緒ある名木を明治神宮に献納し、永く明治大帝の英霊を慰め奉ること、なり、この度（昭和八年――筆者注）愈々許可を得て移植が実施されたのである」と綴っている。(103)徳川の示す大躑躅とはもともと皆川城内（現・栃木市）にあった樹齢約一〇〇〇年以上、高さ一丈八尺余、枝張り約二〇尺の老大樹で、天正一八年（一五九〇）、豊臣氏の兵火に失するのを惜しまれ、落城を前に城主の命で移植されたという由緒ある名木である。花は山つつじ系の赤花で、献納に際しては十分な根廻しが施され、内苑宝物館東側に「極めて入念に」植えられたという。

次に、田阪の「献木の祭式」から儀式の具体的な流れについてたどってみる。

四月三日午後四時頃、都市美協会幹部、其他会員数名、少年団によつて守られトラックに積みて搬入せらる、真榊一対を捧じて明治神宮社務所に参着す。祭員の用意成りて、社務所車寄に於て一同手水の儀あり。奉仕祭員四員、参列者、紅白の布を以つて飾られたる真榊を捧ぐる少年団の順序に参道を参進す。途中、樹木は参道沿の植栽個所に搬入せられ少年団これを守る。(104)

昭和六年四月三日、都市美協会幹部が明治神宮に到着するとまず手水の儀式が行われ、奉仕祭員に続いて、参列者、奉仕少年団が参道を進む。紅白の布で装飾された一対の真榊は、嘉悦一郎の引率で東京市清和少年団一〇名の奉仕によって植栽場所に運ばれ、厳粛に見守られた。

副斎主進み出で、殿内に安かれたる神籬に礼拝し、恭しく祓詞を奏す。副斎主複座の後、祭員一員大麻をとりて先づ奉仕祭員を祓ひ、次に参列者の修祓を行ふ。……中門前に辨備せられたる祭壇に神饌（御酒外、山のもの海のもの四品）を供す。祭員複座の後、祭員一員進み出で、祝詞を斎主に奉ず。斎主祝詞を受けて参進中門に至り礼拝の後、祝詞を奉す。(105)

神籬に礼拝し、大麻を取って祭員、参列者のお祓いがなされ、本殿に上がる。祭壇へ神饌が供えられ、斎主より祝詞が捧げられる。

このとき斎主が奉じた祝詞「都市美協會献木報告（ママ）祝詞」を掲げる。

掛介麻久母畏伎明治神宮乃大前爾斎主氏名恐美恐美母白左久去爾志大正十二年九月一日由久利奈久母大地震起里火乃災左閉伊継岐底咲久花乃匂布賀如伎帝都母時乃間爾焼野乃原登成果底奴此爾依里底天乃下四方乃国諸　慮多美嘆加奴波無伎賀中爾殊更爾志厚伎人等相寄里相語比底都市美協会登云布会乎越設介底衢衢爾数多乃樹樹乎移植恵底都乃状乎本爾母勝里底愛多久美波志久造成左牟登計定米介留随爾年毎乃例登今日乃

生日乃足日爾此乃神宮爾瑞瑞志伎榊二本乎献奉里神垣近久移植奉良牟登為留爾依里底御祭仕奉里此久乃状告奉良久乎神随母平介久安介久聞食志底今与里往先母此乃会乎夜乃守日乃守爾守幸給閉登恐美恐美母須。(106)

大要は次のようになるであろう。大正一二年九月一日に発生した大地震によって、花の香匂う美しい都が大火災によって一瞬のうちに焼け野原となってしまった。天の下の世界はこの災いを嘆き悲しむ人びとで溢れたが、その中にことさら志の厚い人びとがいた。彼らは相寄り相語らい、「都市美協会」という会を起こした。この志厚き人びとは、あちこちにあまたの樹々を移し植え、都を元よりもさらに愛でたく麗しく造成した。この人びとは瑞々しい二本の真榊を大宮に捧げ奉り、神垣の近くに植栽して、これからの平和と安息を永遠にお守りいただけるようお祈りした。

そして参列者はいよいよ植樹式に参進する。

祭員参列者玉垣外献木植栽個所に至る。植栽個所に於ては予め少年団奉仕植穴を掘り、用意を整へて待つ。祭員大麻を以つて献木を修祓す。少年団、樹木を植穴に立込む。参列者順次に鍬をとりて土をかく。少年団之を了す。参列者桶の水を柄杓によりて灌水す。少年団これを了す。一同神殿に向つて礼拝し退下す。参列者及奉仕少年団員社務所に小憩、神符神饌を拝戴して退参す。(107)

少年団の奉仕によって植樹される場所に穴が掘られ、準備が整えられていた。奉献される真榊にお祓いがなされ、少年団員が奉献樹を植え込む。参列者は順次鍬を取り、厳かに苗木の根元に土をふる。引き続き桶と柄杓を手にして灌水し、神殿に向かって一同礼拝、これをもって植樹の儀式が完了する。

以上が都市美協会の植樹デーになされる献木式である。単に都市緑化を宣伝するためのイベントではなく、厳粛な儀礼に即して行われる神事であり、鎮魂と復興に祈りを込めた植樹式であることがわかる。

では、なぜ明治神宮だったのであろうか。考えられるのは、先の祝詞から推察するに、東京奠都を象徴する明治天皇の御聖徳を記念するための神宮造営に際しては、京都に負けないようにと莫大なエネルギーが注がれたわけだが、その東京が無残な姿となってしまったことに対し、まずは明治天皇と犠牲になった人びとに向けて、二度とこのような被害が起きないように、災害に強い緑の防災都市、街づくりを目指すという祈りが込められたのではないか、ということである。このことは『大東京』の結語にある「東京市を救ふのは東京市民である。……畏くも皇城を推戴する帝都をして「よりよき」都たらしむる覚悟と理想とを有せねばならぬ」[108]という文言にもうかがえる。

(6) 東京市の「道路祭」――よみがえる近代都市――

明治神宮献木奉告祭の記録が公表された昭和六年(一九三一)、東京市では帝都復興を祝す「道路祭」が開催された。

ここでいう「道路祭」とは、都市美協会、日本交通協会等の連合主催によって「国の文化は道路から」のスローガンのもと、舗装道路の普及や街路樹による緑化の実現、また市民の交通道徳と道路愛護思想の啓発等を目的に、昭和六年六月六日、七日の両日にわたって開催されたイベントを指す[109]。天空には「祝道路祭」の気球が揚げられ、花電車が線路を走り、昭和通りでは道路愛護の標語を掲げた自動車が行進した。街路では夜間照明がこうこうと輝き、百貨店はイルミネーションに彩られた[110]。東京の道路事情といえば先のような状態であったが、道路祭はよみがえった近代都市を祝福するお祭りであった。

時の東京市長永田秀次郎はラジオから市民に語りかけた。

道路祭! 道路祭! 面白い名前である。道路を祭る、之は道路を司る神様を祭るのである。併し乍ら私は矢張り道路を一種の人格と見立てたい。若し祭らるる道路が霊あるものならば、「モツト行儀の宜い市民に踏んで貰ひたい」と言ふかも知れぬ。そんな事を言はれる様では道路祭は泣くのであります。我々は市民諸君と共に此の道路祭を機として益々市民の交通道徳を向上し、祭らる、道路の霊をして「よき主人公を持って仕合せだ」「上品な市民綺麗な道路あり」と嬉ばしめる様に致したいと思ひます。之が私の道路を祭る祭文であります。[111]

永田といえば、金剛峯寺奥之院に関東大震災死傷者を慰霊する霊牌堂を建立した敬虔な市長として知られる。昭和二年（一九二七）一二月八日、大震災に寄せられた皇太后（貞明皇后）の御歌六首が永田の発願によって金剛峯寺に奉納された。[112] 震災後の被災者に対する慰問の様子などは、宮内庁書陵部宮内公文書館所蔵の『貞明皇后御集第一次稿本』におさめられた多くの和歌にみとめられる。まず皇太后の御歌。

大みたから守りの神のいかなれは　一時にてもみすてましけむ（五〇六二）
上下もこゝろ一つにつゝしみて　神のいましめかしこまんかな（五〇六四）
きくにたにむねつふるゝをまのあたり　見し人こゝろいかにかありけん（五〇六六）
もゆる火をさけむとしては水の中に　おほれし人のいとほしきかな（五〇六七）
くしのはとたちならひつる家もくらも　たきゝとかはる夜のはかなさ（五〇七一）
いきものにゝきはひし春もありけるを　かはねつみたるにはとなりぬる（五〇八五）[113]

立ち並ぶ家も倉も一瞬にして燃えあがり、熱風を避けんとばかりに、川に飛び込む被災者が相次いだ。永田も次のように詠む。

ぬかづけば塚に息あり法の露　此地の聖と共にしぐれめ

つまりは草木国土悉皆成仏するという聖域で、露のごとく仏法の慈悲に守られながら大師ともに時雨れて安らかに、ということであろう。昭和五年（一九三〇）一一月九日、高野山にて厳かに開眼供養が修められた。永田の尽力によって浄写された被災者の霊名は、一万年以上の保存が可能なように設えられ、安置されたと伝えられる[114]。

以上のような関東大震災の被災にまつわる儀礼的行為を考慮すると、帝都復興にはその復興の影にある犠牲者の霊を弔うことが第一義としてあったといえるのではないだろうか。永田が道路祭の「祭文」で述べた道路の神様とは、このように震災で命を失った人びとや、あらゆる生きとし生けるものの魂とも思われる。つまり日本の都市美運動とは、単に表面的な都市の構造や広告看板の規制といった外的な美観、あるいは都市工学的な部分のみにあるのではなく、それを地の下で支える数万の「いのち」や自然物の霊性を敬う精神的な部分と相乗してこそ成り立つものであったと考えられるのである。

本多もまた「イテフの木の御利益」をあげながら避難場所としての公園整備を論じていたが、その方法論は自然の威力に対する畏敬の念があって、はじめて実利的な都市整備事業も可能となるという理念に基づくものといえる。これは「植樹デー」が「木魂祭[115]」と呼ばれたところにも現れている。

なお、震災復興を祈念する儀礼的な植栽式は今日にもみられる。たとえば東日本大震災で被害を受けた岩手県宮古市において、平成二四年（二〇一二）五月二七日、鎮魂と震災復興を祈願して京都醍醐寺に伝わる醍醐桜が植栽され、仲田順和座主によって罹災者追悼の柴燈護摩・火生三昧修行が厳修されている[116]。

密教に由来する高野山金剛峯寺や京都醍醐寺では記念植樹という行為が儀式として、あるいは山づくりという実践事業として行われているが[117]、第Ⅰ部第二章でとりあげたように役行者や弘法大師空海、理源大師聖宝などは、いずれも「念ずる」という加持祈禱を行う宗教者であったと同時に、山川を治めた実践家であったと伝えられる。当山派修験道の本山である醍醐寺の仲田順英氏にうかがったところによれば、そもそも山岳信仰とは「実修実証」を理念とするもの、つまり社会とのつながりを「祈りと実践」をもって具現化することを目的とする宗教といわれる[118]。したがって被災後の植栽式という儀礼は、犠牲者を慰霊するとともに、震災で傷ついた人びとの心を和ませ、一日も早い復興を念じる祈りの植樹行為でもあると解せられよう。

小括　「土着化」した都市美運動

以上のように本章では、帝都復興期の緑化事業には、「いのち」を慰霊し復興を祈念する儀式的な植栽式と防災や風致、衛生を目的とする実用的なインフラ整備としての植栽事業、つまり「祈りと実践」という二つの面があることを述べてきた。

第一に、樹木によって生命が助かり得る可能性を世に知らしめ、緑が生い繁る防災都市を築くために市民一人ひとりの実践的、協力的な植樹を通して緑化を図る目的があったと考えられる。第二に、指導者たちは日本に都市美を根付かせるために、その原動力となる自然観や精神性については伝統的な要素を強調すること、いわば日本的に変容させ「土着化」させることで活動を推進したといえる。「道路祭」でみたように舗装した道路にさえ神聖さを見出しその霊性を敬うところにはじまるのが日本の都市美運動のひとつの特徴であった。

都市美運動はこのように自然の威力に対する畏敬の念をもって取り組まれる活動であり、本多がラジオ放送で、記念に木をお植えなさい、神も仏も木を植えるものを助け幸福を与えるのである、と提唱したように、一本の苗木でも数万人が植えれば立派な森に育つとして、一人ひとりの参加意欲が都市の美化、ひいては国土の美化に結びつくという考え方が採られたのである。つまり都市美の指導者たちは日本的な感性やメンタリティを尊重することで、当時の市民の自主性や自覚を引き出そうとしたと考えられるのである。

本多はこれを「国土装景」と言い表したが、それは日本には本来、世界に誇れる天然美がふんだんに備わっているという見解に基づくものであった。全国統一行事の愛林日運動が開始されて間もない昭和一〇年（一九三五）、齢七〇に達した本多の言葉である。

随つて、私の目的は此に日本国土の全部、山の中から津々浦々迄、即ち都会や風景地は勿論、農山、漁村から道路も汽車も、汽船も河も土堤も、田も畑も、家も町も何処でも已に存する風景美を保存すると同時に大に助長して、此の地上の一切を挙げて美化せんとするのが、私の国土装景の根本目的である。[119]

都市部と農村部の市民が、精神上および実用上、互いに利するような交流をはかることによって街と村を緑で結ぶ、そして変化に富んだ日本の津々浦々の風景美を保存し、さらにこれを助長したいという論であった。

前出の井下清公園課長は、なぜ緑化を推進するのかといえば、緑は「命（いのち）を表現する色」であり「吾等が大自然に生き〳〵した『生命』に触れ、又自身の霊感を受けて人生の不完全な欠陥を補はうとする」[120]ところにあると述べた。先の「まづ健康！　緑を愛せ」を合言葉に開催された「みどりの植樹祭」を例とすれば、「緑を愛せ」とは、すなわち「命（いのち）を愛せ」ということになろう。これが都市美運動の植樹デーにおける根本的な自然思想と考えられる。全国で都市美運動が展開したのは、あるいはそれが戦後に引き継がれる東京都の緑化運動や国土緑化運動として発展したのは、こうした日本的な感性や自然観に馴染むものであったことに基因するのではないだろうか。

都市美協会の活動は、昭和一七年（一九四二）から昭和一八年には植樹デーの開催も危ぶまれ、その目的も大木供出跡の処理としての植栽に変化してゆき、[121]記念献木もまた忠霊塔に奉納されるなど[122]時局の変化に従い戦時色が現れてくる。植樹デーは敗戦前後に一時中断するが、昭和二三年（一九四八）に森林愛護連盟、全日本観光連盟（日本観光協会）によって「緑の週間」として復活、その後、首都緑化推進委員会において継続される。[123]本章で述べてきたような伝統的な自然思想を礎とする緑化運動は、戦後、語られることが少なく、忘れられた一面があったといえようが、やはり村から町、都市から国など広く今日の自然環境を考えるにあたっては、イデオロギーを超え、科学万能主義も超え、俯瞰的に偏らない視点で捉え直す姿勢も必要なのではないだろうか。

（1）西村幸夫「都市美協会」『都市保全計画 歴史・文化・自然を活かしたまちづくり』東京大学出版会、二〇〇四年、八六～八九頁。
（2）東京市役所『大東京』一九三二年一〇月、二～七頁。「大東京実現 祝賀の催」東京朝日新聞、一九三二年九月二二日付。
（3）復興事業は国家事業として特設機関にて管掌する案と帝都復興院を設け各省所管に任ずる案があったが、政府は両案を折衷し、内閣総理大臣所管の帝都復興院案を採用した。東京市役所『帝都復興事業概観』一九三二年、八一～九一頁、一〇九頁。
（4）『帝都復興事業概観』（前掲注3）、一一二～一一六頁。「叙任辞令 帝都復興院参与被仰付（十月十八日）従三位勲二等本多静六」『帝国森林會々報』一五号、帝国森林会、一九二三年一一月三〇日、二九頁。
（5）中島直人『都市美運動 シヴィックアートの都市計画史』東京大学出版会、二〇〇九年、八三～八四頁。
（6）本多静六『本多静六体験八十五年』大日本雄辯会講談社、一九五二年、二六六～二七三頁。
（7）日本庭園協会機関誌『庭園』に「本多博士一行世界漫遊記」として大正一一年四月号より連載される。第一七次海外旅行（目的は各国の都市計画や国立公園視察）、大正一一年二月四日タコマ丸で横浜出航、同年一一月三日帰朝。『庭園』四巻一号、一九二二年、三二頁。同前、四巻一一号、一九二二年、三二頁。
（8）「道路施設」『大東京』（前掲注2）、二二頁。
（9）『帝都復興事業概観』（前掲注3）、九四～九五頁。
（10）①隅田公園（約四万坪・隅田川沿岸枕橋上に設置し勝地を保存）、②江東公園（約四万坪・深川御料地付近）、③日本橋公園（約一万坪・日本橋区内の適所）、④日ノ出公園（約四八〇〇坪・長者町日ノ出川を埋築）、⑤山下町公園（約二万五〇〇〇坪・山下町海岸を埋築）、⑥野毛山公園（約二万坪・野毛山貯水池跡）、⑦青木町公園（約六〇〇〇坪・神奈川区有水面を埋築）。『帝都復興事業概観』（前掲注3）、九九～一〇〇頁。
（11）大阪市公会堂における講演（一〇月一九日）。本多静

六「大地震大火事に対する安全策」『庭園』五巻一〇号、一九二三年、二九七頁。

(12) 「本多参与より提出の希望左の如し」『帝都復興事業概観』(前掲注3)、一二二頁。

(13) 「日本庭園協会のあゆみ」日本庭園協会『庭園』復刊一〇号、二〇一四年、四二頁。

(14) 本多静六「理想的都市計画」『太陽』三〇巻一号、博文館、一九二四年、一一頁。

(15) 津田仙「擁道樹」『農業雑誌』九一号、学農社、一八七九年一〇月一五日。

(16) 道路法第二条で並木は、橋梁、溝、柵、道路元標等に並び道路の付属物とされる。越沢明「都市計画における並木道と街路樹の思想」『国際交通安全学会誌 IATSS Review』二二巻一号、国際交通安全学会、一九九六年五月、一三～一四頁。

(17) 本多静六「大地震大火事に対する安全策」(前掲注11)、二九五頁。

(18) 同前、二九五～二九六頁。

(19) 同前、二九八頁。

(20) 南方熊楠「防火樹(上)・(中)飛んでもない世間の思違ひ」大阪毎日新聞、一九二三年一一月一七日、一八日付。渋沢敬三編『南方熊楠全集七文集Ⅲ』乾元社、一九五二年、一二一～一二五頁。

(21) 森本幸裕・中村彰宏・佐藤治雄「街路樹の機能と阪神・淡路大震災」『国際交通安全学会誌 IATSS Review』二二巻一号、一九九六年五月号、四九～五三頁。

(22) 本多静六「理想的都市計画」(前掲注14)、三〇巻一号、一一頁。

(23) 西村幸夫『都市保全計画 歴史・文化・自然を活かしたまちづくり』(前掲注1)、五七九頁。

(24) 秋本福雄「アメリカのシティ・ビューティフル運動 都市の美しさを追求した市民と専門家たち」西村幸夫編『都市美 都市景観施策の源流とその展開』学芸出版社、二〇〇五年、一四九～一五五頁。

(25) 本多静六「世界文化の大勢と天然公園の発達」『天然公園』雄山閣、一九三二年、一～一一頁。健康管理については、たとえば帝大農学部林学教室にて「運動講習会」(一九二五年八月三日～八日、日本庭園協会主催、内務省後援)が開講され、本多静六、田村剛、二村忠臣らが講師をつとめるという告知がなされた。「運動講習会」読売新聞、一九二五年七月三日付。

(26) *GARDEN CITIES OF TO-MORROW*, E・ハワード『明日の田園都市』長素連訳、鹿島研究所出版会、一九六八年、一一頁、八三～八八頁。

(27) 中井検裕「イギリス田園都市の都市美思想とアメニティ 美と都市計画制度」西村幸夫編『都市美 都市景観施

策の源流とその展開』（前掲注24）、九六～一〇八頁。東秀紀・風見正三・橘裕子・村上暁信『「明日の田園都市」への誘い』彰国社、二〇〇一年、六一～六二頁。
(28) 赤坂信「ドイツの国土美化と郷土保護思想　美を与えることと美を見いだすこと」西村幸夫編『都市美　都市景観施策の源流とその展開』（前掲注24）、七四～七七頁。
(29) 筒井迪夫『森林文化への道』朝日新聞社、一九九五年、三三～三四頁。
(30) 岡本貴久子「明治期日本文化史における記念植樹の理念と方法―本多静六『学校樹栽造林法』の分析を中心に―」『総研大文化科学研究』一〇号、二〇一四年。
(31) 中島直人『都市美運動　シヴィックアートの都市計画史』（前掲注5）、八八～九一頁、一〇一～一〇二頁。
(32) 阪谷芳郎「都市美創刊に際して」『都市美』一号、都市美協会、一九三一年四月（復刻版『都市美』不二出版、二〇〇七年）、一頁。
(33) 阪谷芳郎「帝都復興の三大要件」『太陽』三〇巻一号、博文堂、一九二四年、三頁。
(34) 浅田頼重編纂『帝国森林会史』帝国森林会長徳川宗敬、一九八三年、一八四頁。
(35) 「建議書竝陳情書内容」都市美協会『都市美協會概要附會員名簿』一九三六年、九頁、一九～二二頁。
(36) 同前、一〇頁、二六～二七頁。本多静六「庭園の開放を勧む」『庭園』二巻二号、一九二〇年、三～六頁。「庭園解放の時勢に応じ各富豪の庭園を研究、第一回は月末に横浜本牧の三溪園、次で順次松浦邸や岩崎邸に及ぶ。本多博士の庭園協会の試み」読売新聞、一九二〇年四月五日。「華族の体面　名園を潰す　蓬萊園いづこへ行く」東京朝日新聞、一九三四年一月二五日付。「蓬萊園近く史跡保存指定か」東京朝日新聞、一九三四年二月七日付。
(37) 「日本庭園協会のあゆみ」（前掲注13）、四三頁。
(38) 上原敬二『樹木の美性と愛護』加島書店、一九六八年、二一九頁。
(39) 「(八)外地都市の都市美運動」中島直人『都市美運動　シヴィックアートの都市計画史』（前掲注5）、三七八～三八〇頁。
(40) 「街路樹邪魔にされる「折角の看板が見えぬ」成程と府でも考慮」大阪朝日新聞、一九三二年九月二二日付。
(41) 白幡洋三郎「近代都市計画と街路樹・序論」『京都大学農学部演習林報告』五五号、一九八三年一一月、二九二～二九三頁。
(42) 黒田は明治四三年に「帝都の美観と建築」と題する論説を発表した。東京朝日新聞、一九一〇年一一月二五日付。黒田鵬心「都市美の今昔」『庭園と風景』一五巻一号、一九三三年、一二～一三頁。
(43) 都市美協会「趣意書」『都市美協會概要　附會員名簿』

（前掲注35）、一頁。

(44) 中島直人『都市美運動 シヴィックアートの都市計画史』（前掲注5）、一四五〜一四六頁。

(45) 品川区、目黒区、荏原区、大森区、蒲田区、世田谷区、渋谷区、淀橋区、中野区、杉並区、豊島区、滝野川区、荒川区、王子区、板橋区、足立区、向島区、城東区、葛飾区、江戸川区。東京市役所『大東京』（前掲注2）、六〜七頁。

(46) 東京市役所『大東京』（前掲注2）、二〜四頁。

(47) 「臨時市域拡張部事務日誌抜」東京市役所『大東京概観』一九三二年一〇月、六四七〜六四九頁。東京市役所『大東京』（前掲注2）、五〜六頁。

(48) 一九三〇年の調査では、面積一位ロサンゼルス、二位上海、三位ベルリン、四位ニューヨーク、五位大東京、六位シカゴ。人口では一位ニューヨーク、二位大東京、三位ロンドン（一九三一年）、四位ベルリン、五位シカゴ、六位パリ（一九二六年）。東京市役所『大東京』（前掲注2）、六〜七頁。

(49) 東京市役所『大東京』（前掲注2）、一頁。

(50) 永田秀次郎「大東京の実現に際して」『大東京概観』（前掲注47）、三〜四頁。

(51) 「大東京の施設事業」東京市役所『大東京』（前掲注2）、一二〜一三頁。

(52) 同前、一二〜一三頁。

(53) 同前、二一〜二二頁。

(54) 「東宮の御前に恐れ入る永田助役　東京市の悪道路から小作争議の御質問に大弱り」東京朝日新聞、一九二三年一二月一日付。永田秀次郎「東京市道路祭に就て（AK放送）」東京市道路祭挙行会編『東京市道路祭記録』一九三二年、五九頁。

(55) 永田秀次郎「東京市道路祭に就て（AK放送）」（前掲注54）、五九頁。

(56) 前田多門（東京市政調査会理事）「国の文化は道路から」『都市美』七号、一九三四年五月一日、五〜六頁。

(57) 「復興帝都鑑賞批判座談会」読売新聞、一九三〇年三月一一日、一二日、一四日、一五日、一六日、四月二日付。

(58) 「道路の諸問題」読売新聞、一九三〇年三月一一、一二日付。「東京は個性を持つか」同、三月一四日付。「大公園小公園批判」同、三月一五、一六日付。「現代の劇場、映画館・鑑賞批評の結論」同、四月二日付。

(59) 「復興帝都鑑賞批判座談会」読売新聞（前掲注57）、一九三〇年三月一六日付。

(60) 田村剛「外苑の様式と細部に就いて」『庭園』八巻一〇号、一九二六年、三一九頁。

(61) 「丘陵公園候補地視察所感」『都市美』二号、一九三一年六月五日、一三頁。

(62) 黒谷了太郎『山林都市』一九二三年五月、青年都市研究会（都市計画名古屋地方委員会内）、一二〜二〇頁。

(63) 本多静六「山林、農村の美化と森林公園」『庭園と風景』九巻一二号、一九二七年、二六六〜二七二頁。

(64) 同前、二六七頁。

(65) 「結語」東京市役所『大東京』（前掲注2）、三三二頁。

(66) 本多静六『學校樹栽造林法全』金港堂書籍、一八九九年、緒言。岡本貴久子「明治期日本文化史における記念植樹の理念と方法」（前掲注30）。

(67) 手束平三郎「我が国の緑化運動」国土緑化推進機構『緑化の父　徳川宗敬翁』一九九〇年、二七〜二九頁。『国土緑化運動五十年史』国土緑化推進機構、二〇〇〇年、年表。

(68) 「既往に於ける愛林運動」『山林』六一六号、大日本山林会、一九三四年三月、三四頁。『国土緑化運動十五年』国土緑化推進委員会、一九六五年、一〇九〜一一一頁。『国土緑化運動五十年史』（前掲注67）、年表。竹本太郎「大正期・昭和戦前期における学校林の変容」『東京大学農学部演習林報告』第一一四号、二〇〇五年、六三頁。

(69) 「植樹デー　東京府」東京朝日新聞、一九二三年三月一八日付。「植樹デー交付苗木十二万本」東京朝日新聞、一九二四年三月四日付。大正七年五月二一日、東京府は東京市の「水神祭」とあわせて「植樹祭」としたが、井上友一知事が大正一一年に四月三日を「植樹デー」に制定したという。その後、大正一五年四月三日に都市美協会主催となる。『国土緑化運動十五年』（前掲注68）、一一一頁。手束平三郎「我が国の緑化運動」（前掲注67）、二八頁。本多静六「植樹デー（樹栽日）と植樹の秘訣」『山林』五五八号、大日本山林会、一九二九年五月、六〇頁。

(70) 他の事例については、長野県「植樹日」（大正一五年四月三日）・「御大典記念植樹日」（昭和三年より春秋二回）、熊本県「九州沖縄各県連合愛林デー」（昭和四年四月三日）、岩手県「植樹デー」（昭和四年四月二九日天長節）、滋賀県「山林愛護週間」（昭和四年七月二二日〜二八日）、愛知県「植樹デー」（昭和五年四月三日）、宮崎県「愛林デー」（昭和五年四月三日）、北海道「愛林植栽日」（昭和五年四月二九日と一一月三日）、秋田県「植樹デー」（昭和五年一一月三日）、沖縄県「愛林日」（昭和五年一一月三日から一週間）、福岡県「樹栽日」（昭和六年三月六日　地久節）、香川県「植樹デー」（昭和六年三月一〇日　陸軍記念日）、長崎県「全九州愛林デー」（昭和六年四月三日）、山形県「植樹デー」（昭和七年五月一日）、樺太「植樹デー」（昭和八年九月二三日〜二四日　秋季皇霊祭）。

(71) 大日本山林会は昭和八年の植樹デーにラジオで樹栽日制定の必要を放送。「大日本山林会略史」『大日本農會・大日本山林會・大日本水産會創立七拾五年記念』大日本農会・大日本山林会・大日本水産会・石垣産業奨励会、一九五五年、六四頁。

(72) 本多静六「国土装景」『庭園と風景』一七巻一号、一九三五年、五～六頁。

(73) 和田國次郎「愛林日設定の趣旨」『山林』六一六号（前掲注68）、二～四頁。

(74) 『国土緑化運動十五年』（前掲注68）、一〇五～一一〇頁。

(75) 『国土緑化運動五十年史』（前掲注67）、三三三頁。手東平三郎「我が国の緑化運動」（前掲注67）三三一～三三三頁。

(76) 「植樹祭」『都市美協會概要　附會員名簿』（前掲注35）、一〇～一一頁。「献木及記念植樹一覧」東京市役所『東京市道路誌』一九三九年、四八六頁。

(77) 岡本貴久子「帝都復興期の都市美運動における儀礼性に関する考察　「植樹デー」の活動分析を中心に」『文化資源學』一三号、文化資源学会、二〇一五年、巻末資料「都市美協会「植樹デー」の主な活動内容」参照。

(78) 「あすは植樹デー　帝都を緑化しませう」読売新聞、一九二七年四月二日付。

(79) 「東京市少年団の植樹祭」『大日本山林會報』五三三号、一九二七年四月、七六頁。『国土緑化運動五十年史』（前掲注67）、三三二頁。上原敬二『樹木の美性と愛護』（前掲注38）、二一九～二二〇頁。

(80) 「大正天皇百日祭の儀」読売新聞、一九二七年四月四日付。

(81) 読売新聞、一九二七年四月二日付（前掲注78）。上原敬二『樹木の美性と愛護』（前掲注38）、二二〇頁。

(82) 御大典記念植樹の例：浅草区（記念樹の植栽）、麻布区（三河台尋常小学校・南山尋常小学校で記念植樹）、牛込区（区内各神社に大礼記念樹（ヒマラヤ杉）奉納、各町会で鎮守神社に記念樹植栽）、四谷区（郷社須賀神社境内を拡張し記念造林）、小石川区（大塚町町会が連合して大塚公園にクロマツ二本を植樹）、深川区（氏神神社境内に記念植樹二件）。東京市役所『昭和御大禮奉祝志』一九三〇年、三三二一～三四五頁。

(83) 本多静六「御即位大典と記念植樹」『山林』五五二号、大日本山林会、一九二八年一一月、三頁。

(84) 昭和三年の大日本山林会会長は川瀬善太郎で、「会長本多静六博士」とは帝国森林会会長の意と思われる。『大日本山林會史』大日本山林会、一九三一年、巻末資料。

(85) 「御大典記念事業に全国的の造林計画」東京朝日新聞、一九二八年一月一五日付。

(86) 大日本山林会・帝国森林会『御即位記念植樹の勧め』一九二八年二月。『帝国森林会史』（前掲注34）には六万部発行とある。同、三二二頁。

(87) 「御大典記念事業に全国的の造林計画」東京朝日新聞、一九二八年一月一五日付（前掲注85）。

(88) 「御大典記念植樹祭」東京朝日新聞、一九二八年四月三日付。

(89) Okamoto Kikuko,"A Cultural History of Planting Memorial Trees in Modern Japan :With a Focus on General Grant in 1879"『総研大文化科学研究』九号、二〇一三年、八一～九七頁。

(90) 「グラント将軍同夫人来訪五十年記念碑建設ニ関スル件 グラント将軍植樹記念碑建設並除幕式記録」『渋沢栄一伝記資料三八』、一九六一年、四四七頁。「五十余年の昔　記念植樹の前にグラント将軍の記念碑」東京朝日新聞、一九三〇年五月三一日付。

(91) 「市民の健康を培ふみどりの植樹祭」東京日日新聞、一九二九年四月四日付。

(92) 午前一一時一五分より「講演　林学博士本多静六　植樹デーと植樹の秘訣」「よみうり東京ラヂオ版」読売新聞、一九二九年四月三日付。本多静六「植樹デー（植栽日）と植樹の秘訣」『山林』五五八号、一九二九年五月、五九～六七頁。

(93) 本多静六『植樹デーと植樹の功徳』（一九三一年四月三日　ＪＯＡＫ放送）、帝国森林会、一九三一年。

(94) 「都市美を語る座談会」（昭和九年六月一八日　深川清澄庭園中央涼亭）『都市美』八号、一九三四年八月二〇日、四～五頁。

(95) 同前、六～七頁。

(96) 本多静六「植樹祭に際して」『都市美』五号、一九三三年七月一日、一頁。

(97) 東京市役所『東京市道路誌』（前掲注76）、四八四頁。

(98) 本多静六「植樹祭の挨拶時に植樹の功徳」（昭和九年四月三日、日比谷公園音楽堂に於て）『都市美』八号、一九三四年八月二〇日、二二一～二二三頁。

(99) 筆者の依頼による今泉宜子氏の調査報告書「明治神宮『社務日誌』における都市美協会献木についての記述」（二〇一一年一〇月一七日調査・未公刊）。

(100) 田阪美徳「献木の祭式」『庭園と風景』一三巻六号、一九三一年、二〇三頁。

(101) 本郷高徳『明治神宮御境内林苑計画』一九二一年一二月二〇日成、明治神宮所蔵（明治神宮編『明治神宮叢書第一三巻造営編二』明治神宮社務所、二〇〇四年）、二〇一～二〇三頁。

(102) 徳川宗敬（一八九七～一九八九）水戸徳川家二男として東京向島に生まれ、大正五年に一橋徳川家に養子、

大正一二年東京帝国大学農学部林学科卒業、帝室林野局技師、大正一五年ドイツ留学、昭和九年伯爵襲爵、昭和一四年貴族院議員、昭和一五年東京帝国大学農学部講師、昭和一六年「江戸時代における造林技術の史的研究」で博士号（農学）取得、昭和二二年森林愛護連盟会長、昭和二五年国土緑化推進委員会副委員長、昭和三九年国土緑化推進委員会常任委員長、昭和四一年～五一年神宮大宮司、この間、第六〇回式年遷宮奉仕、昭和四二年国土緑化推進委員会理事長、昭和五三年帝国森林会会長、昭和六三年国土緑化推進機構理事長。『緑化の父　徳川宗敬翁』（前掲注67）、五四六～五四九頁。

(103) 徳川宗敬「明治神宮へ献木された老躑躅」『庭園と風景』一五巻五号、一九三三年、一三六頁。

(104) 田阪美徳「献木の祭式」（前掲注100）、二〇三頁。

(105) 同前、二〇三～二〇四頁。

(106) 同前、二〇四頁。

(107) 同前、二〇四頁。

(108) 「結語」東京市役所『大東京』（前掲注2）、三二頁。

(109) 「道路祭当選標語」『都市美』二号、一九三一年六月五日、二頁。

(110) 『東京市道路祭記録』（前掲注54）、一九三二年、二～五頁。

(111) 永田秀次郎「東京市道路祭に就て（AK放送）」（前掲注54）、六三頁。

(112) 高野山金剛峯寺座主泉智等謹話「皇太后陛下の御歌を拝して」『高野山時報』四六六号、一九二八年一月、四～六頁。「永田秀次郎氏登山して皇太后陛下の御歌を納む」『高野山時報』四六五号、一九二七年一二月、一五頁。闢榮覺『高野山千百年史』金剛峯寺、一九四二年、三四二～三四三頁。

(113) 宮内庁書陵部『貞明皇后御集　第一次稿本　中』（識別番号七〇五五七）一九五二年、一一二頁、一一四頁、宮内庁書陵部宮内公文書館所蔵。

(114) 『永田秀次郎選集』潮文閣、一九四二年、一二三頁。「盛大に行はれた関東震災霊牌堂開眼供養」『高野山時報』五六九号、一九三〇年一一月、二一～二二頁。守山聖眞『眞言宗年表』豊山派弘法大師一千百年御遠忌事務局、一九三一年（国書刊行会、一九七三年）、七五三頁。闢榮覺『高野山千百年史』（前掲注112）、三四二～三四三頁。

(115) 「木魂祭」の呼称は島根県山林会や新潟県山林会に例がある。樹木の霊に対し謝恩の意を表する祭りという。「木魂祭の執行」『大日本山林會報』五一一号、一九二五年六月、七七頁。

(116) 「岩手県宮古市での柴燈護摩・火生三昧に参加」『神變』一一八五号、神變社、二〇一二年八月、三五～三八

頁。「鎮魂と復興を願い柴燈護摩、植樹式執行」『神變』一一八四号、神變社、二〇一二年七月、一二～一七頁。「復興の花　咲かせて　醍醐桜、宮古に植樹」京都新聞、二〇一二年五月二八日付。

(117)『総本山金剛峯寺山林部五〇年のあゆみ』総本山金剛峯寺山林部、二〇〇一年、三三～三五頁。岡本貴久子「空海と山水―「いのち」を治む」末木文美士編『比較思想から見た日本仏教』山喜房佛書林、二〇一五年。

(118)醍醐寺における記念植樹の取り組みについて、筆者が仲田順英氏にお話をうかがった際、実修実証の意味をご教示いただいた。二〇一二年八月一〇日、醍醐寺三宝院にて。山田廣圓・高井善證『修験大綱』神變社、一九三三年、九二頁。

(119)この年（昭和一〇年）、日本庭園協会会長を辞し二代目を藤山雷太に譲る。本多静六「国土装景」（前掲注72）、五～六頁。

(120)「あすは植樹デー　帝都を緑化しませう」読売新聞、一九二七年四月二日付（前掲注78）。

(121)「日比谷で植樹まつり　大木を供出しその跡へ苗木を植ゑませう」読売新聞、一九四三年四月四日付。

(122)「潑剌の帝都市民」朝日新聞、一九四三年四月四日付。

(123)「一日から緑化運動」読売新聞、一九四八年三月三〇日付。上原敬二『樹木の美性と愛護』（前掲注38）、一二一一頁。『国土緑化運動五十年史』（前掲注67）、三三六～三三九頁。

第五章　「大記念植樹」の時代――昭和戦中期の時局を基軸に――

時代は昭和戦中期に入った。「いのち」を植え育む記念植樹という平和的な行為は非常時においても奨励される。これまでのところ明治から大正、昭和初期の植樹活動を見てきたが、その過程においては日露戦勝記念植樹や第一次世界大戦の終結を奉祝する平和記念植樹など、戦争にまつわる植樹も営まれていた。昭和の戦中期には時局の推移に従い、記念植樹の方法論や担い手にも変化が見られるようになる。キーワードは「皇紀二六〇〇年記念」、「さくらの街づくり」、「国民外交」、「防空」、「忠霊」である。戦時下という非常時において、緑の「いのち」は何を記念し、いかにして植栽されるのであろうか。

第一節　皇紀二六〇〇年記念事業における植樹活動

同時代における最大の記念イベントは、昭和一五年（一九四〇）の皇紀二六〇〇年を奉祝する事業である。その事業の一つとして植樹活動も計画された。挙国一致の大イベントの一角を占める植樹活動が重要な記念事業であったことはいうまでもない。いわば「大記念植樹の時代」を迎えたといえる。その計画面積は一一万四〇〇〇町歩という広大な事業であった。[1] 一大記念事業を迎えるにあたっては、御聖徳記念や即位の御大典記念と同じく、時間をかけた各種の事業計画が打ち出された。本節で対象とするのは、当時の都市計画において主要テーマに位置づけられた「宮城外苑整備」に係る記念植樹である。

この時期、新聞社は記念植樹をニュースとして報じるのみならず、自社企画としても記念植樹事業を計画するようになっていた。以下は皇紀二六〇〇年記念に向けて朝日新聞社が「建国精神発揚の諸計画」として提起した事業である。

紀元二千六百年を二年後に迎へんとするに当り、神武天皇創業の御偉業を景仰し奉り、いよ〳〵わが建国精神を発揚するとともに、躍進日本の限りなき伸張を祈念実践するため、本社はこゝに一大国民運動を提起することにいたしました。おもふに今日、国力発展の中堅原動たるべきものは、全日本の青少年層であること申すまでもありません。この青少年をして心身両方面において真に国家の楯たらしむるには、強健無比の体軀を作り上げ、日本精神に徹したる『心』の鍛錬完成を期さなければなりません。(2)

同社はこの決意のもとに、青少年の心身鍛錬こそ建国精神の発揚に貢献するとして、「日本青年道場建設」、「全国青少年集団訓練と勤労奉仕運動」を展開、その一環として「全国小中女学校の献木、植樹、花壇の設置、諸団体の献石」を提唱した。それは「全国の男女学生児童をして聖域の明粧、緑化運動に参加奉仕せしむることは敬神の念ならびに祖国愛の精神を一層高揚せしむる(3)」という理由に基づくものであった。こうした自社企画は、報道機関自体が記念植樹という活動の理念に共感していた証となろう。

そこで本節では記念植樹の宣伝のみならず、主体的に事業に関わった報道機関の役割も踏まえ、宮城外苑整備に係る植栽活動の理念と方法について検討する。

（1）　本多静六『皇紀二千六百年記念として 植樹の效用と植ゑ方』

昭和戦中期の最大のイベントである皇紀二六〇〇年記念に際して、本多は帝国森林会から『皇紀二千六百年記念事業として 植樹の效用と植ゑ方』を発行する。同書には長年にわたる研究と実績に裏付けられた記念植樹の理念と方法論が説かれている。

世界無比なる万世一系の帝国として、皇紀二千六百年を迎へたる目度き記念事業には各種の計画があるが、就中彌栄に栄え行く我国運を象徴して、永へに年と共に生長増大するものは記念植樹の外には無い。予て本会が唱導せる記念植樹は、今や響の声に応ずる如く、天下翕然として此挙に賛し、来る四月四日の愛林日には一斉に二千六百年記念植樹が実行せらる、筈であるから、茲に私が多年実験せる植樹の效用と植ゑ方を述べて、世人の参考に供する次第であります。(4)（傍線筆者）

記念事業には記念植樹をおいてほかにはない、これが本多の根幹的な主張である。学校樹栽に始まり、御聖徳、御大典、平和記念、帝都復興、そして皇紀二六〇〇年記念にいたるまで、生涯を通じての本多の譲れない信念であることが解せられる。植樹の効用を持続的に研究するうちに、それが今や国民が一体となって実行する記念行事に発展していた。

記念に植樹された樹木とは、いわば人間の都合で植えられた植物である。したがって立派な記念樹に育てるには保護手入れが欠かせない。そこで責任をもって記念樹の「いのち」を生き生きと全うさせるために、愛情を注ぐことが不可欠となる。枝打ちや下刈りで育成環境を整えてやり、樹木の呼吸を塞いで髭根を腐らせないように水はけを良くしたり、土壌が踏み固められがちな人の多い場所では空気の流通に配慮し、時に掘り起こしたりすることも必要である。樹木は息を継いでその生命を保っているのである。

こうして記念事業の起こるたびに、本多はひとり一本の植栽でも多人数では数百数千となり、これを毎年続ければ遂に幾千万幾億本の大森林が形成され、社会人類に与える功徳は甚大になると繰り返し唱えてきた。「されば諸君今日の二千六百年記念植樹デーに樹をお植ゑなさい、神も仏も樹を植ゑる者を助け、天は樹を植ゑるものに総ゆる幸福を与へて呉れます」と同じフレーズで呼びかけてきた。(5) 本多によれば、その生長、繁茂する様子は人生に希望、成長、努力、進歩、新鮮の気分を起こさせ、ひいては人類の文化に貢献する。彼の指南する植樹の効用と植え方を模範として、「記念植樹」という行為は国民的な文化行事としてその地位を獲得していったといえよう。

(2) 宮城外苑整備計画における緑化の位置づけ

国家の一大記念行事である皇紀二六〇〇年に際し、全国各地で行われた記念植樹については、前述の朝日新聞社の計画を筆頭に、二六〇〇年にちなんで二六〇〇本の苗樹が学校や神社仏閣に寄贈されたとか、二六〇〇町歩に植樹地を確保した事例など、(6) 逐一とりあげるまでもなかろう。ここでは特に宮城外苑整備計画に注目し、その経緯と緑化の方針について検討する。

もともと宮城外苑整備は同時代における「永年の懸案事項」であった。それが皇紀二六〇〇年を前に本腰が据えられることになる。昭和四年（一九二九）に議論がなされた際には、「宮城前広場　皇居の外苑に適しく大改造観兵式等も出来るやう　風致交通を主に」との見出しで改造計画が報じられている。その際の整備計画で審議委員に就任した本多は、同年、宮内省から次のように諮問を受けていたという。

宮内省では交通、風致その他の諸点から、現在の宮城前広場を最も理想的なものにしたい意向から、特に一木宮相の命を受け関屋次官、三矢帝室林野局長官、東久世内匠頭等の間で幾回となく臨議を行ひ、又参事官会議にもかけて審議した結果、二重橋前広場から凱旋道路、行幸道路及び芝生全部を含めた祝田町一帯の大改造工事を施すことに方針を決定し、斯界の権威帝大名誉教授本多静六博士にその設計を依嘱してゐたが、このほど同博士が□蓄を傾けて作製した三つの改造案が出来上り、詳細な図面を添へて宮内省に提出した(7)。

風致や交通を主軸とする本多の設計案を基礎に、林野局並に内匠寮で秘密裡に万般の計画が進められたというが、広場改造については専門家からも幾度か提案が出されていた。秘密裡にとあるが、本多もまたインタビューに対して「宮城前広場をどんな風に改造したらよいだらうかといふ宮内省のお尋ねなので、平生私の考へてゐた二、三の案を纏めて差出しましたが、どんな内容のものかは今お話出来ません、又発表すべき性質のものでもないでせう、私□外にも色んな案が出るでせうし、当局にも都合がありませうから、私の考へてゐる理想案についてお話するのも少しまづいと思ひます(8)」と答えている。

当時この付近には警視庁のバラックが張られていたため、おそらくその移転完了を待って改造工事に取りかかる段取りであろうと報道されたのだが、しかしながら翌年一二月の段階では二重橋前までの道を全部舗装するかもしくは砂利道も残すかとの論点から、前者の本多案と後者の復興局の設計案との間に対立が生じ、「宮城前広場の大改造ゆき悩む(9)」と記事に書かれるなど、宮城前広場改造計画の進展には紆余曲折があった。

（3） 宮城外苑整備計画における緑化の価値

そして昭和一四年、栄えある皇紀二六〇〇年の大祭日を一年後に控え、東京市によって宮城外苑整備計画が組まれることになる。國民新聞（一九三九年六月一五日付）は次のように報じ、『庭園』にもニュースとして転載された。

皇紀二千六百年及び支那事変の記念事業として、宮城前広場に工費二百五十万円で御親臨台を設け、前面には十万人も容れる広場を造営する外、肇国記念館、和田倉門、渡櫓、和田倉橋の復原、記念角櫓、記念噴水等を造営し宮城外苑を荘厳典雅にして清浄なる聖域たらしむる事になつた。東京市では聖域造営の万全を期するため造園の権威者からなる「宮城前整備事業審議委員会」を設置することになり、人選を急いでゐたが、十四日委員五十一名の決定を見たので、十五日午前十時半から東京会館に第一回総会を開催、頼母木市長からの諮問事項「宮城前整備方法」について研究をすゝめることになつた。[10]（傍線筆者）

審議委員会は、宮内省から岩波武信内匠頭、本多猶一郎参事官、内務省の松村都市計画局長をはじめ、陸海軍の各関係官、工学博士伊東忠太、同佐野利器、同佐藤功一、同大熊喜邦、林学博士本多静六、東京市公園課長井下清等の権威五一名で組織された。東京市が計画した「荘厳典雅にして清浄なる聖域」を造営するために招聘されたメンバーである。予定される主要な整備事業は、御親臨台予定地並びに広場造成、石塁装備、道路改修、造園、周囲石塁内側土手築造、地下道の建設であった。[11]

同時期においては東京市紀元二六〇〇年記念事業部によって宮城外苑緑地化計画も練られていた。事業部の立案によれば、具体的には「現在道路より三尺高い芝生と道路を平にして全体を緑地化し、十万人が入り得る広場を設け、騒音の全く無い地域」を設ける計画であった。[12]都市美協会はこの機に靖国神社と宮城外苑、明治神宮外苑を結ぶ「一大聖域」化計画を打ち出している。「その実現を見る日が今や熱烈に期待されるに至つた」[13]と報じられたように、皇紀二六〇〇年記念の大祭を機会に「緑化」を主とする整備事業の取り組みが本格化したと考えられる。

右の國民新聞には聖域造営の万全を期するために「造園の権威者」が集められたとあるが、この点について田村剛は「皇紀二千六百年記念と我が造園界」（『庭園と風光』二二巻一号、一九四〇年）で次のように述べている。

新東亜建設の大旌を押し立てゝ、聖戦第三年を迎へるの歳、恰も皇紀二千六百年に当り、国民挙つて、国威の宣揚に、国民精神の作興に、夫々邁進せんことを期してゐる次第であるが、茲に稀有の国民的祝典を挙行せんがためには、内閣に特設せられた紀元二千六百年祝典事務局が総元締となつて、各種記念事業の企画と統制とに当つてゐるのである。……規模の大小の差はあるが、計画中の各種記念事業中に造園関係事業が多く取り入れられてゐるのは著しい事実である。想ふに、造園事業は記念事業として種々の特徴をもつてゐるので、特にこの聖典に関係して採択せられるのであらう。即ち二千六百年を記念するためには、土地を劃して、永遠に伝へる所の造園が、その本質上、建築物等と共に、最も適当であるのは言ふまでもないことであるが、昨今の事変下にありては、資材の統制が厳重に行はれてゐるので、凡そ記念事業にはこれを実施することが至難であるので、勢ひ造園工事に傾くこととなるべきことが考へられる。尚ほ又造園工事には比較的労力奉仕にも適するものであるから、この点も頗る有利である。(14)（傍線筆者）

造園計画が記念事業として最適とみなされた背景には、明治神宮外苑工事の際にも懸念されたように、事変の影響による景気変動や戦時経済統制による供給資材の厳しい制限があった。そこで費用の嵩む建築物の築造に困難が生じ「勢ひ造園工事に傾く」ことになるのだという。こうした切迫した財政事情から、宮城外苑整備計画では地下道建設や記念噴水の造設など実現にいたらず中止された事業もあるが、この点は明治天皇の御聖徳記念事業において、葬場殿址記念物が記念樹の植栽に変更されたことに類するものといえる（第Ⅲ部第二章）。加えて、造園工事にともなう労力奉仕は奉仕精神の涵養に有利に働くとされ、都下六〇〇万市民の「肇国奉公隊」の聖鍬(15)に期待が寄せられたのである。

同時代には後述する内務省の政策とも相俟って、東京府においても奉祝事業として記念造林や公園整備等による大緑地帯計画(16)が奨励されたのだが、植樹や植林事業は緑化対策として衛生的な環境や美的景観を構成するのみならず、それは物資の確保という面で、「いざ」という時に用材にもなり得る。この利点も植栽活動が促進される理由の一つになったと考えられよう。

（4）「宮城外苑に御献木を」――力強く高雅な風趣――

皇紀二六〇〇年記念事業では、緑化事業は主要事項に位置づけられ、それは東京市記念事業部の「宮城外苑に御献木を」という呼びかけによって具現化する。献木を取り扱ったのは紀元二六〇〇年記念宮城外苑整備事業奉賛会という組織で[17]、朝日新聞社が提唱する献石・献木運動に併行して同会に対し各地から照会が相次いだという[18]。宮城外苑ではのちに述べる全国各地から寄せられた奉献樹を捧げる「献木式」も執行されたのだが、ここにおいても儀式としての記念樹植栽式と、実践としての植栽事業の組み合わせが見て取れる。

まず宮城外苑整備の植栽計画に関して東京市記念事業部が示したのは、皇紀二六〇〇年記念事業を奉祝するにあたり「独り東京市のみならず、全国民至誠の結晶たらんことを念願」として、「宮城外苑整備に際し必要なる植物は広く一般の御献納に俟ち、之を以て聖域を整備し奉るのが最も有意義と考へる[19]」という姿勢であった。すなわち、明治神宮造営事業と同じく国民の参加が求められたのである。

必要とされる移植用植物は、樹木が約一三〇〇〇本、灌木約一五〇〇〇本、芝約三万坪と見積られた。申請手続きについては、明治神宮の森造営と同様に国民の善意を無下にしないためにも十分な配慮がなされ、当局で調査研究（樹姿・樹勢・病虫害・土質・移植の可能性）の末、奉献希望者に受納の可否が伝えられた。奉献樹を根付かせ、永く生長させるためには根廻しなど時間をかけた事前の下準備が肝心であることから、記念献木は昭和一四年度から一七年度末にわたる継続事業に設定された。

奉献の仕方に関しては現品献納と換金献納の二種類の選択が可能であった。換金献納の場合は申込金額に基づき「条件」に合う優良品を購入して植栽する。一方、現品を納める場合は「外苑現在の風趣に良く調和し、且つ完全に活着し、永遠に繁茂すべきもの」であることが重要であった[20]。そして外苑の風趣に調和するという樹種の条件が次のように示された。

（イ）**針葉樹**（クロマツ、中洲型クロマツ、アカマツ）約五〇〇本

クロマツは樹高一五—二五尺、目通幹廻一・五—三尺

必ずしも栽培品たることを要せざるも、挿図（図1）の如く　十分枝巾のある力強き形姿のもの

同（中洲型）は樹高一〇—一五尺、目通幹廻一・五—三尺

樹冠尖形でなく特に力強き形姿を有し、前項クロマツより更に枝張強く枝巾は樹高以上あること

アカマツは樹高一五尺—二〇尺、目通幹廻二—三尺

枝巾は樹高以上、円形樹冠の高雅なる形姿のもの

（ロ）**常緑濶葉樹**（シヒ・カシ・クス・モチ・モクコク）約六〇〇本

シヒ・カシは樹高一五—二〇尺、目通幹廻一・五—二・五尺

樹冠円形で十分枝巾があり且つ枝下の成るべく低きもの、特にシヒは挿図（図2）の如き形姿を有し、且つ小葉性であること

クスは樹高一〇—二〇尺、樹高六尺以下の苗も可

モチ・モクコクは樹高一〇—一八尺、枝巾九尺以上、樹冠円形で下枝のあるもの

（ハ）**落葉濶葉樹**（ヤマザクラ・モミヂ・ケヤキ・ムクエノキ・ヤナギ）約二〇〇本

ヤマザクラ・モミヂは樹高一八尺内外、目通幹廻一・五尺内外

形姿は株立状のものにて可、但しヤマザクラは赤芽のものに限る

ケヤキ・ムクノキは樹高三五尺内外、目通幹廻二・五尺内外、整然たる形姿を有するもの

図1　針葉樹の形状

ヤナギは樹高一五―一八尺、目通幹廻一・二―二尺
成るべく大枝垂種で樹形の整つた並木に適するもの

(ニ)**灌木**（マルバシヤリンバイ・キヤラボク・モクコク・ウバメガシ・カムロクロマツ・ヤツデ其他）約一五〇〇本

マルバシヤリンバイ・キヤラボクは樹高二尺内外、枝巾成るべく大なるもの

モクコク・ウバメガシ・カムロクロマツ・ヤツデは樹高六尺内外のもの

(ホ)**芝**　約三万坪　芝は成るべく野芝の優良品なること[21]（傍線筆者）

宮城外苑の風趣に見合う樹木というのは、十分枝幅のある「力強さ」と「高雅さ」を備えたものであることが肝要であった。明治神宮内苑の森は天然の森を再現することが目標におかれたため、華美な花木や細工を施した庭木などは遠慮され自然の姿をした樹木が尊ばれたが、一方、皇居外苑は国威発揚の場としての国民広場、あるいは宮城の庭園という機能が重視されたことから、デザイン的に「整然」とした雰囲気を醸し出す樹木が希望されたとみえる。

図２　闊葉樹の形状

かくして国民の誠意に基づく奉献樹の申し込みは多数にのぼり、宮城外苑には緑の樹々が次々と植栽されていく。そして、この植栽に係る作業を支えたのもまた国民の誠意であった。宮城外苑の整備作業は主に肇国奉公隊の労力によると伝えられるが、この肇国奉公隊には日本国民に限らず外国人部隊も多く参加し、それぞれが「感激の聖鍬」を揮ったとされる[22]。移植後の重要な作業である灌水については、特にクロマツの植栽時に旱天が続いたこともあり、勤労奉仕隊の作業に助けられたという[23]。献木運動をはじめとする実践事業は、このように「汗の奉仕」に支えられていたといえよう。

（5）宮城外苑における献木式

力強く、そして高雅な風趣を理想とする宮城外苑の実現を目指し、国民の「赤誠」に基づく献木と奉仕作業を頼りに整備事業が進められてゆく。そこで営まれたのが、儀礼式典としての献木式である（図3）。

昭和一五年（一九四〇）七月九日、宮城外苑の一角に立つ高村光雲作「楠木正成像」（明治三三年）[24]の傍らで、儀式は執行された。献木式の様子については東京朝日新聞に次のようにある。

東京市の宮城外苑整備事業に寄せる本社提唱の献石献木運動は、既報の如く各方面に大きな反響を呼び、同整備事業奉賛会や本社計画部へも引続き、献納申込や照会が相次いでゐるが、既に同外苑には大小多数の献木が移植されたので、同奉賛会では九日午後一時半から宮城外苑の楠公銅像脇で晴れの献木式を挙行した。[25]

これまで論じてきたように記念事業としての記念植樹の啓蒙普及には、新聞社など全国メディアの貢献が極めて重要であった。

献木式に参列したのは女子学習院や常盤会をはじめとして、東京音楽学校、国際文化振興会、樟脳技術者協議会、松坂屋、府歯科医師会麻布支部、大日本傷痍軍人会等の献木者代表のほかに、奉賛会会長大久保留次郎市長の代理として同市記念事業部長、そして朝日新聞関係者である。式次第の概略については、一同による宮城遥拝、会長代理として記念事業部長の挨拶、井下清東京市公園課長による献納資材に関する審査報告が行われ、次いで

緑の宮城外苑に
晴の獻木式
集ふ全國民の赤誠
宮城外苑におけるけふの獻木式

図3　献木式を伝える記事

同新聞社参与による挨拶、献納者代表による挨拶が続き、その後、井下課長の案内に従い参列者が各々植栽場所を見学したという。たとえば女子学習院は二重橋前にアカマツを献じ、大日本傷痍軍人会は楠木正成像の付近にシイを献納したと報じられている。いずれも先の「条件」にある針葉樹と常緑闊葉樹である。

単に樹木を納めるのみならず、祈りの儀式を執り行うところに当時の人びとの聖域に対する慎み深さが現れている。こうして儀礼としての記念植樹も無事に修められ、植栽事業はいよいよ活発化してゆくのである。

（6）「一億記念樹」の植樹奉公——同胞一人残らず記念樹を——

記念すべき年を迎えるに際し、「一億記念樹」と題するエッセイが読売新聞に寄稿された。「植樹奉公」という言葉も聞かれた同時代における植樹活動には、いかなる意味が込められていたのであろうか。

山を愛さう、木を植ゑよう。それに就いて私は全同胞各位にお願ひがある。それは丁度、この輝く紀元二千六百年、お互にこの佳き年にめぐりあへた記念として、一億同胞一人残らず記念樹を植ゑたい。父は松、母は桜、僕は柿と、家の廻りに植ゑるもよし、或ひは学校、青年団、婦人会等では大々的に山林の植樹をするもよからう。出征将兵各位も、ぜひ大陸のその地に記念樹を残されたい。「一年の計には田を作れ、一生の計には木を植ゑよ」昔の人はうまいことを云つた。故ならば誰にも丹精次第で紀元二千七百年人にも残せる。もしそれ何かの記憶とゝもに紀元三千年人に、大松を、大公孫樹を伝へたら何と愉快であらう。(26)（傍線筆者）

縁あって紀元二六〇〇年をともに慶祝することになった「一億人」の同胞に対するメッセージである。宮城外苑整備では諸外国の奉仕者も等しく汗を流す様子が報じられたが、物資制限から記念事業の遂行には献木による国民の赤誠が欠かせなかった。その仕上げが個々で行う記念樹の植栽や記念林の造成であった。

寄稿者は語る、丹精な手入れを施せば今回植栽された記念樹は一〇〇〇年後の二七〇〇年、いや三〇〇〇年の祭日までも生長させることが可能であろうと。まさに玉體安穩、国家安寧、子孫繁栄を樹木の長久な「いのち」に託した記念植樹といえよう（図４）。

記念に木を植えることを重要な奉仕とみなし、「植樹奉公」と表現されたのもこの時期の特徴である。昭和一四年（一九三九）、日本庭園協会理事の後藤朝太郎は、学校で行われる卒業記念樹の植栽を美風とみなし『庭園』二一巻四号の巻頭言に「植樹奉公」と題する一文を記した。

> これは大きく云へば愛国心の現はれである。川の土手に桜の並木が出来、楊柳の優しい蔭が出来るのは、いかにもその郷土の為めに香ばしい話である。更に国家百年の大計から云ふと、山の水源地などに幾万幾十万の苗木の寄附を見るのは結構なことである。支那の奥地に行つて見ると、あちらでは「植樹換刑」と云つて刑に掛つたものが、純な考へから刑の重さに相当するだけの苗木を山に植ゑると、刑罰が帳消しになると云ふ風習がある。罪によつては之を獄に繋ぐよりも、幾万本の樹を植ゑさせる方がどんなに後世の為め、子孫の為めになることか判らぬ。もしそれが相当の数以上に沢山植樹をしたとすれば、その人は罪が免ぜられるばかりでなく、却つて善根を社会に施した有徳の君子として尊敬を受けるに至るのである。[27]

図４　挙国造林の実施
（昭和17年・山梨県甲府市相川県有林）

後藤が意見表明した背景には、神聖さを損なわせる「緑陰の欠けてゐる」神社や公園、散歩道が意外に多く見られたことから、鬱蒼とした古来の森林を再現すべく植栽の必要性が説かれたのである。文中にみる刑罰として課された植林の風習は中国に限らず、前近代の日本においても「過怠植」と呼ばれる作業があったが、後藤はこうした罪科から厳しく植樹をやらせるのではなく「もつと広く、清らかな気持で之を奉公の事業と云ふことにして」、本来森厳であるべき所に植樹を行ったならこれほど楽しいことはなかろうと説く。

だが、どういうわけでこれほど強く植樹や緑化推進が叫ばれたのであろうか。考えられることの一つに木材供出後の穴埋めとしての需要がある。たとえば社寺林においても神木や老大木、風致上必要な樹木を除いて極力伐採されたという。(28)あるいは戦争末期には燃料不足や資材不足から、戦病死者を納める棺材や骨箱、墓標のためにも多くの木材が必要であったと聞く。(29)

「一億人」に勧奨された植樹活動はまた、銃後の国土整備をはじめ市民の健康維持や愛樹心の育成を念頭に置くものでもあり、河川や堤防沿いに、自然に親しみ、健康を養うための緑豊かな「保健道路」の建設も計画された。本多の教え子の一人である嶺一三は「戦争と森林」（一九四二年）と題する論説で「凡ゆる努力を傾けて森林の拡充を図り将来に備へなければならない」と述べている。(30)戦火の後に慌てて木を植え始めても遅い。森づくりは「百年の計」であり、将来に備えるという目的からも、非常時においてこそ重要課題に位置づけられたのであろう。

とにかく一人残らず木を植えようと叫ばれた「大記念植樹」の時代であった。同時代には愛国心の育成、風致美化、保健衛生等を理由に掲げ、メディアが主導役となって皇紀二六〇〇年をともに祝うべく国民を植樹奉公へと駆り立てていたのである。

第二節　「大多摩川愛桜会」の記念植樹──田園調布の桜──

渋沢栄一に由来する緑の田園都市、大田区田園調布に富士講ゆかりの多摩川浅間神社(31)がある（図5）。亀甲山古墳上に建つ同神社の境内に設えられた見晴らしの良い舞台からは、滔滔と流れる多摩川を前に、晴れた日には富士山が一望できる。浅間神社といえば木花開耶姫命（このはなさくやひめのみこと）を祭神とする桜の社で、田園調布もまた桜の街として名高い。記念植樹が隆盛する時代にあって、同神社においても桜の記念植樹式が厳かに営まれた。

　ここでは渋沢の築いた田園調布の市街地整備のプロセスを振り返り、桜の植栽事業と田園調布の街づくりの関連性を検討する。そこから多摩川浅間神社で奉じられた儀式としての記念植樹の意図について考えてみる。多摩川の桜にはいかなる祈りが込められているのであろうか。

（1）田園調布と渋沢栄一の理念

田園調布の誕生

　田園調布という街は、英国のガーデンシティを日本的に実現した渋沢栄一所縁の郊外都市で、多摩川浅間神社の西の台地に広がる住宅街である。都市美運動の一環としての田園都市構想については第Ⅲ部第四章で言及したが、ここでは田園調布の成立に係る概略を記しておく。

「田園調布」という町名は、昭和七年（一九三二）に付けられた名前である。明治三年（一八七〇）頃には付近の村は品川県に属していたが、同五年に東京府荏原郡下沼部村となり、明治二二年の市町村制定によってそれまでの上沼部、下沼部、嶺、鵜ノ木の四村が併合し調布村となる。「調布」は古代において布をさらし調として上納したことにちなみ、「手作り調布の里」[32]と呼ばれたところに所以がある。調布村は昭和三年に東調布町に改められた後、昭和七年一〇月一日、前章で述べた松田秀雄第一次東京市長のもとで実現した「大東京」の市域拡大にともない、新たに大森区へ組み込まれた時に「田園調布」と命名される。「田園調布」という名称の初出は大正一四年（一九二五）八月、調布村が五区に分割された際、その一画を田園調布と称したところにあるという[33]。

図５　多摩川浅間神社の社頭（大正期）

駅名としては大正一五年（一九二六）一月一日、目蒲線の調布駅が田園調布駅に改称されている[34]。

大正七年（一九一八）九月二日に創立総会が開催された田園都市株式会社は、発起人渋沢栄一を筆頭に、中野武営、服部金太郎らが中心となって興した法人組織である。中野は前述の明治神宮創建の際に渋沢とともに尽力した人物である。

同社は街づくりにあたり英国風の田園都市をモデルとした。なお、本多静六らが田園都市とともに、山々が織りなす日本の地形に基づいた山林都市を構想したことは前章で述べた。渋沢の田園都市会社については、本多は渋沢から社長就任を依頼されたが学者身分ゆえそれを辞したと伝えられる[35]。

同社が標榜する田園都市というのは、渋沢によれば都市人口の過密を防ぐためにロンドンを手本として都市の中心部の暮らしを郊外に築くことを方針に考案されたものである[36]。だが海外の事例とまったく同じというわけではなく、ロンドンでは労働者の生活改善という点から主に工業都市と田園の結合を図る計画が立てられたが、渋沢の場合は、都市社会で生活に不安を覚えるのは何も労働者に限ったことではなく、「都会生活の必要性を感じ乍ら、而かも其生活に満足し得ないのは貴族富豪階級を除き、現在多数者の心理[37]」であるとして、中流層の生活改善に目を向けた大都市付属の住宅街が構想されたのである。

それは次の七点より構成される街である。

一、土地高燥にして大気清純なること。二、地質良好にして樹木多きこと。三、面積は少なくとも拾万坪を有すること。四、一時間以内に都会の中心地に到達し得べき交通機関を有すること。五、電信・電話・電灯・瓦斯水道等の設備完整せること。六、病院・学校・倶楽部等の設備あること。七、消費組合の如き社会的施設も有すること[38]。

豊かで新しい街づくりに際しては、大正八年上半期から荏原郡玉川村をはじめ調布村、平塚村、馬込村、池上村、碑衾村、駒沢村に広大な土地が求められ、交通機関の整備として東横線や目蒲線のほか、玉川電車の線路拡張や新設予定の池上電車とも交渉が持たれた。(39)都会の中心地に一時間弱で通える緑豊かな街づくりにおいては、木陰をつくる並木や公園の植栽などは必要不可欠なインフラ・ストラクチャーに位置づけられた。ことに周辺は起伏の多い地盤が連なることから、急坂を行き来するだけでも緑陰は必須であった。都市美運動が「緑を植え育むこと」に起源を有していたことがここに思い出されよう。

また新住宅の最新設備として導入されたのが家庭の電化である。それは「スヰッチイン」で可動する「電気ホーム」(40)と謳われ、電気の力で家庭生活をより便利、かつ快適にするものであった。大正一一年（一九二二）に開催された平和記念東京博覧会では電気仕掛けの展示物が話題を呼んでいたが、同博覧会の「文化村」(41)で発表された新住宅建築のモデルにもなったと思われる。

こうした電力供給の面でも水力発電に森林が必要とされたのは第Ⅱ部第三章第四節でみた本多の「植樹の功徳」のとおりである。ただし、上高地国有林内の貯水池計画等に反対したように（第Ⅲ部第二章三一五頁）、近代文明の導入に際してはまず原生自然の風景美の保護を優先に対策を練るのが本多の方法論であった。

田園調布の人気については関東大震災後に目立ったスプロール現象も牽引し、大正一二年の販売開始以降、分譲地は完売した。だが市街地を離れた里村のこと、夜ともなれば周辺はひと淋しく、闇間を縫って家の明かりが点々とするのみであった。初期に住まいを構えたある一家では、以前暮らしていた四谷の家に出入りしていた商人が二、三週間分の食料をリヤカーで運んでくれた時の有難さはひとしおだったという。(42)

日本版田園都市

こうして日本版田園都市が拓かれたのである。ここで日本版といったのは、前章で欧米発の都市美運動の「土着化」、つまり日本的変容が効果をあげた点について論じたが、渋沢もまた日本的思考こそ、田園都市に欠くべからざる要素とみなしていた。渋沢は語る。電気式の調布村では文明や科学の進歩に即した何

もかも新しい事物ばかりのように思われるであろうが、

併しその間にも何時までも活きて行かねばならぬ古い物があります。それは即ち「道義」とか「人情」といふものであります。如何に文明になり科学が進んでも、これが失はれては決して完全なる進歩といふ事が出来ません。たとへ先人の説いた処に一部の改善を必要とすることはありませうが、この道義・人情と云ふものは、何処迄も生きて行かねばならぬものであります。(43)

渋沢は続けて、

如何にデモクラシーが良いとか、人間の権利は生れながらにして平等である等と唱へて見ても、決して社会の進歩と云ふ事は望まれない。「皇室中心」の様な惇い情愛が忘れられたら、決して国家が安全になることも、完全なる文明に進むことも出来ないこと云ふ迄もありません。(44)

と述べ、何でもお上の仰せなら御無理御尤もという態度になり切るのもいけないが、反対に自分さえよければ他人、社会はどうなってもよいという態度も困る、新しいことと古いこと、すなわち「温故而知新」、「知新而温故」という二つの心の態度を兼備することが大事であると論じた。

このように道義と人情を信念とする実業家渋沢の姿勢は好感が持たれた。たとえば城南地区の調布、玉川ほか五村にわたる土地の買収交渉に際しては、地主との間の悶着もまま見られることはあったが、ひとり「調布村だけはスラ〳〵と円満に契約が出来た」という。その理由は同村の青年団が大の渋沢崇拝で、渋沢が調布村に出張した時には、青年団が村内の名勝亀の子山を見て貰いたいと新道を造って歓迎し、この道を「渋沢道」と呼んだともいわれる。(45)

（2）「大多摩川愛桜会」の創立――桜の街づくり――

日本版田園都市として造成された田園調布は放射線状に並ぶ銀杏並木が美しいが、実は桜の街としても知られる。銀杏並木を植栽したのは田園都市株式会社だが、この田園調布と桜との結びつきを深めたのが、昭和四年（一九二九）三月に発足した「大多摩川愛桜会」である。

大多摩川愛桜会は、東京朝日新聞社後援のもと、中原・調布地区を中心に多摩川沿岸の有志者で組織された団体で、その目的は多摩川沿いの風致美化と堤防上の有効利用を兼ねて、同地（一〇里二五町）に桜の木を植栽することにあった(46)。

以下、本項では田園調布と桜の関係史を紐解くとともに、桜植栽事業を提唱した大多摩川愛桜会の発足経緯をたどり、同会名誉副会長を務めた本多静六の言説と多摩川公園沿い計画等の事績から、彼の桜樹植栽に係る理念と方法論について考察する。

各地で記念植樹事業が隆盛する傾向にあるなか、大多摩川愛桜会の活動に先立ち、田園調布ではすでに桜樹の植栽が進められていたとみえる。田園調布の郷土文化史を著した水上市郎平氏の『町の風土記』を参照すると、たとえば小中学校の校庭には老桜に混じって若い桜が多く植えられ、昭和二年（一九二七）頃の電話線架設（二本目）の際にも地元郷土会が主体となって一斉に桜を植栽したとの記述がある。翌三年の自治会設立記念にも桜が選ばれ、植樹された道は桜通りと呼ばれたという(47)。時代を大正末に遡れば、住民の大切な生活用水であった六郷用水路沿い（丸子川）に桜が植栽された例もある。水上氏は昭和五六年当時において、「田園調布に住む人は、自治会の調べで初期移住者は、二十五％しかいなくなったという。桜も今の人たちは植えなくなった(48)」と記しているが、このように同地には桜を植えるという習慣があったようである。

（3）　大多摩川愛桜会の設立背景とその目的

昭和四年（一九二九）二月、内務省が進めていた多摩川下流治水工事[49]が間もなく竣成という頃、大多摩川愛桜会発起人となる河野一三（田園調布風致協会常務理事）は、田園調布（東調布町）の高台の自邸から雑草の生い茂るままに放置されていた両岸の大堤防約六〇〇万坪を眺めていた。多摩川といえば付近の住民は古くより出水に悩まされてきた歴史があり、堤防の利用については多くの人びとが関心を寄せる話題であった。

大多摩川愛桜会は彼が天明啓三郎東調布町長に声を掛けたことによって具体化する。当初は堤防上に茅を植える計画があったようだが、

> 茅の恩恵を受ける人は少数だ。長堤に植ゑるのは桜ですな。百年後の桜の名所をつくるんです。春は花、夏は鬱蒼たる緑樹帯です。京浜幾百万の健康道場になるぢやありませんか。[50]

この呼びかけに町長も賛同し、同年三月七日、多摩川畔丸子園にて懇談会が開かれる。発起人河野、天明両者と中原町長安藤安、そして東京府砧村、玉川村、東調布町、矢口町、六郷町、羽田町、また神奈川県下の川崎市、中原町、高津町など両岸一市八か町村の代表者が参集して協議を行ったところ、両岸の長堤に桜樹移植の請願運動を起こすことが決議された。内務大臣望月圭介に対する第一回目の陳情は同月一〇日に決まった。「大多摩川愛桜会」という名称は、当日東京駅の待合室に一同が勢揃いした時に命名されたという。

明けて昭和五年（一九三〇）四月二一日、役員会において大多摩川愛桜会の法人化を目指すこととなり、翌六年八月三一日に申請、昭和七年一月一三日をもって犬養毅内務大臣より許可が出された。[51]

代表者には創立当初に会長を務めた春藤嘉平川崎市長を継いで百済文輔、中屋重治の両川崎市長が就任し、昭和八年六月一三日には有吉忠一貴族院勅撰議員がその座に就いた。有吉は父祖の代より「桜日本建設」に携わり、京都嵐山の桜を復興させた功労者と伝わる。また当時蒲田に在住していた東京朝日新聞社の霜山経助は、顧問と

して同会発足時より協力を惜しまなかった。

大多摩川愛桜会が掲げた活動の理念が次である。

愛桜会の目的は、桜日本の建設と桜精神の世界拡充にありといふべきである。換言すれば、日本精神の表徴たる桜花を日本国民に、より多く観賞せしめ、花の心を体得せしむるの施設を熾にせんとするにあり。他面、国華桜を各国人に紹介し、花を通して平和愛好の明朗なる日本国民性を世界に知らしめ、世界万邦との協和達成に貢献せんとする。(52)

彼らが目的とするのは桜の花を通じて世界平和と国際親善を図ることであった。ちなみに大貫恵美子氏によれば、明治以降の日本社会では桜の花は新生日本の肯定的な象徴として積極的に植林が進められたというが(53)、大多摩川愛桜会もまた桜を肯定的に捉えた組織であったといえよう。そして、その目的を達成するために第一事業として計画されたのが「多摩川長堤の桜公園化計画」である。

東京横浜の二大都市を中心とする人口稠密の地域を貫流する多摩川の大公園計画の実現こそは、帝都住民起死回生の大問題であり、市民精神振起向上の重大問題である。……見よ工場に働き、商館街に勤務して、日光に浴せざること幾日、清浄なる大気に触れざること幾十日の労務第一線の市民大衆、現に幾十百万ありや。是等大衆のために、富士の高嶺を仰ぐ多摩川に、雄大清浄なる遊園を設けることの如何に至適にして緊急の施設ぞや。世に叫ばれる工場地帯の浄化も、学生街の清掃も大いによし。唯之と併行して、最も短き時間に、最も安価なる負担をもて、自然の懐に入り、日光に浴し、清澄なる空気を満喫して、俗塵を避け得る歓楽郷を多摩川に設けんとするは本会の提唱である。(54)（傍線筆者）

文言をたどると、要は桜花の植栽を介した都市美運動の一つであることがわかる。特筆すべきは大多摩川愛桜会の名誉会長に選任された「桜の会」会長鷹司信輔公爵とともに、日本庭園協会会長の本多静六が名誉副会長に選ばれたことである[55]。緑化と健康は本多が説く都市美のテーマに位置づけられていたが、この人選はその主張によるものであろう。右に見る、誰もが安価で手軽に健康を維持し得る開かれた自然空間づくりこそ、本多が提唱する公園論の基盤であった。同時代社会で都市美協会副会頭や帝国森林会会長等を歴任した本多は、緑や花々で街を彩る植樹活動には、もはや不可欠な指導者とみなされていたといえよう。

大多摩川愛桜会はこうして霊峰富士と桜と多摩川が織りなす理想的な風景づくりを目指して事業を進めてゆくのである。

（4）本多静六の「多摩川川沿公園計画」

本多は先に日本庭園協会に依嘱されて作成した「多摩川川沿公園計画」（昭和五年）を方針として、大多摩川愛桜会に協力を表明し、多摩川堤防沿いの公園化に関する桜の樹種選択や植栽計画を打ち出した。その概略は次のとおりである。

全長四里半に亘る多摩川両岸の堤防に桜樹を植栽するに当り、全堤同一の桜を用ふる時は、変化なく、単調に陥る恐れあり。即ち彼岸桜、染井吉野、山桜の三種を用ひ、夫々彼岸桜の名所、染井桜の名所、山桜の名所を作り、以て全体に変化を保たしめ、且此等三種の開花期の相異により、春の花時を長からしむるを以て得策となす[56]。

まず公園の風景が単調にならないように彼岸桜や染井吉野、山桜など多様な桜を植栽して彩りを添え、それぞれの開花期の長短を利用し、桜を長く楽しめるようにする。植栽する間隔は五間程度とするが、必ずしも等間隔ではなく、多少変化を加えるなどして情緒豊かな景観をつくる。ただし、見た目ばかりではなく、環境や保安に対する配慮も怠らず、海岸に近い場所では汐風に強いとされる大島桜を選び、海風の遮断にクロマツを添えることを指南する。

桜並木の他には、芝生地に三種（彼岸桜・染井吉野・山桜）の桜の樹林を設けて民衆が集う遊楽の中心地となし、また玉川村にある温室村の西方に「一種三四本宛（ずつ）」のあらゆる種類の桜を植栽して、これを「桜の見本園」とする。加えて、シーズン後の四季を彩る灌木としてツツジやハギ、ヤマブキの名所も備え、その周囲にアジサイやカイドウ、ノバラ等をあしらうことにした。

本多の多摩川沿いの公園計画は単に沿岸の堤防を対象としたものではなく、同計画書の「将来の計画並に注意事項」に、

両岸堤防付近に存在する名所、旧蹟、例へば、新田神社、十騎神社、原村梅林、穴守稲荷、川崎大師、日枝神社、神明社、杉山神社、春日神社、久地梅林等の如きものはすべて堤防に連絡せしめ、以て一大連鎖公園たらしむべし。[57]

と記されているように、緑と花々——ここでは特に「桜花」——を通して街の名所旧蹟を結ぶという、いわば都市美計画であった。そのため各名所にいたる道路の両側には可能なかぎりサクラやウメを植え、分岐点には指導標を設置し、目的地の名称や距離を示しておくことも重要であるとした。堤防の外側下部には将来的にドライブウェイを整備することも必要とされた。また前述の河野の提案にある「京浜幾百万の健康道場」となすべく、市民の健康づくりという観点から河川敷内に芝を張り、野球場やゴルフ練習場、ラグビー場等の運動施設を設置する計画も立てられた。街づくりに係る風致の観点からは、公衆の手洗所やくず箱を備え、また桜の時期の二、三の茶店以外に飲食店や商店の出店を禁止し、それらは街道の交差点や神社仏閣周辺に限って認めるものとした。

そして、この公園計画において何より大事なことは「桜樹に対しては特に保護手入を怠るべからず[58]」という「愛桜心」、すなわち「愛樹心」であった。本多の多摩川川沿公園計画は、同会の目的と対応して、帝都東京の品

位向上のために「京浜市民大衆の幸慶たるに止らず、全日本国民に吉野山、嵐山等と並んで桜日本の代表公園を示すべく、来朝の外人に対しては、憧憬の富士を仰がしめ、桜花美を観賞せしめて日本精神の純潔壮麗芳美を味はしめ得べく[59]」構想されたのである。

公園整備事業をともなった桜の植栽計画はこのように構築された。では、大多摩川愛桜会の事業においても記念樹の植栽式は営まれるのであろうか。

第三節　桜の多摩川づくり――儀式と実践――

（1）多摩川浅間神社における東郷元帥の植初式

大多摩川愛桜会における桜樹植栽活動の出発点は、東郷平八郎元帥お手植えによる桜の植初式にある。「儀式」としての記念樹植栽式と、「実践」事業としての植樹活動をあわせて営む形式が、ここにおいても確認できるのである。

東郷の植初式が執行された昭和五年（一九三〇）というのは数々のメモリアル・イベントが重なった年であった。帝都復興を祝う式典が営まれた年であり（三月二六日、宮城前広場）、渋沢栄一と益田孝によるグラント将軍訪日記念樹の記念碑がお披露目された年でもある（五月三〇日、上野公園にて除幕式）。そして東郷本人にとっては大海戦二五周年を祝す海軍記念の年であった[60]。

五月二七日、祝典当日は東郷の武勲を讃える行事が全国で開催された。芝公園内水交社においては昭和天皇臨席のもと、山本権兵衛大将、瓜生外吉大将はじめ海軍の将星およびその家族によって戦死者約一三〇〇余名に祈りが捧げられ、広瀬武夫中佐銅像の前では一〇〇本の記念植樹が行われた。横須賀、霞ヶ浦の海軍航空隊が帝都上空を飾り、二重橋前から上野公園にいたる道のりを陸上軍艦が大行進[61]、東京朝日新聞は東郷の勇姿に湧く、

「東郷元帥万歳!!」の声を報じた（図6）。

植初式は、右の海軍記念日に先立つ三月一五日、多摩川浅間神社において実施された。植樹場所は同社境内二の鳥居の側という[62]。お手植えされた記念樹は「東郷桜」（図7）と名付けられた。

植初式に列席した主なメンバーは、記録によれば時の内閣総理大臣浜口雄幸、神奈川県知事山縣治郎、東京市長堀切善次郎、横浜市長有吉忠一、桜の会会長公爵鷹司信輔、そして日本庭園協会会長本多静六である。式典に際し祝辞を述べた本多はここで大多摩川愛桜会と日本庭園協会の関係、また河川堤防における桜樹植栽計画遂行の困難さを語っているため、多少長いがその内容を確認しておくことにする。

本日茲に多摩川堤塘桜樹植樹の

THE TOKYO ASAHI SHIMBUN

東京朝日新聞　夕刊

大海戰二十五周年
聖上記念祝典に臨幸
けふ水交社に海軍將星連ろ
各地に賑かな催し

榮えの東郷元帥
日本海海戦當時の將官に對し
特に拜謁を賜ふ

酒肴料　御下賜

思出の三笠艦

廣瀬中佐銅像前に
記念の植樹百本
陸上軍艦の前都行進の賑ひ

事實無根の宣傳

極東大會
秩父總裁宮台臨に
選手の意氣揚る
いよいよ高潮の第四日

中華軍勝つ
5−0對比島蹴球

東郷元帥萬歳!!
けふ記念日に自邸を出る榮えの姿（下）昭和通り行進の陸上軍艦

図6　大海戦25周年の祝賀行事を伝える記事

式典を挙げらる。曩に大多摩川愛桜会に於て多摩川堤塘桜樹植樹を計画せられ、其の実地調査を我が日本庭園協会に嘱せらるるや、吾人はこの挙の機宜に適したるを思ひ、進んで其の術に当り、計画を立案せり。爾後、各関係当事者並に有志の熱心なる努力に依り、本日植樹の運びに至る。寔に慶賀に堪へざるなり。

回顧すれば吾が日本庭園協会は、嘗て荒川放水路その他の堤塘植樹計画に努力せしことあるも、未だ当局の理解を得るに至らず、当に之を実現し能はざるを遺憾とせり。然るに今回多摩川堤塘の桜樹植樹計画成功して、玆にこの盛典を見るは転た今昔の感に堪へず。吾人年来の主張の報いられたるを欣ぶと共に、当局者が時代の趨勢を見るの聡明と愛桜会々会員各位の黽勉とに感謝せざるを得ず。

惟ふに此の如き難関を突破して実現し得たる本計画の天下に報ぜらるゝや、之が刺戟は決して小なるものにあらず。軈て（やが）全国堤塘の之に倣ふもの日に多かるべく、国土美化史上時代を劃するものと言ふべし。殊に近年都市生活者の健康増進上、風景地開発の必要を唱導せらるゝの時、洵に文化の大勢に適応したるものと言ふべく、之が実現の暁は大規模なる川沿公園として、且又、一国首府の郊外公園として、真に世界に誇るに足らん。

然りと雖も、その大成は固より之を他日に俟たざるべからず。而して本事業が予定の計画の下に着々工程を進め、以て所期の効果を収め得ると否とは、実に当事者の今後に於ける精励如何に依るものとす。乃ち、特に各関係市町村当事者の理解ある協力と撓まざる努力とを衷心より切望して已まざるなり。植樹式に際し、

図７　東郷桜（東郷平八郎植栽の桜・多摩川浅間神社）

茲に一言所懐を陳べ祝辞に代ふ。
昭和五年三月十五日　日本庭園協会長　本多静六[63]（傍線筆者）

本多が大多摩川愛桜会から委嘱を受けて立案した公園計画については既述のとおりだが、国土の美化を助長するという堤塘への桜樹植栽については、これより先に日本庭園協会が取り組んでいた荒川放水路堤塘の桜樹植栽計画において、内務省との間に軋轢が生じていた（後述）。

これは多摩川の場合も同じで、『櫻の多摩川』によれば、東郷の植初式とともに多摩川の堤塘付近の民有地には一八五〇本の桜樹が植栽されたということだが、官有地である堤上や川敷への移植は熱心な請願陳情にもかかわらず許されなかった[64]。試みに植えられた桜の苗木は悉く抜き棄てられた。同会はなおも「桜の多摩川」の景観づくりに望みを捨てることなく、手入れ保護に専念したほか、府県道や市道への植樹をはじめ、官有地でも許可された箇所には草花や球根、灌木類を植え付けて多摩川地区の風致改善に努めた。また河川の活用については運動場や実習農園、市民の保健施設の設置など同会の斡旋によるものは少なくなかったという。

大多摩川愛桜会の地道な活動については、多摩川浅間神社の由緒書にも「浅間社の山下を繞る多摩川の流れに沿ふて、桜の堤を実現せんとして、多年の努力を傾注する愛桜会の努力は意義頗る深し[65]」と讃えられている。その活動の最初が東郷桜の植初式であった。だがなぜ東郷だったのか。

（2）記念植樹と東郷平八郎

東郷は、明治の頃より各地で記念樹を手植えした軍人であった。同時期の東郷による記念樹の植栽を伝える記事によれば「樹木栽培は大将の素より好まる、処[66]」とあり、彼自身も樹木を植え育むことに親しんでいたとみえる。例をあげれば、明治三八年（一九〇五）一月七日、本多の設計による開園間もない日比谷公園で挙行された、東京市主催の旅順港占領祝捷会における月桂樹の記念植樹式（図8）がある。[67] その時の様子を次に記す。

> 東郷大将、上村（彦之丞――筆者注）中将は尾崎市長の先導にて、公園雲形池畔東々南隅の芝生地に入り、大将は市長の挨拶に次で、園丁より鍬を受け取り、之を以て土を穿つこと二度、続いて上村中将亦二鍬の土を穿ち、夫れより大将は軍艦旗を以て覆はれ三寶に載せられたる月桂樹を手にし、手袋を脱して自ら月桂樹を地に植ゑ、更に土を被らしむる事二度にして、上村中将も亦土を二度施したり[68]

図8　東郷平八郎植栽の月桂樹（日比谷公園）

苗木寄贈者の農学者津田仙は老体を両名将の前に運び、播種から培養して育てた月桂樹の由来を語り、[69] それが今日、両将軍の記念樹として植栽される名誉を深謝した。植樹式に先立って執行された式典には、桂太郎総理大臣を筆頭に、英・米・仏・独各国の公使夫人令嬢、尾崎行雄東京市長、市参事会員や市府会議員らが参列した。式は、尾崎市長の祝辞、会衆の万歳、君が代奏楽、海陸軍に対する万歳三唱と続き、さらに市民より東郷に対する万歳、これに対する東郷の謝辞があり、そして尾崎市長の発声で上村、出羽重遠両司令官の万歳が行われた。祝捷の祭典は「其態度の謹厳、儀礼の荘重、此の二名将が東京市に寄する好意の記念に、ふさはしきものがあつた」[70] と伝えられる。この盛大な記念植樹式には、当時中学三年生だった上原敬二も日比谷公園まで見物に行ったという。[71]

さらに例をあげれば、同年一一月一三日、堀の内妙法寺で厳修された戦勝祈禱成満大法要では、武見日恕住職の懇願により酒井伯爵家から寄贈された三尺ばかりの月桂樹を東郷大将がみずから鍬を取って植樹、上村中将、片岡七郎中将、出羽中将もまたそれぞれ鍬を取って大将を援（たす）けた。[72] 翌三九年（一九〇六）一月一六日付の読売新聞は、羽根田の黒田侯爵別邸で催された鴨猟の際に松を記念植樹する東郷を報じている(73)。明治四五年三月三一日には向島百花園にて伊東祐亨元帥と東郷大将が梅と桜を手植え、「現代名家の手植の樹を紀念として後代に伝へ生ひ繁げる」ようにとの園主の企てにより、四月一六日には川村景明、上村両大将も手植えしたという記事もある(74)。

弘法大師空海所縁の『高野山時報』においても東郷による記念植樹が綴られている(75)。大正一四年（一九二五）六月一二日、関東大震災で罹災した麴町三番町の二七山不動院落慶供養に際し、品川寺住職仲田順海導師の下で厳修された大法要および大護摩供に東郷が親しく参拝し、自筆の掛け軸と青磁の香炉を奉納するとともに、カエデのお手植えを行ったという(76)。

記念植樹に親しんだ東郷がその生涯を閉じたのは昭和九年（一九三四）五月三〇日、同年六月五日には厳かに国葬が修められた。戦捷とは多くの生命の犠牲のもとに成り立つものといえようが、武人として生きることはすなわち死を前提として生きることであり、したがって東郷が好んだという樹木の植栽や栽培は、失われた生命を無下にすることなく、追悼とともに新たな「いのち」に希望を託した行為だったといえるかもしれない。

図9　多摩川浅間神社参道入り口の「愛桜碑」

今日の多摩川浅間神社参道入り口には「愛桜碑」（図9）がひっそりと佇んでいる。東郷桜の植初式から約半年後の昭和五年一一月、土岐善麿の撰文、岩月新聞舗社岩月宗一郎社長の寄附によって建設された石碑である(77)。土岐善麿は東京朝日新聞社の調査部長で歌人（土岐哀果）としての一面もあった。碑文には同時代の大多摩川愛桜会の活動を支える心が刻まれている。

花は桜に、その芳美を極め、山は富士に、その秀麗を尽す。多摩の清流両岸十里、蒼空に富士の高峰を仰ぐところ、新に万株の桜を植ゑて、こゝに帝都の近郊に一勝地を加へた。そもそもこの大遊歩公園計画は、内務省当局の手による沿岸修築の竣工と共に、東京府下砧、玉川、東調布、矢口、六郷、羽田及び神奈川県下高津、中原、川崎等一市八町村住民発起により、大多摩川愛桜会の結成となつて、昭和五年三月十五日盛大なる植初の式が挙行せらるるに至つたものである。年々歳々長堤の情趣愈深く人は親和を加へ、花は彩色を添へるであらう。行楽の人々よ、名も旧き多摩川にこの新しき景地のゆかりを思ひたまへ(78)。

東郷桜の植初め式とは、このように「日本精神の権化(79)」と称えられた東郷元帥の力をたよりに、当局の理解を得られない困難な状況にある桜の植栽事業を促進させ、富士の雄姿をバックに広がる「桜の多摩川」計画を実現すべく同会の意思を固めるための儀式だったといえるのではないだろうか。近代日本で営まれた記念植樹における儀式と実践の関係は、ここにおいても見出されるのである。

（3）　桜樹植栽計画に係る諸問題——荒川放水路から多摩川へ——

しかしながら堤塘への桜樹植栽はなかなかうまく進まなかった。

堤塘での桜樹植栽をめぐる議論には、これに先立つケースとして大正一五年（一九二六）九月、日本庭園協会において論じられた「荒川放水路堤塘の植樹問題」がある。先の本多の祝辞に見られる一件である。

内務省土木局長により荒川放水路堤塘への桜樹植栽不許可の通牒が下されたことに対し、日本庭園協会の呼びかけで桜の会、都市美協会（研究会）、大日本山林会、史蹟名勝天然紀念物保存協会、武蔵野会の代表者等、各界の諸名士が立ち上がった。提塘植栽の不許可通知はただ荒川の問題にとどまらず全国に与える影響は少なくないとして、その認可を得るべく当局を動かそうという運動に発展したのである。

メンバーには桜博士の異名をとる理学博士三好学、林学博士本多静六、工学士石原憲治、東京公園課長井下清、ジャーナリスト橡内吉胤、理学博士鳥居龍蔵、理学博士山口鋭之助、医学博士遠山椿吉、文学士龍居松之助、文学士黒田朋信（鵬心）、林学博士田村剛、林学博士薗部一郎、林学博士上原敬二、林学博士右田半四郎、林学博士諸戸北郎など専門家一九名が揃った。彼らは堤塘植栽に係る最適な方法論を研究し、これを実践するために参集したのであった。決議された善後策は次のとおりである。

一、堤塘が水防上最小限度の規模に築造せられたる場合には之に植樹せざるを本則と認むること。

二、堤塘は時に必要なる安全率以上に余裕あることあり。斯かる場合には適当の植樹をなして其の地方の風致風景に資し、兼て民衆の休養、慰安、保健、教化等社会的の用に供するを可とすること。殊に荒川堤塘の或る部分の如く掘鑿土の処分に関し水防に必要なる以上に堤塘の体積を大にせる場合に於て然りとなす。

三、堤塘の植樹が特に郷土風景、天然紀念物及び伝説に関係ある場合には、第二項の場合は勿論、第一項の場合と雖も成る可く植樹すること。但し此の場合は水防上危険無きやう設備して植樹すること。

以上の理由に依り内務当局の主張せらるゝが如き、如何なる堤塘にも絶対に植樹せしめざると云ふ方針には反対せざるを得ず。(80)

日本庭園協会の動向は、のちの大多摩川愛桜会などにも影響を与え、桜樹の植栽活動を促す基点の一つになったと思われる。だが当局と折り合いがつかない状態が続いたのは本多が祝辞で述べたとおりである。

一方、多摩川の場合も東郷桜の植初式を挙行し、多摩川下流域に桜樹植栽を開始したのはよかったが、荒川のケースと同様、大多摩川愛桜会の植栽計画も簡単には進まなかった。同会は当局とたびたび交渉を諮っていたが、しかしながら官有地ゆえに思うままにならず、膠着状態が続いていた。

そこで昭和一三年（一九三八）、大多摩川愛桜会は各界諸士に呼びかけ、第七三回帝国議会における建議案の提出を決定した。(81) 同年二月一四日付東京日日新聞は次のように報じている。

社団法人大多摩川愛桜会（会長貴族院議員有吉忠一氏）が、国民精神作興の一助として、且は保健並に観光日本の最高峰を築く意味から、新春早々から計画を立て、去る十二日、同会副会長川崎市選出政友会代議士野口喜一氏が、川崎市、世田谷区、大森区、蒲田区内の市長はじめ代議士、市会議員、町、区会議員百卅七名全員一致の連判を集め、議会に請願書を提出、……多摩川堤防上の桜樹の移植を認むるの建議案として政府に提案した。(82)

大多摩川愛桜会は桜樹植栽の目的を風致や治水、保健衛生といった環境面や観光面のみならず、国民精神作興の一助となることを掲げ、「世界一の桜の楽園づくり」を目指してさらなる運動の進展を決したのである。記事によれば、多摩川堤は第一期工事として国費一〇〇〇万円で羽田―砧間の約五里八町がすでに完成していたという。同紙は続けて、

この請願が通過さへすれば、本年中にも可成の大木を植ゑ終り、稲田堤の約十五倍に相当する蜿蜒の堤防上に、来春は一斉に開花、世界に冠たるさくらのトンネルが出来るわけで、沿岸各町民も意気込み更に外郭運動を起す筈である。(83)

と伝えている。同会の野口喜一副会長もまた同紙に寄せたコメントで、内務省の許可さえ下りれば一〇月頃までには全力を尽くして植樹を完了させ、世界無比の桜の大景観を現出させると張り切っていた。しかしながら同月一七日付の東京日日新聞には、「咲かず散る（?）桜並木多摩川〝一目千本〟護岸の立場から悩む」との見出しが載った。

川崎大師から多摩御陵までの両岸約十五里の多摩川堤に、桜樹を移植「一目千本」の豪華堤を展開しようと、大多摩川愛桜会が多摩川堤上桜樹移植の請願を今議会に提出したが、右に対し内務省では本格的に答弁資料を練ること、なり、十六日内務省土木局長室に安藤土木局長、辰馬技監、澤河川課長、橋本土木事務官、土木局第一技術係技師全部が参集、「改修堤防に植樹を不可とする理由」として、大体次の諸点を列挙して、多摩川提上の桜樹移植計画を葬ること、なった(84)。

大多摩川愛桜会の桜の植栽計画は田園調布付近に限らず、先の本多の多摩川沿公園計画案に見るように、名所旧蹟を桜と緑でつなぐがごとく、川崎大師から多摩御陵までの広範囲を結ぶ一大事業であった。この事業を内務省が不可とした理由が次である。

一、堤防上の植樹は暴風雨に際し樹の動揺により根元に罅隙を生じ堤防を危殆ならしめる。二、植樹の枯死せる場合、堤防内に残存せる枯根は滲透水の誘因となり堤防を危殆ならしめる。三、堤防の植樹繁茂により、張芝を枯死せしめ堤防崩壊の危険あり。四、植樹の落葉堆積は鼠族の誘因となり堤防維持を困難ならしむ。五、堤防の植樹繁茂は常に堤体を湿潤し漏水を誘因する処あり(85)。

主に安全性、環境性また衛生面を問題とする不許可通知である。記事は、これは堤防上の植樹を認めないという当局の方針を明らかにしたものであり、土木行政上の先例となるものとして注目されるとの見解を示した。

以上のように、本多が苦心した荒川堤塘における植栽問題然り、堤防への桜樹移植は当時の官と民との間に深い溝があったようである。仕方なく同会は官有地以外の民有地を中心に植栽を進めていたが、民有地においても草の根活動的に地権者を含めた周囲の了解を得ることが第一の課題であったという(86)。こうした中で献身的に同会の活動に理解を示したのが軍人会や消防組、青年団等の諸団体だったと伝えられるが、明治神宮の森造営事業や宮城外苑整備事業と同様に、大多摩川愛桜会の実践活動は奉仕の精神に支えられていたといえよう。

（4）　多摩川風致地区の指定──霊峰富士と桜と多摩川──

多摩川の桜樹植栽計画には紆余曲折が見られたが、しかし大多摩川愛桜会の努力や理解ある人びとの協力によって、その地道な活動に成果が現れた面もある。それが田園調布を中心とする風致地区の指定である。都市美運動では、都市風景は市民の共通財産に値するとして緑化活動に市民の協力が求められたが、そうした理解が当局に認められた例といえよう。

田園調布には「さくら坂」と呼ばれる長い坂道がある。相模と江戸を結ぶ要所に位置する中原街道の難所といわれた沼部大坂で、往時人びとは丸子の渡しから上陸してこの大坂を越え、洗足池、中延（旗の台）、下大崎（五反田）、二本榎（高輪）、三田を伝って江戸城虎ノ門を目指した。丸子橋開通で新道が建設され旧道となった坂道だが、大正一一年（一九二二）には約五メートル切り下げて拡幅工事がなされた。

昭和五年（一九三〇）五月、この土手の両側に五〇本の桜が植えられた。地元有志者による昭和天皇の即位の御大典を記念する植栽で、記念の並木道は「さくら坂」と命名され、爾来長坂を通る人びとに緑陰の恩恵を与えたという。(87)

反対する当局の圧力にも屈することなく桜の街づくりを心がけた結果、「大東京」の市域拡大にともない「田園調布」と改称された昭和七年、既設の風致地区（明治神宮・多摩陵・善福寺・石神井・洗足・江戸川）に続き、多摩川地区も風致地区の指定を受けることになる。風致地区とは「都市の持つ自然を保存し、都市の綜合的美観を現出させることにより、理想の住宅地域或いは休養慰楽の地を得る」ことをねらいに、旧都市計画法（大正八年・法律第三六号）第一〇条に基づき都市計画の施設として指定された場所を指す。(88)第一号は大正一五年九月一四日に内務省告示によって指定された明治神宮風致地区である。

永田秀次郎市長以下一〇名の特別委員会で審議がなされていた議第六一号の四風致地区が、昭和六年（一九三

図10　多摩川風致地区（亀甲山付近）

一）一二月二四日に発令、翌年三月一日に施行となった[89]。都市計画東京地方委員会の技師横山信二による多摩川風致地区の概況は次のとおりである。

第三回指定風致地区概況　一、多摩川風致地区
位置：東京市大森区（荏原郡東調布町）・世田谷区（荏原郡玉川村）・北多摩郡砧村の各一部
面積：一一八二・一九ヘクタール（三五七万六〇九六坪）
利用状況：宅地（一五％）樹林地（一九％）耕地（四〇％）道路敷其他（九％）水面（一七％）
交通：東京横浜電鉄—目黒蒲田電鉄
　地区の南部（田園調布・多摩川園前・沼部・九品仏・等々力・上野毛・下野毛の各駅）
玉川電鉄
　地区の中央部（玉川遊園地前・多摩川・中河内・吉澤・大蔵・砧の各駅）
小田原急行電鉄
　地区の北部（成城学園前・喜多見の各駅[90]）

概況によると、田園調布一帯は宅地よりも樹林や田畑や水辺等、緑と水が中心であることが明瞭である。図10は指定当時の亀甲山付近の様子だが、鬱蒼とした森に包まれた亀甲山を手前に、多摩川の向こう岸はただ拓けた相模台地が続くば

かりである。

指定理由となった現況報告では、

武蔵野の台地は西北より徐々に其の高度を低下しつゝ、東南に進みて多摩の流域に及びて断崖をなす。此の景勝なる所、即ち本地区なり。……主体をなす台地は地貌高低に富み幾多の小縮襞を有し、之を覆ふに大小種々の樹林を以てす。されば多摩川堤塘上より之を望まば、蜿々たる緑丘をなす。更に視界を転じて台地より之を俯瞰すれば、緑野一望の下に集まりて、其間多摩の清流洋々として白帆を浮べ、又対岸相模台地を越えて、箱根連山の上遙かに富士の雄姿を仰ぐ。(91)

と評された。つまり、緑の大地と清流の上方に仰ぎ見る霊峰富士の姿が価値ある景勝として、これを後世に保存するべく指定措置がとられたのである。先の「愛桜碑」に刻まれた風景に通じるものであり、田園調布を拓いた渋沢らの尽力とともに、東郷桜の植初式まで挙行した大多摩川愛桜会や市民の協力による地道な実践活動が実を結んだといえる。

こうして取り組まれた大多摩川愛桜会の桜樹植栽運動では、「桜の多摩川」（歌詞土岐善磨・作曲中山晋平）という歌も作られ、両岸の小学児童が朗らかに高唱したと伝わる。作曲した中山晋平は、童謡「てるてる坊主」や「東京行進曲」等で著名な大衆歌謡の第一人者である。

一、さくら、桜　さくらよ、多摩川の　堤は長しや、うらら
　しらくも　おほ富士たかね　はるかにそびえつつ
　秩父、箱根の薄がすみ。さくら、多摩の　真玉の花びら、さくら。
　春ごころ　のどかに開くや、今。
二、さくら、桜　さくらよ、多摩川の　流れは清しや、うらら

さざなみ　ほそ布さらす　をとめをおもかげに
つつじ、やまぶき花盛り。さくら、多摩の　真玉の花びら、さくら。
人ごころ　ゆたかに遊べや、今[92]

大多摩川愛桜会は霊峰富士と桜と多摩川の風景を活かした街づくりに邁進し、桜花の美しさを後世に伝えようとその事業を展開させたのである。

第四節　国際親善と記念植樹

戦中期には国際親善を謳った記念植樹や花木・種子交換も盛んに行われた。大多摩川愛桜会は花々を介した文化交流を国民外交として推進した団体でもある。本節では日本庭園協会の機関誌に掲載されたニュース欄や新聞報道に即し、大多摩川愛桜会に始まる花の国際親善と、日独伊の三国に係る記念植樹式を事例として、戦時下において営まれた花樹を通した国際交流の展開とその意義について考えてみたい。

(1)　花樹を介した国際交流——大多摩川愛桜会の国民外交——

「桜の多摩川」づくりを提唱する大多摩川愛桜会は、桜で世界平和を結ぶべく国民外交として積極的に桜親善を行った組織でもある。その動きをたどってみると、『櫻の多摩川』には昭和一一年（一九三六）二月、外務省の仲介で中華民国に吉野桜と山桜等一〇〇〇本を寄贈したとの記述がある。寄贈の趣旨は「孫文の唱道したりしといふ大亜細亜主義実現の為に、日華善隣の交を固めん[93]」とするもので、送られた桜樹は南京市の名勝玄武公園や清涼山、燕子磯、また上海市に植栽されたという。

こうした国際親善としての文化的な花樹の交換は、昭和一二年（一九三七）一一月の三国防共協定成立以降、日本、イタリア、ドイツとの間で盛んに行われるようになる。協定成立に先がけて、大多摩川愛桜会は同年一月、ドイツのベルリン郊外にサクラの名所をつくりたいとの希望から、同国へ桜一〇〇〇本を贈ることを決議する。(94)その後、同年春にドイツとイタリアに対し桜苗の寄贈を申し入れることになった。まずローマ市からは受諾の意思とともに、「日本通り」と称する記念の桜並木を造成したいとの返事が届いた。ドイツについては、生樹の輸入が虫害予防上困難との理由から種子の贈呈に決まった。明けて昭和一三年一月二二日、日比谷公会堂において東京市主催の寄贈式が企画され、イタリアへ桜の苗木が二〇〇〇本（ヤマザクラ・ソメイヨシノ・ヤエザクラ）、ドイツへ種子約二万粒が寄贈されたという。(95)

なお、大多摩川愛桜会の企画がここで東京市主催となる経緯については、『櫻の多摩川』によれば「我が会の桜樹寄贈の意義」も一層重大となったことから、東京市に移管して「帝都東京」の名において寄贈したという。同会がいうところの「桜樹寄贈の意義」とは、

大和心を象徴する芳香と清美の桜花が、爛漫として彼の地に咲き乱れ、東京、伯林、羅馬枢軸外交の華となり、明朗なる世界平和が地上に実現し、日本精神の真善美聖が、高く世界人に唄はれる日の到来を待望して止まない。(96)

と願うものであり、それは国民外交に基づく世界平和の実現を桜花に託したものであった。つまり大多摩川愛桜会は、地元の「桜の多摩川」づくりのみならず「桜」で世を動かす牽引役もつとめたといえよう。

かくして親善大使の役を担った花々は世界を巡る。報道の例をあげると、東京市長からスペインの三都市（マドリッド、バルセロナ、サンセバスチャン）に各二〇〇本の桜が寄贈され、あわせてマドリッド中央公園ではお手植え式が挙行された。(97)ブラジルのリオデジャネイロでは公園の開園式で駐伯日本大使寄贈の桜が植栽され、(98)同国からは「あるぜんちな丸」にて現地産花木約六〇〇本が日本に向けて出航し、船上において伝達式が営まれたとい

う。[99]「アルゼンチンへ桜がお嫁入り」と題する記事では、桜を介した「植木外交のうれしいたより[100]」が届けられた。「はるばる英国へ桜の嫁入り[101]」という見出しは、花は桜木、人は武士という日本精神に感心した親日家の英国汽船船員がその心を英国人に伝えるべく、桜の二鉢を自国に持帰ったというニュースである。「日支親善に咲かす〝さくらの花〟外交[102]」と題する記事によれば、湖北省の宜昌の地に桜の名所をつくる目的で、東京市から宜昌公園に向けて「四尺程度の染井吉野、山桜、里桜の三種類約五百本[103]」が送られるという。米国では桜花を賛美したルーズヴェルト米国大統領夫人が、ポトマック河畔の桜の木が洪水を懸念する「理解のない人の手で伐られようとも断じて米国から桜をなくしてはなりません[104]」と述べ、気候の許す限り桜を全米に移植したいという「桜愛好の一文」を寄せた。[105]

花の国際親善は桜花に限らず菊花も活躍する。昭和一四年（一九三九）にフランス、アヴィニヨン市で開催された全仏菊花大会では名菊一五〇余本による菊花使節団の役割に期待が寄せられた。[106]また宮家による花の文化交流では、日伊親善として、日本の盆栽に心を寄せていたイタリア国皇太子妃に、高松宮家より「白梅」、「楓」、「姫林檎」、「五葉の松」の四鉢が贈られたとの記事がある。[107]

（2） 花樹を介した世界交流の心

以上のような記事を数え上げたら切がないことは記念植樹のケースと同様だが、「桜の多摩川」づくりにおける桜樹植栽運動や宮城外苑整備に係る献木運動と同じく、花々を介した国際親善の興隆についても報道機関による後押しが果たした役割は多大であったといえよう。

一つの活動を軌道に乗せるには社会に向けた広報活動が欠かせないが、大多摩川愛桜会の後援者である東京朝日新聞社は先のイタリアとドイツに対する桜の贈呈に際し、全国小学児童より「さくらの歌」を募集した。文部省の検定済み唱歌教科書にも採録されたという、入賞した二つの歌の一節を掲げる。[108]

日本のお国にいろいろと　うれしいうれしい親切を　はるばるよせて下さった

遠いドイツやイタリーへ　記念のたびする桜花（第三学年 東京）

さくらの花が咲く下で　みんな手をとりしつかりと　世界の平和を護りませう（第六学年 北海道）

歌詞に見る記念の旅をする日本の桜に対して、両国からも次のように返礼があった。

イタリアからは「日本とイタリーが深い契を結ぶやう、永遠に色変らぬローマの松一千本を送ります」との便りとともに、ジュリアス・シーザーの彫像が届けられることになった。東京市公園課では友情を象徴するというローマの松（ストーンパイン）を植えた、「ローマ歩道」と名付けた防共記念並木の造成を構想した。井下清公園課長は、長い船旅を終えた石松は暫く療養させてから一部を日比谷公園へ、大部分を伊豆大島公園に植栽する旨を語り、実生で培養も試みて日比谷公園の名物にする計画を立てたという。[109]防共記念並木が実現したか否かは定かではないが、同時期の時代精神においては考えられ得ることである。ちなみに彫刻についてはジュリアス・シーザーではないが、昭和一三年にムッソリーニ首相より贈られたブロンズ像「ルーパ・ロマーナ」像（ローマの牝狼）が、日比谷公園第一花壇横に設置されている。[110]

一方、ドイツからは花菖蒲が贈られることになったようである。「防共の交情に一段の精彩」を添えるとともに「わが国民の愛の花の心情を示す好機」にもなるとして、日本花菖蒲協会が菖蒲の交換を企画したという。読売新聞はこれを「お互に万里の波濤を越えて異境に渡り無事に咲いたら、また尚武を飾る記念ともなつて、両国民の心を結びつける花ともならうではないか」と報じている。[111]

日独伊をはじめとする花木を介した国際交流は以上のように展開したのである。戦時下の報道はすべてを鵜呑みにすることはできないが、しかしながら日本庭園協会の『庭園』に花樹の国際親善に関するニュースが盛んに掲載されたのは、大多摩川愛桜会が花々の種子や苗木の寄贈により「世界平和の到来」を希求したように、たとえ戦時下であっても、花や緑の「いのち」を育み、平穏な心を維持することの大切さを訴え続けることが念頭にあったものと思われる。後述する防空・迷彩が目的の軍事的な緑化はともかく、文化的な緑化の功徳を唱えることを日本庭園協会は忘れていなかったといえよう。

（3）大多摩川愛桜会の記念植樹式――日独伊親善に係る記念植樹式の展開――

大多摩川愛桜会による桜の贈呈にはじまる花々を介した国民外交は、東京市に受け継がれ、それは世界へ向けて展開する文化活動となっていた。いわば国際親善という実践活動としての苗木寄贈といえようが、ここにおいても儀礼としての記念植樹式が営まれることになる。多摩川浅間神社における日独伊の三国親善を記念する植栽式がそれである。しかしながら、この記念植樹式は使節団の慌しい訪日行程の中で漸く実施に漕ぎ着けた企画であった。

大多摩川愛桜会が記念植樹式を計画したのは次の理由によるという。

　我が会が東京市の名に於て、曩に羅馬市に寄贈した桜樹が、恰も彼地に到着して、羅馬市日本通りに輝かしい日本精神のシンボルとして、大地に根を拡げんとする際である。この桜の植樹の有つ意義は深い。之が使節団に呼びかけて植樹を申し込んだ所以である。[112]（傍線筆者）

先に寄贈した桜の苗木が立派に生長し、ローマの「日本通り」で美しく開花することに願いを込めて、両国の親善を深めるためにもぜひ植樹式を行ってもらいたいという心情から発したものと思われる。

だが、昭和一三年（一九三八）春に来日したイタリア使節団の日程はすでに決定済みであった。しかも沢山の行事が詰め込まれたハードスケジュールであった。大多摩川愛桜会は外務省に申し込むがこれ以上は無理といわれ、そこで同会ではイタリア大使館と使節団一行に直談判することにした。

同年三月二八日、横浜、鎌倉、箱根など神奈川県下を視察した使節団一行は、その日の午後に、知事・市長・会頭主催の午餐会に出席することになっていた。「こゝを摑んで我が有吉（忠一――筆者注）愛桜会長が（横浜商工会議所会頭として）直接、団長パウリッチ侯に桜の植樹を申入れた」(113)。この申し出に対し、パウルッチ侯は「斯かる意義深い行動は、何を繰合せても実行せねばならん」と即、植樹を快諾した(114)。しかし、四月も一〇日を過ぎてもまだ確約が出来ていなかった。予定では一七日には一行は帰国してしまう。使節団は名古屋、京都、大阪、中国地方を次々に移動して、交渉は思うようにはいかなかった。

こうした状況下で、四月一二日の夕刻、ようやく日取りが決定した。記念植樹式は一六日午前一〇時。次なる難題は、中三日で国賓としての使節団を歓迎する一切の準備を整えなければならないことであった。具体的には、神社内外および植樹場所の設備、使節団のための多摩川園の休憩所、沿道歓迎大衆の動員に歓迎小旗の大量入手、途中の警戒や花束贈呈の趣向など大わらわであった(115)。当時の記念植樹とはこのように同時代の人びとを熱中させせる「魅力」があったといえる。

かくして帰国間際の四月一六日午前一〇時三〇分頃、イタリア使節団がやってきた。「防共サクラまつり」と題された記念式典の会場に向かう途中、丸子橋の袂では動員された地元の男女小中学校生徒約七〇〇〇名がイタリア国旗を振って一行を出迎えた(116)。

団長パウルッチ侯は、アウリッチ伊国大使、カナーリ義勇軍大佐らとともに、日本国側の外務書記官、海軍少佐等の案内で車を降りた。境内ではイタリア国歌が演奏された。浅間神社の大前にて謹んで玉串奉奠、そして日伊親善を記念する山桜が植樹された(117)。儀式に用意されたのは昭和五年の植初式に東郷平八郎が使用したゆかりのショベルであった。快晴の上空には陸軍機が颯爽と現れ、日伊親善を空から見守った。遙か西方には富士の秀峰がその雄姿を見せていた。

大多摩川愛桜会の後援者である東京朝日新聞はその日の様子を次のように報じている（図11）。

多摩川堤の桜並木から神社前へ女学生、小学生、大森区及び川崎市の有力者、愛桜会員等数千名が熱烈な歓迎陣をはり、府立一商生徒のバンドが「ジヨヴイネツツア」を演奏すればパウルツチ侯大喜び。浅間神社に玉串を捧げた後、境内の東郷元帥手植の「東郷桜」に並んで「ムソリニ桜」、「チアノ桜」、「パウルツチ桜」、「ストラーチエ桜」の四本を、東郷元帥の使用した記念のシヤベルで植ゑた。(118)

同会の野口副会長は謝辞として次のように述べた。

この社は、秀峰富士の頂きに鎮座まします浅間神社の分霊でありまして、その祭神は、平和の女神木花開耶姫命であり、この神社の御紋章は桜花であります。我が会並に我が全国民は、今日お手植ゑ願ひました桜と共に、曩に貴国ローマ市に寄贈しまして、恰も今頃彼の地に植ゑられてゐる筈の「日本通りの桜」の上に、平和の女神、木花開耶姫命の加護がありまして、東西姉妹の桜は両国々交の表徴として、いよ〳〵威勢よく成長し、その芳美の開花は、富士の霊峰の如く永久に、そしてまた崇高く輝いて、世界万邦から仰ぎ見られるやうになれかしと祈るものであります。(119)（傍線筆者）

返礼としてパウルッチ侯はこのように答えた。

此の四本の桜は永久に日伊親善の花を咲かせるでせう。ムソリニ、チアノ、ストラーチエ閣下も必ず喜ばれる事

図11　日伊親善記念植樹の記事

と信じます。何故ならば、桜こそ日本の「ジヨヴイネツツア」(青春)のシンボルであります。[120]イタリア人にとっては桜は青春のシンボルであった。すなわち人生の春を象徴する花ということである。パウルッチ侯は「花きれいですネ、子供さん可愛いですネ、良い娘さんになります」と花束贈呈の児童の頭を撫で、沿道の会衆と握手を交わしながら愛国行進曲を唄ったと伝えられる。[121]

多摩川浅間神社での植樹式を終えたあと、一行は休憩所が用意された神社裏手の多摩川園を訪れた。多摩川園は「温泉遊園地・夢のお城」をテーマに大正一三年(一九二四)五月に開園した行楽施設で、約一万五〇〇〇坪の敷地内に設けられた泉池や谷、猿場や展望台、また秋の菊人形展が当時の評判であった。[122]一行は読売新聞主催の「戦捷つつじ大会」で精巧なつくりの「つつじ人形」に感嘆、そしてパウルッチ侯は兵器陳列所前に記念の月桂樹を植栽した。[123]

パウルッチ侯は、東郷桜に所縁ある桜の記念植樹式を、「感慨深く、この桜が大きくなるに正比例して、ますます日伊親善の濃度を加へると信じ、伊太利への絶好の土産として、伊太利国民に、またムッソリーニ首相に伝えたい[124]」との日本の印象を新聞に発表し、帰路についたという。

同年九月二〇日には、今度はドイツ使節団がやってきた。ヒトラー・ユーゲントの代表シュルツェ団長らはオットー大使とともに雨の早朝、大使館を出発、日独国旗を打ち振る地元の小中学生や青少年団、愛国婦人会員、国防婦人会員の人びとに出迎えられ、午前九時四〇分に多摩川浅間神社に到着した。[125]

神前に玉串が奉奠され、東郷元帥およびイタリア親善使ゆかりのショベルによって山桜が記念植樹された。ここに「防共桜の園[126]」が完成したのである。

（4）　秀峰富士と桜に託した平和の祈り

景色実に帝都第一、浅間神社と離すべからざる霊峯富士を、其の正面に仰ぎ、浅間神社の紋章にして、日本精神のシンボルたる桜を庭前と河畔に見て、友邦の賓客と相接する、国民外交は敦厚を加ふべく、国家に貢献すること愈々大なるものがあらう。[127]

大多摩川愛桜会の活動はこのように地元の守り神である木花開耶姫命を祀る多摩川浅間神社を中心に、市民の健康管理や風致地区の完成を目指す「桜の多摩川」の公園計画に始まるものであり、さらには国民外交としての花樹交換を通して世界平和に貢献しようとするものであった。同社の由緒書には次のようにある。

やがて日本の桜精神を基調とする新文化は、広く世界に光被せられ、日本の桜がベルリンに、ローマに、ニューヨークに、上海に、南京に、北京に植ゑられ、国華桜が地球の隅々にまで爛漫として咲きほこる日を吾等は期待しつゝ、浅間神社の御守護を祈る。そして浅間神社境内の防共桜は日独伊三国少年の手に依つて睦ましくも、培かはれて、盛んに成長繁茂しつゝある。[128] 吾等は三盟邦が桜花を介して、いよ〳〵堅く結ばれるために、御手をのばされた木花開耶姫命の手引きと御神護に深き感謝の禱りを捧げんとする。[129]

大多摩川愛桜会が活動の根本理念に据えていたのが「日本の桜精神」であった。すなわちそれは桜を愛する心であり、自然の「いのち」を尊ぶ心である。本書では記念植樹とは念じて「いのち」を植え育む行為と定義したが、同会は自然の「いのち」を尊びこれに感謝する心をもって、戦時下における世界平和の実現を桜の植栽に託したといえよう。東郷平八郎が植物の栽培や記念植樹に親しんだ軍人であったように、同会の人びとは、戦いのさなかにあっても正気を失うことのないように、花や緑を愛する心を持ち続けることを同時代社会に求めたのであろう。そのような理念のもと実践されたのが、「桜の多摩川」や国民外交として推進された花々を介した親善活動だったと理解できるのではないだろうか。

第五節　日本の戦時統制下における記念植樹——精神性と機能性——

戦火が激しさを増してゆく中では記念植樹もまた時局を反映した性格を有するようになる。文化的な国際親善や風致、衛生上の効果はもとより、防空や迷彩を目的とする、いわば軍事的ツールと化した植樹活動が論じられるようになり、緑葉は陰鬱に世を覆い始める。昭和一三年（一九三八）、国家総動員法が大本営によって発令され国民の生活が戦時統制体制に突入すると、いよいよ植樹活動も戦時色を帯びてくる。

昭和戦中期の本多静六については第Ⅲ部第三章において論及したが、それに先立ち、昭和一〇年（一九三五）に七〇歳を迎えた本多は、この機に日本庭園協会会長の座を貴族院議員藤山雷太に譲り、自身は相談役に退く。併行して田村剛や上原敬二ら後進の発言も聞かれるようになる。皇紀二六〇〇年記念事業として企画された日本万国博覧会の座談会（昭和一二年）に際して、本多は「何だか私の古い頭が若返つた様な気が致しまして[130]」と述べているが、次世代においては記念植樹や緑化の方法論についても変化が見え始める。

（1）上原敬二「事局を反映したる造園問題」——大戦下における造園学と記念植樹——

上原敬二は、「事局を反映したる造園問題」（昭和一三年三月一五日）と題する論考で、戦時下における造園学の役割を説いた。この年に営まれた愛林日記念植樹は、事変下という状況から全国的に「国民精神総動員愛林日[131]」と称された。上原はこの論考で戦時にちなんだ記念植樹活動を次のように説く。

日支事変の終末に従つて戦捷を記念する各種の施設が行はれると思ふ。例へば記念植樹、記念林、記念植栽、記念樹、記念軍人墓地、戦蹟保存地、記念塔又は記念碑設立、神社建立、戦蹟記念公園等の類である。……形象的なる記念碑や記念建造物の如きものは陸海軍にも建築技術者が居るし、又一般懸賞によつてもその構図設計が募集され得るので相当新し味のある表現が見られる機会が多い。然しそれが造園的領域になると、全く三十年余前の日露戦役当時の型式を踏襲するのではなからうかといふ懸念がある。[132]（傍線筆者）

斬新な表現が期待される記念像や記念碑に比して、植栽に関する領域は新鮮味がなく旧態依然としているという。上原といえば『樹木の美性と愛護』（一九六八年）等で記念植樹を講じ、実際に数多くの記念植樹事業に関わった造園学者で、この分野については本多の高弟の中でも第一人者に数えられる。上原は記念事業として数項目をあげているが、上原の眼に映った記念の植栽活動のあり様とは次のごとくであった。

日露戦役の時もさうであつたし、或は御大典記念等の場合もあつたが、とかくかうした場合には急を要する為か調査に不備の点あり又準備に欠ける所が見られる。この種の記念植栽は純林業としての森林達成もあるがそれは暫く措くとして、樹林又は単木植栽（記念樹）の場合には、充分に意を尽して、後年の悔なからんことを期しなければならぬ。[133]

記念事業といえば「記念植樹」が通例となっていたが、これまで検証してきたとおり、上原が述べているように中央政府の音頭にあわせて各自治体が一斉に植樹活動に取り掛かるのが常であった。林学者が「保護手入れ」の重要性を説いてもなお、成績をあげようと植樹を促進させるのが実態であったと思われる。南方熊楠が指摘したようにそこには事後報告書の不備さえあった。

記念樹の本質を上原は語る。

記念樹を植ゑる場合には、その地域を充分に吟味すること、その土地に対して育成撫育の親切なる準備（客土、保護物等）を施し、一旦植ゑたものが後年、充分良好なる発育を遂げ得る様に手当法を講じなければならぬ。多くの記念樹を見ると兎角この注意が欠けてゐて、生きてゐるといふ名目だけで気息奄々といふものが相当にある。……これ等の植栽に当つては、一応事前に専門家の意見を徴することを夢にも忘れてはなら

ぬ、問ふことは一時であり、育つことは永年である。[134]（傍線筆者）

記念すべき事柄を象徴するように、樹木を丈夫に育て上げるには樹種や植樹場所、保護手入れに注意を払うことが肝心であった。「問ふことは一時であり、育つことは永年である」として、専門家の声に耳を傾けることが樹木の「いのち」を生き生きと活性化させるコツであるという。かつて本多が「実際の方法について分らないやうな場合があれば、私なり会の者なりがどこへでも出張してゆく積りでをります[135]」と記念植樹行脚を申し出たように、自然物の「いのち」をより良く育てることが記念植樹の根本理念であった。

同様に記念林を造成する場合にはさらに慎重な態度が要せられるという。

一劃の土地に対して風致的なる樹林を記念として造成する場合には、須らく公園的なる考へ方で植ゑて貰ひたい、唯植ゑて置けば後世どうにかなるだらうといふ姑息の考へ方は排斥したい、樹林は一旦造成されれば後はどうにもならぬ。[136]

「百年の計」という記念の森づくりの理念は、若き日に本多のもとで明治神宮造営事業を手伝った上原にしっかりと根付いていた。

このように、記念としてなされる植栽事業の本質を説く上原は、戦時下においては特に国民精神総動員運動に相応しい活動として「土に親しむ」ことを掲げていた。

国民精神総動員の運動を見ても、国家運動員の法案を見ても、余りに物的、人的両方面の問題が偏重されてゐる傾向がありはしまいか、素よりそれ等は大切であるが、茲にもう一つ、我々が身を置く上は、「大地の恩」、「国土の恵み」といふことに感謝の念を捧ぐる気分より出発したる、「地的」とも称すべき新分野のあることを深く顧慮したいと思ふ。[137]

大地の恩や国土の恵みといった「土」の恩徳に対する感謝の念を起こすことこそ、国民精神総動員運動に資するという。本章第一節の田村剛の言に見たように、主に厳しい財政事情とそれを補う労力奉仕を期待できる点から記念事業のなかで造園計画が重視されたのは皇紀二六〇〇年記念事業においても同様であった。上原はここで在来の青年団や少年団の活動に注目する。

造園、園芸、農業等、少くとも土に親しみ、大地の無限の恩恵を不識の間に身に亨てゐる職業の者は、茲に結束して起ち、国土の恵みに報ずる大同団結を組織するのも亦、この事局に処する妥当なる勤めではないであらうか。……青年緑化隊といふが如きは、名称は素より暫定的なる仮称である。愛国的なる団結であつて、政治結社ではない、その綱領、その中心指導精神の如きは、素より一個人の私案を繞つて定めるべき性質ではあるまい、要はかうした一つの土に即したる運動を必要と認め、時局に応じて奉仕する烈々たる青年の気魄を高めて、その団結心を鼓舞し、その順潮なる発展を助長するに賛意を表せられる有志の人々の発議を促し、都市に於ける新郷土的運動の興隆を期待したいと冀ふものである(138)。

宮城前広場の整備や大多摩川愛桜会の植樹活動においても、青少年による奉仕活動の貢献があった。都市美運動の植樹祭が華々しく営まれた日比谷公園の花壇でさえ野菜畑になった時代である(139)。戦時統制下にあっては出征した大人に代わって子供たちにも勤労奉仕が課せられ、都会の青少年も土に慣れ親しむことが要せられた。こうした状況下では、記念植樹もまた土に親しむ機会の一つになったものと思われる。そこから農作業や植林活動を通して、実践的にまた精神的に奉仕することが同時代に生きる子供たちに与えられた役割だったといえるのではないだろうか。時局下における記念植樹というのは、このように記念すべき事柄を顕彰するのみならず、子供たちの「植樹奉公」という勤労が要素の一つに含まれていたと考えられるのである。

（2）上原敬二「事局を反映したる造園問題」二――防空と迷彩の緑地化計画――

戦時統制体制が敷かれると、造園についてもいよいよ風致や衛生、休養、教化といった目的から、次第に軍事的な役割が講じられるようになる。暗雲漂う空の下で、上原は先の論考で次のように述べている。

今日の時局に於ては、敵飛行機による空襲の恐怖といふものが次第に深刻化して来た。現に台湾に於てはその厄に会つてゐる。(140)

空襲の恐怖があった。『庭園』においても庭の築山や空地の斜面を利用した家庭用防空壕を設置する企画が組まれ(141)、東京市公園課長の井下清もまた、「何となく物騒がしい国際情勢となつて来ては、郷土文化の誇りとした名園の一隅にも、防空壕が設けられる時代となつたことは、末世とでもいふか、淋しいことである(142)」と嘆きながら、巨岩や麗石を備える庭園には、その岩組の間に直撃弾に備えた堅固な防空壕を築造することを説いた（図12）。防空壕というものは「何となく無気味な存在」であるが、日本の伝統的家屋は「木造畳敷であつて萱や檜皮葺でないまでも、無防禦に等しい瓦屋根」であることから、各家庭で自家用の壕を設けることも必要であるとした(143)。井下がいうように戦時下の様子とは末世のごとく「無気味」であった。

図12　庭園の防空壕

空襲対策は主に建築物や土木的な方法に

よるものが中心であったが、造園学者としても可能なことを上原は論じた。

その主たるものは植栽によるカムフラージであつて、これを**迷彩植栽**又は**擬態植栽**と称する、即ち簡単に云へば肝要なる建物を幻覚と迷彩とによつて遮蔽し、肝要ならざるもの（却つて目標化されるもの）を真物であるかの如く見せる植栽法である。然もその空襲対策は、他の政府奨励の造園構造と矛盾する場合がある。例へば、体位向上の旨を享けて、各地に出来る運動場や保健広場の如きは、相当の広さを必要とする反面、それは空中より目撃する場合、明に一つの目標となり得る、この両者の関係を共に空襲の対象物としての限り、調和の方法に関して造園的の技巧を必要とする。(144)

上原が主張したのは「迷彩」と「擬態」の効果をもたらす植栽法による空襲対策であった。しかし政府が奨励していた運動広場などはかえって空襲の対象になりやすく、造園構造の点で上原の考えとは矛盾する部分もあることから、この調和を図ることが研究上必要であるという。

本章第一節で述べたように同時代においては皇紀二六〇〇年記念事業として、主に風致・交通・衛生の観点から緑地計画が推進された。昭和一一年（一九三六）には内務次官を会長とする公園緑地協会が発足、機関誌『公園緑地』を発刊してその思想普及に努めていた。(145)このように風致や衛生、防災に加え、迷彩、防空という「シェルター」としての効果こそ、戦時下に求められた緑化の一つの役割であった。これは健康第一主義を説いた本多の時代にはなかった論点であった。

さらに上原は、造園学者として科学的な観点から防空のための緑地化の方法論を説いた。

太陽光線の反射、高度、照射角、空中飛塵による明暗度合等を考察して、その地の植栽上、樹種の選定、配植距離及び間隔、樹木の投影、樹間の陰影、色彩（殊に樹冠の）、樹形（殊に樹冠の大さ）、樹高、植樹度の粗密、地被植物の濃度、種類等に亙つて、敵機上の目撃者をして、一つの幻覚を感ぜしめ、地上に於ける要遮蔽物の真偽交々なる想像を逞ふせしめ、射撃と爆弾投下の判定を誤らせる上に役立つべき植栽法でなければならぬ、樹種の選定といふよりは、要するに地上に樹林としての単一色を示す点より、ある樹種別の選定といふ方が適当してゐると思ふ。(146)

上原は自身の飛行経験を根拠に、「建築物の屋上に施す如き迷彩にしても、建築家の側にてはそれで至れり尽せりと思はるるものが、一度空中より俯瞰すれば、時に明に全輪郭が建築物の屋上であることを指摘し得る」として、「建築物の外観に設けらるべきカムフラージの殊に形象、色彩に関する限り、その建物に接する空地の迷彩植栽を伴はない時は危険である」と主張した。つまり、建物とそれに接する空地を一つの集団と見た場合、そのうちの建築に関する問題は造園学の範囲外だが、それを助長する空地の植栽法については「当然造園家の手を下すべき領域である」として、防空のための方法論は造園学と建築学が手を組むことによって成り立ち得ると説くのである。上原はこれを「防空造園」と称した。(147)

世界戦局の拡大にともない、「外には大東亜の建設、内には労務者の能率増進、保健施設の問題や資源植物の知識普及」など、戦時下にあっては日本庭園協会が推進力となり得る課題も多々あるとして、「「庭園」をせまいものに考ふべきではない」(148)という姿勢から、上原のような議論がなされたのである。

右の論考が発表された翌昭和一四年（一九三九）には、内務省が「緑地週間」を企画し、戦時下の体位向上や都市の防空・防火の観点から緑化事業（記念林造成、社寺境内等の植栽、街路樹植栽、工場・病院・学校等の緑化など）を奨励した。(149)この傾向に即して、都市美協会の『都市美』三二号（一九四〇年一一月）においても「防空と都市形態特集」が組まれ、そこでは「都市防空と樹木」について論じられた。(150)

このように時局の変化に従い、防空・防火対策や市民の体位向上、青少年の勤労奉仕の場に資する「公共緑地化」が構想されるにいたったのである。(151)こうした戦時体制下にあっては、「大いに樹木を植ゑよ」と大政翼賛会においても植樹運動が提唱され、「個人の庭前は勿論、公園にも、広場にも、工場にも病院にも、学校にも大いに植樹して、国土の美化に、保健に、防空に、防火に、防風に、防潮に、擬装に、遮蔽に、迷彩にと大きな効果を挙げねばならぬ[152]」と叫ばれるのである。

しかしながら一方で、たとえ無気味な空気が漂う戦時下であっても、「園芸では家庭園芸による蔬菜の自給指導も急務であるが、庭内には矢張り花を植ゑて、心にゆとりを持つことも忘れてはならない[153]」との言葉が『庭園』の編集後記に綴られた。用と美の二つの側面を有する造園に携わる者の信念であった。『庭園』はその後、昭和一九年（一九四四）三月号をもって休刊する[154]。

第六節　忠霊と記念植樹——英霊に捧げる母の祈り——

（1）哀悼の記念樹

記念植樹という行為は記念すべき事柄が生じた場合に営まれる活動であり、これまで論じてきたように、時代ごとの記念事業にあわせて実施されるケースが多く見られた。その活動の根本は「いのち」を植え育むことにあり、ただ植えさえすれば良いというのではなく、その「いのち」を生き生きと活性化させ、大きく育てることが理想であった。「記念植樹」の名の下で、緑地化に、体位向上に、衛生に、風致に、防空に、迷彩に、と樹木が続々と植えられる戦時下においては、当然、哀悼の意が込められた弔いの記念樹も増してゆく。これが戦争時代における記念植樹の一つの側面である。

昭和一七年（一九四二）四月、『庭園』の編集後記執筆者は戦況を見つめてこう記した。

日本有史以来、初の帝都上空中実戦が、真昼間の晴天に現在見てゐる頭の上で演ぜられた。我が地上、空中各部隊の奮戦により、忽ち大多数は撃墜、撃破せられたとは云へ、たとひ、何機たりとも我が帝都上空へ敵機が来たと云ふ事は、かねて覚悟とは云へ、身の引き締まるを覚えた。しかし戦はいよ〳〵之からで先が長いのだ。徒らに神経を尖らせて持久戦に負けてはならない。谷干城将軍は重囲下の熊本城内にあって、「只だ愛する盆花の一両株」と賦した。日本男女子たるもの須らく此襟懐なかるべからず（斎藤）[155]

空襲の恐怖はもはや現実のものとなった。欧化に、公衆道徳に、風致に、健康管理にと設置された公園は、今や「いざ」の特訓場となっていた[156]。

出征した兵士たちの戦死も報じられ、それは忠霊の記念樹によって追悼される。以下は『庭園』に記された「匂へ忠誠の華」（一九四二年）と題する陸軍省兵務局長の談話である。

忠霊桜の名を聞く度に厳粛な而も明るい気持になるのである。……捧げられる桜樹が、可憐なる少国民の誠心をこめて育てられることは、忠霊塔が英霊を慰め祀るばかりでなく、一面国民精神昂揚の資となる点から申しても意義の深いことである。光栄ある大和民族が今必勝の信念も固く、大東亜戦争を進めつゝある折柄、皇軍の華と散つた尊い勇士の遺烈を敬仰すると共に皇国の大業達成を誓つて英霊に献げる桜花は、国民忠誠の華とも云へよう。一日も早く全市町村に忠霊塔が建設され、英霊の丹心に応へて、忠霊桜が馥郁と咲き薫る様に熱誠を捧げられん事を希ふ次第である[157]。

右の言にある少国民、すなわち子供たちの勤労奉仕によって植樹され、育てられた山桜が忠霊の象徴となった。忠霊桜の記念植樹は、都新聞社が内外各地の忠霊塔に桜樹を献納する運動を提唱したところに開始された活動という[158]。同社では桜樹資金を献納した協力者の氏名を同紙面に載せるなどして[159]、その赤誠に敬意を表した。

（2）戦線における植樹

忠霊のための記念植樹が行われたのは内地だけではない。戦時下においては大陸で戦病死した英霊を慰めるために現地でサクラが植栽されることもあったようである。たとえば都新聞（一九三八年三月五日付）の見出しにある「咲けよ戦線の桜花　苗木六百本を上海へ」とは、記事によれば「聖跡を夏草の茂みにまかせず故国の名花に依つて永久に記念しようとの床しい計画[160]」に基づく活動であるという。しかしながら忠霊の記念樹は必ずしもサクラに限ったことではなかった。同じく都新聞の「大陸に眠る英霊へ　梅と桜の贈物」と題する記事では、桜樹とともに、ウメやモモの若木三〇〇〇本が東京市の寄贈で中国山西省に向けて発送されると報じられている[161]。

一方、前線で戦う将兵には、家族の便りに添えて慰問袋に故郷の草花の種子が届けられることもあったとみえる。昭和一六年三月一二日付の國民新聞をみると、

殺風景な広野に故郷の種子から咲いた花をながめることは、又どんなに慰安になることかわかりません。銃後の人々の中には、慰問袋を送つても返事が来ないからといはれる向もあるやうですが、勤務の関係で手紙も書けないいやうな状態にある人々も多いのですから、返事は来なくとも、皆感謝してゐるのですから、努めて慰問して頂きたいと思ひます[162]。

とあるように、草花種子入りの慰問袋を奨励する陸軍恤兵部からの一文が掲載されている。

(3) 母の祈り

戦時下における記念植樹は、学童動員による忠霊桜献納など大掛かりなものばかりではない。愛する息子を戦地で失った母の祈りの記念植樹もある。「息子自爆の地へ　記念の植樹　得猪機の遺族達が」と報じられた内容を次に記す。

戦場の勇士等散華の地に、手向けともなし記念ともしようとして、それぐ自宅から持寄ることを申合せて、この申合せに従つて、阿部二空曹の家では樒を選んで持参するものである。この樹木をはじめ記念樹は、今

> 秋十月中に飛行機によつて一気に空を飛び、孝感の地に植ゑられる筈になつてゐる。[163]

靖国神社での大祭に参列し、遺族たちはそれぞれ自宅に育つ樹木を持ち寄って戦地である湖北省に送るという。息子の死を悼み、忠霊の記念樹として「樒」（シキミ）を選んだ母は、次のように語った。

> 自分の宅地に育つた樒の木が、□い息子の自爆の現地に植ゑられたら、息子の霊も如何に心強く思ふことであらうと思ひます。樒は牛や馬が食べない木ですから、さうした意味からもこの木を選んだわけです。[164]

シキミは神仏両宗教において用いられる植物であり、鋭敏な嗅覚をもつ動物が嫌う特臭を放つことから、仏家では墓樹として植栽されるという。神社では憑代として扱われる神木でもあり、[165] 修験道では花供の行に用いられる。[166] 戦死した息子の霊魂を慰めるべく、動物に悪戯されないように土に帰して、樹木として大きく育つようにという素朴な母の祈りが込められた弔いの記念樹であり、英霊が宿るようにと念じて植栽された神木でもある。つまり「いのち」をつなぐ記念樹といえる。幼い頃より慣れ親しんだ樹木であろう。これには現地に散った英霊も、母の言葉どおり、心強く思うことであろう。忠霊の原点にあるのは、こうした母の思いといえるのではないだろうか。

（1）『国土緑化運動五十年史』国土緑化推進機構、二〇〇〇年、三三五頁。
（2）「紀元二千六百年記念事業　建国精神発揚の諸計画　朝日新聞社」東京朝日新聞、一九三八年三月七日付。
（3）献石運動は奉祝記念壇や記念塔建設のためにあるという。同前。
（4）本多静六『皇紀二千六百年記念事業として　植樹の效用と植ゑ方』帝国森林会、一九四〇年四月、頁無記載（一頁）。
（5）同前、（二～七頁）。
（6）「各区に苗樹　皇紀二千六百年を記念し府農林課からの贈物」東京朝日新聞、一九三七年六月二日付。「風致区に記念植樹　欅約四千本　二百年伐らぬこと」東京朝日新聞、一九三九年一〇月一一日付。秋田県では高女らがモンペ姿も凛々しく杉苗二六〇〇本植樹、百年計画の基礎を完成させたという。「記念植栽」朝日新聞、一九四〇年一一月一六日付。

（7）「宮城前広場 皇居の外苑に適しく大改造 観兵式等もできるやう 風致交通を主に」読売新聞、一九二九年一二月五日付。

（8）同前。

（9）「宮城前広場の大改造ゆき悩む 本多博士案と復興局案が対立」読売新聞、一九三〇年一二月一三日付。

（10）「宮城前に聖域造営 委員五十一氏決定」國民新聞、一九三九年六月一五日付。「造園・風致ニュース欄」『庭園』二一巻八号、一九三九年、二九一頁。

（11）小野良平『公園の誕生』吉川弘文館、二〇〇三年、一六六～一六七頁。「宮城外苑整備事業概要」『都市美』二九号、一九四〇年五月二五日（復刻版『都市美』不二出版、二〇〇七年）、八～九頁。

（12）「宮城外苑を緑地化 市民奉仕の聖鍬で」東京朝日新聞、一九三八年一二月一〇日付。「造園・風致ニュース欄」『庭園』二一巻一号、一九三九年、三四頁。

（13）「宮城前、神宮、九段を結ぶ大聖域 都市美協会が計画」東京朝日新聞、一九三九年七月二一日付。

（14）田村剛「皇紀二千六百年記念と我が造園界」『庭園と風光』二二巻一号、日本庭園協会、一九四〇年一月、一～二頁。

（15）「宮城外苑を緑地化 市民奉仕の聖鍬で」東京朝日新聞（前掲注12）、一九三八年一二月一〇日付。

（16）「帝都防空と市民健康 二千万円で大緑地帯 造林、武徳殿と共に府の奉祝事業」報知新聞、一九三九年一〇月一一日付。「造園・風光ニュース欄」『庭園と風光』二一巻一一号、一九三九年一一月、三三二頁。

（17）東京市記念事業部「宮城外苑に御献木を」『庭園と風光』二二巻六号、一九四〇年六月、一七五～一七七頁、一九四頁。

（18）「緑の宮城外苑に晴の献木式 集ふ全国民の赤誠」東京朝日新聞、一九四〇年七月一〇日付。「造園・風光ニュース欄」『庭園と風光』二二巻七号、一九四〇年七月、二三四頁。

（19）東京市記念事業部「宮城外苑の献木に就て」『山林』六九二号、大日本山林会、一九四〇年七月、四八～五一頁。

（20）東京市記念事業部「宮城外苑に御献木を」（前掲注17）、一七五～一七六頁。

（21）同前。

（22）「肇国奉公隊には帝都市民はもとより全国津々浦々の民草、在外邦人など五十四万の赤子をはじめ、満支、北米、ハワイ、フイリツピン、ヒツトラー・ユーゲントその他の外人部隊も約七千名参加し、感激の聖鍬を揮った。」「宮城外苑造成第三年　和田倉橋復元や照明施設」東京日日新聞、一九四一年一月一日付。「造園界展望」『庭園と風光』二三巻一号、一九四一年、二八頁。

(23) 江藤務「宮城外苑の黒松移植に就いて」『庭園と風光』二三巻六号、一九四一年、二三三頁。

(24) 木型は頭部が高村光雲、武具は山田鬼斎、馬は後藤貞行が担当。鋳造は岡田美声。美術学校渾身の一作という。古田亮「国家と彫刻」東京国立近代美術館・三重県立美術館・宮城県美術館監修『日本彫刻の近代』淡交社、二〇〇七年、六九頁。

(25) 「緑の宮城外苑に晴の献木式 集ふ全国民の赤誠」東京朝日新聞（前掲注18）、一九四〇年七月一〇日付。『庭園と風光』（前掲注18）二二巻七号、二三四頁。

(26) 「一億記念樹」読売新聞、一九四〇年三月一日付。

(27) 後藤朝太郎「植樹奉公」『庭園』二一巻四号、一九三九年四月、一一三頁。

(28) 「社寺院木の供出」『山林』七二六号、一九四三年五月、七三頁。昭和一八年の植樹祭では都市美協会も大木供出の跡に苗木を植えるよう呼びかけていた。「日比谷で植樹まつり」読売新聞、一九四三年四月四日付。

(29) 昭和一九年一二月一三日付井ノ頭公園の報告によれば、総数三六四三本（約七二％）が伐採され、一二六三本の伐木で木棺六〇〇〇箱（大四〇〇〇、小二〇〇〇）、骨箱一万箱、墓標一万本などが作られたという。「終戦前後の公園緑地」『東京の公園一一〇年』東京都建設局公園緑地部、一九八五年、九四～九五頁。

(30) 「銃後帝都の体位向上に保健道路の建設 風致区を通る十三本」中外商業新報、一九三八年九月一〇日付。「造園・風致ニュース欄」『庭園』二〇巻一〇号、一九三八年、三五四頁。嶺一三（東大農学部助教授）「戦争と森林」読売新聞、一九四二年一二月一五日付。

(31) 鎌倉時代の創建。旧官幣大社浅間神社の分祀で「山桜」を御社紋として赤城神社、熊野神社を合祀する。例祭日は六月第一土・日曜日。浅間造りの社殿は昭和四八年の造営。境内には下沼部郡の富士講「舎玉川講」が明治一五年に建立したと伝わる食行身禄の石碑がある。正面の揮毫は勝海舟といわれる。同社宮司の北川憲史氏によれば、富士講が隆盛した時代、講員たちは出立前に本殿にて御祓いを受け、御神酒を酌み交わし、道中の安全を祈願するのが慣わしだったという。多摩川浅間神社社務所にて筆者がご教示をいただいた（二〇一二年一〇月二二日）。『浅間神社の沿革と御神徳とを述べて社務所の造營計劃に及ぶ』一九三九年七月七日、多摩川浅間神社所蔵。亀山慶一・平野榮次・宮田登編『大田区史（資料編）民俗』東京都大田区、一九八三年、三一六～三一

八頁。「浅間神社小史」多摩川浅間神社『社報』多摩川浅間神社社務所、二号、一九八七年一二月一日。

(32) 平安時代は満田郷、鎌倉時代に丸子保、のちに丸子庄に属し、南北朝には岑ノ庄、鎌田ノ庄に含まれた。室町後期に沼目之郷となり上沼部と下沼部に分割され吉良領に入る。徳川時代は概ね直轄地だったという。水上市郎平『町の風土記』水上市郎平発行、一九九四年八月、二頁。同書は水上氏が大田区郷土の会の季刊『多摩川』一号から三五号に寄稿した文章を冊子(平成六年七月)にまとめたもの。多摩川浅間神社所蔵。

(33) 氏家春生「年表・田園調布の一〇〇年」『郷土誌田園調布』(社)田園調布会、二〇〇〇年、三五八〜三五九頁。

(34) 大正一五年一月一日、目蒲線の調布駅を田園調布駅に、多摩川駅を丸子多摩川駅に、武蔵丸子駅を沼部駅に改称。「地方鉄道駅名改称」『官報』三九九四号、一九二五年一二月一六日付、四二三頁。水上市郎平『町の風土記』(前掲注32)、三頁、一五〇頁。「東横電車」、「目蒲電車」平山昇『鉄道が変えた社寺参詣』交通新聞社、二〇一二年、二三七頁、二四一頁。

(35) 「田園都市株式会社成立」(『龍門雑誌』三六五号、大正七年一〇月)『渋沢栄一伝記資料五三』一九六四年、三六四頁。「本多静六談話筆記」(昭和一三年七月一四日・於帝国森林会事務所・石川正義聴取)『渋沢栄一伝記資料五四』一九六四年、二八〇〜二八一頁。

(36) 「日本は土地の狭い割に人口が急激に増加し、殊にそれが大部分都市に向つて集中する傾向があるが、地震の多い我国では欧米の如く二十階・三十階の家を建てる事が出来ないので、従つて地所も家屋も日を追うて騰貴して行くのは自然の勢で何うにも仕方がないのである。此の調子では中流以下は益々困窮し、今に商店でも会社の事務室でも家族の寝食する所と同じ所になるやうな事にならふと思ふ。それで自分は是等を予防し、中流以下の生活上安定を保たしめるには、夫の倫敦の所謂田園都市のやうな手段を取るより他はないと思ひ、さる大正二年来之れに着手」。「田園都市株式会社成立」『渋沢栄一伝記資料五三』(前掲注35)、三六四〜三六五頁。

(37) 田園都市株式会社編「田園都市案内」(大正一二年一月刊)『渋沢栄一伝記資料五三』(前掲注35)、三七一〜三七二頁。

(38) 同前、三七二頁。

(39) 「田園都市株式会社成立」『渋沢栄一伝記資料五三』(前掲注35)、三六三〜三六五頁。

(40) 青淵先生説話集「『温故』と『知新』」(『龍門雑誌』四三四号、一九二四年一一月)『渋沢栄一伝記資料五三』(前掲注35)、三七五頁。

(41) 吉見俊哉「大正期におけるメディア・イベントの形成と中産階級のユートピアとしての郊外」『東京大学新聞研究所紀要』四一号、東京大学新聞研究所、一九九〇年三月、一四四頁。「文化村」『平和記念東京博覧會畫報』大阪毎日新聞社、一九二二年五月、一五頁。
(42) 『郷土誌田園調布』の「電気ホーム」に収録された渋沢秀雄『わが町』より。『郷土誌田園調布』（前掲注33）、八〇頁。
(43) 青淵先生説話集「『温故』と『知新』」（前掲注40）、三七六頁。
(44) 同前、三七六頁。
(45) 「青淵先生と田園都市」（『龍門雑誌』三八七号、一九二〇年八月）『渋沢栄一伝記資料五三』（前掲注35）、三六九頁。
(46) 多摩川誌編集委員会編『多摩川誌　別巻年表』建設省関東地方建設局京浜工事事務所企画・（財）河川環境管理財団発行、一九八六年、一九六頁。水上市郎平『町の風土記』（前掲注32）、六九頁。
(47) 水上市郎平「田園調布の桜」『町の風土記』（前掲注32）、六三～七二頁。
(48) 同前、六四頁。
(49) 大正七年、内務省直轄事業として多摩川改修工事が開始される。内容は河口より二子橋間の築堤・掘削・浚渫護岸工事（上流川幅三八〇メートル、下流五四五メートル）多摩川誌編集委員会編『多摩川誌 別巻年表』（前掲注46）、一八八頁。
(50) 屋根替えの修繕用に茅を植える計画案があったとみられる。渡邊辰次郎編『櫻の多摩川』大多摩川愛桜会、一九三八年七月一五日、二頁。国立国会図書館所蔵。
(51) 渡邊辰次郎編『櫻の多摩川』（前掲注50）、三～四頁。
(52) 「愛桜会の目的と事業」渡邊辰次郎編『櫻の多摩川』（前掲注50）、七頁。
(53) 人によって桜は旧弊の封建制を象徴するものとみなされ、伐採を提唱する意見もあったという。大貫恵美子『ねじ曲げられた桜』岩波書店、二〇〇三年、四三七頁。
(54) 渡邊辰次郎編『櫻の多摩川』（前掲注50）、一〇～八頁。
(55) 「社団法人大多摩川愛桜会役員名簿（昭和一三年七月現在）」渡邊辰次郎編『櫻の多摩川』（前掲注50）、八三頁。
(56) 日本庭園協会「多摩川川沿公園計画の方針　桜樹植栽計画」渡邊辰次郎編『櫻の多摩川』（前掲注50）、二一～二五頁。
(57) 日本庭園協会「多摩川川沿公園計画の方針　将来の計画並に注意事項」渡邊辰次郎編『櫻の多摩川』（前掲注50）、二六～二七頁。
(58) 同前、二八頁。

(59) 「愛桜会の目的と事業」渡邊辰次郎編『櫻の多摩川』(前掲注50)、八頁。
(60) 「大海戦二十五周年」東京朝日新聞、一九三〇年五月二八日付。
(61) 日比谷公園で観艦式の後、銀座通り、日本橋通りに沿って上野公園にいたる。三笠を中心とする陸上軍艦は東京百貨店組合の各デパートが工夫を凝らしたものであった。同前。
(62) 水上市郎平『町の風土記』(前掲注32)、六八頁。
(63) 植初式における祝辞「昭和五年三月十五日 日本庭園協会長本多静六」渡邊辰次郎編『櫻の多摩川』(前掲注50)、一八〜二〇頁。
(64) 渡邊辰次郎編『櫻の多摩川』(前掲注50)、二〇頁。
(65) 『浅間神社の沿革と御神徳とを述べて社務所の造営計劃に及ぶ』(前掲注31)、二頁。
(66) 「東郷大将紀念樹の手植」読売新聞、一九〇五年一一月一五日付。
(67) 前島康彦『日比谷公園』郷学舎、一九八〇年、九二頁。池田次郎吉「日比谷公園祝捷会の記念植樹」『上野公園グラント記念樹』日本種苗合資会社、一九三九年、五五〜五七頁。
(68) 池田次郎吉『上野公園グラント記念樹』(前掲注67)、五六〜五七頁。
(69) 「現時皇太子殿下に語学の御教授申上げ居る仏人サラゼン氏、曩に賜暇を得て帰国するに方り、本邦産林種の良種子を需めらる、余快諾之を贈りしに一昨年同氏再び来朝の際、「ロールス・ノビリス」(月桂樹)の種子を携へ来りて恵まれたり。該樹は祝典等に必要の霊樹なるを以て、其の中より十粒を宮内省新宿植物御苑福羽逸人氏に頒ち、残餘百餘粒を昨年二月鎌倉にある別墅の圃園に播下したるに、五月に至り萌芽し、強盛なる生育を遂げたるもの八本を得たり。時に偶々征露の役起り、皇軍連戦連勝、今や新年を迎ふと共に旅順の要塞陥落の吉報に接したれば、聊か祝賀の意を表せんが為め、桂総理・寺内陸軍・山本海軍の三大臣幷に東郷大将に各一本を贈呈し、尚ほ大山満洲軍総司令官にも贈呈せんと欲し、侯爵夫人に其旨を通じたるに、大将凱旋の日まで其の儘保護ありたき旨託せられたり。又一本は前記の如く東京市に寄附し、他の二本は学農社と鎌倉の圃内に植付くることとせり」津田仙「月桂樹及祝捷植物」『農業雑誌』九〇一号、学農社、一九〇五年一月一五日、一七頁。
(70) 池田次郎吉『上野公園グラント記念樹』(前掲注67)、五六〜五七頁。
(71) この記念樹は跡形もなくなったという。上原敬二『樹木の美性と愛護』加島書店、一九六八年、六二頁。
(72) 「東郷大将紀念樹の手植」読売新聞(前掲注66)、一九〇五年一一月一五日付。
(73)「東郷大将紀念の松樹」読売新聞、一九〇六年一月一六日付。
(74)「川村上村両大将の手植」読売新聞、一九一二年四月一七日付。
(75)震災時、本尊明王像を東郷元帥邸に避難させたという。「一七山不動院の落慶」『高野山時報』三七六号、一九二五年七月、二〇頁。
(76)仲田順海導師を祖父とする醍醐寺の仲田順英氏によれば、東郷の記念植樹は今日に語り継がれているという。二〇一三年七月四日、醍醐寺三宝院にて筆者がご教示をいただいた。
(77)『浅間神社の沿革と御神徳とを述べて社務所の造營計劃に及ぶ』（前掲注31）、八頁。
(78)「愛櫻碑」渡邊辰次郎編『櫻の多摩川』（前掲注50）、九～一〇頁。
(79)「植初式及び堤防に桜樹の移植」渡邊辰次郎編『櫻の多摩川』（前掲注50）、一〇頁。
(80)「荒川放水路堤塘樹植問題協議会の記」『庭園』八巻一〇号、一九二六年、三二五頁。
(81)「内務省への陳情と請願」渡邊辰次郎編『櫻の多摩川』（前掲注50）、二八～二九頁。
(82)「世界一〝桜の楽園〟川崎大師から多摩御陵まで」東京日日新聞、一九三八年二月一四日付。「造園・風致ニュース欄」『庭園』二〇巻三号、一九三八年三月、一〇〇～一〇一頁。「多摩の両岸に桜を増殖せよ 野口代議士から請願」読売新聞、一九三八年二月一三日付。
(83)「世界一〝桜の楽園〟川崎大師から多摩御陵まで」東京日日新聞（前掲注82）、一九三八年二月一四日付。
(84)「咲かず散る（？）桜並木多摩川〝一目千本〟護岸の立場から悩む」東京日日新聞、一九三八年二月一七日付。「造園・風致ニュース欄」『庭園』二〇巻三号、一九三八年三月、一〇〇頁。
(85)「咲かず散る（？）桜並木多摩川〝一目千本〟護岸の立場から悩む」東京日日新聞（前掲注84）、一九三八年二月一七日付。
(86)昭和六、七年の愛桜会設立当初には趣旨精神に対する周囲の理解も不十分で、反対やデマが飛ぶこともあり、植栽された苗木は抜き捨てられ根や枝幹が伐られるという憂き目を見ることもあった。こうした時に青年団等が奉仕的に地権者を訪問し、理解を求めて回ったという。「桜に対する官僚と民衆の頭」渡邊辰次郎編『櫻の多摩川』（前掲注50）、六六頁。
(87)水上市郎平『町の風土記』（前掲注32）、三〇～三一頁、六六～六七頁。
(88)「風致地区制度の発足と風致協会の設立」『東京の公園

一一〇年』（前掲注29）、二五九～二六〇頁。

(89) 多摩川風致地区、和田堀風致地区・杉並区（豊多摩郡和田堀町、高井戸町、杉並町）の一部、野方風致地区・中野区（豊多摩郡野方町、落合町）の一部、大泉風致地区・板橋区（北豊島郡大泉村、上練馬村）の一部。横山信二「大東京の風致地区に就て」『庭園と風景』一四巻一一号、一九三二年、三四五～三四六頁。結城精「風致地区に就て」『都市美』八号、都市美協会、一九三四年八月二〇日（復刻版『都市美』不二出版、二〇〇七年）、一〇～一一頁。

(90) 横山信二「大東京の風致地区に就て」（前掲注89）、三四五頁。

(91) 同前。

(92) 「桜の多摩川」渡邊辰次郎編『櫻の多摩川』（前掲注50）、一一～一二頁。

(93) 「桜外交と桜精神の世界拡充」渡邊辰次郎編『櫻の多摩川』（前掲注50）、三四頁。

(94) 「日独・桜の親善　ベルリン郊外へサクラの名所　愛桜会から一千本」東京朝日新聞、一九三七年一月二三日付。

(95) 日本にはサンホーゼ介殻虫という害虫が繁殖していたという。渡邊辰次郎編『櫻の多摩川』（前掲注50）、三五～三九頁。

(96) 多摩川浅間神社の由緒書にも「日本精神のシンボルたる桜の苗木と種子が、独伊両国に贈られる式が日比谷公会堂にて挙行された。これは昭和十一年防共聯盟の議も全然ない頃から、愛桜会によって計劃を進められたことが実を結んだのである」と綴られている。『浅間神社の沿革と御神徳とを述べて社務所の造営計劃に及ぶ』（前掲注31）、八頁。渡邊辰次郎編『櫻の多摩川』（前掲注50）、三九頁。

(97) 「スペインで桜の手植え式」東京朝日新聞、一九三五年四月一八日付。

(98) 「ブラジルに日本桜」東京朝日新聞、一九三七年六月二六日付。

(99) 東京・大阪両市寄贈の苗木に対する返礼。「伯国より返礼の苗」都新聞、一九四〇年六月一二日付。

(100) 「アルゼンチンへ桜がお嫁入り　植木外交のうれしいたより」東京朝日新聞、一九三七年三月一四日付。

(101) 「はるばる英国へ桜の嫁入り　対日迷夢醒めよとこの企て」報知新聞、一九三九年四月二日付。『庭園』二一巻五号、一九三九年五月、一八六頁。

(102) 「日支親善に咲かす〝さくらの花〟外交　市からおくる苗木五百本」東京日日新聞、一九三七年六月一〇日付。「日支親善にさくらの花」『庭園』一九巻七号、一九三七年七月、二五七頁。

(103) 「日支親善の桜外交　湖北省宜昌の申込みに対し市から

五百本寄贈」東京朝日新聞、一九三七年六月一〇日付。

(104)「ル大統領夫人のさくら賛美論　〝全土に咲かせたい〟」読売新聞、一九三八年四月七日付。

(105)「私は桜花爛漫の候になる度に桜移植に功労あつた米国婦人を憶ひ出します。その名をエリザ・サイドモアと申しますが、東京の新宿御苑の観桜会に召されて以来、大の桜愛好者となり、ウィリアム・タフト夫人の後援で一九〇〇年移植に成功、更に毎年百本宛移植する事になつた。之が我が国の桜渡来の抑々の初めです。その後尾崎行雄氏や東京市当局の好意に依つて今日七千本に登る旺んな風景を見る事ができたのです（後略）」「断じて米国から桜はなくさない　ルーズヴエルト夫人から桜花愛好の一文」中央新聞、一九三八年四月一〇日付。『庭園』二〇巻五号、一九三八年五月、一七五頁。

(106)「アヴィニヨンの大会へ仏国へ〝花の使節〟代表の名菊百五十余本」大阪毎日新聞、一九三九年六月一五日付。『庭園』二一巻八号、一九三九年八月、二九〇頁。

(107)「畏し〝日伊親善〟の盆栽」東京日日新聞、一九三七年一二月一九日付。『庭園』二〇巻二号、一九三八年二月、六八頁。

(108)渡邊辰次郎編『櫻の多摩川』（前掲注50）、三九～四二頁。

(109)「日独伊三国防共記念日の廿五日朝、小橋東京市長の許に友邦イタリーの首都ローマ都督（市長）ピエーロ・コロニナ氏から「日本とイタリーが深い契を結ぶやう、永遠に色変らぬローマの松一千本を送ります」と嬉しい便りが届いた。これは本年一月廿二日、三国防共協定を記念するため東京市がベルリンには桜の実を、ローマには桜の苗木一千本を贈ったお礼で、文面によるとこの松はストーン・パインといふ常緑樹で、イタリーの国民が誇りとする友情を象徴する。」「羅馬の松一千本と大シーザーの彫像　伊太利から嬉しい贈物」中外商業新報、一九三八年一一月二六日付。「羅馬市から東京へ珍しや「石松」の寄贈　今秋十月ごろには到着」東京日日新聞、一九三八年五月二六日付。『庭園』二〇巻七号、一九三八年七月、二四六頁。

(110)寄贈日は昭和一三年三月三一日。前島康彦『日比谷公園』（前掲注67）、九五頁。

(111)「盟邦ドイツと美しい花菖蒲を交換して、防共の交情に一段の精彩を添へようといふ計画が日本花菖蒲協会の手で企てられてゐる。去る三月ドイツ大使館から同協会へ二百株交換の申込があつた。いはゞ花菖蒲の他流試合とも言ふべきで、わが国民の愛の花の心情を示す好機でもあると同協会では早速、会員約五百名に檄を飛ばして、来る十二月の発送期までに十分丹精してよい花をつくるやう大童になつてゐる。準備が出来れば東京市長の名義で蕾のま、二百株を発送する。」「盟邦と尚武の花交換わが花菖蒲二百株に代へてドイツからは「むらさきいりす」」読売新聞、一九三九年六月二〇日付。『庭園』二一巻七号、一九三九年七月、二五七頁。

(112)「伊太利訪日使節団の記念植樹」渡邊辰次郎編『櫻の多摩川』(前掲注50)、四三頁。

(113)渡邊辰次郎編『櫻の多摩川』(前掲注50)、四三〜四四頁。

(114)同前、四四頁。

(115)同前、四五〜四六頁。

(116)同前、四七〜四八頁。「防共桜と月桂樹　けふイタリア使節団二箇所に植ゑて　多摩川園のつゝじ人形を見物」読売新聞、一九三八年四月一七日付。

(117)記念植樹式次第「一、社前到着(午前十一時)、二、修祓、三、団長玉串奉奠、四、植樹場へ案内、五、伊太利国歌奉唱、六、植樹・潤水、七、会長挨拶、八、団長挨拶、九、花束贈呈、十、万歳(午前十一時半)・茶菓接待(多摩川園)」渡邊辰次郎編『櫻の多摩川』(前掲注50)、四六〜四九頁。

(118)「日伊親善に記念の植樹」東京朝日新聞、一九三九年四月一七日付。

(119)渡邊辰次郎編『櫻の多摩川』(前掲注50)、五〇頁。

(120)「日伊親善に記念の植樹」東京朝日新聞(前掲注118)、一九三八年四月一七日付。

(121)渡邊辰次郎編『櫻の多摩川』(前掲注50)、五一頁。

(122)多摩川園は昭和二五年五月に東急直営となる。昭和五四年に廃園。水上市郎平『町の風土記』(前掲注32)、七頁、一六〇頁。『郷土誌田園調布』(前掲注33)、九五頁、三五九頁。

(123)「防共桜と月桂樹　けふイタリア使節団二箇所に植ゑて多摩川園のつゝじ人形を見物」読売新聞(前掲注116)、一九三八年四月一七日付。

(124)渡邊辰次郎編『櫻の多摩川』(前掲注50)、五三〜五四頁。

(125)「揃った防共桜　盟邦健児が手植ゑ」読売新聞、一九三八年九月二一日付。

(126)「〝防共桜の園〟完成」東京朝日新聞、一九三八年九月二一日付。

(127)『浅間神社の沿革と御神徳とを述べて社務所の造營計劃に及ぶ』(前掲注31)、五〜六頁。

(128)昭和一四年四月二三日、防共桜は日独伊の少年代表の奉仕によって肥料を施す手入れが行われたのち、多摩川畔において三国少年の交歓運動会が催されたという。同前、九頁。

(129)同前、二〜三頁。

(130)博覧会に向けた並木の樹種や庭園の出品の仕方(樹木

の扱い等）が議論された。「日本万国博覧会庭園座談会 上下」昭和一二年一二月一〇日開催、出席者は福田重義（日本万博工芸部長）・團伊能（日本庭園協会理事）・佐々木綱雄（日本万博事業課長）・田邊孝次（東京美術学校教授）・本多静六（日本万博協会委員）・井下清（日本万博協会幹事）。田村剛（司会）・黒田常務理事ほか三〇余名。『庭園』二〇巻一号、一九三八年、三一頁。同、二〇巻二号、一九三八年、五八〜五九頁。

(131)『国土緑化運動五十年史』（前掲注1）、三三五頁。
(132) 上原敬二「事局を反映したる造園問題」『庭園』二〇巻五号、一九三八年、一四六頁。
(133) 同前、一四七頁。
(134) 同前、一四七頁。
(135)「御大典記念事業に全国的の造林計画」東京朝日新聞、一九二八年一月一五日付。
(136) 上原敬二「事局を反映したる造園問題」（前掲注132）、一四七頁。
(137) 同前、一五〇頁。
(138) 同前、一五一頁。
(139) 昭和一七年、日比谷公園の花壇が畑になる。『都市公園』一六一号、東京都公園協会、二〇〇三年七月、一五頁。
(140) 上原敬二「事局を反映したる造園問題」（前掲注132）、一四七〜一四八頁。
(141) 渡邊孝夫（東京市技師）「家庭防空壕」『庭園と風光』二三巻一〇号、一九四一年、三六七〜三七〇頁。
(142) 井下清「庭の防空防火」『庭園と風光』二三巻五号、一九四一年、一六三頁。
(143) 同前、一六三〜一六六頁。
(144) 上原敬二「事局を反映したる造園問題」（前掲注132）、一四八頁。
(145) 昭和一一年一〇月一日発足、機関誌は昭和一二年一月二五日創刊。『国土緑化運動五十年史』（前掲注1）、三三四頁。
(146) 上原敬二「事局を反映したる造園問題」（前掲注132）、一四八頁。
(147) 同前、一四八頁。
(148)「編輯後記」『庭園』二四巻六号、一九四二年、二五六頁。
(149)「明春「緑地週間」戦時下の体位向上に」東京朝日新聞、一九三九年六月二日付。
(150) 木村英夫（内務省防空研究所技師）「都市防空と樹木」『都市美』三二号、都市美協会、一九四〇年一一月二七日（復刻版『都市美』不二出版、二〇〇七年）、一三〜一五頁。
(151)「時局と緑地計画」『週報』内閣情報部、一七七号、一九四〇年三月六日、一六～一七頁。
(152)　橋本八重三「戦時下の造園」『庭園』二五巻五号、一九四三年、一二四頁。
(153)　「編輯後記」(前掲注148)、二五六頁。
(154)　日本庭園協会会長男爵團伊能「休刊の辞」『庭園』二六巻三号、一九四四年三月、一八頁。
(155)　「編輯後記」『庭園』二四巻四号、一九四二年、一六三頁。
(156)　「全国に防空公園　老幼女子に「いざ」の訓練」東京日日新聞、一九四一年一月三〇日付。『庭園と風光』二三巻二号、一九四一年、六七頁。
(157)　「匂へ忠誠の華」(陸軍省兵務局長田中少将談)『庭園』二四巻四号、一九四二年、一六二頁。
(158)　同前、一六二頁。「山桜の苗木五万本　全国六百余の市町村に発送」『庭園』二四巻四号、一九四二年、一六二頁。
(159)　「桜樹資金献納者芳名」都新聞、一九四〇年六月一一日～一二日付。
(160)　「咲けよ戦線の桜花　苗木六百本を上海へ」都新聞、一九三八年三月五日付。『庭園』二〇巻四号、一九三八年、一三六頁。
(161)　「大陸に眠る英霊へ梅と桜の贈物　市から三千本を寄付」都新聞、一九四〇年二月一七日付。『庭園と風光』二二巻三号、一九四〇年、一〇二頁。
(162)　「春の慰問袋　一袋の草花の種子　故郷の春の便りに添へ前線の将士へ」國民新聞、一九四一年三月一二日付。
(163)　「息子自爆の地へ　記念の植樹　得猪機の遺族達が」東京朝日新聞、一九四〇年四月二一日付。
(164)　同前。
(165)　上原敬二『樹木の美性と愛護』(前掲注71)、一八頁、八一頁。高山章介編『古典樹苑植栽案内』八幡人丸神社、一九五六年、一五頁。
(166)　「羽黒山の修行」修験道修行大系編纂委員会編『修験道修行大系』国書刊行会、一九九四年、三六三頁。

終　章　記念植樹と日本人――ひとはなぜ樹を植えるのか――

一　記念植樹の心と形

本書では、第Ⅰ部において記念植樹という言葉の意味を、「後々の思い出のために、あるいは過去の出来事への思い出を新たにし、念じて、樹を植える行為」と定義した。本多静六はこれを「生きたる記念碑」と表現した。近代以前の日本社会においても、「記念」という言葉こそ用いられないものの、なにかの縁やきっかけで樹木が植栽されていたことを古典文学や神話より見出すことができた。

実践的に植林事業を続けることで大八洲を緑の島ならしめたという五十猛命や素戔嗚尊の神話は、山や樹木に対する人びとの尊崇の念を深めることに貢献し、近代日本においては植樹活動を促進させる動機になり得るものでもあった。

万葉集を紐解くと、愛する者や亡くなった者への形見や憑代として樹木や草花が植栽され、それが歌に詠まれていた。樹木の生命を奪うことを余儀なくされた杣人には、木産みという新たな「いのち」の芽生えを祈る信仰から、鳥総立の儀式を通して山神を祀る風習が見られた。いずれも自然物に霊性を認め、それに恐れ畏まる古代の人びとの「まこと」の心と姿が、樹木の「いのち」を尊び、念じて植えるという行為に現れていた。なお、ここで筆者が「いのち」とひらがなで表したのは生物学的な意味における生命のみならず、不可視なる「魂」や「霊力」といった感覚的な存在も含めることを意図している。この「いのち」こそ、記念植樹という行為の根本にあろうことは、これまで論じてきた過程において明らかになったことである。

次に、記念植樹の形である。記念植樹といえば、今日的には単木の苗木の植樹式を想起するであろう。だが、近代日本では造林学上、それは記念樹、記念行道樹（並木）、記念林という三形態に分類され、記念碑性を尊重する「儀式」としての記念樹の植栽、また風致や殖産を目的とする「実践」としての記念並木や記念林の造成が、各記念事業の目的にあわせて、単独で、あるいは複合して実施されるものであった。全国植樹祭の原型ともいえるこの儀式と実践を組み合わせたスタイルは、大日本山林会主催の総裁宮の始植式をともなう植樹行事によって次第に定式化していった。その方法論は樹木の霊性に対する尊崇の念があってこそ、森林業や都市整備という実利的な事業も成り立ち得るという理念に基づくものであり、ここに自然物の「いのち」の循環とその繁栄を念ずる精神を礎とする、近代日本の記念植樹事業の「形」と「心」が顕現しているのである。

二　山の信仰と本多静六の記念植樹

第Ⅱ部では、記念植樹を奨励した林学者本多静六の「人となり」を探究した。本多静六は「不二道」という富士山を信仰する家庭に育ったため、幼少時から山を理解する機会に恵まれていた。「天分」ともいえるその不二道への信仰心は、「三つ子の魂百まで」という諺どおり、脈々と受け継がれていることを彼の言動のなかに認めることができた。

本多が説く記念樹とは、子々孫々と語り継がれ、受け継がれてゆく「生きたる記念碑」であり、一度植え付けたら歳月を経るごとに植栽した者とともに成長して緑葉をひろげ、種を残して生命をつないでいくという思想を有するものである。その理想とする形態は古来崇敬される老樹巨木にあった。記念植樹というのは、いわば人間の都合で樹木を植える行為といえようが、本多の推奨する方法論は、西洋の合理主義、あるいは近代科学主義に偏ることなく、山を崇め、自然の「いのち」を生かすという理念が備わるものであり、前近代的な思想と形態が融和したところに構築されたものであった。

　山や樹木を尊ぶという観点から山岳信仰の源流をたどっていくと、それは弘法大師空海の『性霊集』にみる「禽獣卉木皆是法音」という思想や、蔵王権現の憑代として桜樹や石楠花を木彫したという役行者の姿にも結びつく。いずれも「念ずる」という加持祈禱によって国家安穏、玉體護持、五穀豊穣、子孫繁栄を祈願した宗教家であると同時に山水を治めた実践家であったと伝えられるが、そもそも山岳信仰というのは一般衆生とともにある宗教といわれる。すなわち「実修実証」を理念として、社会とのつながりを「祈りと実践」によって具現化することを目的とする宗教である。高野山金剛峯寺をはじめとして、役行者を始祖とする修験道と空海の真言密教を結んだ理源大師聖宝が起こした京都醍醐寺では今日、儀式的に、また実践的に記念植樹が営まれている。

図1　御杣始祭（斧入の儀）

　自然物の「いのち」を敬う森づくりの理念は、たとえば高野山の植樹祭で奉じられた「山神祭」や、霊木あるいは神木を伐採する際の「斧入れ」の法要や神事のうちに見ることができる（図1）。その活動には、人びとが一緒になって山を守り育てるという姿と心が現出している。この思想に照らし合わせてみると、本多もまた「祈り」と「実践」、あるいは「心」と「形」という不二の思想をもって植樹事業に取り組んだということができよう。

たとえ人が手を入れる杣山であろうとも、自然物に対する畏敬の念や祈りの心が相乗することによって、原始林にも等しく、山はいよいよ「神さぶる」のである。

されればこそ、「記念に樹をお植えなさい、神も仏も樹を植えるものを助け、天は樹を植えるものに幸せを与えるのです」と本多は唱え続けたのである。

三　近代日本における記念植樹の系譜

本書では近代日本における「記念植樹」という行為に係る理念と方法論について、背景にある歴史事象と照合しながら、「記念植樹」を奨励する諸著作と報道というメディアを通して解明した。

第一に、明治初期から大正、昭和にかけて、本多静六や農商務省など林学や林政の指導者が記念植樹を推進する著作を多数発行していたという学問的状況があった。学問の場からは、なにゆえに記念事業として記念植樹が最適かという理念、およびそれをいかにして行うかという方法論が啓発・普及されたことにより、社会に認知される行為となり得た。

第二に、報道の場からは「記念植樹」がニュースとして、批判的というよりは寧ろ好意的に、内外の社会に宣伝され人びとに広く知られるところとなった。昭和の戦中期には、新聞社がみずから主体となって記念の献木運動を起こしたが、これは報道機関自身が記念に木を植えるという行為に価値を見出していたことの証左となろう。この二つの状況こそ、近代日本社会に記念植樹という行為を根付かせる基盤となり、その相乗効果によって各時代の記念事業にあわせて記念植樹活動が展開していったのである。

メディアの役割については、たとえば第二次世界大戦後、ＧＨＱの民間情報教育局のアイヴァン・ネルソンが、復興政策として学校植林活動を盛り立てるために、これを年中行事として大きくとりあげるよう報道機関に協力を依頼したという話も伝えられる。[1] 政策と記念事業とのタイアップによって、一つの事象を社会的な潮流に乗せるためには広報活動が欠かせないが、近代日本における記念植樹事業の促進やそれが今日一般的な活動になり得たのは、記念植樹に価値を認め、これをニュースとして数多く報じたメディアの貢献が大きく影響していたのである。

記念植樹という行為をめぐる以上のような状況をバックグラウンドとして、第Ⅲ部では近代日本においてなされた記念植樹の思想と形態の変遷を時系列に沿って検証した。対象としたのは、明治中期に取り組まれた学校樹栽活動（第一章）、大正への移行期における御聖徳記念事業（第二章）、大正期における第一次大戦終結後の平和記念事業（第三章）、大正・昭和期の帝都復興事業（第四章）、そして昭和戦中期の皇紀二六〇〇年記念を主とする記念事業である（第五章）。

その論点は、本文の順序を超えて次のように大きく三つにまとめられる。第一にネーション・ステーツ形成期における国づくり、人づくり、山づくりに係る「学校教育」と記念植樹（第一章）、第二に明治神宮造営や都市美運動など近代都市や国土整備を目的とする「街づくり」に関わる記念植樹（第二章・第四章）、そして第三として二度の大戦にちなんだ「平和」と「慰霊」の記念植樹（第三章・第五章）である。いずれも近代日本の成長過程において緑の「いのち」をいかに植え育むかについて、その方法と理念が問われるものであった。

学校教育と記念植樹

まず学校教育に係る記念植樹である。米国で教育の一環として行われていたノースロップの説くArbor Day に触発された牧野伸顕文部次官の委嘱を受け、本多は『學校樹栽造林法』にその方法論をまとめる。本来の目的は学校基本財産を確保することにあったが、本多は従来の実践的な植林作業にアルピニズムやレクレーションの要素を加え、さらに精神的な要素である「修学の記念」という記念碑性を添えた。実利的な部分だけではたとえ人びとや子供の「体」は動かせても「心」を動かすことは困難である。このことは農民の心に配慮した熊沢蕃山、上杉鷹山、二宮尊徳らの近世の勧農施策にも通じているといえよう。本多は森づくりが「百年の長計」であることに鑑み、保護手入れの重要性から「修学の記念樹」を育てるという意識を涵養させるとともに、負担を緩和し、手軽で楽しみを主とする持続可能な方法を説いたのである。

学校樹栽活動は明治日本で広く展開する様子が見られたが、実益と教育を兼ねた植林活動は欧米のプロテスタンティズムに頼らなくとも、旧来の実践道徳の教えの中にも見出せるものであり、同時代の日本人にも理解し易い方法論だったことがその隆盛を導いたと考えられる。本多の『學校樹栽造林法』はこのように新旧東西の方法と理念、また実用性と記念碑性が組み込まれたところに構想されたものであり、この方法論こそ、本多造林学の原点として各時代の記念事業に即して発展を遂げてゆくのである。

御聖徳と記念植樹

明治から大正への移行期には、明治天皇の御聖徳記念事業と大正天皇の御大典記念事業としての植樹が推進された。明治神宮の森は御聖徳を祈念する人びとの心が刻印された、一本、一本の奉献樹によって構成された森であり、いわば当時国民の記念植樹によってつくられた森といってよい。聖地としての葬場殿址を記念する一本のクスにはじまり、道路や公園整備としての記念行道樹植栽、水源林涵養や学校林としての記念林造成というように、明治神宮の森にはハインリヒ・コッタの循環思想的な森づくりの方法論が活かされているとともに、この森と都市と農村を記念の樹木で有機的に結ぶという構想には、「緑を植え育むこと」を本源とする都市美の理念が顕現していた。同時にそれは諸地域で単独に構成される傾向にあった学校植林の形態から、一歩進んだところに構築された方法論といえるものであった。

そして、同記念事業において本多の思想を支えたものの一つに不二道があった。それを象徴するのが不二道孝心講の講員とともに献納された地元河原井村ゆかりの記念樹である。苦学した学生時代に不二道の「恩」を授かった本多は、明治神宮の森造営においても講員らの土持奉仕や献木奉仕に助けられた。つまり本多は祖父折原友右衛門をはじめ、国家に認められなかった歴史を有する不二道孝心講員らの思いを汲み、その記憶をこの献木に託したと考えられる。

不二道の自然観とドイツの森林学を礎に構想された、子々孫々と「いのち」をつないでいく記念樹による森づくり。今日、この森は天然と見紛うまでに生長した。これは伝統的な山の信仰を身に付け、かつ近代科学としての造林学を身に付けた林学博士また経済学博士の本多静六だからこそ可能であったといえるのではないだろうか。二つをして一と成す「不二」の思想がここに生きているのである。

帝都復興と記念植樹

数万の生命が失われた関東大震災後の帝都復興期には、都市美協会においてまず植物の「いのち」を尊ぶ「植樹祭」が日比谷公園で行われ、鎮魂と復興への祈りから「献木奉告祭」が明治神宮で奉じられた。その根底には、復興の影に失われた数万の「いのち」に対する祈りの心がある。つまり「いのち」を祈念する儀式と、「緑化」という実践事業によって都市美が推進されたのである。

そもそも都市美運動とは欧米において「緑を植え育むこと」を理念として開始されたものである。しかし日本の場合は「木魂祭」と呼び習わす植樹祭の性格からうかがえるように、樹木を神の憑代とみなす自然信仰が備わるものであり、「祈り」や「祭事」が活動の支柱にあったことは諸外国の例に見ないものであった。「道路祭」においても確認されたように、舗装した道路にさえ神性を見出しその霊性を敬う心に始まるのが日本の都市美運動であった。それは日本的に変容した、いわば「土着化」した都市美運動であり、日本人の感性やメンタリティを尊重する所に発展した活動であった。日本版の田園都市「田園調布」を拓いた渋沢栄一もまた「道義と人情」こそ、新しい街づくりに欠くべからざる理念とみなしていたように、本多をはじめとする都市美の指導者たちは建造物の表面的な「形」の規制はもちろんのこと、日本人の「心」の問題も同様に重視したのである。本多が植樹祭で「記念に木をお植えなさい」と植樹の功徳を説いたように、近代合理的な方法論で緑化を押し進めるばかりではなく、植樹祭の儀式性もしくは精神性をもって「愛樹心」を促すことによって、大東京の市民精神の向上を目指したのである。つまり市民の参加意欲や協力意識が都市の美化、ひいては国土の美化に貢献すると考えられたのである。

都市美運動のなかで行われた植樹祭はその方法と理念が社会に受容され、大日本山林会の愛林日記念植樹とともに戦前から戦中、そして戦後においても復活、継承されるのだが、それは形式的な美を問うに限らず、自然物の「いのち」を敬いその繁栄を願う心が支えとなっていたからこそ、その真価が認められたものと思われる。

平和と記念植樹

第一次世界大戦の終結後、世界平和の実現を奉祝する「平和記念植樹」が展開する。活動を支えたのは本多を中心とする帝国森林会である。同会は大戦後の景気変動により低迷した森林業の振興を図るべく、既存の大日本山林会を主に財政支援する目的で組織された団体である。晩年にいたる四半世紀にわたって同会を導いた本多の運営方針は、無駄を省き余徳を増やすという「本多式」にあった。それはあらゆるものを「活かす」、あるいは「全うさせる」ことを本望とするところにある。無駄に生命を奪い合う戦争には益がないとして、平和を記念して「いのち」を植え育む植樹活動は同会においても主力事業に位置づけられた。

記念林の造成では、記念すべき事柄を尊重する精神に始まり、山林資源の循環を促して資産を増殖する方法が採られた。実利性と精神性を重んじるのが「本多式」の経営理念であった。藤原銀次郎がこれを「本多宗」、あるいは本多を「通俗教育家」と評したように、一般社会の心を摑むことに長けていたのも同会の特徴である。平和記念東京博覧会に出品された作品は、見た目は注連縄が張られた古来のご神木、中身は最新の技術をもって造られた映写機であった。最新の映写機で古いご神木の写真を見ることなどは普通であろうが、ご神木の中を覗き込んで世界最新の森林業の写真を見るのというのは意外な発想であった。その意図するところは、山の神々に対する尊崇の念があって初めて森林業という合理的な事業が成り立つということであり、それはまた自然威力に畏れ敬う心を忘れるなという近代社会に対する警告とも理解できる。新旧また洋の東西の思想と形態を逆転させて造ったユニークな「ご神木」は、見世物の延長線上にある博覧会において好評を博した。山林はそもそも生業的に男性的な部類に属するものであり、森林愛護を目的に女性や子供をこの世界に取り込んでいくには、大正という時代精神を支える娯楽性やコマーシャリズムの利用もまた必要だったといえる。

人びとに楽しみを与えた帝国森林会の記念樹「ご神木」に象徴されるように、平和を記念して木を植えるという行為、この「いのち」を植え育む行為には喜びが備わっている。平和とは「いのち」を生かしあうことなのである。

大記念植樹の時代

だが再び戦争は起きた。「いのち」を植え育む記念植樹という行為も、時局の悪化に従い軍事的な要素が加わるものとなる。「大記念植樹の時代」である。「一億記念樹」、「植樹奉公」と称されて「一人残らず記念樹を植えよう」と叫ばれた時代であった。

同時期最大のイベントである皇紀二六〇〇年記念事業では、宮城外苑整備のためにメディア主導の献木運動によって全国から奉献樹が寄せられた。献木は明治神宮造営の際と同じく重要視されたが、神苑として手付かずの照葉樹林となすことを理想とする内苑とは趣を異にし、国威発揚の場としての宮城外苑には、その風趣に「力強さ」と「高雅さ」が求められた。物資統制が敷かれる中、記念事業を推進するうえで何より必要とされたのが国民の善意である。実践としての植樹事業では、内外の勤労奉仕隊による「汗の奉仕」がその支えとなっていたが、宮城に奉献された樹木も人びとの「汗の奉仕」も、いずれも同時代の忠孝挺身思想を象徴する行為である。したがって国民の忠誠心をさらに促すためにも、楠木正成の銅像の側で挙行された献木式という儀礼式典は、宣揚活動としてもその演出的効果は多大であったと考えられる。

国際親善として「桜」を介した文化交流が推進されたことも、この時期の特徴である。活動の発端となった大多摩川愛桜会の「桜の多摩川」づくりは、そもそも本多の公園計画の下に、霊峯富士と桜と多摩川が織りなす情緒豊かな街づくりを目指すところにあった。「桜の多摩川」の実現を祈念して、東郷平八郎による桜の「植初式」が多摩川浅間神社にて執行され、実践事業としての桜樹植栽運動が展開する。時局の変化に従い、大多摩川愛桜会の活動は「日本の桜精神」を理念として、桜樹を介した国民外交に発展するが、「日本の桜精神」とは、すなわち桜を愛し自然の恵みに感謝する心であり、木花開耶姫命の守護のもとに世界平和を祈る心であった。

遠く離れた前線の兵士に故郷の草花種子が「慰問袋」で届けられることもあった。生死を争う現場で小さな種が小さな芽を出し、そして小さな花を咲かせる。戦場ではこうした小さなゆとりさえままならないかもしれない。しかしたとえ返事が来なくても心の慰めにと、種子を贈り続けることが奨励されたのである。

だが祈り続けられる中で実戦に向う兵士がいる。暗雲漂う空気の下では空襲の恐怖がある。「散花」の便りが相次いで届く。「勝った、勝ったといわれているが、実は負けているのではないか」と感じていた本多は、帝国森林会の戦後の存続に希望を託して、事業を休眠状態にすることを命じていた。戦局の悪化にともない、緑化事業も「防空」や「迷彩」、「カムフラージ」等、軍事用の科学的効果をねらった「シェルター」としての新たな要素が論じられるようになる。風致や健康、公徳心の涵養を主とする本多が指導した緑化事業にはない要素であった。健康第一主義としての植樹を説き、生命が無駄に危ぶまれるばかりで実益をともなわない南方林業要員錬成所についても早々に手を引いた本多である。しかし時代が求めたのは緑の明るさではなく緑の暗さであった。

戦火が激しさを増す中では、当然戦病死者を弔う記念植樹も増加する。英霊のために全国各地の忠霊塔に山桜が献納される。報道機関が提唱した「忠霊桜」は、国民学校の児童たちによって栽培、植樹されたのだが、出征した大人に代わって子供は重要な労働源であった。

だが「忠霊」の記念植樹は必ずしも「サクラ」に限ったものではなかった。自宅の庭に育つ「樒」を戦地に送った哀悼の記念植樹は、子を思う素朴な母の心によるものであった。シキミは神仏習合的な要素を備えた霊木であり、戦死した息子の霊魂が宿るようにと、この母は幼い頃より親しんできたであろう樹種を記念樹に選んだのである。「我妹子が　植ゑし梅の木　見るごとに　心むせつつ　涙し流る」（四五三万葉集・巻三）という旅人の挽歌がここに思い出される。亡き妻が自宅の庭に植えた梅の木に、その面影を重ね合わせて涙にむせぶ旅人の姿は、「まことの心」の表れといえるものであった。自然物の「いのち」を尊び、神に祈り、仏を念じる姿は日本人の文化といえようが、忠霊の原点とはこうした母の心にあると思われる。

四　「荒れた国土に緑の晴れ着」――生き残った愛樹心――

しかし、どんなに戦火が激しくなろうとも、樹木や花々の「いのち」を尊び、それを植え育む行為が「一億記念樹」や「植樹奉公」というフレーズのもとで、国土の美化に、保健に、衛生に、防潮に、防火に、防空に、擬装に、遮蔽に、迷彩に、「大いに木を植ゑよ」と叫ばれ続けたことは、銃後の植樹運動の展開にも少なからず影響を与えたものと思われる。なぜなら敗戦後、焦土と化した市街地や荒れた山野に人びとは心を痛め、虚脱を乗り越え、希望を持って再び木を植え始めるからである。焼け野原を前に、山を思い、緑を育むという「愛樹の心」は、戦火に燃え尽きることなく堪え抜いたのである。生態学者の宮脇昭氏はこう述べる。「本物とは厳しい環境に耐えてこそ長持ちする」(2)。「いのち」を植え育むという行為は「まことの心」の表れであるからこそ、厳しい環境に耐え、生き残ったのである。

「緑の山から平和の光」（図2）。戦後の緑化運動が始まった。終戦間際の昭和二〇年（一九四五）と敗戦直後の昭和二一年（一九四六）は愛林日記念植樹行事も中止されたが、昭和二二年（一九四七）に「森林愛護連盟」が発足し(3)、同年四月四日、第一回復活愛林日記念の植樹祭が執行された。復活した愛林日記念植樹では皇太子時代の今上天皇がヒノキをお手植え、(4) 一一月一日には昭和天皇が富山県婦負郡細入村の楡原寮（引揚者厚生援護施設）を慰問し、高山線の線路脇に立山杉の苗木三本を記念植樹、(5) これが戦後初の正式なお手植え式となる。(6) 雪国の山裾に育つこの記念樹は、今日も高山線の車窓から眺めることができる（図3）。戦後の緑化運動の基点となったこの記念樹は今や大木となって、周辺を見守りながら生長をつづけている。こうして再び樹木の「いのち」が植えられたのである。

戦前から戦後をめぐる緑化運動の影響関係を振り返ると、まず昭和九年に愛林日記念植樹が全国行事として設定されて以降、造林政策は強化される傾向にあった。その背景には半ば強制的な木材供出がある。だが、いくら軍部の措置とはいえ伐採後の跡地が放置された状態では銃後の国土保全を危うくするという見解が優り、(7) 昭和二〇年四月二日、通常国会で「戦時森林資源造成法」（法律第三五号）が可決する。(8) 特に終戦間際の土壇場でこの法律が成立したのは、やはり伐ったら植えるという考えが社会に根づいていたことを示しているといわれる。このことは、それまで継続的に奨励、実施されてきた愛林日記念植樹をはじめとする戦前の緑化運動の成果とみなさ

図2　国土緑化運動ポスター
〈上〉「緑の山から平和の光」（昭和26年度）、〈下〉「荒れた国土に緑の晴れ着」（昭和28年度）

図3　昭和天皇お手植えの杉と説明板（ＪＲ高山線楡原駅付近）

日曜評論

植林運動の新課題

―「学校植林コンクール」に寄す―

本多静六

図4　本多静六「植林運動の新課題「学校植林コンクール」に寄す」

れている[9]。

　本多静六は晩年、三〇余年かけて植林した大学演習林も明治神宮の森も、東京水源林も東大正門内の銀杏並木もみな立派に生長したが、大戦で山が荒れてしまったので、もう一度、学校植林コンクールに挑みたいと若々しくその意欲を語っていた[10]（図４）。「新鮮な空気と日光と甘い食事」があれば、ひとは一二〇歳まで生きられると説いた本多の晩年の言葉である。八六歳の往生まで土持奉仕に生涯を捧げた祖父友右衛門のように、植林を続け余徳を皆と分かち合ってきた本多は、日本が近代化の扉を開けて間もない明治から昭和の戦後までを生き抜いた林学者であった。「いのち」の繁栄を願う「記念に樹を植える」ことが生涯の信念であった。

　木を植えることは、創造の生活であり、努力の習慣であり、健康長寿の源であり、つまりは希望を植えることであり、人生の幸福を植えることである。樹木を愛する心が国を愛する心を涵養させ、ひいては社会全体の徳になる。これが「植樹の功徳」に基づく記念植樹の根本理念であった。自然環境に鑑み、樹木の一生を人間の一生になぞらえて構想されたその理論は、あらゆる宗教や思想を超えたところに生み出されたものであり、人類の平和と文化のために貢献する樹木に対する「愛樹の心」という自然思想が礎となっている。

なにかの記念に植えた一本の樹木に愛情を注いで大事に育てることは、森を愛する心を育てることに結びつく。禽獣も草木も皆一体となって、その「いのち」を生き生きと活かしあう。そこには子々孫々と続く「いのち」の営みを寿ぐ心がある。同じく山林とともにあり「五大にみな響きあり」（『声字実相義』）と感得したと伝えられ、仮名乞兒論で「いのち」を「壽」（『三教指帰』）と表記した空海や、「死んで生まれてまた死んで、うまれる人があればこそ、かかるめでたいご誕生」という小谷三志の生死観がここに生きている。それは生に対する肯定的な姿勢であり、その姿勢は子々孫々と繁栄する「いのち」の植栽を奨励した本多の自然観にも受け継がれていると考えられる。産湯につかる盥から最期の棺まで、人生において人が樹木の恩恵に与らないことはない。さればこそ、記念に木をお植えなさい、と本多は唱え続けたのである。

「記念事業には記念植樹をおいてほかにはない」と結論づけた本多の事績をたどることで、記念植樹という行為が時代ごとの社会的背景や思想のもとで展開し、さまざまに変容しながら営まれてきたことが明らかになったであろう。そしてそれは時として「負の記念樹」になることさえあった。記念像や記念碑が政治的事情により破壊されたり場所を移されたりすることがある。明治初期に友好を記念して植栽された長崎公園のグラント将軍ゆかりの記念樹も、第二次大戦中には敵国人の植えた樹木として初代の記念樹は伐採されたと伝わるが、このように記念物というのは時勢に左右される一面があることも忘れてはならない。

だが長崎公園のように、その跡地に継承樹が植栽されるケースがある。つまり、忘れてはならないことの証として語り継ぎ、次に育ててゆくという意味を尊重した行為といえる。これは、心を込めて「念じて木を植える」という記念植樹という行為が有する、自然物の「いのち」を尊ぶという根本的な姿勢が、時代や主義、思想を超えたものであることを表していよう。このことは、ＧＨＱでさえ戦前の植樹活動と変わるところのない戦後の植樹活動の推進に積極的であったことが、それを物語る。だからこそ愛林日記念植樹が国土緑化運動として今日に継承され、緑樹の「いのち」を植え育む行為が国家事業として、あるいは一つの日本の文化と呼ぶに相応しいまでに発展し、国民行事として尊重され、それは継続されているのである。

戦いの最中に死にゆく生命の代償として木を植えるのではなく、生命を「いのち」として生き生きと活かし、「いのち」を循環させ、繁栄させてゆくという本来的な理念のもとで、それは尊ばれるのである。

ひとはこうして樹を植える、否、植え続けるのである。

（1）『国土緑化運動五十年史』国土緑化推進機構、二〇〇〇年、一八一頁。

（2）ブループラネット賞受賞の記念講演（国連大学）で拝聴した宮脇昭博士の言葉より。

（3）昭和二二年三月二四日、戦後の荒廃した国土の緑化を官民一体で推進することを目的に、大日本山林会、日本林業会、日本治山治水協会、帝国森林会、興林会、林友会の六団体の提唱で発足。会長は徳川宗敬。『国土緑化運動五十年史』（前掲注1）、三三六頁。国土緑化推進機構『緑化の父 徳川宗敬翁』一九九二年。

（4）東京都八王子市林業試験場浅川分場を会場に、ＧＨＱの協力のもとで約一二〇名が参加。皇太子時代の今上天皇が学習院の仲間とヒノキ三本を植樹。『国土緑化運動五十年史』（前掲注1）、四六頁、三三六頁。

（5）「富山県巡幸第三日」読売新聞、一九四七年一一月二日。

（6）平成二七年三月一日に地元有志によって「御手植え杉を守る会」が発足し、周辺の整備が行われている。富山市役所細入総合行政センター産業建設課にて課長谷井政人氏よりご教示をいただく（二〇一五年六月一日）。「お

手植え杉　後世に」富山新聞、二〇一五年四月二一日付。細入村史編纂委員会『細入村史　通史編』細入村、一九八七年、六〇二～六〇三頁。

（7）「伐りつ放しにせず植樹しませう　四月、全国に愛林運動」読売新聞、一九四三年三月二四日付。

（8）「戦時森林資源造成法」『官報』五四六三号、一九四五年四月四日。「森林資源造成法政府も賛成」読売新聞、一九四五年二月七日付。

（9）手束平三郎「我が国の緑化運動」『緑化の父　徳川宗敬翁』（前掲注3）、三八～三九頁。

（10）本多静六「植林運動の新課題「学校植林コンクール」に寄す」読売新聞、一九五〇年一〇月八日付。

【初出一覧】

本書は、学位請求論文『「記念植樹」と近代日本――林学者本多静六の思想と事績を手掛かりに』（総合研究大学院大学、平成二六年三月）の加筆修正版である。なお本書収録の論考のうち既発表部分は次のとおり。ただし収録にあたり構成を変更し全体に補訂を加えた。

一、第Ⅱ部第一章
「富士山信仰と近代日本の森づくり」、『ビオストーリー』二二号、生き物文化誌学会、二〇一四年一二月、三四～四一頁

二、第Ⅱ部第二章第三節
「本多博士の西洋思想の受容と展開　記念碑性の考察から」、本多静六博士を顕彰する会『本多静六通信』二三号、二〇一五年三月一日、一～五頁

三、第Ⅲ部第一章
「明治期日本文化史における記念植樹の理念と方法――本多静六『学校樹栽造林法』の分析を中心に」、『総研大文化科学研究』一〇号、総合研究大学院大学文化科学研究科、二〇一四年三月、六九～九七頁

四、第Ⅲ部第二章
「記念樹をめぐる近代的自然観――林学者本多静六と明治神宮の森」秋道智彌編『日本の環境思想の基層――人文知からの問い』岩波書店、二〇一二年、九〇～一一三頁。

五、第Ⅲ部第二章第三節
「富士山信仰と近代日本の森づくり」、『ビオストーリー』二二号、生き物文化誌学会、二〇一四年一二月、三四～四一頁

六、第Ⅲ部第四章
「帝都復興期の都市美運動における儀礼性に関する考察――「植樹デー」の活動分析を中心に」、『文化資源學』一三号、文化資源学会、二〇一五年六月、一五～二九頁。

あとがき

記念植樹研究のはじまりはメメント・モリにある。そのあたりをお話ししておきたい。

研究テーマの出発点は「死の表象」であった。一〇代の頃、ロンドンの中心に位置するナショナル・ギャラリーで見たハンス・ホルバインの『大使たち』の画面に描き込まれた「髑髏」が長く心を捉えていたのである。死の記念碑性をテーマに修士論文をまとめようと東京大学の文化資源学研究室に進学した。同研究室には記念像研究の木下直之先生がいらした。しかしながら死を捉えようとする一方、摑み所のないその空虚さにも悩まされるようになった。人間は死に近づくことは出来るがこれを体験することは出来ないというように、それは「説明し得ないもの」である。死の表象といってもあくまで想像の世界にすぎないのではないかと思うようになり、「死はわかりません」と恐る恐る指導の長島弘明先生にお伝えした。先生は納得してくださった。

そこでまず発想を転換させて、「死」から「生」へと目を向け直して、逆にこの世で最も長寿たり得るものは何だろうかと考えた。出会ったのが老樹・巨樹などの記念樹であった。これなら目に見える、いわば生きたる記念碑、生きたるメメント・モリの例になるだろうと思いいたったのである。

そのような折、ゼミの一環で恒例のフィールド・ワークがあった。訪問先は本書でも重要な位置を占める青山の聖徳記念絵画館。残念ながらその時は参加できなかったが、木下先生が「岡本さん、たぶん気に入ると思うから行ってみなさい」と勧めてくださった。もともと興味のある場所だったし、それよりも他者から見て私の好むものとは何だろうということも気になり、その週末に出かけてみた。すると先生の仰るとおり、とても居心地のよい空間に感じられた。さっそくあれこれレポートを書いて提出すると、「岡本さん、大事なところを見ていない、あそこは裏にまわって楠を見ないと、あの一本を基点に街がつくられたのだから」。

ちょうど記念樹について考え始めていた頃である。この言葉に閃き、早速明治神宮を調べてみると、まず出会ったのがこの森をつくった本多静六だった。こんな面白い人物がいたのかと、陸橋を渡って農学部図書館に通い、本多について調査を進めた。すると本多が「記念植樹」に関する著作を多数書いていたことがわかった。しかも彼は地域の人びとに愛着ある老樹・巨木をまさに「生きたる記念碑」と呼んでいた。さらに調査を重ねると、本多の生家・折原家が代々山岳信仰「富士講」にゆかりあることもわかってきた。西洋文明の積極的な導入者として見られがちであった本多を再検討すべく、本書の基層となるさまざまな要素はこのとき見出されたものである。こうして死から生へ、西洋から東洋へ、と大幅なテーマの変更を恐る恐る指導の渡辺裕先生にお伝えした。先生は納得してくださった。上記のエピソードを先生方は覚えておいでではあるまいが、このように先生方のご指導とご寛容のもとで修士論文を書き上げたのである。

だが修論では書ききれないこともあった。それは記念に樹木を植えるという行為に係る農事的・実践的な緑化という要素や、儀式としての宗教的・儀礼的な要素についてである。そこで博士論文では、明治から昭和戦中期にいたる日本近代の記念植樹文化を総合的に論じてみようと野望を抱き、国際日本文化研究センター（日文研）を基盤機関とする総合研究大学院大学に進み、農学がご専門の白幡洋三郎先生のご指導を仰いだ。白幡先生は『近代都市公園史の研究―欧化の系譜』（一九九五年）の中で本多静六について述べておられた。また記念植樹をめぐる儀礼性や宗教性、自然思想については末木文美士先生、国家の記念事業としてなされた植栽活動の政治的・法的な側面については瀧井一博先生から多くを教えていただいた。

こうして記念植樹文化に係る「農事性」「儀礼性」「政治性」の総合的な分析を試みる機会に恵まれたのである。また日文研には多くの外国人研究者が滞在しており、そこで開かれる共同研究会は各国の先生との交流を通して植樹の文化史研究に国際的な視点を導入する機会にもなった。

いよいよ執筆に取り掛かる際、本多静六の曾孫にあたる理学博士遠山益先生が、お忙しい合間に「博士論文とはなにか」をご講義くださったことは、何よりも励みとなった。また学生時代より本多の直孫の故本多健一先生とご親交の深かった平川祐弘先生は、東京大学で行われた博士論文研究発表会（文化資源学会）にご足労のうえ、さらに今後の糧となるような貴重なご教示を与えてくださり、とても有り難かった。そして、これからの明治文化研究の課題を発展させるきっかけとなるご助言をくださった大久保利恭様にも感謝の気持ちをお伝えしたい。

多分野に及ぶ研究上、貴重な史料の閲覧やご提供、現地調査でご協力くださった明治神宮国際神道文化研究所の今泉宜子様、総本山醍醐寺の仲田順英様をはじめ、渋沢栄一記念財団（当時）の小出いずみ様、折原家当代折原金吾様、多摩川浅間神社宮司北川憲史様、総本山金剛峯寺、総本山善通寺、大日本山林会、徳川林政史研究所、日本庭園協会、富山市役所細入総合行政センター産業建設課、川口市立文化財センター分館郷土資料館、久喜市本多静六記念館、日文研図書館の皆様には心より御礼の言葉を記したい。あわせて、初めての単著となる本書が日文研叢書として出版されるにあたり、数々の事務的な手続きに力を尽してくださった日文研出版編集室ならびに研究支援係の皆様にも御礼を述べたい。このように「死」も「生」も包括した「いのち」の記念碑性をテーマに、本多静六を主軸として「記念植樹の近代日本文化史」をまとめることができたのは、実に多くの方々のご協力とご支援によるもので、ここにあらためて感謝の意を申し上げたいと思う。なお、本書では叙述や論旨の平明さを目指したが、筆者の力不足ゆえ、いたらないところは読者の御叱正を乞うこととしたい。

しかしながら万事順調に進んだというわけでもなく、一時体調を崩して研究を休まざるを得ない憂き目をみることもあった。そのようなとき、新鮮な空気と日光、そして食の三つが私を支えてくれた。死から生へと目を向けること、それは大事に生きることであり、博士論文の執筆という持久戦に挑むには、この基本の三つが大切であると実感した。思えば、京都で体調が改善されたといっても過言ではない。日本に京都があってよかった、とは本当であった。

今回、本書の編集を取りまとめてくださった思文閣出版の田中峰人さんもまた京都の恩人である。田中さんの丁寧で行き届いたお仕事に導かれて今日、本書をお送りできることはこの上ない喜びである。

そして、いつどのようなときも研究に協力的で、常に私を見守り支え続けてくれる家族には深く感謝している。この一冊を、私の大事な家族と、「いのち」の育みに関心のあるすべての人びとに捧げたい。

二〇一六年　申年　桜月

岡本貴久子

図4　平和記念東京博覧会の林業館(〈上〉『平和記念東京博覧會』尚美堂、1922年／国際日本文化研究センター所蔵、〈下〉『平和記念東京博覧会事務報告上巻』東京府、1924年)……387
図5　林業館・鉱産館内配置図(『平和記念東京博覧会事務報告上巻』東京府、1924年)……387
図6　林業館展示物・壁側(『平和記念東京博覧会審査報告上巻』東京府、1923年)……388
図7　林業館配置図細部(『平和記念東京博覧会事務報告上巻』東京府、1924年)……389
図8　平和記念東京博覧会出品作「ご神木」と会長武井守正(『帝國森林會々報』6号、1922年9月)……390
図9　明治後期ののぞきからくり(T.TAKAGI「のぞきからくり芝居」(幻灯原板)、東京都江戸東京博物館所蔵 Image: 東京都歴史文化財団イメージアーカイブ)…391
〈第4章〉
図1　都市美協会の植樹祭と記念植樹……432
〈上〉都市美植樹祭メイン会場(『都市美』5号、1933年7月、復刻版『都市美』不二出版、2007年)、〈中〉ステージ上の様子(『都市美』7号、1934年5月、復刻版『都市美』、〈下〉都市美植樹祭における記念植樹(『都市美』14号、1936年4月、復刻版『都市美』)
〈第5章〉
図1　針葉樹の形状(東京市記念事業部「宮城外苑に御献木を」『庭園と風光』22巻6号、日本庭園協会、1940年6月)……464
図2　闊葉樹の形状(同上)……465
図3　献木式を伝える記事(東京朝日新聞、1940年7月10日付)……466
図4　挙国造林の実施(昭和17年5月10日・山梨県甲府市相川県有林)(『山林』719号、大日本山林会、1942年10月)……468
図5　多摩川浅間神社の社頭(大正期)(『浅間神社眞景絵葉書』社務所発行、1923年3月8日／多摩川浅間神社所蔵)……470
図6　大海戦25周年の祝賀行事を伝える記事(東京朝日新聞、1930年5月28日付)…480
図7　東郷桜(東郷平八郎植栽の桜・多摩川浅間神社)(渡邊辰次郎編『櫻の多摩川』大多摩川愛桜会、1938年7月15日／国立国会図書館所蔵)……481
図8　東郷平八郎植栽の月桂樹(日比谷公園)(池田次郎吉「日比谷公園祝捷会の記念植樹」『上野公園グラント記念樹』日本種苗合資会社、1939年／国立国会図書館所蔵)……483
図9　多摩川浅間神社参道入り口の「愛桜碑」(筆者撮影 2013年5月16日)……484
図10　多摩川風致地区(亀甲山付近)(『庭園と風景』14巻11号、日本庭園協会、1932年)……490
図11　日伊親善記念植樹の記事(東京朝日新聞、1938年4月17日付)……498
図12　庭園の防空壕(井下清「庭の防空防火」『庭園と風光』23巻5号、日本庭園協会、

〈第 1 章〉

図 1　清澄山の大杉(本多静六『天然紀念物と老樹名木』(南葵文庫における史蹟名勝天然紀念物保存協会講話)、1916年10月28日／九州大学附属図書館所蔵)………247
図 2　千葉県演習林での造園実習(清澄寺横阪路つな引き写真／大正14年頃)(本多家文書639／久喜市本多静六記念館所蔵)……………………………………………248
図 3　大学講義(大正頃)(本多家文書638／久喜市本多静六記念館所蔵)……………248
図 4　北海道の日露戦争戦捷記念植栽(佐々醒雪『日露戦争写真帖 第四集 The War Album』金港堂書籍、1905年／国立国会図書館所蔵)…………………………257

〈第 2 章〉

図 1　葬場殿址碑柱(明治神宮奉賛会『明治神宮外苑志』1937年)……………………283
図 2　明治神宮外苑敷地略図(明治神宮奉賛会『明治神宮外苑志』1937年)…………284
図 3　明治神宮外苑図説明書(1917年頃)(『明治神宮奉賛会通信』16号、1917年 4 月／『明治神宮叢書第一九巻資料編三』明治神宮社務所、2006年／明治神宮所蔵)…285
図 4　明治神宮外苑平面図(明治神宮外苑編纂室提供)…………………………………286
図 5　聖徳記念絵画館前の並木道(明治神宮外苑編纂室提供)…………………………286
図 6　葬場殿址記念樹(明治神宮外苑編纂室提供)………………………………………294
図 7　葬場殿址記念樹と碑石(著者撮影)…………………………………………………295
図 8　葬場殿址記念樹全景(『明治神宮外苑七十年誌』明治神宮外苑七十年誌編纂委員会、1998年)………………………………………………………………………………296
図 9　今日の葬場殿址記念樹(著者撮影)…………………………………………………296
図10　神体林の図(本多静六「社寺風致林論」『大日本山林會報』356号、1912年 7 月)……………………………………………………………………………………………310
図11　明治神宮内苑の東京市小学児童献木(庭園協会編『明治神宮』嵩山房、1920年／明治神宮所蔵)……………………………………………………………………………322
図12　献木運搬の様子(大正 6 年頃)(上原敬二『樹木根廻運搬並移植法』嵩山房、1918年／国立国会図書館所蔵)………………………………………………………325
図13　不二道孝心講の明治神宮造営奉仕を伝える記事(東京朝日新聞、1917年 4 月 7 日付)……………………………………………………………………………………326
図14　不二道孝心講の造営奉仕記念写真(「明治神宮御造営 労力献納之図 大正 6 年 4 月 9 日」小谷長茂家文書(市指定95)／川口市教育委員会提供)…………………327
図15　明治神宮南参道第一鳥居の楠(明治神宮所蔵)……………………………………329

〈第 3 章〉

図 1　昭和 2 年新築の三会堂と旧三会堂・石垣隈太郎氏(『大日本農會・大日本山林會・大日本水産會創立七拾五年記念』大日本農会・大日本山林会・大日本水産会・石垣産業奨励会、1955年)………………………………………………………350
図 2　「森林の歌」譜面(『帝國森林會々報』 5 号、帝国森林会、1922年 8 月)………371
図 3　平和記念東京博覧会および上野公園全景(『平和記念東京博覧會』尚美堂、1922年／国際日本文化研究センター所蔵)…………………………………………………381

◆掲載図版一覧◆

【第Ⅰ部】

扉図　都市美協会の植樹祭(『都市美』27号、1939年6月、復刻版『都市美』不二出版、2007年)……17
〈第2章〉
図1　祭山神図・元伐之図・株祭之図(「木曾式伐木運材図会」／林野庁中部森林管理局所蔵・許諾を得て掲載)……52

【第Ⅱ部】

扉図　本多静六　林学教室にて(大正15年3月)(本多家文書611・久喜市本多静六記念館所蔵)……79
図1　渡欧する本多静六(『読売新聞』明治40年3月2日付)……81
〈第1章〉
図1　富士講の系譜一例(川口市立文化財センター分館郷土資料館提供資料を参考に筆者作成)……91
図2　折原家に与えた小谷三志肖像(折原家旧蔵・岡田博氏所蔵)……97
図3　不二道孝心講の行帳(明治9年1月18日)(折原致一家文書(市指定87)／川口市教育委員会提供)……103
図4　四肢胃伝の図(『小谷三志著作集Ⅱ　鳩ヶ谷市の古文書一四』1989年、109頁)……109
図5　「東宮殿下御大婚奉祝紀念松」の石碑(川口市八幡木の八幡神社／2012年8月2日筆者撮影)……130
図6　不二道孝心講の明治神宮参拝記念写真(大正10年4月6日／川口市教育委員会提供)……132
〈第3章〉
図1　蒲生の大樟(本多静六『大日本老樹名木誌』大日本山林会、1913年 口絵)……202

【第Ⅲ部】

扉図　愛林日のポスターとパンフレット(『山林』641号、大日本山林会、1936年4月)……221
図1　梨本宮殿下の愛林日記念御植栽(『山林』654号、大日本山林会、1937年5月)……222
図2　植樹デーの記事(読売新聞1927年4月4日付「帝都を緑化する植樹デー」)……222

の

は

ひ

ふ

へ

ほ

ま

み

む

め

ち

つ

て

と

な

に

く

け

こ

さ

【事項】

索　　引

＊採録語句が章・節・項の見出しに含まれる場合は該当頁を太字にし、主にその章・節・項内の初出を掲載した。

【人　名】

◎著者紹介◎

岡本貴久子　Okamoto Kikuko

国際日本文化研究センター共同研究員.
東京大学大学院人文社会系研究科修士課程修了，総合研究大学院大学文化科学研究科博士課程修了，博士(学術)．所属学会は文化資源学会，美術史学会，生き物文化誌学会.

〔主要著作〕

“A Cultural History of Planting Memorial Trees in Modern Japan : With a Focus on General Grant in 1879”（『総研大文化科学研究』，2013年），「帝都復興期の都市美運動における儀礼性に関する考察――「植樹デー」の活動分析を中心に」（『文化資源學』，2015年），「空海と山川――「いのち」を治む」（末木文美士編『比較思想からみた日本仏教』山喜房佛書林，2015年），共著で末木文美士・岡本貴久子「近代日本の自然観――記念樹をめぐる思想とその背景」（秋道智彌編『日本の環境思想の基層――人文知からの問い』岩波書店，2012年）ほか.

日文研叢書

記念植樹と日本近代（きねんしょくじゅとにほんきんだい）
――林学者本多静六の思想と事績（りんがくしゃほんだせいろくのしそうとじせき）――

2016（平成28）年３月31日発行

定価：本体9,000円（税別）

著　者　岡本貴久子
発行者　田中　大
発行所　株式会社　思文閣出版
〒605－0089　京都市東山区元町355
電話 075－533－6860（代表）

装　幀　上野かおる（鷺草デザイン事務所）
印　刷
製　本　亜細亜印刷株式会社

ISBN978-4-7842-1843-1　C3021